Thomas D. Seeley

Das Leben wilder Bienen

Thomas D. Seeley

Das Leben wilder Bienen

Wie Honigbienen in der Natur überleben

Fachübersetzung von Annette Flesch
auf Grundlage von Textvorlagen
von Malin Pöpping

INHALT

VORWORT

Seit jeher sind wir Menschen fasziniert von der Honigbiene – der *Apis mellifera*, der „Honig tragenden Biene“. Seit Hundertausenden von Jahren haben unsere frühen Vorfahren in Afrika, Europa und Asien wohl schon den erstaunlichen Fleiß dieser Biene bewundert, wie sie Honigvorräte anlegt und Bienenwachs produziert – zwei Substanzen von hohem Wert. In den letzten 10 000 Jahren entwickelte sich das komplexe Handwerk der Imkerei, mit dem auch das Interesse an der wissenschaftlichen Erforschung der Honigbiene einsetzte. Der altgriechische Philosoph Aristoteles beschrieb als Erster eine Verhaltensweise der Bienen, die man heute als „Blütenstetigkeit“ bezeichnet: Eine Arbeiterin hält sich im Verlauf eines Sammelflugs hauptsächlich an eine Blütenart, um die Produktivität bei der Futtersuche zu steigern. In den letzten hundert Jahren wurden Zehntausende wissenschaftlicher Artikel über die Honigbiene verfasst. Viele von ihnen behandeln die praktischen Aspekte der Imkerei, ebenso viele befassen sich mit den biologischen Grundlagen dieser bezaubernden Biene. Zudem erschienen Tausende von Büchern über Bienen und Bienenhaltung. Allein in den USA wurden in der Zeit von 1700 bis 2010 fast 4000[1] Titel zum Thema „Bienen“ veröffentlicht, von wissenschaftlichen Büchern über die Bienenhaltung und Bienenkunde bis zu Kindergeschichten über Bienen.

Angesichts der anhaltenden Faszination der Menschen für die Honigbiene ist es verwunderlich, dass wir bis vor Kurzem recht wenig über die wahre Naturgeschichte der *Apis mellifera* wussten – das heißt, darüber, wie Völker dieser Art in der freien Natur leben. Weshalb dauerte es so lange, bis das Leben der Honigbienen in ihrer natürlichen Umgebung umfassend erforscht werden konnte? Diese Frage dürfte einfach zu beantworten sein. Imker und Biologen, die sich am intensivsten mit diesen fleißigen und faszinierenden Insekten befassen, haben ihre Untersuchungen bisher fast ausschließlich an bewirtschafteten Bienenvölkern durchgeführt, die in von Menschen gefertigten Beuten dicht gedrängt in Bienenständen zusammenleben – im Gegensatz zu wilden Völkern, die sich in hohlen Bäumen und Felsspalten in der freien Natur niedergelassen haben. Es sind aber die bewirtschafteten Bienenvölker, die unseren Honig produzieren und unsere Kulturpflanzen bestäuben, daher ist es nicht überraschend, dass die Imker ihre Aufmerksamkeit auf die Völker gerichtet haben, die in ihren eigenen Bienenstöcken leben. Gerade diese Völker eignen sich auch am besten für wissenschaftliche Untersuchungen, deren Durchführung kontrollierte Bedingungen voraussetzt. Daher ist es ebenso wenig überraschend, dass auch Biologen hauptsächlich mit Bienenvölkern gearbeitet haben, die in künstlich hergestellten Behausungen leben. So hätte der Nobelpreisträger Karl von Frisch die Bedeutung des Schwänzeltanzes[2] der Honigbiene nie entschlüsselt, wenn er nicht mit einem Volk gearbeitet hätte, das in einem Schau-Bienenkasten hinter Glasscheiben einquartiert war. Es wäre ihm nicht möglich gewesen, Sammelbienen mit individuellen Farbmarkierungen zu kennzeichnen und anschließend ihr Verhalten in ihrem Stock zu beobachten, nachdem sie von dem Besuch einer künstlichen Nahrungsquelle zurückgekehrt waren – einer kleinen Schale mit Zuckersirup, die er im Hof direkt vor seinem Labor aufgestellt hatte.

Das uralte Interesse der Menschen an der Haltung von Honigbienen in Bienenstöcken – ob Tonzylinder, geflochtene Körbe, Holzkisten oder (neuerdings) Styroporbehälter – ist ungebrochen und hält bis heute an. In den letzten Jahrzehnten haben Imker und Biologen jedoch mit Untersuchungen begonnen, wie diese faszinierenden Insekten ohne unsere Kontrolle leben. Diese „Rückkehr zur Natur" hat uns die Augen für viele neue Geheimnisse im Leben der Honigbienen geöffnet. Dieses Buch ist nun mein Versuch, die Erkenntnisse zum Leben der Honigbienenvölker in ihrem natürlichen Lebensraum zu validieren. Wir werden sehen, dass sich das Leben freilebender Völker, die Baumhöhlen und Felsspalten besiedeln, wesentlich von dem Leben der Bienenvölker in Magazinbeuten unterscheidet, die in Obstplantagen oder kleinen Hausgärten aufgestellt werden. Zu den auffälligsten Beobachtungen gehört vielleicht, dass die wilden Bienenvölker überleben und ihre Völkerzahl konstant halten, während gleichzeitig in den USA jedes Jahr etwa 40 %[3] der von Imkern bewirtschafteten Bienenvölker zugrunde gehen.

Die Geschichte der wilden Honigbienen ist deshalb von großem Interesse, weil sie unsere Sichtweise auf unser Verhältnis zur *Apis mellifera* und die Art und Weise, wie wir das Handwerk der Imkerei ausüben, erweitern kann. Für die Zukunft könnten wir uns vornehmen, die Honigbiene nicht mehr nur als ein gefälliges, fleißiges Insekt zu betrachten, das wir beliebig manipulieren können, damit es eine gute Honigernte produziert und seinen Bestäubungsauftrag erfüllt, sondern sie auch als ein erstaunliches Insekt wahrzunehmen, das wir bewundern und achten können und es bienengerecht und sorgsam behandeln. In den folgenden Kapiteln werde ich anhand zahlreicher Arbeiten an wildlebenden Honigbienenvölkern zeigen, wie diese ganz alleine auf sich allein gestellten Kolonien gedeihen – mit der Bauweise und den Abständen ihrer Nester, dem Sammelrevier bei der Futtersuche, dem Paarungssystem, der Resistenz gegen Krankheiten, der Genetik der Kolonie etc. Im letzten Kapitel „Darwinistische Bienenhaltung" werde ich erörtern, wie wir dieses wachsende Wissen nutzen können, um ein Thema von entscheidender Bedeutung zu behandeln: Wie können wir uns mit der *Apis mellifera* verbünden – einer Spezies, die das Leben der Menschen seit vielen tausend Jahren versüßt und von der die Lebensmittelversorgung der Menschheit jedes Jahr mehr und mehr abhängt.

Meine Faszination für wildlebende Honigbienen begann im Frühjahr 1963, als ich noch nicht ganz 11 Jahre alt war. Damals lebte ich, wie auch heute noch, in einem kleinen Tal namens Ellis Hollow, das ein paar Meilen östlich von Ithaca im amerikanischen Bundesstaat New York liegt – einem Flusstal, das kaum anderthalb Kilometer breit und etwa 3 km lang ist. Es liegt zwischen zwei steil abfallenden Anhöhen, dem Mount Pleasant und dem Snyder Hill: zwei parallel verlaufende Relikten einer uralten Sandsteinwand, dem Portage Escarpment, die sich durch die Region der Seengruppe der Finger Lakes im Zentrum des Bundesstaates New York zieht. Ellis Hollow war ein guter Ort, um aufzuwachsen, denn die bewaldeten Hänge und der Talgrund – mit seinen abschüssigen Feldern und dem sich sanft durch die Landschaft schlängelnden Bach Cascadilla Creek – schienen endlos zu sein. Und in diesem Tal beobachtete ich zum ersten Mal einen wunderschönen Helmspecht, der auf der Suche nach Rossameisen in einem Baum herumhämmerte. Hier sah ich auch zum ersten Mal eine Schnappschildkröte mit ihren stählernen Augen, die tief in die feuchte Erde ihre Eier legte, und zeigte meinem zahmen Waschbären, wie man unter den Felsen in den kleinen Bächen nach Krebsen jagt. Glücklicherweise gab es keine „Betreten verboten"-Schilder, die mich daran hinderten, diesen immer wieder faszinierenden Ort zu erkunden. Wenn ich heute auf der Ellis Hollow Creek Road nach Hause fahre, bemerke ich immer wieder Stellen, die ich irgendwann noch erkunden muss.

An einem Junitag im Jahr 1963 lief ich die Ellis Hollow Road entlang, als ich auf einmal ein lautes Summen hörte. Es kam aus einer großen Wolke von Honigbienen, so groß wie ein LKW, die den alten Schwarznussbaum an der Straße etwa 100 Meter östlich unseres Hauses umkreiste. Leicht verängstigt von diesem Anblick ging ich hinüber zu dem schattigen Wald auf der anderen Straßenseite und betrachtete sie aus – meinem Gefühl nach – sicherer Entfernung. Von dort aus beobachtete ich, dass die Bienen auf einem dicken Ast etwa vier Meter vom Boden entfernt landeten. Sie bedeckten ihn zu Tausenden mit ihren ledrig-braunen Körpern und strömten in ein Astloch von der Größe eines Golfballs – die Bienen zogen ein! Plötzlich war dieser riesige Baum, den ich immer schon als guten Kletterbaum und als reiche Quelle von Schwarznüssen geschätzt hatte, etwas ganz *Besonderes*. Er war jetzt ein Bienenbaum! In diesem Sommer ging ich noch oft dorthin und überwand so allmählich meine Angst vor den Bienen. Irgendwann lernte ich, dass ich sie aus der Nähe beobachten konnte (während ich auf einer Trittleiter saß), ohne gestochen zu werden.

Meine Mutter bemerkte mein Interesse an den Bienen und zu Weihnachten 1963 schenkten meine Eltern mir ein wunderschön illustriertes Kinderbuch über Honigbienen: *The Makers of Honey* (1956) von Mary Geisler Phillips. Ich las es sehr aufmerksam und mochte die Art und Weise, wie es mich in die Biologie der Honigbienen einführte. Es liegt jetzt, während ich diese Worte tippe, auf meinem Schreibtisch. Ich habe eine besonders tiefe Verbindung mit diesem kleinen Büchlein, da die Autorin auch Professorin an der Cornell University war. Am College of Home Economics (heute College of Human Ecology) war sie als Redakteurin für den universitätseigenen Radiosender auf dem Campus tätig und für Veröffentlichungen zuständig. Außerdem war Everett F. Phillips, der erste Professor für Bienenkunde an der Cornell University, ihr Ehemann.

Nach diesen prägenden Begegnungen mit den Honigbienen in meiner frühen Jugend, insbesondere der hautnahen Beobachtung eines wild in einem Baum lebenden Bienenvolkes, ist es nicht verwunderlich, dass diese Erfahrung die Wahl meines Themas beeinflusste, als ich 1974 mit der Graduate School begann, um meine Promotion in Biologie abzulegen. Ich beschloss, zu erforschen, wonach Honigbienen suchen, wenn sie selbst (und nicht ein Imker) ihre Unterkunft auswählen. Dabei nahm ich an, dass ich die Regel „Kenne dein Tier in seiner Welt[4]“ („know-the-animal-in-its-world rule“), die ich von dem Betreuer meiner Diplomarbeit an der Harvard University, dem deutschen Verhaltensforscher Bert Hölldobler, gelernt hatte, auf Honigbienen anwenden konnte. Ich hoffte damit auch, einen neuen Ansatz in der Bienenforschung zu fördern, bei dem wir die Bienen als erstaunliche, wilde Wesen betrachten, die in hohlen Bäumen in Wäldern leben, und nicht nur als „Engel der Landwirtschaft“, die in Bienenkästen an einem Bienenstand hausen. Durch diese Forschungsarbeit hoffte ich auch das Rätsel zu lösen, das mich so faszinierte, als ich 1963 behutsam einen Schwarm beim Einzug in sein neues Zuhause beobachtete. Was war an dieser dunklen Höhle in dem Schwarznussbaum in der Nähe meines Elternhauses so besonders, dass sie die Bienen dazu verleitete, ausgerechnet diesen Ort als ihre neue Behausung zu wählen? Zu beobachten, wie sich *dieser* Schwarm an *diesem* Tag in *diesem* Baum niederließ, das war der Zündfunke, der meine langjährige Leidenschaft entfacht hat: Ich wollte verstehen, wie die Honigbienen in der freien Natur leben. **Thomas D. Seeley, Ithaca, New York**

I

EINLEITUNG

Wir begriffen nie, was wir taten,
weil wir nie wussten, was wir zunichte machten.
Wir begreifen so lange nicht, was wir tun, bis wir erfahren,
was die Natur täte, wenn wir nichts tun würden.
Wendell Berry[5], *„Preserving wildness", 1987*

Dieses Buch befasst sich mit der Art und Weise, wie Kolonien der Honigbiene (*Apis mellifera*) in der freien Natur leben. Es stellt zusammenfassend die bisher gesammelten Erkenntnisse darüber vor, wie Honigbienenvölker leben, wenn sie nicht von Imkern bewirtschaftet und für menschliche Interessen ausgebeutet werden, sondern gänzlich auf sich selbst gestellt sind und dabei Strategien folgen, die ihr Überleben, ihre Fortpflanzung und somit den Bestand der nächsten Generationen dieser Bienenvölker sichern. Unser Ziel ist es, das natürliche Leben der Honigbienen zu verstehen – wie sie ihre Nester bauen und warm halten, ihre Nachkommenschaft aufziehen, ihre Nahrung sammeln, ihren Feinden trotzen, ihre Fortpflanzung sichern und ihr Leben in Einklang mit den Jahreszeiten gestalten. Hierzu werden wir nicht nur untersuchen, *wie* Honigbienenvölker in freier Natur leben, sondern auch *warum* sie so und nicht anders leben, wenn sie sich selbst überlassen sind. Mit anderen Worten: Wir werden ebenfalls der Frage nachgehen, wie natürliche Selektion die Biologie dieser wichtigen Spezies auf ihrer langen Reise durch das Labyrinth der Evolution geprägt hat. Im Laufe dieser Betrachtung wird sich zeigen, wie die *Apis mellifera* sich über Europa, Westasien und den größten Teil Afrikas ausbreiten und sich so zu einer Spezies mit weltweiter Verbreitung entwickeln konnte, noch bevor Imker sie in Nord- und Südamerika, Australien und Ostasien einführten.

Erkenntnisse darüber, wie Honigbienen in ihrer natürlichen Umgebung leben, sind für eine große Anzahl wissenschaftlicher Studien von wesentlicher Bedeutung, da *Apis mellifera* mittlerweile als Modellsystem für die Untersuchung grundlegender Fragen der biologischen Forschung – insbesondere in der Verhaltensbiologie – dient. Ob man diese Bienen nun studiert, um Fragen zum Thema Kognition bei Tieren, zur Verhaltensgenetik oder zum Sozialverhalten zu beantworten, es ist stets von entscheidender Bedeutung, sich mit ihrer natürlichen Biologie vertraut zu machen, bevor man den Versuchsablauf festlegt. Schlafforscher beispielsweise, die anhand von Honigbienen die Funktion von Schlaf untersuchten[6], profitierten enorm von der Erkenntnis, dass lediglich die älteren Bienen einer Kolonie, nämlich die Nahrungssammlerinnen, zumeist nachts und dann auch relativ lange schlafen. Hätten diese Forscher nun nicht gewusst, welche Bienen bei Einbruch der Dunkelheit am tiefsten schlafen, wäre es ihnen vielleicht nicht gelungen, aussagekräftige Versuchsanordnungen zum Thema Schlafentzug zu konzipieren. Jedes gute Experiment, das mit Honigbienen durchgeführt wird – und dies gilt für alle Organismen – berücksichtigt Erkenntnisse zu deren natürlicher Lebensweise.

Erkenntnisse darüber, wie Honigbienenvölker sich in freier Natur organisieren und funktionieren, sind ebenfalls von Bedeutung, wenn es darum geht, Verbesserungen in der Imkerei herbeizuführen. Wenn wir das natürliche Leben der Honigbienen verstehen, erkennen wir deutlich, welchem Stress wir die Bienen aussetzen, wenn wir die Völker intensiv für die Honigproduktion und die Bestäubung von Nutzpflanzen bewirtschaften. Erst dieses Verständnis versetzt uns in die Lage, bessere Methoden für die Bienenhaltung zu entwickeln – und zwar Methoden, die sowohl den Bienen als auch uns Vorteile bringen. Wie wichtig es ist, die Natur als Vorbild für die Entwicklung nachhaltiger Landwirtschaftsmethoden zu nutzen, formulierte der Autor, Umweltschützer und Landwirt Wendell Berry: „Wir begreifen so lange nicht, was wir tun, bis wir erfahren, was die Natur täte, wenn wir nichts tun würden."

Die aktuellen Zustände in der Bienenhaltung führen uns nur allzu deutlich vor Augen, welche Probleme Tierhaltung verursachen kann, wenn wir die natürlichen Lebensumstände der Tiere ignorieren und ihnen stattdessen widernatürliche Lebensbedingungen aufzwingen, die in erster Linie unseren eigenen Interessen dienen. Insbesondere in Nordamerika, wo quasi-industrielle Bienenzucht mit Zehntausenden von Kolonien der *Apis mellifera* – also der Spezies, die im Mittelpunkt dieses Buches steht – betrieben wird, sehen sich zahlreiche Imker mit einer Bienenvölker-Sterberate von mindestens 40 %[7] konfrontiert. Dies liegt mit Sicherheit nicht nur an den Haltungsmethoden der Imker. Auch Veränderungen in der landwirtschaftlichen Nutzpflanzenproduktion, insbesondere der Einsatz systemischer Insektizide, die von den Pflanzen aufgenommen werden und so deren Nektar und Pollen verunreinigen, spielen in dieser traurigen Geschichte eine Rolle, ebenso wie die vielerorts erfolgte Umstellung auf den Anbau von Mais und Sojabohnen, durch die Klee und Luzerne verdrängt wurden. Allerdings tragen die schwerwiegenden Eingriffe in das Leben der Bienenvölker, die in Bienenstöcken untergebracht sind, mit Sicherheit zu diesen extrem hohen Sterblichkeitsraten bei. Wenn Imker Bienenvölker in überfüllte Bienenstöcke[8] zwingen, die weniger als einen Meter voneinander entfernt stehen anstelle in Abständen von mehreren Hundert Metern wie in der freien Natur (dort mindestens ca. 330 m), so mag dies zwar ihre Arbeitseffizienz steigern, jedoch wird andererseits so auch die Verbreitung von Bienenkrankheiten gefördert. Wenn Imker ihre Bienenvölker in überdimensionierten, fast mannshohen Bienenkästen anstatt in kleineren, der Größe einer natürlichen Bienen-Nisthöhle entsprechenden Bienenstöcken unterbringen, so erhöhen sie zwar einerseits die Honigproduktion ihrer Völker, machen sie andererseits jedoch zu anfälligen Wirten für die Krankheitserreger und Parasiten der *Apis mellifera*, so zum Beispiel der tödlichen ektoparasitischen Milbe *Varroa destructor*.

Angesichts der schädlichen Auswirkungen herkömmlicher Formen der Bienenhaltung auf die Bienen ist es nicht verwunderlich, dass viele Imker jetzt nach Alternativen suchen. Diese Imker möchten nach dem Vorbild der Natur handeln, was gute Kenntnisse über das Leben wilder Honigbienen erfordert. Zur Unterstützung derjenigen Leser, die bienenfreundlichere Imkermethoden anwenden möchten, habe ich zum Ende des Buches ein Kapitel über die – wie ich sie gerne nenne – „Darwinistische Bienenhaltung“ aufgenommen, ein Ansatz zu einer Form der Imkerei, die den Bienen ein Leben unter möglichst naturnahen Bedingungen ermöglichen soll.

WILDE BIENENVÖLKER IM NORDOSTEN DER USA

In diesem Buch wird nicht der Versuch unternommen, die Lebensweise der *Apis mellifera* in freier Natur über ihre gesamte geografische Reichweite darzustellen, die sich gegenwärtig über (ganz) Europa, Teile Asiens, ganz Afrika mit Ausnahme der großen Wüstenregionen, den größten Teil Nord- und Südamerikas sowie Teile Australiens und Neuseelands erstreckt. Stattdessen liegt das Augenmerk darauf, wie Kolonien unseres wichtigsten Bestäuber-Insekts in den Laubwäldern im Nordosten der USA in freier Wildbahn leben, wo sie seit fast 400 Jahren als eingeführte Art existieren. In dieser Region erforschen meine Mitarbeiter und ich seit mehr als 40

Abb. 1.1. *Links*: Das Zuhause einer wilden Honigbienenkolonie in einem Baum im Arnot Forest der Cornell University in den USA. Der rote Pfeil zeigt auf ein kleines Astloch – den Nesteingang dieser Kolonie.
Rechts: Nesteingang eines wilden Honigbienenvolkes in München.

Jahren das Verhalten, das soziale Leben und die Ökologie der wildlebenden Honigbienen (Abb. 1.1). Obwohl unsere Studien sich auf Honigbienen beziehen, die außerhalb ihres heimischen Verbreitungsgebietes leben, bin ich überzeugt davon, dass unsere Erkenntnisse über das Leben der Honigbienen in den Wäldern im nordöstlichen Teil der USA uns dabei helfen können, zu verstehen, wie diese Bienen ursprünglich in den nördlichen und westlichen Regionen Europas gelebt haben.

Bis zur Mitte des 19. Jahrhunderts waren alle im Nordosten der USA lebenden Honigbienen Nachkommen der Honigbienenvölker, die ab Anfang des 17. Jahrhunderts aus Nordeuropa nach Nordamerika gebracht wurden. Laut den biologischen Systematikern unter den Entomologen, den Taxonomen, existieren etwa 30 Unterarten (geografische Varianten oder Rassen) der *Apis mellifera*, wobei die in Nordeuropa heimischen Honigbienen zur Unterart *Apis mellifera mellifera* Linnaeus gezählt werden. Diese Subspezies der *Apis mellifera* – auch die Dunkle Europäische Biene[9] genannt – zeichnet sich dadurch aus, dass sie die erste Art der Honigbienen ist, die taxonomisch klassifiziert wurde. Dies geschah bereits vor über 360 Jahren, als Carolus Linnaeus (Karl von Linné), Professor für Botanik und Zoologie an der schwedischen Universität Uppsala, im Jahr 1758 sein Werk *Systema Naturae* veröffentlichte, in welchem er das Verfahren der Taxonomie vorstellte, das seitdem von Biologen verwendet wird.

Die Dunkle Europäische Biene trägt diesen Namen, weil die Färbung ihres Körpers von Dunkelbraun bis Tiefschwarz reicht und sie historisch gesehen im gesamten nordeuropäischen Raum verbreitet war, von den Britischen Inseln im Westen bis zum Uralgebirge im Osten sowie von den Alpen und Pyrenäen im Süden bis hin zu den Küsten der Ostsee im Norden (Abb. 1.2). Aufgrund archäologischer Untersuchungen, bei denen Spuren von Bienenwachs[10] an Bruchstücken von 7200 bis 7500 Jahre alten Keramikgefäßen nachgewiesen wurden, wissen wir, dass diese Biene bereits vor etwa 8000 Jahren in Deutschland und Österreich existierte. Wie durch genetische[11] Studien an diesen Bienen selbst belegt wurde, hat sich ihr Verbreitungsgebiet im Zuge der postglazialen Klimaerwärmung in Nordeuropa, die vor etwa 10 000 Jahren einsetzte, erweitert. So dehnte es sich von den eiszeitlichen Regionen – Waldgebieten in den Bergregionen Südfrankreichs und Spaniens – in Richtung Norden und Osten aus. Dies ist damit zu erklären, dass die Biene der Ausbreitung von Wäldern folgte, die von thermophilen (wärmeliebenden) Bäumen wie Weide, Hasel, Eiche und Buche besiedelt waren. Offensichtlich gelang *Apis mellifera mellifera* im Zuge ihrer Verbreitung eine sehr erfolgreiche Entwicklung. So konnte sie ihr Verbreitungsgebiet innerhalb Europas weiter nach Norden ausdehnen als

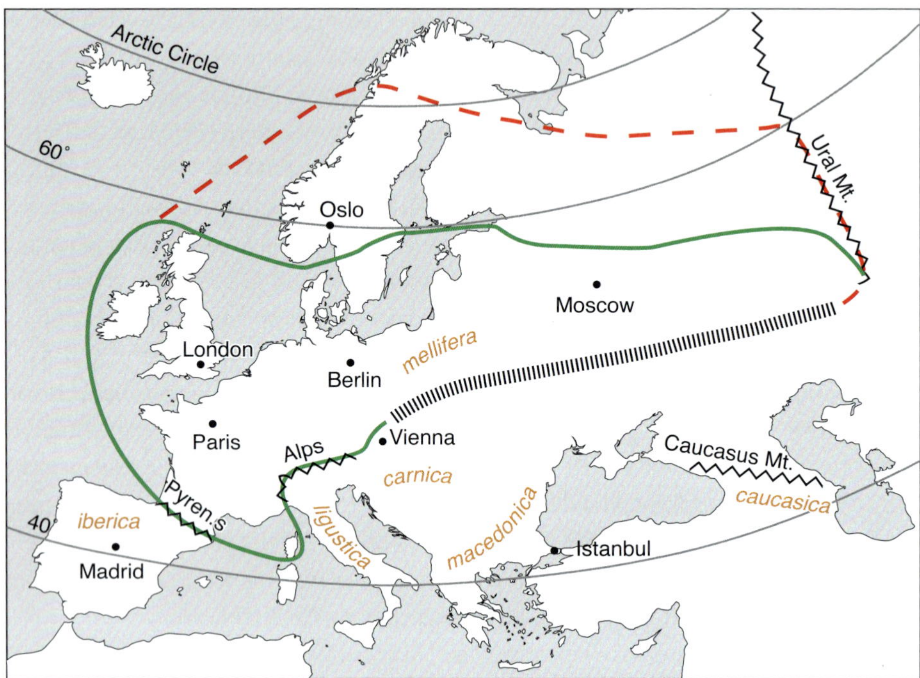

Abb. 1.2. Verbreitungskarte der Dunklen Europäischen Biene, *Apis mellifera mellifera*. Grüne Linie: ursprüngliche Verbreitungsgrenzen nach Norden, Osten und Westen. Vertikal schraffierte Linie: Übergangszone zu den Honigbienenarten Süd- und Osteuropas (*A. m. ligustica*, *carnica*, *macedonica* und *caucasica*). Rot gestrichelte Linie: nördliche Grenze der Bienenhaltung.

jede andere Unterart, da sie während der Eiszeit Anpassungsmechanismen entwickelt hatte, mit deren Hilfe sie auch den Winter überleben konnte. Es wird geschätzt, dass in den beiden östlichen, dicht bewaldeten Dritteln ihres Verbreitungsgebiets (von Ostdeutschland bis hin zum Ural) einst Millionen Völker der Dunklen Europäischen Biene lebten. Es besteht kein Zweifel, dass der Großteil des Bienenwachses und des Honigs, der im Mittelalter in Europa gehandelt wurde, durch Zeidlerei gewonnen wurde. Bei dieser Form der Imkerei werden Wohnhöhlen in Bäume gemeißelt, um Nistplätze für die Bienen zu schaffen. Deren Honig wird geerntet, ohne dass die Völker, die in diesen künstlichen Höhlen leben, getötet werden. Ein Überbleibsel dieser jahrhundertealten Tradition der Zeidlerei[12] findet sich heute noch in der südlichen Uralregion der Republik Baschkortostan, die inzwischen zur

Russischen Föderation gehört. In den Wäldern dieser Region leben noch immer reine *A. m. mellifera*-Bienenvölker und baschkirische Waldimker ernten noch immer Lindenblütenhonig (Winterlinde, *Tilia cordata*) von Bienenvölkern, die in von Menschenhand geschaffenen Nisthöhlen hoch in den Bäumen leben.

Die Dunkle Europäische Biene ist hervorragend angepasst an das Leben in bewaldeten Regionen mit relativ kühlen Sommern und langen, kalten Wintern. Daher überrascht es nicht, dass Bienen dieser Unterart, die Anfang des 17. Jahrhunderts von englischen und schwedischen Einwanderern nach Massachusetts, Delaware und Virginia in Nordamerika[13] gebracht wurden, aus den Bienenstöcken der Imker entkamen (ausschwärmten) und bald zu einem wichtigen Teil der lokalen Fauna wurden. Bereits im Jahr 1720 veröffentlichte ein gewisser Paul Dudley in der wissenschaftlichen Fachzeitschrift „*Philosophical Transactions*" der Royal Society in London einen Brief mit dem Titel „An account of a method recently found out in New England for discovering where the bees hive in the woods, to get their honey" (dt.: „Ein Bericht über eine kürzlich in Neuengland entwickelte Methode zum Lokalisieren von Bienenvölkern in Wäldern, um an ihren Honig zu gelangen"). Wie eine Auswertung von Dokumenten aus dem 17. und 18. Jahrhundert belegt (hierzu wurden Briefe, Tagebücher und Reiseberichte aus Nordamerika herangezogen), breiteten sich diese Honigbienen rasch über die dicht bewaldete östliche Hälfte Nordamerikas unterhalb der Großen Seen aus (Abb. 1.3). Auch die Tagebücher der Lewis- und-Clark-Expedition dokumentieren die rasche Besiedlung Nordamerikas durch die Dunkle Europäische Biene in Gebieten östlich des Mississippi. So notierte William Clark etwa am Sonntag, dem 25. März 1804, kurz nachdem die Expeditionsgruppe St. Louis verlassen und am Kansas River ihre Zelte aufgeschlagen hatte, in seinem Tagebuch: „Der Fluss stieg letzte Nacht um 14 Zoll (etwa 35,5 cm) an, die Männer entdecken zahlreiche Bienenbäume und ernten große Mengen an Honig."

Genetisch betrachtet handelt es sich bei den heutzutage wild in den Wäldern im Nordosten der USA vorkommenden Honigbienen nicht mehr um eine reine Population von *Apis mellifera mellifera*. Das liegt daran, dass amerikanische Imker 1859 in Folge des aufkommenden Dampfschiffverkehrs zwischen Europa und den USA damit begannen, Bienenköniginnen diverser anderer Unterarten der *Apis mellifera* zu importieren, die eigentlich in Südeuropa oder Nordafrika beheimatet sind. Im Zuge dieser mehr als 60 Jahre währenden Importe wurden mehrere Tausende begattete Bienenköniginnen nach Nordamerika verschifft. 1922 wurde diese Einfuhrtätigkeit dann allerdings abrupt eingestellt. Im Jahr 1922 verabschiedete der US-Kongress den sogenannten Honeybee Act, ein Gesetz, das die Einfuhr ausländi-

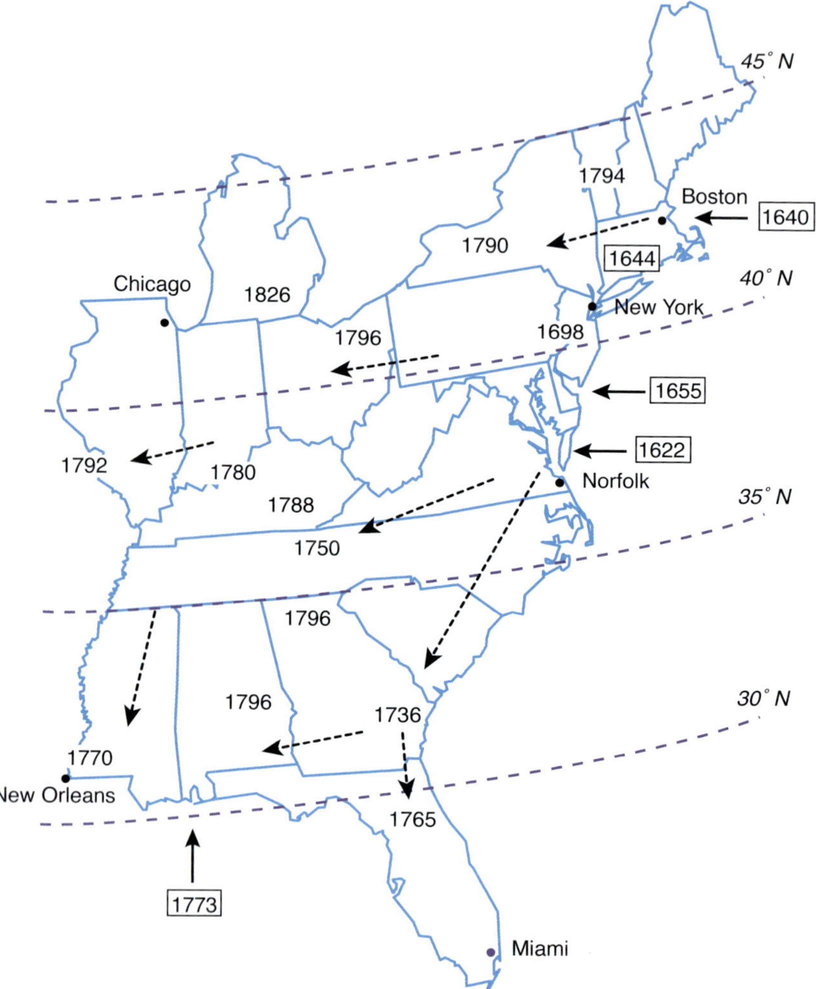

Abb. 1.3. Die Ausbreitung der Dunklen Europäischen Biene im östlichen Nordamerika nach ihrer Einführung in Virginia, Massachusetts, Connecticut und Maryland im Laufe des 17. Jahrhunderts und in Alabama im Jahre 1773 (gekennzeichnet mit durchgehenden Pfeilen). Die gestrichelten Pfeile zeigen die spätere Ausbreitung der Biene an.

scher Bienen untersagte, um die Honigbienen in den USA vor dem Befall durch die „Isle of Wight"-Krankheit (IoWD) zu schützen, einer unspezifischen, doch vermutlich hoch infektiösen und tödlichen Krankheit, die nach dem Ort ihres mutmaßlich erstmaligen Auftretens in Südengland benannt wurde. Wie wir sehen werden, besteht das genetische Erbe der heutzutage im Nordosten der USA verbreiteten wilden Honigbienen aus einer Mischung von Genen der *A. m. mellifera* und mehrerer anderer Unterarten der *Apis mellifera*. Die drei wichtigsten Unterarten oder Rassen der gegen Ende des 19. Jahrhunderts bzw. Anfang des 20. Jhr. eingeführten Bienen stammten alle aus dem südlichen Mitteleuropa: *A. m. ligustica* (aus Italien), *A. m. carnica* (aus Slowenien) sowie *A. m. caucasica* (aus dem Kaukasusgebirge). Einige andere Unterarten wurden aus dem Nahen Osten und Afrika eingeführt: *A. m. lamarckii* (aus Ägypten), *A. m. cypria* (aus Zypern), *A. m. syriaca* (aus Syrien und dem östlichen Mittelmeerraum) sowie *A. m. intermissa* (aus Nordafrika). Diese Unterarten wurden jedoch nicht gut aufgenommen und scheinen in den USA genetisch kaum vertreten zu sein.

In jüngerer Zeit (1987) gelangte eine Unterart der ursprünglich in Ost- und Südafrika beheimateten *Apis mellifera*, die *A. m. scutellata*, über Florida in die Südstaaten der USA. Eventuell geschah dies durch einen Imker, der nach Bienen suchte, die im subtropischen Florida gut gedeihen würden, und deshalb einige Königinnen dieser an tropisches Klima angepassten Unterart einschleuste. Seitdem haben sich Völker der *A. m. scutellata* tatsächlich erfolgreich in Florida etabliert und die Genetik der im Südosten der USA verbreiteten Honigbienen stark beeinflusst. Allerdings hatten sie keinerlei Einfluss auf die Genetik der im Nordosten verbreiteten Bienen – wahrscheinlich, weil Kolonien der *A. m. scutellata* den nördlichen Winter nicht überleben. 1990 schließlich gelangten Bienen der afrikanischen Unterart *A. m. scutellata* ein weiteres Mal in die USA, diesmal an einem anderen Ort, als Schwärme die Grenze zwischen Mexiko und den USA überquerten und sich in Texas niederließen. Auch in diesem Fall vermischten sie sich vor Ort mit den bereits dort ansässigen Europäischen Honigbienen. Seitdem haben sich in den feuchten, subtropischen Teilen des südlichen Texas und in den südlichsten Gebieten von New Mexico, Arizona und Kalifornien hybride Populationen entwickelt, die das Erbe der Afrikanischen und der Europäischen Honigbienen in sich vereinen – sogenannte Afrikanisierte (amerikanische) Honigbienen. Im Jahr 2013 beinhaltete der Genpool der Afrikanisierten Bienen in Südtexas[14] noch einen kleinen Anteil (ca. 10 %, sowohl mitochondriale als auch nukleäre Gene) der Europäischen Honigbiene.

Verfolgt man die komplizierte Geschichte der zahllosen Einführungen[15] diverser Honigbienen aus Regionen in Europa, dem Nahen Osten und Afrika nach Nordamerika, so stellt sich eine interessante Frage: Welche Unterarten der *Apis mellifera* sind heute bei den wildlebenden Bienenvölkern im Nordosten der USA vertreten? Glücklicherweise gibt es mittlerweile eine eindeutige Antwort auf diese Frage, zumindest für diejenigen Bienenvölker, die in den ausgedehnten Waldgebieten im südlichen

Teil des Bundesstaats New York leben. In den Jahren 1977 und 2011 habe ich in dieser dicht bewaldeten Region Arbeiterbienen wildlebender Völker gesammelt. Die 32 Bienensätze aus dem Jahr 1977 wurden in der Insektensammlung der Cornell University als Belegexemplare fixiert und aufbewahrt. Die 32 Sätze aus dem Jahr 2011 wurden in mit Ethanol gefüllten Fläschchen gesichert, wodurch die DNA recht gut konserviert wird. 2012 wurden dann Proben beider Bienengruppen an einen meiner ehemaligen Studenten, Professor Alexander S. Mikheyev, verschickt, den Leiter der Abteilung für Ökologie und Evolution am Okinawa Institute of Science and Technology in Japan. Dort wurde die DNA von je einer Biene aus jedem der 64 Bienenvölker, aus denen ich Proben entnommen hatte, extrahiert und mittels Gesamtgenomsequenzierung (WGS)[16] analysiert, um so die Zusammensetzung der Unterarten sowohl für die 1977er („alten“) als auch die 2011er („modernen“) Bienenpopulationen zu bestimmen (Abb. 1.4).

Diese genetische Detektivarbeit zeigte, dass es sich bei Bienen beider Proben in erster Linie um Nachkommen von zwei Unterarten der *Apis mellifera* handelt, die aus Südeuropa, insbesondere aus Italien und Slowenien, importiert wurden: *A. m. ligustica* und *A. m. carnica*. Dieser Befund war allerdings kaum überraschend, da diese beiden Unterarten seit dem 19. Jahrhundert bei Imkern in Nordamerika am beliebtesten sind. Völker dieser beiden Unterarten gelten als sanftmütig (nicht stechfreudig) und sind gute Honiglieferanten. Überraschend war jedoch die Entdeckung, dass Bienen aus beiden Proben (sowohl von 1977 als auch von 2011) viele Gene der Dunklen Europäischen Biene (*A. m. mellifera*) besaßen, die seit dem 17. Jh. aus Gebieten nördlich der Alpen importiert wurde, ebenso wie Gene der Kaukasischen Honigbiene (*A. m. caucasica*), die ab Ende des 19. Jahrhunderts aus dem Kaukasus-Gebirge eingeführt wurde (siehe Abb. 1.4). Außerdem ergab diese genetische Spurensuche, dass die Bienen aus der „modernen“ Probe (2011) – nicht jedoch die aus der „alten“ Probe (1977) – einen geringen Anteil (unter 1 %) der Gene zweier afrikanischer Unterarten aufwiesen: *A. m. scutellata*, heimisch in Afrika südlich der Sahara (Sub-Sahara) und *A. m. yemenitica*, beheimatet in den heißen Trockenzonen von Arabien (z. B. Saudi-Arabien, Jemen und Oman) und Ostafrika (z. B. Sudan, Somalia und Tschad). Dieser leichte Eintrag (Introgression) afrikanischer Gene in die moderne Population wildlebender Völker in den Wäldern nahe Ithaca, New York, lässt sich wahrscheinlich auf Afrikanisierte Honigbienen zurückführen, also auf Hybriden der afrikanischen und europäischen Arten von *Apis mellifera*, die sich ab den späten 1980er-Jahren bis in die frühen 1990er im Süden der USA niederließen. Diese südlichen Regionen – einschließlich der Staaten Florida, Georgia,

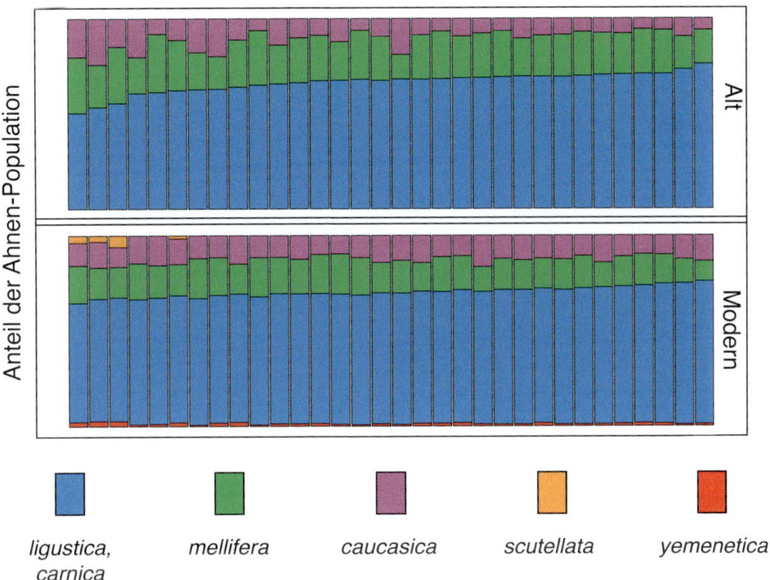

Abb. 1.4. Abstammung der Honigbienen (*Apis mellifera*) aus den Wäldern südlich von Ithaca (Bundesstaat New York). Sowohl die alten (1970er-Jahre) als auch die modernen (2010er-Jahre) Völker stammen weitgehend von Bienen aus Süd- bzw. Südosteuropa ab: den Unterarten *A. m. ligustica, carnica* und *caucasica,* die bereits ab 1880 von nordamerikanischen Imkern gehalten wurden. Ebenso konnte sowohl für die alte als auch die moderne Population eindeutig ihre Abstammung von der Dunklen Europäischen Biene (*A. m. mellifera*) des nördlichen Europas nachgewiesen werden, die ab dem 17. Jahrhundert in Nordamerika eingeführt wurde. Das Erbgut der modernen Population enthält außerdem zu einem geringen Anteil Gene einer Unterart aus Afrika (*A. m. scutellata*) und von der arabischen Halbinsel (*A. m. yemenitica*).

Alabama und Texas – weisen ein für die Afrikanisierten Honigbienen günstiges warmes Klima auf. Außerdem findet dort ein Großteil der kommerziellen Königinnenzucht für die USA statt. Offensichtlich wurden in den letzten ca. 25 Jahren Königinnen mit Genen teils afrikanischer Herkunft an Imker in nördlichen Staaten versendet. Wanderimker, die ihre Völker den Winter über in Florida stehen haben und sie dann im Frühling in den Norden transportieren, um dort Äpfel, Cranberries und andere Nutzpflanzen zu bestäuben, haben wahrscheinlich auch dazu beigetragen, dass die Gene der afrikanisierten Honigbienen sich langsam nach Norden ausbreiten.

Dieser durch Spitzentechnologie ermöglichte neue Blick auf die Gene der Honigbienen aus den Waldgebieten südlich von Ithaca hat zwei wichtige Erkenntnisse offenbart. Zum einen hat er uns gezeigt, dass die Ankunft der afrikanischen Honigbienen in Florida und Texas in den 1980er-und 1990er-Jahren die genetische Zusammensetzung der in den Wäldern bei Ithaca wildlebenden Völker nur sehr geringfügig beeinflusst hat. Mit anderen Worten: das genetische Erbe dieser wildlebenden Völker spiegelt noch immer größtenteils die fast 400 Jahre umfassende Geschichte der Importe von Honigbienen aus Europa wider. Zum anderen zeigt er uns, dass die Gene dieser wildlebenden Völker überwiegend von Honigbienen stammen, die in *Südeuropa* heimisch sind, obwohl Honigbienen aus *Nordeuropa* bereits 200 Jahre zuvor erstmals eingeführt wurden. Vermutlich deutet dieser Umstand darauf hin, dass Bienen südeuropäischer Herkunft wie die aus Italien und Slowenien stammenden Unterarten *A. m. ligustica* und *A. m. carnica* bei den nordamerikanischen Imkern beliebter waren als die dunklen Europäischen Bienen (*A. m. mellifera*), die aus verschiedenen Regionen Nordeuropas stammten. Die meisten Imker bevorzugen ruhige Bienen, die große Mengen Honig produzieren. Im Vergleich zu den dunkleren Bienen Nordeuropas neigen die heller gefärbten Bienen aus Südeuropa dazu, beim Öffnen eines Bienenstocks weniger stark herumzulaufen (ruhiger Wabensitz). Außerdem bauen sie größere Populationen von Arbeiterbienen auf und legen große Honigvorräte an.

Wenn man bedenkt, dass der Großteil der Gene der bei Ithaca lebenden Völker von Honigbienen stammt, die an das verhältnismäßig milde Klima Südeuropas angepasst waren, die Winter in Ithaca aber lang, schneereich (Abb. 1.5) und oft bitter kalt (Tiefsttemperaturen von ca. 23°C) sind, stellt sich die Frage: Haben sich die bei Ithaca lebenden Honigbienen gut an das Leben in dieser nördlichen Region Nordamerikas angepasst? In den folgenden Kapiteln werden wir sehen, dass diese Frage eindeutig bejaht werden kann; zahlreiche Studien haben ergeben, dass die wilden Honigbienenvölker beeindruckend gut mit den Lebensbedingungen in diesen Regionen zurechtkommen. Im Rahmen dieser Studien wurde untersucht, inwieweit Vorlieben für Neststandorte, jahreszeitliche Muster in der Brutpflege und im Schwarmverhalten, Strategien bei der Futtersuche, Überwinterungsfähigkeit sowie Abwehrstrategien gegen Krankheitserreger und Parasiten erfolgreich an die Lebensbedingungen im Nordosten der USA angepasst werden konnten. Das wohl überzeugendste Argument dafür, dass diese wilden Bienenvölker inzwischen gut an ihre aktuelle Umwelt angepasst sind, ist der Umstand, dass sie höchst wirksame Verteidigungsstrategien gegenüber dieser treffend als *Varroa destructor* bezeichneten ektoparasitischen Milbe besitzen. In Kapitel 10 werden wir sehen, wie stark die wildlebenden Bienenvölker im Raum Ithaca dezimiert wurden, als diese Milbe

Abb 1.5. Ein Bienenstand im Winter in Ellis Hollow in der Nähe von Ithaca, New York.

(deren ursprünglicher Wirt eine asiatische Honigbienenart, *Apis cerana*, ist) Mitte der 1990er-Jahre das Gebiet um Ithaca erreichte, und wie sich die Population danach wieder erholte – durch strikte Selektion von Arbeiterinnen, die Milben durch verschiedene hochwirksame Abwehrmechanismen abtöten konnten. Tatsächlich wissen wir heute, dass die Populationsdichte wilder Honigbienenvölker in der Dekade ab 2010 (also etwa 20 Jahre nach Ankunft der Varroamilbe) wieder der Dichte in den 1970er-Jahren entsprach (ca. 20 Jahre vor Ankunft der *Varroa*).

Eigentlich ist es nicht überraschend, dass die wilden Honigbienenvölker in den Wäldern um Ithaca sich gut an die Lebensbedingungen in diesen nördlichen Waldgebieten angepasst haben, um so ihr Überleben und ihre Fortpflanzung zu sichern, obwohl die Winter dort um einiges länger und kälter sind als in vielen der Herkunftsregionen ihrer Vorfahren in Europa. Schließlich waren diese Bienenvölker seit ihrer Ankunft im Nordosten des amerikanischen Kontinents, also fast 400 Jahre lang, einem starken natürlichen Selektionsdruck zur Anpassung an die dort herrschenden Klimabedingungen ausgesetzt. Wie Biologen durch zahlreiche wissenschaftliche Studien belegen konnten, entstehen im Rahmen der Evolution durch natürliche Selektion Populationen von Pflanzen und Tieren mit veränderten Eigenschaften, die in nur wenigen Jahren belastbare Lösungen für ein neues Problem entwickeln. Neben der rapiden Entwicklung der Resistenz gegen die Varroamilben im Falle der wild in den Wäldern um Ithaca lebenden Bienenvölker bietet auch die Afrikanisierte Honigbiene (*Apis mellifera scutellata*) in Puerto Rico ein Beispiel für einen derartigen Evolutionsprozess: Innerhalb von nur etwa 10 Jahren änderten diese Bienen ihr Verhalten und verloren ihre Aggressivität. Offensichtlich wurde dieser rasche evolutionäre Wandel in den Jahren zwischen 1994 und 2006 durch natürliche Selektion vorangetrieben: bei Honigbienen, die in Regionen ohne natürliche Fressfeinde lebten, wurden Gene für weniger aggressives Verhalten stärker selektiert. Ein weiteres markantes Beispiel für die rasche Verhaltensanpassung[17] eines Insekts an veränderte Lebensumstände ist das Einstellen des Rufgesangs der männlichen Feldgrille (*Teleogryllus oceanicus*) auf der hawaiianischen Insel Kauai. Diese Verhaltensänderung trat nach der unbeabsichtigten Einschleppung der Schmarotzerfliege auf, die Grillen als Wirte aufspüren kann, indem sie ihrem Zirpen folgt. Männliche Grillen mit Mutationen der Flügelstrukturen, die dazu führten, dass ihre Gesänge nicht mehr hörbar waren, befanden sich durch die natürliche Selektion stark im Vorteil. Die rasche Evolution führte letztendlich zum Verstummen der Grillen![18]

ZUM AUFBAU DES BUCHES

Dieses Buch soll Ihnen einen detaillierten Einblick in das natürliche Leben von Honigbienenvölkern ermöglichen, insbesondere von Bienen, die in den kalt-gemäßigten Klimazonen leben. Um diesen Einblick genießen zu können, werden Sie sich durch unbekanntes wissenschaftliches Terrain schlagen, öfter innehalten und bei jedem Zwischenstopp aufmerksam in eine neue Richtung schauen müssen. Sie werden schnell feststellen, dass dieses Buch nicht nur einen Überblick über wissenschaftliche Studien gibt, sondern auch mein persönliches Bemühen darstellt, diesen besonderen Teil der Natur besser zu verstehen. Hier nun ein Überblick darüber, was Sie bei der Lektüre dieses Buches erwartet.

Kapitel 2 beschreibt wann, wo und wie meine Faszination für das Rätsel entstand, wie Völker der „domestizierten" Honigbiene, *Apis mellifera*, in der freien Natur leben. Dieses Kapitel führt Sie ein in die Landschaft und die Wälder südlich der kleinen Stadt Ithaca im US-Bundesstaat New York, wo viele der in diesem Buch beschriebenen Untersuchungen durchgeführt wurden. Ebenso wird dargestellt, wie ich Ende der 1970er-Jahre damit begann, in einem dieser Wälder – dem Arnot Forest – die Population wildlebender Bienenvölker zu studieren. Außerdem beschreibt es mein Erstaunen darüber, dass Anfang der 2000er-Jahre noch immer wildlebende Völker in diesem Wald vorzufinden waren, obwohl die tödliche ektoparasitische Milbe *Varroa destructor* sich seit etwa Anfang der 1990er-Jahre auch nach Ithaca ausgebreitet hatte. Weiterhin gibt dieses Kapitel einen Überblick darüber, was über die Verbreitung und Widerstandsfähigkeit wildlebender Völker der *Apis mellifera* an anderen Orten bekannt ist. Gegen Ende des 2. Kapitels geht es dann um die beiden größten Rätsel, die im Laufe dieses Buches schrittweise gelöst werden: 1) Wie schaffen es die wilden Honigbienenvölker in den Wäldern um Ithaca zu überleben, ohne mit Milbenbekämpfungsmitteln behandelt zu werden? Und ganz allgemein: 2) Wie unterscheidet sich das Leben wilder von dem der bewirtschafteten Honigbienenvölker – und was können wir aus diesen Unterschieden lernen, um unsere wichtigsten Bestäuberinsekten besser zu behandeln?

Kapitel 3 und 4 nehmen dann etwas Abstand von der heutigen Biologie der *Apis mellifera*, um der Frage nachzugehen, warum bis vor Kurzem so wenig über das natürliche Leben der Honigbienen bekannt war. Wir werden erfahren, dass die Honigbienenvölker wahrscheinlich ab dem Zeitpunkt in Bienenstöcken (also künstlichen, von Menschen geschaffenen Strukturen) zu leben begannen, als umherziehende Jäger und Sammler vor etwa 10 000 Jahren zu sesshaften Bauern und Hirten wurden. Vermutlich begannen die Menschen, das natürliche Leben der Bienen zu manipulieren, als sie die Zeidlerei aufgaben und sich von räuberischen Honigjägern zu systematisch vorgehenden Imkern entwickelten. Wir werden ebenfalls sehen, wie die künstlichen Behausungen für bewirtschaftete Honigbienenvölker im Laufe der Jahrtausende schrittweise immer weiter entwickelt wurden, damit die Menschen leichter eingreifen und den goldenen Honig erbeuten konnten. Auf diese Weise geriet unser Wissen über die natürliche Lebensweise frei lebender Honigbienenvölker im Lauf der Zeit allmählich immer weiter in Vergessenheit. Die Bienen allerdings gaben ihre natürliche Lebensweise nie gänzlich auf, sondern folgten stattdessen weiterhin den Verhaltensmustern, die schon vor Millionen von Jahren festgelegt wurden. So gelang es uns erst vor 70 Jahren – durch künstliche Befruchtung der Bienenköniginnen – die Paarung dieser Insekten zu kontrollieren und auf diese Weise gezielt für Zuchtzwecke zu nutzen. Glücklicherweise werden auch heute nur wenige Königinnen künstlich befruchtet. Die meisten Königinnen paaren sich einfach mit den Drohnen, denen sie auf dem Hochzeitsflug begegnen. Anschließend betrachten wir in den Kapiteln 5 bis 10 die Naturgeschichte der Honigbienen, die in gemäßigten Klimazonen der Erde leben, und fassen die in den letzten 40 Jahren hierzu gewonnenen Erkenntnisse zusammen. In diesem Zusammenhang untersuchen wir die Themenkomplexe Nestbau, Jahreszyklus, Fortpflanzung, Nahrungssuche, Temperaturregelung und Verteidigung der Kolonie. Alle diese Kapitel werden uns vor Augen führen, wie sich ein Honigbienenvolk in seiner erstaunlichen Organisation durch natürliche Selektion an das Leben in der freien Natur – nicht jedoch an ein Leben in domestizierter Umgebung – angepasst hat und Honigbienen so immer noch problemlos in der Lage sind, ohne Betreuung durch Imker zu überleben und sich fortzupflanzen. Im Einzelnen werden wir sehen, wie die Bienen aus Wachs ihre Waben bauen und nutzen, die zeitliche Abfolge von Schwärmen und ihre Drohnenaufzucht gestalten, ihre Nahrungs- und Wassersammlung wie in einer Fabrik organisieren, die Thermoregulation (thermische Homöostase) in ihren Nestern aufrechterhalten und ein Arsenal von Abwehrmaßnahmen bereithalten. Alle diese Teilaspekte gehören zu dem komplexen Anpassungsprogramm eines Honigbienenvolkes und dienen nur dem Ziel, seine Gene an die nächste Generation von Bienenvölkern weiterzugeben.

Abschließend werden in Kapitel 11 dann zusammenfassend die wichtigsten Erkenntnisse über das natürliche Leben der *Apis mellifera* dargestellt. Zunächst werden hier die in den vorangegangenen Kapiteln beschriebenen Forschungsergebnisse in Form eines 21-Punkte -Vergleichs zusammengefasst, der freilebende Bienenvölker den von Imkern bewirtschafteten Völkern gegenübergestellt. Darauf folgen 14 praktische Vorschläge, wie Imker die Lebensbedingungen ihrer Bienen ganz konkret verbessern können, indem sie sich stärker an deren natürlichen Bedürfnissen und Lebensumständen orientieren und den Bienen so ein Leben mit weniger Stress bei besserer Gesundheit ermöglichen.

2

HONIGBIENEN – NOCH SIND SIE IM WALD

Die Berichte über meinen Tod sind stark übertrieben.
Mark Twain[19]*, New York Journal, 1897*

Viele der in diesem Buch vorgestellten Untersuchungen haben meine Kollegen und ich im Laufe der letzten 40 Jahre an den wildlebenden Bienenvölkern in den Wäldern rund um die Kleinstadt Ithaca durchgeführt, in der auch die Cornell University beheimatet ist, mitten im Bundestaat New York.

Ithaca liegt am südlichen Zipfel des Cayuga Lake, einem schmalen, langgestreckten See, der von hier aus fast 65 km nach Norden verläuft und sich während der letzten Eiszeit tief eingeschnitten hat. Er gehört zur den elf Finger Lakes[20], einer Seengruppe, die sich wie die Finger der ausgestreckten Hände in Nord-Süd-Richtung über den mittleren Teil des Bundesstaates erstrecken (Abb. 2.1). *Zwischen* den einzelnen Seen liegt eine sanfte Hügellandschaft mit tiefen, fruchtbaren Böden auf einer Kalksteinschicht im Untergrund – eine fruchtbare und ertragreiche Gegend, in der intensive Landwirtschaft betrieben wird, mit Weinbergen, Obstplantagen und Milchviehbetrieben. *Südlich* der Seen, also auch südlich von Ithaca, ändert sich das Landschaftsbild deutlich, sowohl topografisch als auch in der Bodenbeschaffenheit: Es ist bergig und dicht bewaldet. Durch zerklüftete Hügel schlängeln sich enge Täler mit manchmal fast senkrecht abfallenden Steilhängen, saure Böden bedecken als dünne Bodenkrume die darunterliegenden Schieferton- und Sandsteinschichten. Die Region südlich von Ithaca gehört zum Hochland der *Appalachen (Appalachian Highlands)* mit teilweise über 600 Meter hohen Bergen. Sie sind für die landwirtschaftliche Nutzung eher ungeeignet, dafür wachsen hier wunderschöne Laubwälder, die einen idealen Lebensraum für Wildtiere wie Amerikanische Schwarzbären, Biber, Rotluchse, Fischmarder, Nerze, Stachelschweine, Füchse und

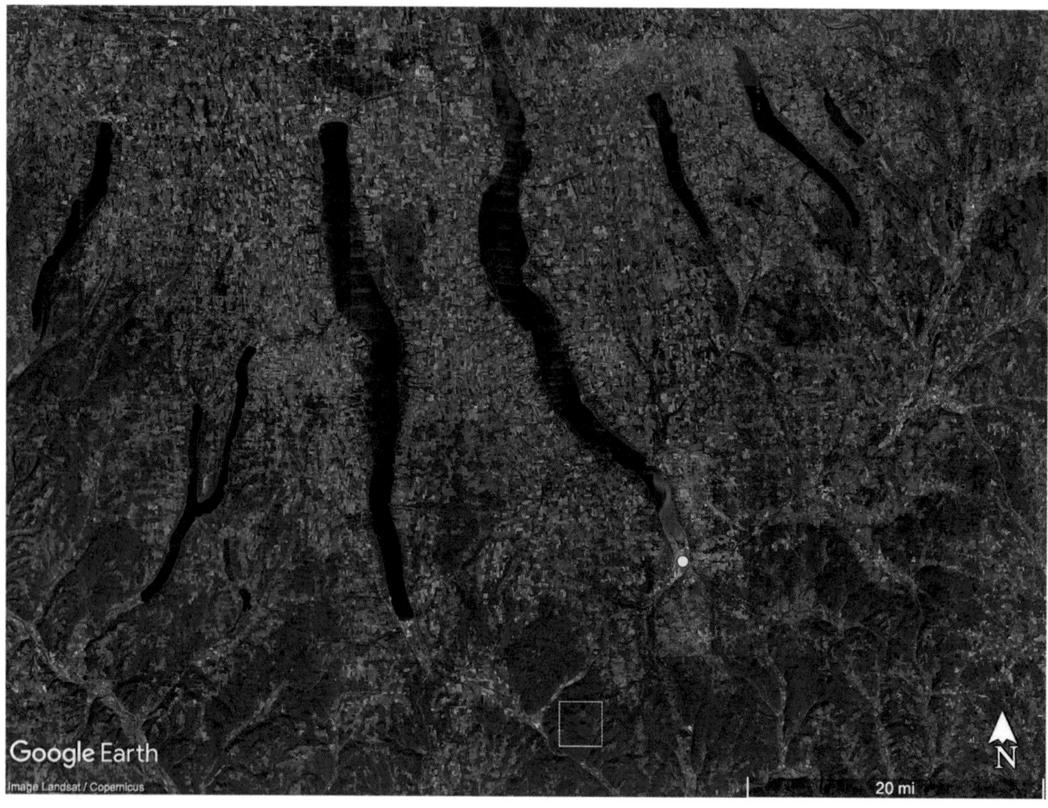

Abb. 2.1. Luftaufnahme der Region der Finger Lakes im Bundesstaat New York. Gelber Punkt: die Stadt Ithaca. Gelbes Quadrat: der Arnot Forest. Maßstab: 20 Meilen entsprechen 32 km.

Raben bieten, und natürlich auch für wildlebende Bienenvölker. Die klimatischen Verhältnisse in der Region der Finger Lakes sind ähnlich wie in Nordeuropa – kurze, heiße und feuchte Sommer, mit Temperaturen, die nur selten über 32 °C liegen, und lange, kalte und schneereiche Winter, in denen die Temperaturen oft unter –18 °C fallen. Die jährliche Gesamtschneehöhe beträgt mindestens 150 cm. Wenn ein Honigbienenvolk in diesem Teil der Welt existieren will, muss es in der Lage sein, mit gravierenden jahreszeitlichen Wetteränderungen zurechtzukommen.

ÖKOLOGISCHE GESCHICHTE DER WÄLDER IN DER UMGEBUNG VON ITHACA/NEW YORK

Die ersten Bewohner im Gebiet der Finger Lakes waren paläoindianische Jäger. Die verkohlten Überreste ihrer Lagerfeuer wurden mithilfe der Radioarbonmethode datiert, demnach tauchten diese halbnomadischn Jäger vor etwa 13 000 Jahren auf, kurz nach dem Verschwinden der letzten Gletscher, und lebten hier bis vor etwa 4000 Jahren. Nach den Jägern und Sammlern kamen die sesshaften amerikanischen Ureinwohner, die Indianer. Sie betrieben Ackerbau und lebten in Dörfern mit Langhäusern, die mit Rindenstücken abgedeckt waren. Auf den fruchtbaren Böden im Land zwischen den Seen legten sie ihre Felder an. Sie pflanzten Mais, Kürbisse und Bohnen an – die berühmten „drei Schwestern" der klassischen Mischkultur der nordamerikanischen Indianer – sowie die einheimische Tabaksorte *Nicotiana rustica*. Sie jagten aber auch Wild (unter anderem Hirsche, Rotwild, Puten, Truthähne und Wandertauben), angelten Aale und Lachs, sammelten Eicheln und Beeren und stellten Kochgeschirr aus Keramik her. Diese Lebensform blieb von etwa 1000 v. Chr. bis in das frühe 17. Jahrhundert erhalten, bis die Europäer aus Frankreich, England und den Niederlanden in ihren Lebensraum eindrangen. Von nun an wurden die Indianer in der Region der Finger Lakes nur noch die „Irokesen" (oder *Haudenosaunee*: „Menschen des langen Hauses") genannt.

Nach dem Amerikanischen Unabhängigkeitskrieg (1775–1783) erwarb der Bundesstaat New York Eigentumsrechte am gesamten Land der Irokesen, ein paar kleinere Reservate ausgenommen, und so begannen Ende des 18. Jahrhunderts Siedler aus den Staaten an der Atlantikküste, hauptsächlich aus New York, Pennsylvania, New Jersey, Massachusetts und Connecticut, herzuziehen. Die Wohlhabenderen unter ihnen errichteten ihre Farmen auf dem sanft gewellten, saftig grünen Land zwischen den Finger Lakes, in dem die Irokesen vorher schon große Felder angelegt hatten, während die Ärmeren sich im bewaldeten, hügeligen Gelände südlich von Ithaca[21] niederließen, wo das Land an die Farmer billig verkauft oder verpachtet wurde. Dort rodeten sie den Urwald, pflanzten Kartoffeln, verschiedene Getreidesorten (Weizen, Hafer und Gerste) und Obstsorten an (insbesondere Äpfel) und betrieben Schafzucht wegen der Wolle. Zwischen 1840 und 1860 bestand die Bevölkerung in diesen äußerst kargen Landstrichen zum großen Teil aus irischen Einwanderern, die vor der durch die Kartoffelfäule ausgelösten Großen Hungersnot in Irland (1845–49) geflohen waren. Noch heute erinnern viele Ortsnamen in den Hügeln daran. So heißt beispielsweise der bekannteste Berg im Arnot Forest (das ist das wilde, etwa 1700 Hektar große Waldschutzgebiet, in dem ich den größten Teil meiner Studien an wildlebenden Honigbienenvölkern durchführte) *Irish Hill* und der steinige Feldweg, der sich von der Ortschaft Cayuta in Pony Hollow zu den verlassenen Farmen oben auf dem *Irish Hill* hochschlängelt, wird *McClary Road* genannt. Die Volkszählung im Jahre 1860 (United States Census, die achte Volkszählung der USA) ergab, dass viele der Siedler auf dem *Irish Hill* – William Hetherington, Abram und Azara Sealy und Mary Pearson eingeschlossen – gebürtige Iren waren. Zehn Jahre später verließen immer mehr Farmer, die die minderwertigeren Böden in den Bergen südlich von Ithaca bewirtschaftet hatten, ihre Farmen, bis in den 1920er-Jahren die meisten verschwunden waren. Nachdem diese Hügel in den Jahren 1800 bis 1860 zur landwirtschaftlichen Nutzung großflächig abgeholzt worden waren, begannen die Wälder seit den 1870er-Jahren wieder zu wachsen und entwickelten sich zu einem post-landwirtschaftlichen Sekundärwald.

Heute ist der größte Teil der aufgegebenen Felder und Weiden in den Hügeln südlich von Ithaca wieder geschlossenes Waldgebiet. Vereinzelt findet man noch die Grundmauern ehemaliger Häuser und Scheunen, steinerne Brunneneinfassungen und riesige Steinhaufen, die Grenzlinien zwischen früher einmal gepflügten Feldern andeuten. Im Schatten der Wälder liegen auch viele verlassene Friedhöfe verborgen, so wie dieser kleine, der sich entlang der Irish Hill Road im Arnot Forest erstreckt. Von den etwa 20 Gräbern sind meist nur noch Mulden im Boden erkennbar, die die Umrisse der Särge andeuten; einige andere sind mit aufrecht stehenden Steinen ohne jegliche Aufschrift kenntlich gemacht. Gerade mal sechs Gräber haben einen teuren Grabstein aus Granit, der Namen und Jahreszahlen trägt. Als Jahr des Todes sind die Zahlen 1860, 1862, 1864, 1871, 1881 und 1884 eingemeißelt. Es scheint, als sei der schnelle Bevölkerungszuwachs auf dem Irish Hill in den 1880er-Jahren zu Ende gewesen, und die Wälder eroberten sich das Terrain zurück.

Anhand der Jahresringe der Bäume kann man den Prozess der Renaturierung dieser Region innerhalb der letzten 130 Jahre gut nachverfolgen. Als ich 1986 nach Ithaca zurückzog, kauften meine Frau Robin und ich einen 40 Hektar großen Waldbestand auf einem Hang südlich von Ithaca, der zu Ellis Hollow gehört und entlang der Hurd Road verläuft. Er ist nur wenige Meilen von der Gegend entfernt, in der ich aufgewachsen bin. Ein Großteil unseres Waldes war früher einmal Farmland der Familie Hurd. Sie lebten dort zwei Generationen lang, seit Anfang der frühen 1800er-Jahre, als Asa Hurd mit Peleg Ellis herkam, um die Talsenke zu besiedeln, bis zum Jahr 1883, als Asa Hurds Sohn, Wesley Hurd, das Land kurz vor seinem Tod im Alter von 82 Jahren verkaufte. In den darauffolgenden Jahrzehnten gab es eine

Reihe von Besitzern, die hier Viehzucht betrieben und das Heu mähten, aber keiner von ihnen wohnte auf der Farm, und nach und nach wurden Haus, Scheune und Felder aufgegeben. Um 1930 hatte sich das Land größtenteils in einen artenreichen Laubwald zurückverwandelt – abgesehen von einigen vereinzelten Weymouth-Kiefern (*Pinus strobus*), die alles überragten. Die steilen Nordhänge werden von Kanadischen Hemlocktannen (*Tsuga canadensis*) beschattet, denn hier bleibt der Boden kühl und feucht.

Wie in den meisten hügeligen Waldgebieten, die südlich von Ithaca liegen, findet man auch in unserem Waldbestand diverse einheimische Laubbaumarten. Dazu zählen zum Beispiel die Rot-Eiche, die Amerikanische Weiß-Eiche und die Kastanien-Eiche (*Quercus* spp.), Zucker-Ahorn, Rot-Ahorn, Streifen-Ahorn und Eschen-Ahorn (*Acer* spp.), die Weiß-Esche und die Rot-Esche (*Fraxinus* spp.); der Schuppenrinden-Hickory, die Bitternuss, die Ferkelnuss (*Carya* spp.), die Gelb-Birke, die Zucker-Birke und die Papier-Birke (*Betula* spp.), die Spätblühende Traubenkirsche und die Feuer-Kirsche (*Prunus* spp.), Butternuss und Schwarznuss (*Juglans* spp.), die Amerikanische Buche (*Fagus grandifolia*), die Amerikanische Linde (*Tilia americana*), der Tulpenbaum (*Liriodendron tulipifera*), der Sassafrasbaum (*Sassafras albidum*), die Gurken-Magnolie (*Magnolia acuminata*), die Amerikanische Hainbuche (*Carpinus caroliniana*), die Virginische Hopfenbuche (*Ostrya virginiana*) und sogar ein paar Amerikanische Kastanien (*Castanea dentata*). Natürlich gibt es auch ein paar alte Apfel- (*Malus pumila*) und Birnenbäume (*Pyrus communis*) rund um das Wohnhaus der Familie Hurd, das noch sehr gut an den Steinmauern des ehemaligen Kellers zu erkennen ist.

Als ich im Winter 1988 den Bauplatz für unser Haus rodete, sägte ich mehrere Amerikanische Weiß-Eichen (*Quercus alba*) mit einem Durchmesser von etwa 80 cm auf Brusthöhe ab und untersuchte ihre Jahresringe. Ich kam auf ein Alter von 100 bis 110 Jahren und stellte fest, dass sie in ihren ersten 50 Lebensjahren sehr schnell bis zu einem Durchmesser von etwa 56 cm gewachsen waren. Danach verlangsamte sich ihr Wachstum – in den letzten 50 bis 60 Jahren hatte sich ihr Durchmesser nur um etwa 25 cm vergrößert. Aus ihren Jahresringen und den verrosteten Stacheldrahtstücken, die aus den Stämmen der großen kanadischen Hemlocktannen und Zucker-Ahornbäume herausragten – die Grenzmarkierung des Nachbargrundstücks – schlussfolgerte ich, dass diese Amerikanischen Weiß-Eichen in den 1880er-Jahren auf einer verlassenen Viehweide herangewachsen waren. Da sie wohl nicht dem Konkurrenzkampf um genügend Licht unterlagen, schossen sie in die Höhe bis in die 1930er-Jahre, danach wuchsen sie langsamer, als sie die Baumkronen des

Abb. 2.2. Robins Bienenbaum. Das dunkle Astloch am oberen Bildrand ist der Eingang zur Nisthöhle in diesem Rot-Ahorn (*Acer rubrum*). Er befindet sich in einer Höhe von 5,90 m über dem Fuß des Baumes.

Waldes erreicht hatten. Heute wird unser Wald, der für diese Region typisch ist, von großen Bäumen dominiert, die bis zu 140 Jahre alt sind. Diese Bäume sind groß genug, um zahlreichen Höhlenbewohnern einen geräumigen Unterschlupf zu bieten, wie Waschbären, Helmspechte, Streifenkäuze und Honigbienen. Und tatsächlich hörte meine Frau Robin Hadlock Seeley im August 2016 das Brausen eines Bienenschwarms, der über die Baumkronen flog, und schaffte es, ihm zu einem Rot-Ahorn zu folgen (*Acer rubrum*), wo sie die Bienen entdeckte, die bei einem dunklen Astloch ein- und ausflogen, dem Eingang ihres neuen Zuhauses (Abb. 2.2).

Welche Pflanzen in diesen Waldgebieten dienen als Nahrungsquelle für die wildlebenden Bienen? Nektar und Pollen (oder beides) finden sie bei vielen Bäumen – Ahorn, Kirsche, Linde, Tulpenbaum, Gurken-Magnolie und Kastanie. Auch viele verschiedene Sträucher und Staudenpflanzen, die man im Unterholz oder an sonnigen Plätzen entlang von Bächen und sumpfigen Bereichen findet, versorgen die Bienen mit exzellenter Nahrung. Zu den Sträuchern (Unterholz) zählen die Schwarz-Erle (*Alnus incana*), die Kätzchenweide (*Salix discolor*), der Essigbaum (*Rhus typhina*), der Gewürzstrauch oder Wohlriechender Fieberstrauch (*Lindera benzoin*), die Felsenbirne (*Amelanchier* spp.), der Weißdorn (*Crataegus* spp.) und die Kanadische Heckenkirsche (*Lonicera canadensis*). Bei den krautigen Pflanzen und Stauden an sonnigen Standorten sind als wichtigste Futterquellen die Brombeeren (*Rubus* spp.), die Goldrute (*Solidago* spp.) und die Aster (*Aster* spp.) zu nennen. Und da die Honigbienen bei der Nahrungssuche bis zu 10 km oder noch weiter entfernte Futterquellen anfliegen (darüber wird in Kapitel 8 berichtet), können die in den bewaldeten Hügeln siedelnden Völker auch den Blütenreichtum der Farmen und Gärten, der Straßenränder und des Brachlands unten in den Tälern ausschöpfen. Hierzu zählen auch Apfelplantagen, Bestände der Scheinakazie (*Robinia pseudoacacia)*, Buchweizenfelder (*Fagopyrum esculentum*), Wiesen mit Weiß- und Süßklee (*Trifolium repens und Melilotus alba*) und Luzerne (*Medicago sativa*) und moorige Gebiete mit vielen ausgezeichneten Pollen- und Nektarquellen, wie zum Beispiel die Rohrkolben (*Typha latifolia*), das Orangerote Springkraut (*Impatiens capensis*) oder der Gewöhnliche Blutweiderich (*Lythrum salicaria*). In den Blumengärten und an den Straßenrändern finden die Bienen sowohl einheimische als auch eingeführte Pflanzen. Am meisten verbreitet sind Krokusse (*Crocus vernus*), Löwenzahn (*Taraxacum officinale*), die Gewöhnliche Wegwarte (*Cichorium intybus*), Seidenpflanzen (z. B. *Asclepias syriaca*), der Japanische Staudenknöterich (*Fallopia japonica*) und zahlreiche Gewürz- und Heilkräuter wie die Echte Katzenminze (*Nepeta cataria*), Borretsch (*Borago officinalis*) und Minzen (*Mentha* spp.).

DIE POPULATIONSDICHTE WILDLEBENDER BIENENVÖLKER IN DEN WÄLDERN UM ITHACA UND IN DER WEITEREN UMGEBUNG

Es ist schon seit langem bekannt, dass Honigbienen Mitte des 17. Jahrhunderts eingeführt wurden und wildlebende Völker bereits im späten 18. Jahrhundert in den Wäldern östlich des Mississippi lebten. Verlässliche Informationen über das Vorkommen von Bienenvölkern, die über den ganzen Kontinent verteilt leben, gibt es jedoch erst seit 1970. Seitdem wurde die Frage der Bestandsdichte (und damit der Abstände) der in Naturräumen lebenden Bienenvölker an zahlreichen Standorten in Nordamerika, Europa und Australien untersucht, damit wir diesen wichtigen Teil der natürlichen Geschichte der *Apis mellifera* besser verstehen können.

Mein Interesse am Vorkommen wildlebender Völker begann in den 1970ern, als ich begann, jede erdenkliche Information darüber zu sammeln, wie die Bienen in natürlichen Höhlen leben statt in den Bienenstöcken der Imker. Mein bester Fund war ein kleines Büchlein mit dem faszinierenden Titel *Survey of a Thousand Years of Beekeeping in Russia* (dt.: *Überblick über tausend Jahre Bienenzucht in Russland*), 1971 von Dorothy Galton geschrieben, einer Wissenschaftlerin der *School of Slavonic and East European Studies* (SSEES) des *University College London* (UCL). Darin beschreibt sie die Arbeit der Zeidler und Waldimker (*bortniki*) in den Wäldern Russlands vom 12. bis 17. Jahrhundert. In dieser Zeit besaßen die russischen Prinzen große Bienenwälder, in denen die größten Bäume unter dem Schutz des Gesetzes standen, damit sie Unterschlupf für Honigbienen bieten konnten. Die Menschen, die in diesen Wäldern lebten, dienten ihren Feudalherren (deren Leibeigene sie auch waren), indem sie hoch oben in den größten Bäumen Nisthöhlen für die Bienen herausmeißelten, feste Türen einbauten und sie in regelmäßigen Abständen inspizierten, um zu sehen, welche davon bewohnt waren. Im Spätsommer kehrten sie zu den Zeidelbäumen zurück, kletterten – ausgestattet mit Holzeimern (Hobbocks) – hinauf, öffneten die Tür, um das Bienennest freizulegen, und entfernten ein paar Honigwaben, ließen ihnen aber noch genug Wintervorräte übrig (Abb. 2.3). Der Honig wurde vom Wachs getrennt, indem die Honigwaben in Wasser zerdrückt wurden. Das Honigwasser wurde zu Met verarbeitet und die Wachsreste, die noch im Honigwasser herumschwammen, wurden abgeschöpft, gereinigt und anschließend zu Bienenwachskerzen für die Kirchen und Klöster in Russland und dem Byzantinischen Kaiserreich weiterverarbeitet.

Abb. 2.3. Ein baschkirischer Zeidler erntet Honig von einem Bienenvolk, welches in einer künstlich hergestellten Baumhöhle lebt. Das Foto wurde im südlichen Ural in der Republik Baschkortostan (Russische Föderation) aufgenommen.

Nach Galtons Ausführungen war der jährliche Export dieser mehrere Hundert Tonnen Bienenwachs für die Wirtschaft des mittelalterlichen Russlands von enormer Bedeutung, weshalb die russische Waldbienenhaltung ein gut organisiertes Geschäft darstellte. Weitere Angaben über das hohe Aufkommen von Bienenvölkern in russischen Bienenwäldern entnahm sie Aufzeichnungen aus den späten 1600er-Jahren über den Grundbesitz des Moskauer Bojaren Boris Morosow in der Nähe der Stadt Nischni Nowgorod, die östlich von Moskau liegt. Seine Ländereien umfassten vier Bienenwälder in einer Größe von 10 bis 88 km^2, in denen sich zwischen 3 und 50 Bäume mit Nisthöhlen befanden, die von Bienen besiedelt waren. Die durchschnittliche Bestandsdichte der bereits *bekannten* Völker in diesen vier Wäldern betrug 0,5 Völker pro Quadratkilometer. Wäre es nicht möglich, dass die Gesamtdichte der dort nistenden Völker höher war, als in diesem Bericht angegeben? Könnten nicht viele verborgene Völker in natürlichen Höhlen hoch oben in den Bäumen leben, die die *Bortniki* nicht entdeckt hatten?

Dorothy Galtons Schätzung, dass in den mittelalterlichen Wäldern Russlands *mindestens* ein Honigbienenvolk auf etwa 2,6 km² kommt, klingt plausibel, denn als ich in den Sommern von 1975 bis 1977 die Nistplatz-Vorlieben[22] wildlebender Völker untersuchte, fand ich als Beweis, dass die Bestandsdichte in den Wäldern Ithaca gleich ist – mindestens ein wildes Bienenvolk auf ca. 2,6 m². In meiner Studie stellte ich je zwei Versuchsnistkästen auf, die sich nur in einer einzigen Eigenschaft unterschieden, sei es die Größe des Hohlraums oder des Eingangs, um herauszubekommen, welcher der beiden Kästen zuerst von einem wilden Bienenschwarm besiedelt wurde (siehe Abschnitt über die Auswahl der Nistplätze in Kapitel 5). Ich nagelte die Kästen paarweise an Bäumen fest, die in mindestens 10 m Entfernung voneinander entlang einiger Straßen standen, die durch dicht bewaldete Gebiete südlich von Ithaca zu den Städte Dryden und Caroline führten. Da ich die Nistkastenpaare etwa 1,6 km (1 Meile) voneinander entfernt aufgestellt hatte, betrug die Dichte meiner Nistkastenpaare etwa 1 Paar pro 2,6 km² (1 Quadratmeile). Statistisch gesehen, fing ich jeden Sommer 0,5 Schwärme pro Nistkastenpaar, was mir zeigte, dass in dem Gebiet auch genügend wilde Kolonien vorhanden waren, um diese 0,2 Schwärme pro Quadratkilometer zu bilden. (Nach bestem Wissen existierten in den Gebieten, in denen ich diese Studie durchgeführt habe, nur wenige bewirtschaftete Völker.) Allem Anschein nach bildeten sich mehr als 0,2 Schwärme pro Quadratkilometer, denn es war unwahrscheinlich, dass meine Nistkästen *alle* Schwärme an ihren jeweiligen Standorten angelockt hätten. Also fragte ich mich, ob es in den Wäldern um Ithaca in Wirklichkeit mehrere wilde Völker pro Quadratkilometer geben könnte. Um eine Antwort auf diese Frage zu finden, musste ich einen großen Wald finden und *alle* darin lebenden wilden Honigbienenvölker ausfindig machen, das wusste ich.

Glücklicherweise besitzt die Cornell University ein ausgedehntes Waldgebiet, das der Forschung dient, den 17 Quadratkilometer großen Arnot Forest[23]. Er liegt nur etwa 25 km südwestlich von Ithaca (siehe Abb. 2.1) und erstreckt sich über Teile der Städte Newfield im Tompkins County und Cayuta im Schuyler County (Abb. 2.4).

Abb. 2.4. *Oben*: Luftaufnahme des Arnot Forest. Seine Grenzen werden durch die gelbe Linie dargestellt. Oberer roter Balken: 1 km; unterer roter Balken: 1 Meile. Norden ist oben. Der Gebäudekomplex in dem Tal im Westen ist ein Sägewerk, das Laubhölzer verarbeitet, die in den riesigen Waldgebieten im Süden New Yorks und im Norden Pennsylvanias gefällt werden. *Unten*: Blick auf den Arnot Forest, von der Irish Hill Road aus nach Südosten gesehen. Das Foto wurde Ende September aufgenommen, als die Bäume begannen, ihre Herbstfarben zu zeigen.

Außerdem endet das bewaldete Gebiet nicht an der Außengrenze des Arnot Forest. Es setzt sich über die nördlichen, westlichen und südlichen Grenzen hinaus fort bis in den Cliffside State Forest mit seinen steilen Hängen und den Newfield State Forest und nach Osten über mehrere Waldgebiete, die sich in Privatbesitz befinden. Die nordwestliche Ecke des Arnot Forest wird von einem engen Tal mit fruchtbarem Ackerland (Pony Hollow) begrenzt, auf dessen gegenüberliegender Seite die zerklüftete 47 km^2 große Connecticut Hill Wildlife Management Area liegt, ein unter Naturschutz stehender Wald in Staatsbesitz. Die Landwirtschaft wurde hier überall vor mehr als 100 Jahren aufgegeben und heute bestehen diese Gebiete hauptsächlich aus Laubwäldern, aber auch aus einigen Feuchtgebieten und brachliegenden ehemaligen Feldern. Das gesamte Gebiet bietet ein hervorragendes Umfeld zur Erforschung wildlebender Tiere, einschließlich wilder Honigbienen.

Im Juli 1978 begannen Kirk Visscher, ein Freund und Kommilitone, der sich ebenfalls der Bienenforschung verschrieben hatte, und ich nach wilden Honigbienenvölkern im Arnot Forest zu suchen, und zwar mit den Hilfsmitteln und Methoden der Bienenjagd[24] oder Zeidlerei (auch „beelining" genannt), einer Art „Freizeitaktivität", der seit Jahrhunderten in Europa und Nordamerika freier Natur praktiziert wurde. Die meisten Bienenjäger suchen wilde Bienenvölker, um ein bisschen Honig zu bekommen und ein bisschen Spaß zu haben. Unser Ziel war rein wissenschaftlich – wir wollten herausfinden, wie viele wilde Honigbienenvölker im Arnot Forest leben, aber ein bisschen Spaß hatten wir auch.

Als Kirk und ich mit der Bienenjagd begannen, waren wir blutige Anfänger und hatten niemanden, der uns dieses Handwerk beibringen konnte, aber zufällig fanden wir ein ausgezeichnetes Handbuch, das 1949 unter dem Titel *The Bee Hunter* erschien. Autor war George H. Edgell, ein Bienenjäger (und Professor für Architekturgeschichte an der Harvard University), der jahrzehntelange Erfahrung im Aufspüren von wilden Honigbienenvölkern hatte, die in den Bergen rund um sein Sommerhaus in Newport im Bundesstaat New Hampshire leben. Er gibt dort eine Anleitung, wie man eine Jagd auf ein wildes Volk beginnt: Man sucht eine große Lichtung auf (je größer, desto besser) mit vielen Blumen, die für Honigbienen sehr anziehend sind. Nun braucht man einen kleinen Apparat mit zwei Kammern, eine sogenannte „Bienenbox", um einige Bienen zu fangen, die sich auf den Blüten tummeln. Wenn Sie etwa ein halbes Dutzend Bienen in Ihrer Bienenbox eingefangen haben, legen Sie ein kleines mit Zuckersirup gefülltes Wabenquadrat hinein – die Bienen in der Kiste werden die Wabe finden, sich mit dem köstlichen Inhalt vollsaugen und sich bereit machen für den Heimflug. Nachdem Sie den Bienen etwa fünf Minuten Zeit

Abb. 2.5. Eine Schar von Nahrungssammlerinnen, die rekrutiert wurden, um beim Ausbeuten eines mit Zuckersirup gefüllten Wabenquadrats zu helfen – am Anfang der Bienenjagd.

gelassen haben, um auf den Köder in der Bienenbox zu stoßen, lassen Sie sie hinaus und beobachten genau, in welcher Richtung sie wegfliegen. In diesem Moment warten Sie schon unruhig darauf, dass einige von ihnen zu Ihrer kleinen Futterstation zurückkommen. Gewöhnlich machen das auch einige, und wenn die Pflanzen, die gerade blühen, nur wenig Nektar und Pollen liefern, dann werden Ihre ersten Kunden von Ihrer mit Sirup gefüllten Wabe begeistert sein und Stockgenossinnen anwerben, die ihnen helfen, diese Kostbarkeit zu verwerten. Nach etwa einer Stunde sind die Bienen mit der Flugroute zwischen der Futterstation und ihrem Zuhause vertraut, und viele fliegen auf direktem Weg – ihrer Fluglinie, der „beeline" – zurück zu ihrem Nest. Nun lässt sich die Richtung zu ihrem Wohnort bestimmen, indem die Abflugrichtung mit einem Magnetkompass bestimmt wird. Die Entfernung zu ihrem

Zuhause wird geschätzt, indem die Rundflugzeit (für den Heimweg und zurück) bei einem halben Dutzend Bienen gemessen wird, die zuvor mit Farbmarkierungen versehen wurden. Wenn die Bienen nur zwei bis drei Minuten brauchen, um nach Hause zu fliegen, ihre Fracht abzuladen und wieder zurückzukommen, kann man davon ausgehen, dass ihr Nest nur etwa 100 m entfernt ist, wenn sie jedoch sechs oder sieben Minuten unterwegs sind, dann liegt ihr Nest wahrscheinlich etwa einen Kilometer entfernt. Jetzt wird man die ganze Operation entlang der Fluglinie, der „beeline", fortführen. Dazu fängt man zunächst möglichst viele Bienen in der Bienenbox ein und zieht dann mit seiner Ausrüstung 100 bis 200 m in der Flugrichtung der Bienen bis zu der nächsten Lichtung und lässt dort die Bienen frei. Auch hier hält man die Richtung, in der Bienen verschwinden, fest, um zu überprüfen, ob man sich in die richtige Richtung bewegt, und notiert die Abwesenheitszeiten, um die geschätzte Entfernung eventuell zu korrigieren. Wenn man immer wieder geduldig entlang der Fluglinie der Bienen umzieht, findet man den Weg zu dem Baumbestand, in dem die Bienen leben, und dann diesen einen Baum, in dem sie ihren Wohnsitz haben, und schließlich das Astloch (oder den Spalt), das den Eingang zu ihrem Zuhause bildet. *Das ist der ultimative Kick.*

Kirk und ich begannen die Erkundung der wilden Völker im Arnot Forest damit, dass wir zu einer kleinen Lichtung tief im Inneren des Waldes fuhren und dort nach Blumen suchten, die von Honigbienen angeflogen werden. Es war gar nicht so einfach, auch nur eine einzige Honigbiene zu finden, aber irgendwann erspähte Kirk eine Biene auf einer voll aufgeblühten Büschel-Rose (*Rosa multiflora*) und es gelang ihm, sie in seiner Bienenbox einzufangen. Dann schob er, ohne die Biene hinauszulassen, ein kleines Wabenquadrat hinein, gefüllt mit nach Anis duftendem Zuckersirup. Die Biene nahm den Sirup auf und flog, nachdem wir sie freigelassen hatten, in Richtung Osten, was uns bereits die grobe Richtung zu ihrem Zuhause verriet. Neun Minuten und 20 Sekunden später kam sie wieder an unserer Futterstation an und landete auf der Wabe zum „Nachtanken". Während sie seelenruhig noch mehr von unserem Sirup aufsaugte, malte Kirk einen grünen Punkt auf ihren Hinterleib, damit wir sie identifizieren konnten. „Grüner Hinterleib" wurde zu einem Dauergast, und nach einer guten Stunde hatte sie mehrere Dutzend Stockgenossinnen rekrutiert, die ihr helfen sollten, diese unglaubliche Nahrungsquelle, die wir anboten, auszubeuten (Abb. 2.5). In der Zwischenzeit hatten Kirk und ich etwa 10 von ihnen markiert und die Flugrichtung heimwärts gemessen: nahezu exakt nach Osten (die rote Linie in Abb. 2.6). Wir verlegten dann unsere Futterstation mitsamt den Bienen nach und nach entlang der Fluglinie der Bienen in Richtung ihrer Behausung. Jeder

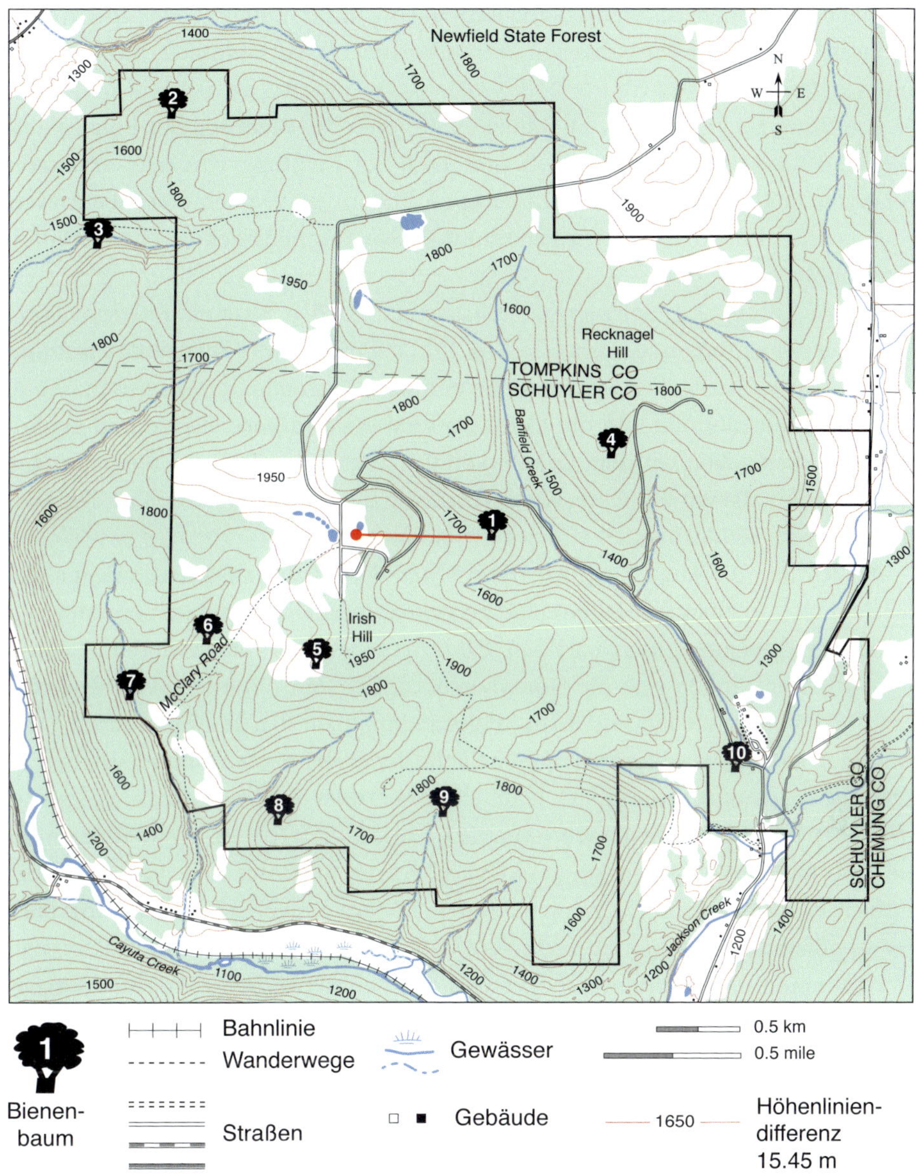

Abb. 2.6. Karte des Arnot Forest mit den Positionen der zehn Bienenbäume, die 1978 dort gefunden wurden. Der Standort der einzelnen Bienenbäume ist durch die Spitze an den Symbolen gekennzeichnet. Die rote Linie zeigt die Route der ersten Bienenjagd des Autors an.

Umzug dauerte mehr als eine Stunde und brachte uns nur etwa 100 bis 200 m näher an ihren Wohnsitz heran, aber wir waren hartnäckig entschlossen, ihren Bienenbaum zu finden.

Sorgfältig zeichneten wir an jedem Haltepunkt die Richtung der Fluglinie der wegfliegenden Bienen auf. Da wir uns in dieser Richtung vorwärts arbeiteten, gelang es uns, den Eingang ihres Nestes zu finden: ein Astloch etwa sechs Meter hoch in einer Kanadischen Hemlocktanne – etwa 800 m östlich von unserem Ausgangspunkt.

Da wir Anfang Juli Schwierigkeiten hatten, auf den Blumen im Arnot Forest Honigbienen zu finden, verschoben Kirk und ich die weitere Bienenjagd auf Ende August. Wir wussten, dass bis dahin die endlosen Bestände der Goldruten, die die Straßenränder säumten und die Lichtungen im Wald füllten, blühen und Scharen von Bienen anziehen würden. Es sollte ein Leichtes sein, die Nahrungssammlerinnen zu finden, die wir brauchen würden, um die Flugroute der Bienen zu den anderen in diesem Wald lebenden Völkern zu finden.

Als ich am 26. August 1978 in den Arnot Forest zurückkehrte, um mehrere Wochen lang intensiv auf Bienenjagd zu gehen, fand ich tatsächlich ein Meer von blühenden Goldruten (hauptsächlich *Solidago canadensis*) vor, auf deren leuchtend gelben Blütenständen sich die Honigbienen tummelten. Wunderschön! Da ich in den drei Wochen, die mir zur Verfügung standen, nicht den gesamten Arnot Forest erkunden konnte, beschloss ich, meine Suche auf den südlichen und westlichen Teil des Waldes zu konzentrieren. Ich wählte dieses Gebiet, weil sich dort ein schmales, aber ebenes Tal befindet (siehe Abb. 2.6) – mit aufgegebenen Weideflächen und einer verfallenen Bahnstrecke, geradezu übersäht mit Goldruten. Es war herrlich einfach, hier Honigsammlerinnen zu finden. Ebenso einfach war es, die Flugrouten der wegfliegenden Bienen zu verfolgen, denn voll beladen mit dem dickflüssigen Sirup konnten sie nur langsam fliegen und mussten sich auf dem Weg zu ihren Nestern oben im Wald die steilen Hänge hinaufkämpfen. Abbildung 2.6 zeigt, dass diese heimwärts fliegenden Bienen mich zu neun weiteren wilden Bienenvölkern führten, acht innerhalb des Arnot Forest und eines knapp außerhalb der westlichen Grenze. Ein weiterer erfreulicher Aspekt der Bienenjagd war der, dass sie mich zu keinem Bienenstand eines Imkers geführt hatte! Nun war klar, dass im Arnot Forest und seiner Umgebung nur wilde Bienenvölker lebten.

Ich wusste natürlich, dass die neun Baumbienenvölker, die Kirk und ich in diesem Wald entdeckt hatten, mit Sicherheit nicht alle wildlebenden Bienenvölker in diesem Wald waren. Am Ende hatten wir keine Flugrouten von den Blumenteppichen in den nördlichen und östlichen Regionen des Waldes aus verfolgt, sodass etwa die Hälfte des Arnot Forest noch unerforschtes Terrain war. Außerdem konnte ich nicht einmal sicher sein, dass ich alle Bienenvölker im südlichen und westlichen Teil des Waldes lokalisiert hatte. Ich folgerte daraus, dass die neun gefundenen Kolonien *höchstens* etwa die Hälfte aller in diesem Wald lebenden Kolonien ausmachten, dass also 18 oder mehr Kolonien in diesem 17 Quadratkilometer großen Wald lebten. So kam ich zu dem Ergebnis[25], dass die Bestandsdichte der im Arnot Forest lebenden wilden Kolonien im September 1978 mindestens eine Kolonie pro Quadratkilometer betrug.

DIE POPULATIONSDICHTE WILDER HONIGBIENENKOLONIEN IN ANDEREN GEGENDEN

Meine Studie von 1987 über die Bestandsdichte der wilden Honigbienenvölker im Arnot Forest war die Grundlage für viele andere Biologen, die sich ebenfalls mit diesem Forschungsthema beschäftigten und die Völkerdichte an verschiedenen Orten in Nordamerika, Europa und Australien untersuchten. Die erste dieser ergänzenden Studien wurde von Roger A. Morse geleitet, dem Professor für Entomologie an der Cornell University, der mir 1969, als ich noch Schüler der Highschool war, großzügigerweise erlaubte, in seinem „Bienenlabor“ zu arbeiten. Mit einem Team von sieben Doktoranden führte er diese Studie im Frühjahr 1990 in der kleinen Hafenstadt Oswego[26] am Ontario-See im Norden des Bundesstaates New York durch. Anlass dieser Untersuchung war die Entdeckung eines Volkes der Afrikanisierten Honigbienen – eine Hybride zwischen europäischen Unterarten und der afrikanischen Unterart *A. m. scutellata* (siehe weiter unten) –, die sich in einer Schiffsladung von Rohren aus Brasilien eingenistet hatten. Die Anwesenheit dieser exotischen Honigbienen gab Anlass zur Sorge, dass afrikanisierte Bienen mitsamt der fürchterlichen ektoparasitischen Milbe (*Varroa destructor*), die diesen Bienen anhaften konnte, nach Nordamerika eingeschleppt worden sein könnten. Deshalb versuchte man, alle in der Nähe des Hafens lebenden Honigbienenvölker ausfindig zu machen, um sie auf afrikanisierte Bienen und Varroamilben zu untersuchen. Zeitungsanzeigen wurden geschaltet und Radiodurchsagen gemacht, in denen eine Belohnung von 35 Dollar für Informationen über Honigbienenvölker angeboten wurde, die in im Umkreis von 1,6 km (1 Meile) um den Hafen leben. Auf diese Weise wurden elf wilde Völker, die in Bäumen und Gebäuden lebten, und ein bewirtschaftetes Volk in einem Hausgarten gefunden. Dabei stellte sich heraus, dass in dieser kleinen Stadt die Bestandsdichte der wilden Völker 2,7 Völker pro Quadratkilometer betrug, viel höher als Kirk und ich in den Wäldern des Arnot Forest festgestellt hatten. Glücklicherweise wurden keine afrikanisierten Honigbienen oder *Varroa destructor*-Milben gefunden.

Eine noch höhere Bestandsdichte an Wildvölkern wurde in einer bemerkenswerten Studie gefunden, die von 1991 bis 2001 von einem Biologenteam unter der Leitung von M. Alice Pinto an der Texas A&M University durchgeführt wurde. Dieses Forschungsteam arbeitete im Welder Wildlife Refuge[27], einem 31,2 km^2 großen Naturschutzgebiet im Süden von Texas. Das Ziel war, die „Afrikanisierung" einer wildlebenden Population von Honigbienen im Süden der USA nachzuverfolgen, und zwar indem sie vor, während und nach der Ankunft der afrikanisierten Honigbienen aus Mexiko stichprobenartig die in diesem Naturschutzgebiet lebenden Bienenvölker überprüften. Die afrikanisierten Honigbienen stammen von einer Gründerpopulation einer afrikanischen Unterart, *A. m. scutellata*, ab, die 1956 aus Südafrika nach Brasilien eingeschleppt wurde. Hierbei sollte eine in den Tropen entwickelte afrikanische Subspezies mit mehreren in gemäßigten Klimaten entwickelten europäischen Subspezies, die sich bereits in Brasilien befanden, gekreuzt werden, um eine für tropische Bedingungen gut geeignete Honigbiene zu züchten. Mehrere Völker der *A. m. scutellata* entkamen jedoch aus dem Quarantäne-Bienenstand, gediehen prächtig im brasilianischen Klima und brachten in den gesamten tropischen Gebieten der USA kräftige Ableger von wilden Völkern dieser Unterart hervor.

Die Vegetation im Welder Wildlife Refuge ist eine Mischung aus offenem Grasland, Buschland – dem sogenannten „Chaparral" –, vereinzelten Mesquite-Bäumen (*Prosopis* spp.) und Hainen voller Virginia-Eichen (auch Lebenseiche genannt, *Quercus virginiana*) (Abb. 2.7). Über einen Zeitraum von elf Jahren suchte ein Biologenteam der Texas A&M University mehrmals jährlich ein 6,25 Quadratkilometer großes Untersuchungsgebiet in diesem Naturschutzgebiet nach wilden Honigbienenvölkern ab und sammelten bei jedem Volk, dass sie finden konnten, Proben seiner Arbeiterinnen. Nisthöhlen waren in den Waldgebieten zahlreich vorhanden und fast alle (85 %) Bienenvölker wurden in Höhlen von Eichen gefunden. Als die mitochondriale DNA dieser Bienen analysiert wurde, um ihre mütterliche Abstammung zu bestimmen, wurde klar, dass in den ersten drei Jahren der Studie (1991–1993) die Bienenköniginnen aus dem Untersuchungsgebiet hauptsächlich Nachkommen verschiedener europäischer Unterarten waren: 68 Prozent von *A. m. ligustica* und *A. m. carnica* (beide aus Südeuropa), 26 Prozent von *A. m. mellifera* (aus Nordeuropa) und 6 Prozent von *A. m. lamarckii* (aus Nordafrika).

Abb. 2.7. Ein Forscher in einem Hain von Virginia-Eichen (*Quercus virginiana*) im Welder Wildlife Refuge, der gerade eine Probe von Arbeiterinnen aus dem Volk der afrikanisierten Honigbienen entnommen hat, die in dem Baum hinter ihm nisten. Der Nesteingang ist über dem oberen Rand des Insektennetzes zu sehen.

Im Laufe der nächsten Jahre fand man hier jedoch hauptsächlich Bienenköniginnen, die von der südafrikanischen Unterart *A. m. scutellata* abstammten. Und was enthüllten die Ergebnisse dieser Studie in den ersten vier Jahren, als die Population von europäischen Honigbienenvölkern dominiert wurde? Sie zeigten, dass die Bestandsdichte in dieser Mischung von Lebensräumen, nämlich Grasland, Buschland und Wald, mit neun bis zehn Bienenvölkern pro Quadratkilometer bemerkenswert hoch war.

In Europa, der Heimat der *Apis mellifera,* untersuchten drei Forscherteams das Vorkommen von wildlebenden Völkern. So erforschte ein Team in Polen unter der Leitung von Andrzej Oleksa von der Kazimierz-Wielki-Universität in Bydgoszcz eine Population von Wildvölkern, die im Tiefland von Nordpolen, südlich der Ostsee, leben. Die Landschaft ist hier von landwirtschaftlich genutzten Flächen – Äckern, Wiesen und Obstplantagen – geprägt (86 %), während der restliche Teil (27 %)

größtenteils von Wäldern bedeckt ist. Die Honigbienenpopulation in dieser Region Polens besteht immer noch hauptsächlich aus *A. m. mellifera*, der einheimischen Dunklen Honigbiene Nordeuropas.

Andrzej Oleksa und seine Mitarbeiter konzentrierten sich auf das Vorkommen wilder Völker an ländlichen Alleen[28] – in den alten Baumbeständen entlang der Landstraßen. Ein Beispiel dafür ist in Abbildung 2.8 dargestellt. Diese Forscher untersuchten 15 115 große Bäume in 201 Alleen, die sorgfältig ausgewählt wurden, um eine einheitliche Abdeckung ihres 15 000 km^2 großen Untersuchungsgebiets zu gewährleisten. Insgesamt untersuchten sie Straßenabschnitte mit einer Gesamtlänge von 142 km und fanden 45 Honigbienenvölker – das ergibt eine Dichte von 0,32 Völkern pro Kilometer. Da auch die Dichte der Alleen in dieser Landschaft bekannt war, schätzten sie die Gesamtdichte der in Alleebäumen lebenden Wildbienenvölker auf 0,1 Völker pro Quadratkilometer. Gleichzeitig wiesen sie aber darauf hin, dass es sich hierbei mit Sicherheit um eine zu niedrige Schätzung der Gesamthäufigkeit wildlebender Völker handelt. Nicht berücksichtigt wurden dabei die Völker *in* den Wäldern, die 27 Prozent ihres Untersuchungsgebietes bedecken. Ebenso könnten einige der hoch in den Bäumen der Allee nistenden Völker übersehen worden sein. Dennoch ist ihre Schätzung der Bestandsdichte von hohem Wert, denn sie offenbart, dass auch ländliche Alleen als Zufluchtsort für wilde Völker dienen. Überdies zeigt sie, dass wilde Honigbienenvölker auch noch dort existieren, wo ihr natürlicher Lebensraum weitgehend von der Landwirtschaft verdrängt wurde und die Imkerei äußerst beliebt ist. Imker halten in der Region Polens, in der diese Studie durchgeführt wurde, etwa 4,4 Bienenvölker pro Quadratkilometer.

In Deutschland untersuchte[29] ein Team um Robin Moritz von der Universität Halle an drei weit voneinander entfernten Standorten, die von Norden bis Süden über das Land verteilt waren, die Häufigkeit von Bienenvölkern in natürlichen Lebensräumen. Zwei Standorte befanden sich in Nationalparks: im 318 km^2 großen Müritz-Nationalpark in der Region rund um den Müritzsee nördlich von Berlin (Mecklenburgische Seenplatte) und im 25 km^2 großen Nationalpark Harz, der in der waldreichen Mittelgebirgsregion in Nordeutschland liegt. Der dritte Standort war ein ländlicher Ort in Bayern, westlich von München. Diese Forscher wählten nicht den direkten „Brute-Force-Ansatz" der „erschöpfenden Suche" („exhaustive search") nach den in den drei Untersuchungsgebieten lebenden Völkern, sondern wählten stattdessen einen indirekten Ansatz, der auf genetischen Analysen basiert. Dafür ließen sie ungefähr zehn unbefruchtete Jungköniginnen ihre Hochzeitsflüge innerhalb jedes Untersuchungsgebiets durchführen und analysierten danach die

Abb. 2.8. Ländliche Allee in Nordpolen, gesäumt von Gewöhnlicher Esche (*Fraxinus excelsior*) und Spitz-Ahorn (*Acer platanoides*).

Gene ihrer weiblichen Nachkommenschaft, um zu bestimmen, wie viele Bienenvölker die Drohnen hervorgebracht hatten, die sich mit der jeweiligen Königin paarten. Das Schöne an diesem Ansatz ist, dass er sich die erstaunliche Promiskuität der Honigbienenköniginnen zunutze macht, um eine große Auswahl der Drohnen im Untersuchungsgebiet zu erhalten; jede Königin paart sich mit zehn bis 15 Männchen, sodass die weiblichen Nachkommen (Arbeiterinnen) der zehn Königinnen für eine Probe von 100 bis 150 Drohnen der Kolonien aus ihrem Paarungsgebiet sorgten. Die genetische Analyse ergab, dass 24 bis 32 Völker an allen drei Standorten Drohnen hervorbrachten. Wenn man davon ausgeht, dass sowohl die Königinnen als auch die Drohnen im Durchschnitt 900 m weit fliegen, um einen Drohnensammelplatz zu erreichen, dann waren diese 24 bis 32 Völker über eine Fläche verstreut, die einem Kreis mit einem Radius von 1,8 km und einer Fläche von 10,2 km^2 entspricht.

Abb. 2.9. *Links*: Kanadische Hemlocktanne (*Tsuga canadensis*) als Bienenbaum im Shindagin Hollow State Forest.
Rechts: Nahaufnahme des Nesteingangs. Das Foto wurde Ende November aufgenommen, als das Volk schon ruhig in seinem Nest saß.

Daher lag die geschätzte durchschnittliche Völkerdichte in allen drei Untersuchungsgebieten bei 2,4 bis 3,2 Völkern pro Quadratkilometer. Allerdings muss man beachten, dass die Imker in Deutschland manchmal die Möglichkeit haben, ihre Bienenvölker innerhalb der Nationalparks aufzustellen (und davon auch Gebrauch machen), sodass die in dieser Studie angegebenen Schätzwerte der Bestandsdichte die gemeinsame Dichte von bewirtschafteten und wilden Völkern darstellen.

Vor einiger Zeit untersuchte ein weiteres Biologenteam in Deutschland, Patrick L. Kohl und Benjamin Rutschmann, beides Doktoranden an der Universität Würzburg, wilde Völker in weitgehend unberührten Rotbuchenwäldern (*Fagus sylvatica*) in Mittel- und Südwestdeutschland: im 160 km² großen Nationalpark Hainich in Thüringen und in mehreren Waldgebieten im 850 km² großen Biosphärenreservat auf der Schwäbischen Alb in Baden-Württemberg. Das Waldgebiet Hainich ist für Imker gesperrt. Hier benutzten die Forscher dieselbe Methode wie Kirk Visscher und ich im Arnot Forest – die Technik des „beelining“, die Nachverfolgung der Flugrouten der Bienen –, in den Waldgebieten auf der Schwäbischen Alb dagegen untersuchten sie 98 bereits bekannte Nisthöhlen des Schwarzspechtes (*Dryocopus martius*). Dieser baut als größter Specht Nordeuropas Nisthöhlen, die groß genug sind (mehr als 20 Liter Volumen), um als geeignete Nistplätze für Honigbienen infrage zu kommen. Im Waldgebiet des Hainich fand bzw. ermittelte das Team die Standorte von neun Wildbienenvölkern, woraus sie einen Schätzwert für die Völkerdichte von 0,13 Bienenvölkern pro Quadratkilometer ableiteten. In den Wäldern des Biosphärengebiets in der Schwäbischen Alb untersuchten sie 98 Buchen mit alten Spechthöhlen, von denen sieben von Honigbienen besiedelt waren. Da sie die Dichte der Bäume mit Spechthöhlen in der Region kannten, ermittelten sie eine geschätzte Wildvölkerdichte in den Waldgebieten der Schwäbischen Alb von mindestens 0,11 Völkern pro Quadratkilometer. Natürlich handelt es sich bei beiden Zahlen um Mindestschätzwerte der tatsächlichen Bestandsdichte, da die Forscher nicht sicher sein konnten, ob sie alle in ihrem Suchgebiet lebenden Völker gefunden hatten.

Auch in Australien[30], wo die Europäische Honigbiene seit 1822 als eingeführte Art lebt, haben Biologen die Nationalparks genutzt, um die Bestandsdichte von Honigbienenvölkern, die in ungestörten Lebensräumen leben, zu messen. Ein Team unter der Leitung von Benjamin Oldroyd von der Universität Sydney arbeitete im 755 km² großen Barrington-Tops-Nationalpark, im 83 km² großen Weddin-Mountains-Nationalpark und im riesigen, 3570 km² großen Wyperfeld-Nationalpark. Alle drei Parks liegen im Südosten Australiens, ihre Vegetationstypen reichen aber vom

Tab. 2.1. Geschätzte Bestandsdichte von Wildbienenvölkern der Europäischen Honigbiene

Forschungsstandort	*Völker/ Quadratkilometer*	*Völker/ Quadratmeile*
Arnot Forest, NY (USA)	1,0+	2,5+
Oswego, NY (USA)	2,7	6,9
Welder Wildlife Refuge, TX (USA)	9,3–10,1	23,8–25,8
Shindagin Hollow State Forest (USA)	1,0	2,5
Landwirtschaftliche Flächen (Polen)	0,1+	0,26+
Zwei Nationalparks und ein Waldgebiet (Deutschland)	2,4–3,2	6,2–8,2
Hainich und Schwäbische Alb (Deutschland)	0,1+	0,3+
Drei Nationalparks (Australien)	0,4–1,5	1,0–3,9

subtropischen Regenwald bis zum überwiegend trockenen, semiariden Eukalyptuswald. Genau wie die deutschen Forscher verwendeten die australischen Biologen einen indirekten, genetischen Ansatz, um die Bestandsdichte der Wildvölker zu ermitteln. Auch ihr Ziel war, die Anzahl der Kolonien zu bestimmen, die die an einem bestimmten Ort vorkommenden Drohnen produzierten. Ihre Schätzwerte basierten jedoch auf der Genetik von Drohnen, die in Drohnenfallen, die an mit Helium gefüllten Wetterballons in Drohnensammelgebieten aufgehängt waren, gefangen wurden, (siehe Kapitel 7), und nicht auf der Genetik von Arbeiterinnen, die von den innerhalb eines Untersuchungsgebiets angesiedelten Drohnen gezeugt wurden. Sie fingen Drohnen an jeweils zwei Drohnensammelplätzen in jedem Nationalpark und aus der genetischen Zusammensetzung errechneten sie Schätzwerte der Völkerdichte, die von 0,4 bis 1,5 Kolonien pro Quadratkilometer reichten. Die imkerliche Bienenhaltung ist in den großen Nationalparks, die von diesen australischen Forschern genutzt werden, verboten, sodass ihre Ergebnisse nicht durch das Vorkommen bewirtschafteter Bienenvölker beeinflusst werden.

Eine der neuesten Untersuchungen über die Bestandsdichte von wildlebenden Bienenvölkern in unberührtem Waldhabitat geht auf eine Erhebung zurück, die Robin Radcliffe 2017 durchführte. Er erforschte ein 5 km² großes Gebiet innerhalb des Staatsforstes Shindagin Hollow[31] im Bundesstaat New York – mit der Technik der Bienenjagd. Der Staatsforst umfasst ein 21 km² großes Gebiet mit altem Waldbestand und liegt südöstlich von Ithaca und etwa 30 km östlich des Arnot Forest (Abb. 2.9). Robin lokalisierte fünf Bienenvölker und kam zu einem Schätzwert von einem Volk pro Quadratkilometer; das entspricht praktisch dem, was Kirk Visscher und ich bereits 1978 im Arnot Forest vorfanden und was ich dort in späteren Erhebungen 2002 (siehe Ende dieses Kapitels) und 2011 (wird in Kapitel 10 besprochen) bestätigt sah.

Was lässt sich rückblickend über das Aufkommen wildlebender Völker der Europäischen Honigbiene festhalten? Aus Tabelle 2.1, die die Ergebnisse der soeben beschriebenen Studien zusammenfasst, geht hervor, dass die Bestandsdichte der in Naturräumen lebenden Bienenvölker stark schwankt, aber im Allgemeinen auf ein bis drei Bienenvölker pro Quadratkilometer geschätzt wird. Offensichtlich ist die Dichte der Wildbienenvölker eher gering – das bedeutet, dass die Nester der Honigbienen im Durchschnitt weit auseinanderliegen. Im Arnot Forest zum Beispiel beträgt die durchschnittliche Entfernung zwischen einem Volk und seinem nächsten bekannten Nachbarn 0,87 km. Es liegt auf der Hand, dass Wildbienenvölker, die in natürlichen Lebensräumen leben, allgemein einen viel größeren Abstand haben als bewirtschaftete Bienenvölker in einem Bienenstand. In Kapitel 10 werden wir sehen, dass dieser Unterschied enorme Folgen für die Gesundheit der Bienen haben kann.

WURDEN DIE WILDEN BIENENVÖLKER VON DER VARROAMILBE AUSGEROTTET?

Varroa destructor[32] ist eine kleine, aber gefährliche Milbe, die parasitisch auf Honigbienen lebt. Ein ausgewachsenes Weibchen ist nicht größer als ein Stecknadelkopf, sodass es im Vergleich zu einer Arbeitsbiene nur sehr klein ist (Abb. 2.10). Dennoch kann ein starker Befall dieser winzigen, rotbraunen, scheibenförmigen Kreaturen ein Honigbienenvolk umbringen. Was diese Milben so tödlich macht, ist die Tatsache, dass sie sich vom Fettkörpergewebe – dem Energiespeicher – der unreifen Bienen (Larven und Puppen) ernähren und dabei Viren verbreiten, die die sich entwickelnden Bienen schwächen und, was noch schlimmer ist, körperliche Missbildungen wie eingefallene Hinterleibe und verkrüppelte Flügel hervorrufen können. Diese sind symptomatisch für ein erhöhtes Auftreten des Flügeldeformationsvirus (WDV), dem wahrscheinlich schädlichsten aller Krankheitserreger, dessen Transportwirt (Vektor) diese Milben sind. Die tödliche Wirkung von *V. destructor* wird durch die rasche Entwicklung der Milben verstärkt. Sie wachsen in weniger als einer Woche vom Ei zur ausgereiften Milbe heran – selbst wenn die Varroamilbenpopulation, die ein Volk befällt, im Frühjahr noch klein ist, kann sie durch die

„Magie" des exponentiellen Wachstums im Spätsommer explodieren. Und wenn ein Volk eine große Milbenlast hat, sind die neu geschlüpften Arbeiterinnen bereits so stark von Viren befallen, dass sie zu krank sind, um zu arbeiten. Schließlich bricht die Population des Bienenvolkes zusammen, weil nicht genügend kräftige Jungbienen nachkommen, um die Verluste der älteren Bienen auszugleichen, die durch Räuber sterben, durch Unfälle bei ihrer Arbeit außerhalb des Bienenstocks umkommen oder aber einen durch den Milbenbefall beschleunigten Alterungsprozess (Vergreisung) durchlaufen.

Ursprünglich kam die Varroamilbe nur auf dem ostasiatischen Festland vor, wo sie sich noch immer in einer stabilen Wirt-Parasit-Beziehung mit ihrem ursprünglichen Wirt, der Östlichen Honigbiene *Apis cerana*, befindet. Deren Verbreitungsgebiet umfasst ganz Asien östlich der riesigen Wüsten im Iran und südlich der hoch aufragenden Berge Zentralasiens. Leider vollzog die Milbe einen Wirtswechsel von *Apis cerana* zu *Apis mellifera*, der Europäischen (oder Westlichen) Honigbiene, und breitete sich seitdem weiter aus. Heute ist sie fast weltweit verbreitet, genau wie ihr neuer Wirt *Apis mellifera*.

Dieser Wirtswechsel vollzog sich am Anfang des 20. Jahrhunderts, nachdem Imker Bienenvölker der *A. mellifera* aus Westrussland und der Ukraine nach Primorskiy, der östlichsten Region Russlands, umgesiedelt hatten. Diese Region liegt weit außerhalb des Verbreitungsgebiets von *A. mellifera*, aber innerhalb dessen von *A. cerana*. Als sich beide Gebiete überlappten, befiel die Milbe auch Bienenvölker der *A. mellifera*. Das könnte passiert sein, als *Apis mellifera*-Völker Honig bei *Apis cerana-Völkern* geraubt haben, aber genausogut könnten Imker beim Versuch, ihre Bienenvölker der *A. mellifera* zu stärken, indem sie ihnen Brut (Larven und Puppen) von Völkern der *A. cerana* gaben, der Sache unabsichtlich Vorschub geleistet haben. Russische Imker schleppten die Varroamilbe dann in den 1950er- oder 1960er-Jahren nach Europa ein, als sie befallene *Apis mellifera*-Königinnen der aus der Primorskiy-Region in den westlichen Teil der Sowjetunion transportierten.

Die ersten Berichte über Varroamilben in europäischen Völkern tauchten erstmals 1967 in Bulgarien auf, 1971 in Deutschland und 1975 in Rumänien. Die Milben breiteten sich auch nach Nordafrika aus, als 1975 und 1976 Hunderte von Honigbienenvölkern im Rahmen von Entwicklungshilfe-Programmen von Rumänien und Bulgarien nach Tunesien und Libyen verschickt wurden. Nachweislich erreichte die *V. destructor* Südamerika, als japanische Imker Völker der *A. mellifera* (in Japan erworben) 1971 nach Paraguay umsiedelten. Irgendwann kamen diese Milben 1972 auch nach Brasilien.

Abb. 2.10. Ausgewachsene weibliche Varroamilbe auf einer Arbeiterin.

Erst vor relativ kurzer Zeit drang die Varroamilbe in Nordamerika[33] ein, und zwar über zwei verschiedene Routen. Die erste führte wahrscheinlich über Florida, wo vermutlich Mitte der 1980er-Jahre ein Imker einige von Milben befallene brasilianische Bienenköniginnen hineinschmuggelte oder ein Schwarm von afrikanisierten Honigbienen, der ebenfalls mit Varroamilben infiziert war, von einem Frachtschiff entwich. Aus Aufzeichnungen des Bureau of Plant and Apiary Inspection – der Behörde in Florida, die für den Schutz vor Einschleppung und Ausbreitung von Pflanzen- und Bienenschädlingen zuständig ist – geht hervor, dass zwischen 1983 und 1989 auf acht Schiffen, die aus Mittel- oder Südamerika gekommen waren, Schwärme von afrikanisierten Honigbienen – meist in Schiffscontainern – entdeckt wurden: Auf mindestens einem Schiff „waren die Bienen von Varroa befallen". Der zweite Weg führte über Texas, wo Anfang der 1990er-Jahre Schwärme von afrikanisierten Honigbienen, die von Varroamilben befallen waren, nach Norden über die mexikanische Grenze in die USA hinüberflogen.

Meine erste Begegnung mit einer Varroamilbe hatte ich im Juni 1994 in meinem Labor in Ithaca. Ich erinnere mich noch lebhaft an diesen Moment: Ich markierte junge Arbeitsbienen mit Farbpunkten als Vorbereitung für ein Experiment, als ich zu meinem Erstaunen eine Varroamilbe erspähte, die über den Thorax der Biene krabbelte, die ich gerade mit einem gelben Punkt kennzeichnen wollte. Der Anblick dieser Milbe war erschreckend, denn ich wusste, dass die *V. destructor* ein tödlicher Parasit ist, aber ich hoffte, dass dies nur ihre Ankunft in meinem Labor bedeutete. Ende August beobachtete ich jedoch eine ernüchternde Szenerie: Nun war klar, dass die Milben schon lange vor 1994 angekommen waren und die Bienenvölker meines Labors jetzt stark befallen waren. Dutzende und Aberdutzende von Arbeitsbienen krochen kraftlos durch das Gras vor meinen Bienenstöcken, viele mit verschrumpelten Flügeln. Zweifelsohne waren viele der Arbeitsbienen in meinen Bienenvölkern krank, aber noch hoffte ich auf ein Wunder. Dies schien zu diesem Zeitpunkt eine realistische Hoffnung zu sein, denn als ich einen Monat später, im September 1994, die 19 Bienenvölker am Bienenstand meines Labors inspizierte, stellte ich fest, dass sie alle gut mit Arbeitsbienen besetzt waren und über große Honigvorräte verfügten. Das ließ vermuten, dass alle in guter Verfassung waren, um den kommenden Winter zu überstehen. Einige Monate später musste ich jedoch erkennen, wie sehr die Varroamilben die Gesundheit der Honigbienen angreifen. Im April 1995 waren nur noch zwei der 19 Völker am Leben. Eine Sterberate von 89 % im Winter 1994/1995 – das zu erleben, war abschreckende Lektion über die furchtbare Virulenz der Milbe.

Es schien nur eine einzige Möglichkeit zu geben, den Bienen zu helfen: die Behandlung mit Milbenbekämpfungsmitteln (Mitizide). Im Sommer 1995 begann ich zunächst mit der Anwendung von Fluvalinat (Apistan), und jetzt, etwa 25 Jahre später, behandeln meine Studenten und ich viele der Bienenvölker, die wir *in unseren Bienenständen* halten, mit milbentötenden Chemikalien, in der Regel mit Ameisensäure oder Medikamenten auf Thymolbasis, weil wir für viele unserer Experimente Bienenvölker benötigen, die nicht durch einen starken Befall von *Varroa destructor* gestresst sind.

Als meine Studenten und ich Mitte der 1990er-Jahre herausfanden, wie man die Varroamilben unter Kontrolle behält, die die bewirtschafteten Bienenvölker in unseren Bienenständen befallen, machte ich mir ebenfalls Sorgen darüber, was mit den wilden Bienenvölkern in den Wäldern um Ithaca geschehen war. Sicherlich behandelte sie niemand mit den lebensrettenden Milbenbekämpfungsmitteln, deshalb stellte ich mir die Frage: Würden sie aussterben? Oder waren sie bereits alle verschwunden? Dass sie ausgelöscht worden waren, schien möglich, vielleicht sogar wahrscheinlich. Und selbst wenn einige von ihnen noch am Leben waren, befürchtete ich, dass es sich bei solchen überlebenden Bienenvölkern lediglich um das Resultat eines mit Mitiziden behandelten Imkervolkes handeln könnte, das geschwärmt hatte. Dann wären die noch lebenden Bienenvölker wahrscheinlich nur kurzlebige Völker, die wegen der Milben, die die tödlichen Viren verbreiten, dem Untergang geweiht waren.

Meine Sorge um die wilden Kolonien wuchs aufgrund von drei Fakten, die darauf hindeuteten, dass diese Population tatsächlich nicht überlebt hatte. Erstens hatte ich ab Mitte der 1990er-Jahre Schwierigkeiten, Honigbienen auf den Löwenzahnblüten zu finden, die Ende April und Anfang Mai die Wiesen und Felder rund um Ithaca bedeckten – kein gutes Zeichen. Zweitens bemerkte ich ebenfalls Mitte der 1990er-Jahre, dass ich nur sehr wenige Anrufe erhielt, in denen ich gebeten wurde, einen Schwarm zu fangen, der sich auf einem Baum oder einem Gebäude rund um den Campus der Cornell University niedergelassen hatte, im Gegensatz zu den 1980er-Jahren, als ich jeden Sommer mehrere solcher Anrufe erhielt. Eindeutig schlechte Nachrichten. Und drittens berichteten 1995 zwei renommierte Honigbienenforscher, Bernhard Kraus und Robert E. Page Jr.[34] von der University of California in Davis, in einer Abhandlung, dass *Varroa destructor* „verheerende Auswirkungen auf die Demografie verwilderter Bienenvölker in ganz Kalifornien habe" und dass „es in Kalifornien keine weit verbreitete, allgemeine Präadaptation (Voranpassung) an Varroamilben bei Honigbienen gebe". Wirklich schreckliche Nachrichten.

Meine Befürchtungen wurden noch schlimmer, als ich im Juni 1997 in einer Imkerzeitschrift, dem *American Bee Journal*, einen Artikel von Dr. Gerald Loper[35] las, einem wissenschaftlichen Mitarbeiter des Honey Bee Research Laboratory in Tucson, Arizona, das zum amerikanischen Landwirtschaftsministerium (USDA) gehört. Loper berichtete darin über die Ergebnisse einer Langzeitstudie, die er an einer Population von wilden Honigbienenvölkern in den Bergen der Sonora-Wüste nördlich von Tucson durchgeführt hatte. Seit 1987 hatte er 247 Nistplätze (meist Felsspalten) lokalisiert, die gerade oder irgendwann vorher einmal von wilden Bienenvölkern bewohnt waren. Aufgrund genetischer Analysen wusste er, dass es sich bei all diesen Völkern um die Europäische Honigbiene handelte; tatsächlich hatten 68 Prozent der Bienenvölker den mitochondrialen DNA-Haplotyp der Dunklen Europäischen Honigbiene, *Apis mellifera mellifera*. Jedes Jahr Anfang März inspizierte er die Standorte, um die winterliche Überlebensrate der Völker zu bestimmen, und im Juni überprüfte er sie erneut, um die Ergebnisse ihrer Schwarmaktivität zu beurteilen. Wo immer möglich, sammelte er auch Proben der Arbeiterinnen aus diesen Völkern – indem er in ihre Nesteingänge pustete und 50 bis 150 Bienen mit einem Netz einfing, um sie auf Tracheenmilben (*Acarapis woodi*) und Varroamilben zu untersuchen.

Seine Forschungsergebnisse zeichneten ein düsteres Bild: Diese wilde Population, bestehend aus Völkern der Europäischen Honigbiene, wurde durch die Ankunft beider Milbenarten, vor allem aber durch *Varroa destructor* dezimiert (Abb. 2.11). In den Jahren 1992 und 1993, bevor die Varroamilbe das Untersuchungsgebiet erreichte, lebten hier 120 bis 160 Bienenvölker an 247 Nistplätzen, aber im Zeitraum von 1994 bis 1996, in dem fast jedes Volk von *Varroa* befallen wurde, ging die Zahl der besetzten Nistplätze stark zurück, bis im März 1996 nur noch zwölf Bienenvölker am Leben waren. Diese Population wäre vielleicht ausgestorben, wenn nicht ab 1995 afrikanisierte Honigbienen begonnen hätten, sie zu unterwandern. Ende der 1990er-Jahre begann sie wieder zu wachsen, und heute hat sie sich wieder erholt. Die Lektüre dieser Abhandlung hinterließ bei mir gemischte Gefühle. Ich war zutiefst beeindruckt von Lopers Langzeitstudie an diesen in den Bergen des südlichen Arizona lebenden wilden Honigbienenvölkern, andererseits aber auch tief bestürzt über seinen düsteren Bericht über diese wilde Population der Europäischen Honigbienen, die kurz nach der Ankunft von *Varroa destructor* zusammenbrach.

Angesichts von Gerald Lopers Forschungsergebnissen in Arizona und meiner eigenen Beobachtungen in der Umgebung von Ithaca, nahm ich Anfang 2000 an, dass die wilden Honigbienenvölker wohl aus den Wäldern südlich von Ithaca verschwunden waren. Und als jemand, der nicht ohne „etwas Wildes" leben kann, trauerte ich um ihr Ableben. Zugleich ließ mich meine innere Neugier nicht los, ob die wilden Völker denn *wirklich* alle verschwunden waren. Mein Wissensdurst warf viele Fragen auf, weit mehr, als ich bewältigen konnte. Die meisten schob ich beiseite, aber diese eine, die die wilden Honigbienen betraf, konnte ich einfach nicht ignorieren, denn fast direkt vor meiner Haustür befand sich eine einzigartige Informationsquelle, die mir eine zuverlässige Antwort geben konnte: die Honigbienen des Arnot Forest. Mir wurde klar, dass dieses Forschungsreservat der einzige Ort im gesamten östlichen Teil Nordamerikas war, für den wir dank der Erfassung der dort lebenden Wildvölker, die Kirk Visscher und ich 1978 durchgeführt hatten, über zuverlässige Ausgangsdaten über das Vorkommen von Wildvölkern verfügten, bevor *Varroa destructor* in diesem Kontinent Fuß fasste. Wenn ich diese Arbeit wiederholen würde, würde ich dann einige überlebende Wildvölker finden oder würde ich ihren vermeintlichen Untergang bestätigen? Ich wusste, dass

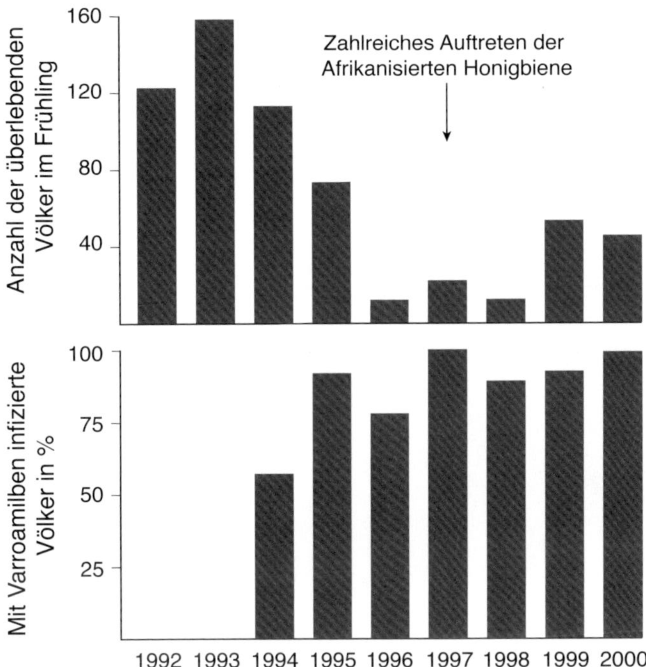

Abb. 2.11. Untersuchungen an einer Population von Wildkolonien in den Bergen nördlich von Tucson im Bundesstaat Arizona. Zwischen 1991 und 1993 verbreiteten sich Tracheenmilben in diesem Gebiet, 1993 kamen Varroamilben hinzu. Von 1997 bis 1998 verlagerten sich die genetischen Anlagen der Population von vorwiegend europäischen zu vorwiegend afrikanisierten Bienen.

ich dies herausfinden musste, und 2002 kehrte ich in den Arnot Forest zurück und unternahm Schritte, um diese zweite Völkerzählung[36] möglichst unter denselben Bedingungen wie die erste durchzuführen. Eine Möglichkeit war, die Erfassung *in derselben Jahreszeit* wie damals durchzuführen: von Mitte August bis Ende September. Eine andere wäre, die Zählung *auf dieselbe Weise* wie damals durchzuführen: mit den Methoden, die George H. Edgell in seinem bezaubernden Buch *The Bee Hunter* beschrieben hat.

Ich begann mit der zweiten Auszählung am Nachmittag des 20. August 2002, auf einer Wiese mit Goldruten (*Solidago canadensis*) direkt am nordöstlichen Eingang des Arnot Forest. Es war zur selben Jahreszeit wie damals, als ich mit meiner drei Wochen dauernden Bienenjagd für die erste Zählung begonnen hatte, nämlich am 26. August 1978. Es war ein sonniger, heißer Tag und obwohl seit mehreren Wochen

Abb. 2.12. Eine Arbeiterin sammelt Nektar und Pollen auf einer blühenden Goldrute (*Solidago* sp.).

kein Regen gefallen war, hatten viele Goldruten ihre leuchtend gelben Blütenstände entfaltet – die besten Voraussetzungen, um Bienen zu finden. Aber würde ich auch welche finden? Ich glaubte nicht so recht daran. Als ich aus meinem Kleinlaster stieg, dachte ich mir, dass ich wahrscheinlich den Nachmittag damit verbringen würde, auf der Suche nach Honigbienen herumzustapfen, keine einzige finden und mit dem Wissen nach Hause zurückkehren würde, dass das tödliche Duo – die Varroamilbe und das Flügeldeformationsvirus (DWV) – die Population der Wildvölker des Arnot Forest tatsächlich ausgelöscht hatte. Innerhalb der ersten zehn Minuten schien sich diese Erwartung zu erfüllen. Ich fand keine einzige Honigbiene, doch die Gegenwart unzähliger Hummeln (*Bombus* spp.) verriet mir, dass die Goldruten trotz der Dürre Nektar und Pollen bereithielten, die auch für Bienen verführerisch waren. Dann aber erblickte ich tatsächlich eine Honigbiene auf einem leuchtenden Blütenstand einer Goldrute (Abb. 2.12)! Einige Sekunden später schwirrte sie aufgebracht in meiner Bienenbox herum. Ein paar Minuten später entdeckte ich eine weitere Honigbiene auf den anderen Goldruten in der Nähe, und bald hatte ich einen zweiten Gefangenen in meiner Bienenbox. Innerhalb von einer Stunde hatte ich sechs Arbeiterinnen entdeckt, gefangen, gefüttert und wieder freigelassen.

Meine erfolgreiche Bienensuche bewies mir, dass es in diesen Wäldern doch noch Honigbienen gab, die dort auf Nahrungssuche waren. Aber woher kamen sie? Von einem Bienenbaum im Arnot Forest oder von dem Bienenstock eines Imkers außerhalb des Waldes? Am Ende des Nachmittags kannte ich die Antwort, denn bis dahin hatte ich zwei sagenhafte „beelines“ – Flugrouten, die von meiner mit Sirup gefüllten Wabe ausgingen, eine in Richtung Norden und eine in Richtung Süden. Beide deuteten auf Standorte tief im Arnot Forest hin und nicht dorthin, wo Imker ihre Bienenstöcke aufstellen würden.

In den nächsten sechs Wochen nutzte ich an Schönwettertagen jede verfügbare Stunde, um im Arnot Forest auf Bienenjagd zu gehen. Der Unterricht in Cornell begann Ende August, und mein Kurs in Tierverhaltensforschung fand stets montags, mittwochs und freitags mittags statt, sodass ich an den meisten Wochentagen nur wenige Stunden am Nachmittag „jagen“ konnte. Auch die Nächte begannen bald kühl zu werden, sodass an manchen Tagen die Nahrungssammlerinnen erst am späten Vormittag auf den Blumen auftauchten. Zu meinem Glück dauerte jedoch die Dürre an, es herrschte überwiegend sonniges Wetter, und die Bienen, die anscheinend keine nektarreichen Blüten finden konnten, belagerten meine Futterwabe, wann immer ich sie mit dem nach Anis duftenden Zuckersirup gefüllt hatte.

Insgesamt war ich 117 Stunden, die sich auf 27 Tage verteilten, auf Bienenjagd und verfolgte diese Flugrouten von zwölf verschiedenen Lichtungen aus, die über die westliche Hälfte des Waldes verteilt waren (Abb. 2.13). Genau wie im Jahr 1978 machte ich auch 2002 keine vollständige, den gesamten Wald umfassende Erhebung der dort lebenden Wildvölker. Trotzdem fand ich acht wilde Völker! Sie alle hatten sich in kräftigen vitalen Bäumen niedergelassen: zwei Zucker-Ahorne (*Acer saccharum*), zwei Weiß-Eschen (*Fraxinus americana*), eine Kanadische Hem-

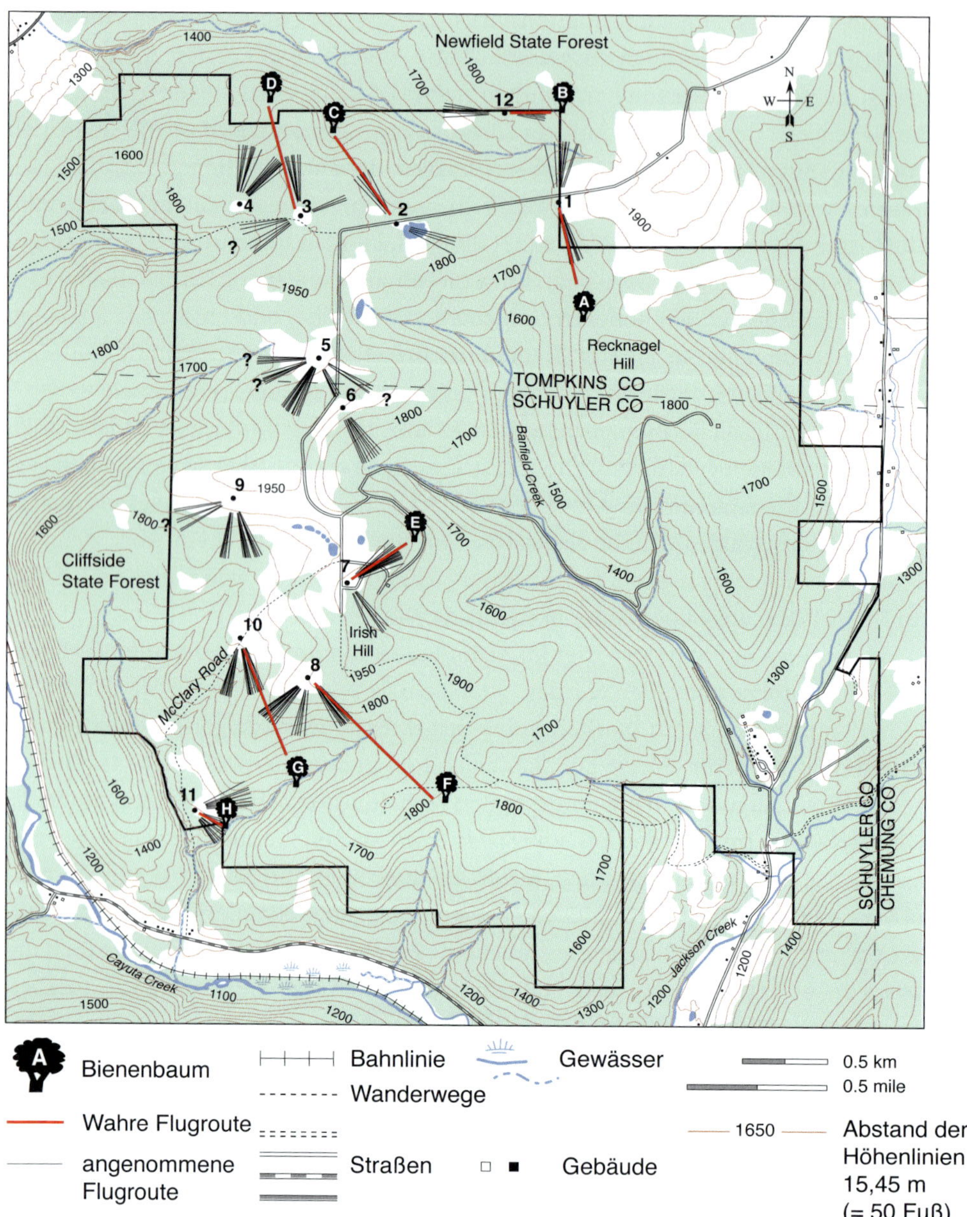

Abb. 2.13. Karte des Arnot Forest mit den Standorten (1–12), von denen die Flugrouten der Bienen ausgingen, und acht Bienenbäume, die während der Bienenjagd im August und September 2002 entdeckt wurden (A–H).

locktanne (*Tsuga canadensis*), eine Weymouthkiefer (*Pinus strobus*), eine Amerikanische Zitterpappel (*Populus tremuloides*) und eine Rot-Eiche (*Quercus rubra*). Ich war begeistert, dass ich acht von Honigbienen besetzte Bäume gefunden hatte, denn das hieß, dass 2002 im Arnot Forest in etwa genauso viele wilde Bienenvölker lebten wie 1978, als ich neun wilde Bienenvölker gefunden hatte.

Wie konnte das sein, wenn man davon ausgeht, dass die Varroamilbe schon nahezu ein Jahrzehnt im Bundesstaat New York war? Eine Möglichkeit besteht darin, dass die Honigbienen im Arnot Forest so isoliert lebten, dass sie der *Varroa* nicht ausgesetzt waren. Die Tatsache, dass nur wenige meiner aufgezeichneten Flugrouten aus dem Wald herausführten (nur diejenigen, die von den Standorten 3, 5 und 9 aus nach Westen verliefen, wie in Abb. 2.13 dargestellt), belegte, dass es nur wenige, wenn überhaupt, bewirtschaftete Bienenvölker in der Nähe des Arnot Forest gab. Daher war es durchaus möglich, dass die in diesem Wald lebenden Völker einfach noch nicht mit der Varroamilbe in Kontakt gekommen waren.

SIND DIE VÖLKER IM ARNOT FOREST VON *VARROA DESTRUCTOR* BEFALLEN?

Um festzustellen, ob die Wildvölker im Arnot Forest von Varroamilben befallen waren oder nicht, musste ich mehrere Völker dazu bringen, sich in Standardbeuten mit beweglichen Rähmchen niederzulassen, damit ich ihre Milbenbelastung messen konnte. Der einfachste Weg, an Völker zu kommen, war das Einfangen von Schwärmen in Schwarmfangkisten (Schwarmfallen), die im Wald aufgestellt wurden. Daher setzte ich Anfang Mai 2003, vor Beginn der Schwarmsaison, fünf Schwarmfangkisten in der Nähe der in Abbildung 2.13 dargestellten Standorte 1, 2, 5, 7 und 10 aus. Ich verwendete alte Langstroth-Kästen mit je acht Rähmchen für die Arbeiterinnen und zwei für die Drohnen. Diese Anordnung entsprach dem Verhältnis von 4:1, dass ich in natürlichen Nestern gefunden hatte (siehe Kapitel 5). Ich verkleinerte die Eingänge mit einem Fluglochkeil, sodass eine relativ kleine Öffnung von 16 cm^2 entstand, wie die Bienen sie mögen. Schließlich befestigte ich jede Schwarmfangkiste auf einer Plattform in einem Baum in etwa 4 m Höhe über dem Boden, wobei der Eingang nach Süden ausgerichtet war (Abb. 2.14). Ich wollte den Bienen Nisthöhlen anbieten, deren Eigenschaften (Hohlraumvolumen, Eingangsgröße, Eingangshöhe über dem Boden etc.) den Nistplatz-Vorlieben der Europäischen Honigbiene entsprachen – Traumwohnungen für die Honigbienenschwärme im Arnot Forest.

Abb. 2.14. Eine der im Arnot Forest aufgestellten Schwarmfangkisten zum Anlocken von Schwärmen, um ein paar wilde Völker in Magazinbeuten mit beweglichen Rähmchen zu erhalten. Der hier dargestellte Aufbau ist typisch: ein Langstroth-Magazin, das etwa 5 m über dem Boden angebracht und nach Süden ausgerichtet ist, mit einem Eingang in der Größe von 16 cm^2.

Tab. 2.2. Monatliche Analysen der Varroamilben-Population in den Wildvölkern, die in den Magazinbeuten im Arnot Forest leben. Jede entnommene Probe gibt die Anzahl der Milben an, die am Monatsanfang während eines Zeitraums von 48 Stunden auf eine Bodeneinlage gefallen sind.

Datum	*Volk 1*	*Volk 2*	*Volk 3*
August 2003	30	14	21
September 2003	16	21	39
Oktober 2003	36	3	22
Mai 2004	2	2	1
Juni 2004	3	11	2
Juli 2004	2	10	4
August 2004	3	5	7
September 2004	16	15	13
Oktober 2004	42	40	22

Damit ich die gesamte Milbenlast aller Völker, die meine aufgestellten Schwarmfangkisten bewohnen würden, bequem messen konnte, stattete ich jede einzelne mit einem *Varroa*-Gitter aus, durch das zwar Milben, aber keine Bienen hindurchfallen können. Ich klemmte dieses Gitter zwischen die Holzkiste, in der die Rähmchen eingehängt waren (die Brutraum-Zarge) und das hölzerne Bodenbrett (den Beutenboden). Wenn ich die Milbenlast eines Volkes bestimmen wollte, musste ich nur eine Bodeneinlage („sticky board") – einen Bogen Pappe, dessen Oberseite mit Pflanzenöl bestrichen war – unter das *Varroa*-Gitter schieben und nach 48 Stunden die Milben zählen, die darauf festsaßen.

Der Plan funktionierte einwandfrei. Drei meiner fünf Schwarmfangkisten waren im Juli 2003 besetzt und im August begann ich mit der monatlichen Auszählung des Milbenfalls aus diesen drei wilden Völkern. Die Ergebnisse dieser Analysen (siehe Tabelle 2.2) waren eindeutig: alle drei Kolonien waren zu diesem Zeitpunkt von *Varroa destructor* befallen.

Schließlich kam heraus, dass alle drei Völker trotz der Milben erfolgreich überlebten, denn die Milbenpopulation jedes Volkes war im Spätsommer und Herbst 2003 ziemlich stabil, nahm im Winter 2003/2004 deutlich ab und stieg im Sommer 2004 nur langsam und allmählich an. Auch als ich diese Völker im Spätsommer 2003 und 2004 – am 4. September 2003 und am 29. August 2004 – inspizierte, stellte ich fest, dass alle drei in einem ausgezeichneten Zustand waren; jedes war ein starkes Volk, das mehrere Brut- und Honigrahmen besetzt hatte, und in keinem fanden sich Bienen mit verkrüppelten Flügeln oder Anzeichen einer anderen Krankheit.

Mitte Oktober 2004 verlegte ich Volk 2 aus dem Wald in mein Labor an der Cornell University, sodass ich im folgenden Frühjahr Königinnen aufziehen konnte. Ich ließ die Völker 1 und 3 im Wald zurück, weil ich ihre Milbenlast in einem längeren Zeitraum beobachten wollte. Volk 2 überlebte den Winter 2004/2005 in meinem Laboratorium bei ausgezeichneter Gesundheit. Leider wurden die beiden Völker, die ich im Wald zurückgelassen hatte, irgendwann zwischen meiner letzten Völkerkontrolle Mitte Oktober 2004 und der nächsten Mitte April 2005 von einem Amerikanischen Schwarzbären (*Ursus americanus*) entdeckt und zerstört. Ich wusste, dass es sich um einen Bären handelte, der beide Völker getötet hatte, denn ich fand an beiden Orten seine hinterlassenen „Visitenkarten“: Kratzspuren in der Rinde der Bäume, auf denen die Schwarmfangkisten montiert waren, umgestürzte Bienenkästen unter den Bäumen und Rähmchen, die überall dort verstreut waren, wo der Bär sich Brut und Honig einverleibt hatte.

In Kapitel 10 erfahren wir, dass Bären Schwierigkeiten haben, wilde Völker zu finden, die versteckt in Naturhöhlen hoch in den Bäumen leben. Klar ist jedoch, dass mindestens ein Bär im Arnot Forest gelernt hatte, dass ein in einem Baum montierter plumper Holzkasten manchmal Honigbienen enthält und dann ein opulentes Festmahl aus Honig und Bienenbrut verspricht. Wenn meine Studenten und ich jetzt im Arnot Forest Schwärme fangen, hängen wir unsere Schwarmfangkisten an solchen Ästen auf (Abb. 2.15), bei denen wir sicher sind, dass sie weit außerhalb der Reichweite eines Schwarzbären sind.

Ende des Sommers 2004 war es eindeutig, dass der Arnot Forest gut mit wilden Honigbienenvölkern besiedelt war, dass diese von Varroamilben befallen waren und *irgendwie* dennoch nicht am Milbenbefall starben. Es blieb jedoch ein Rätsel, wie diese wilden Völker überleben konnten, ohne jemals mit Milbenbekämpfungsmitteln behandelt worden zu sein. Am rätselhaftesten war es, dass die Populationen der Varroamilben in diesen Wildvölkern im August und September nicht auf gefährliche Größe angewachsen waren, wie es im Spätsommer in den von mir betreuten Völkern der Fall war, wenn sie nicht mit einem starken Mitizid wie Ameisensäure, Oxalsäure oder einer Mischung aus ätherischen Ölen behandelt wurden.

Wie genau hielten diese wilden Völker ihre Milbenpopulationen unter Kontrolle? Und wie unterscheidet sich die allgemeine Biologie dieser wilden Völker – Neststruktur, jahreszeitlicher Wachstums- und Fortpflanzungsrhythmus, Nahrungser-

Abb. 2.15. Eine bärensichere Schwarmfangkiste, die an einem dicken Ast im Arnot Forest hängt. Montiert von David T. Peck (auf dem Foto), einem Doktoranden, der die Mechanismen des Resistenzverhaltens der Bienen gegen die Milbe *Varroa destructor* untersucht.

werb, Abwehrmechanismen, Lebensgeschichte und vieles mehr – von dem, was wir bei den von Imkern bewirtschafteten Völkern sehen?

In den Kapiteln 5 bis 10 werde ich einen Überblick darüber geben, was meine Kollegen und ich und Dutzende anderer Biologen bisher als Antworten auf diese Fragen herausgefunden haben. Aber vorher, in den Kapiteln 3 und 4, machen wir einen Ausflug in die Geschichte der Beziehung zwischen Honigbiene und Mensch.

Es ist eine Geschichte, die bis in die „Nebel der Vorzeit“ zurückreicht – sogar bis in Zeiten vor der Menschwerdung. Wir werden sehen, wie sich die *Apis mellifera* in den letzten 10 000 Jahren zu einer halbdomestizierten Spezies entwickelte, deren Vertreter heute oft in bewirtschafteten Völkern leben, die in landwirtschaftlichen Ökosystemen, dem Landschaftsraum der städtischen Außenbezirke und anderen künstlichen Umgebungen angesiedelt sind. Mit diesen bewirtschafteten Völkern interagieren wir Menschen am häufigsten und am einfachsten. Es ist daher nicht überraschend, dass wir bis vor Kurzem recht wenig über das natürliche Leben unseres wichtigsten Bestäuber-Insekts wussten.

3

DIE WILDNIS VERLASSEN

Jedes Mal, wenn ich ein tropfendes Stück wilder Waben herausschneide
und es esse, mit Wachs und allem, staune ich über seine Perfektion,
die durch keine Bearbeitung verbessert werden könnte.
Euell Gibbons[37], Stalking the Wild Asparagus, 1962

Die Honigbiene, *Apis mellifera*, wurde für ihren Beitrag zu unserer Landwirtschaft und unserem Verständnis für das Verhalten der Tiere als „größter Freund der Menschheit unter den Insekten" gepriesen. Sie sollte auch als *ältester* Freund der Menschheit unter den Insekten gefeiert werden. Schließlich wurde das Vergnügen, das wir beim Verzehren ihres Honigs empfinden, mit Sicherheit auch schon von unseren frühen Vorfahren geteilt, wahrscheinlich sogar von denen, die keine Menschen waren. Den größten Teil der Geschichte unserer Verbindung mit der so vertrauten Honigbiene werden wir wohl niemals in Erfahrung bringen, aber wir wissen tatsächlich, dass die Vorfahren der Honigbienen – alle Bienen der Gattung *Apis* – bis ins Oligozän zurückreichen, also bis vor etwa 30 Millionen Jahren. Den Beweis dafür, dass sie schon solange existiert, liefern Fossilien, die in den 1800er-Jahren aus der feinkörnigen Braunkohle der Fossillagerstätte Rott in Nordrhein-Westfalen ausgegraben wurden, was den Paläontologen einige der am vollständigsten erhaltenen Exemplare aller fossilen[38] Insekten bescherte. Dazu zählt eine wunderschöne fossile Honigbiene, die, auf der Seite liegend, makellos erhalten ist (Abb. 3.1) Dieses Exemplar und noch ein weiteres, die beide in den hauchdünnen Schichten des Kohlenschiefers (Dysodil- oder Blätterkohle) gefunden wurden, werden als Vertreter der Art *Apis henshawi* beschrieben. Beide Fossilien sind Arbeiterinnen, wie der *Pollenschieber* am Hinterbein eines der beiden Exemplare deutlich erkennen lässt. Die Tatsache, dass es sich um Arbeiterinnen handelt, verrät uns, dass sie schon damals als staatenbildende (soziale) Bienen lebten und daher zu einem Volk mit einer Königin, Arbeiterinnen und Drohnen gehörten. Alle heute lebenden sozialen Bienen lagern Honig als strategische Energiereserve in ihren Nestern ein, sodass die Nester dieser fossilen Honigbienen sehr wahrscheinlich auch Honigwaben enthielten. Dann waren ihre Nester eine einträgliche Nahrungsquelle für unsere frühen Vorfahren[39], die Primaten, die Honig sicherlich überaus köstlich fanden, genauso wie wir und alle mit uns verwandten Menschenaffen – Schimpansen, Bonobos, Gorillas und Orang-Utans.

Dass Honigbienen seit mehr als zehn Millionen Jahren in Europa und wahrscheinlich auch in den angrenzenden Kontinenten Afrika und Asien existieren, bedeutet, dass Honigbienen schon *immer* ein Teil unserer natürlichen Welt waren. Dokumentierte Fossilfunde der Gattung *Homo* zeigen, dass der moderne Mensch (*Homo sapiens*[40]) vor etwa 300 000 Jahren in Afrika auftauchte und sich dann über Asien und Europa ausbreitete,[41] lauter Gebiete, in denen Honigbienen bereits seit vielen Millionen Jahren in freier Wildbahn lebten. Es ist auch gut möglich, dass die Menschen der frühen Neuzeit die gleiche Honigbienenart vorgefunden haben wie wir heute in Afrika, Westasien und Europa: die *Apis mellifera*. Die ältesten bekannten Fossilien dieser Art wurden in afrikanischem Bernstein (versteinerte Baumharze) gefunden, und obwohl ihr Alter nicht genau bekannt ist, geht man bei einigen Stücken wohl von mehr als einer Million Jahre aus.

Die meiste Zeit in der Geschichte der Menschheit haben unsere Vorfahren in Jäger-Sammler-Gesellschaften gelebt. Neuere Studien von Anthropologen an heutigen Jäger-Sammler-Gesellschaften deuten darauf hin, dass die Jagd auf Honigbienenvölker – um sich an ihrer nährstoffreichen Brut und ihrem köstlichen Honig zu laben – lange Zeit eine wichtige Beschäftigung zur Nahrungssuche für unsere Spezies darstellt. Schließlich ist Honig nicht nur ein ungemein schmackhaftes, sondern auch ein außergewöhnlich energiereiches Nahrungsmittel, das mehr als 13 000 Kilojoule[42] (3105 Kilokalorien) pro Kilogramm enthält. Bei den Hadza im nördlichen Tanzania, einer Gesellschaft von Jägern und Sammlern mit einer langjährigen Tradition der Honigjagd, bezeichnen sowohl Männer als auch Frauen Honig als ihre Lieblingsspeise. Honig ist für diese Menschen auch deshalb ein so wichtiges Nahrungsmittel, weil er eine jahreszeitliche Ergänzung zum Wildfleisch bietet, das ihre hauptsächliche Kalorienquelle darstellt.

Ergiebige Regenfälle von November bis April lassen das Gras wachsen und die Bäume blühen, und während dieser sechs Monate haben die Hadza so gut wie keinen Erfolg bei der Jagd auf Fleisch, aber dafür den größten Erfolg bei der Jagd auf Honig. Während der Regenzeit, die auch gleichzeitig die Honigsaison ist, verbringt

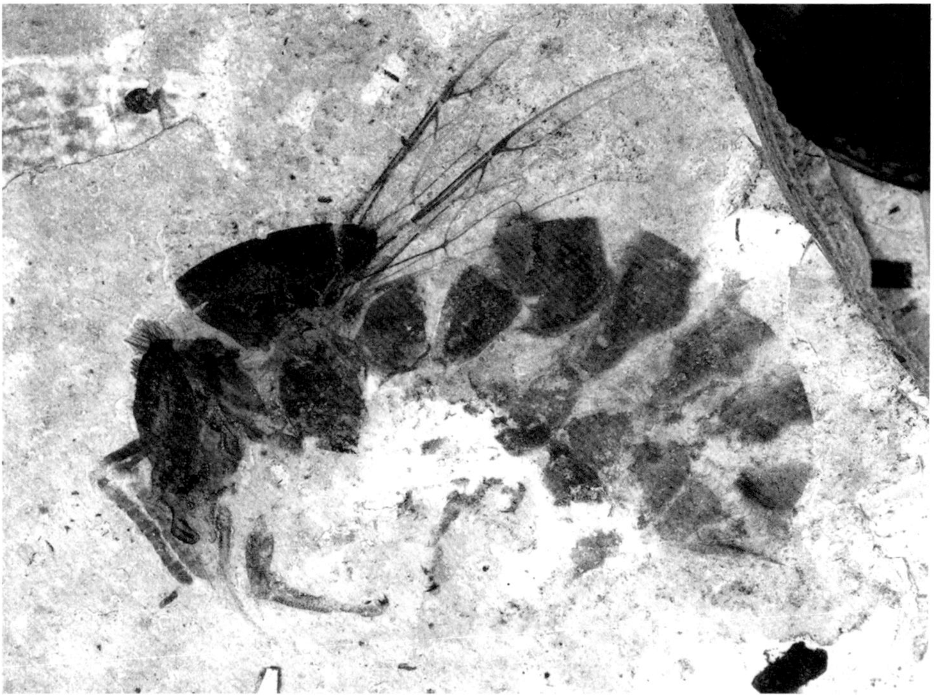

Abb. 3.1. Exemplar der fossilen Honigbiene *Apis henshawi* (Cockerell).

ein Hadza-Mann jeden Tag etwa fünf Stunden mit der Honigsuche und bringt im Durchschnitt 1,5 kg Honig mit nach Hause. Ähnlich ist es bei den Efe, einer anderen Gesellschaft afrikanischer Jäger und Sammler, im Ituri-Regenwald der Demokratischen Republik Kongo. Hier geht die Saison ebenfalls von November bis April – sechs Monate lang ernähren sich die Menschen hauptsächlich von Bienenbrut (Eier, Larven und Puppen) und Honig. Die Männer und Frauen der Efe arbeiten bei der Honigjagd zusammen, und jeder sammelt gewöhnlich mehr als 3 kg Brut und Honig an einem Tag. Etwa 80 Prozent der Kalorienzufuhr der Efe werden während der Regenzeit ausschließlich durch Honig gedeckt. Angesichts dieser und vieler anderer Beispiele für die Honigjagd als traditionelle Art der menschlichen Ernährung kann es kaum Zweifel daran geben, dass die Honigjagd[43] so alt ist wie die Menschheit selbst.

Den vielleicht überzeugendsten Beweis dafür, dass Honig ein höchst begehrtes und wichtiges Nahrungsmittel für unsere früheren Vorfahren war, liefern jedoch die

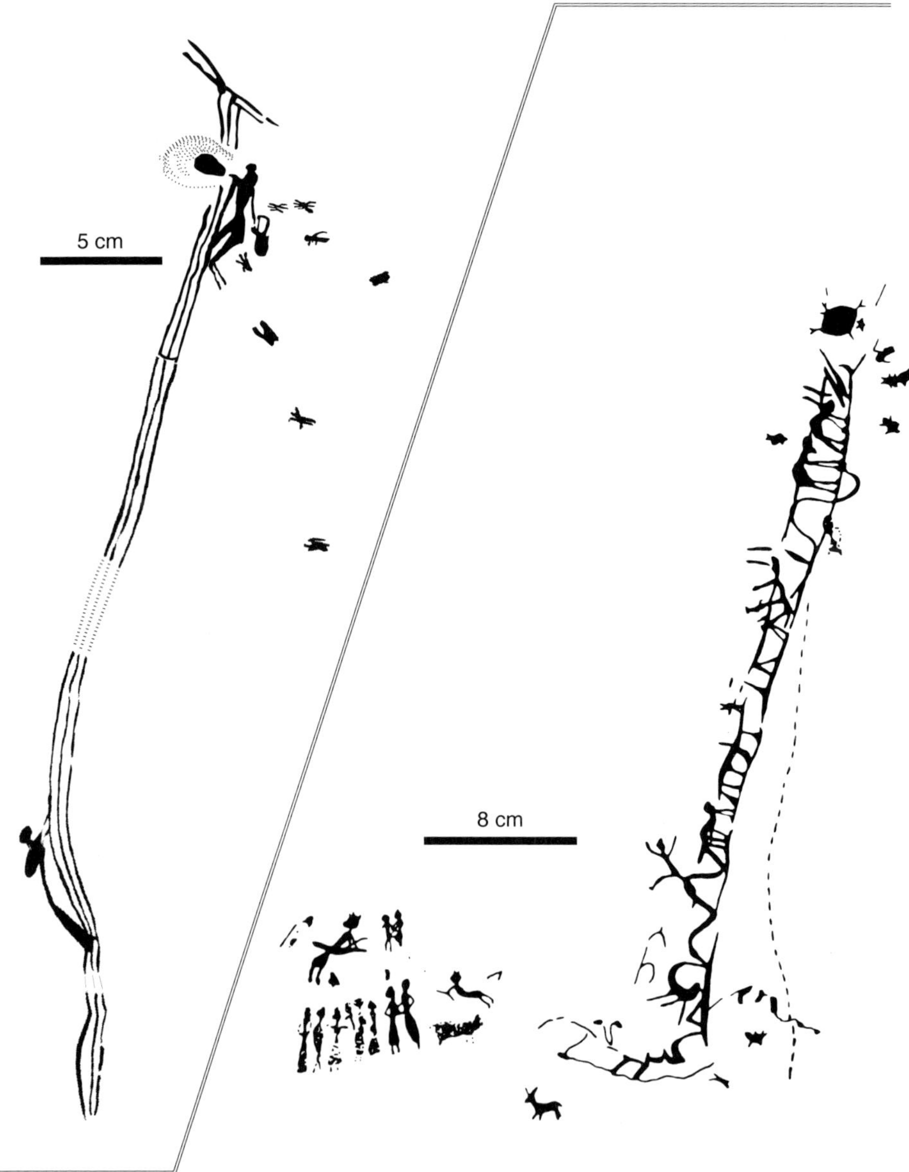

Abb. 3.2. *Links*: Mesolithische Felsmalerei aus der Cueva de la Araña in Bicorp in der Provinz Valencia in Spanien. Sie stellt dar, wie Honig aus einem wilden Bienenvolk gesammelt wird. *Rechts*: Eine weitere mesolithische Felsmalerei aus dem Barranc Fondo in der spanischen Provinz Castellón, die das Sammeln von Honig bei einem Wildvolk zeigt.

Felsmalereien[44] – es werden Menschen und Tiere abgebildet –, die an den Wänden von Höhlen und Felsüberhängen (Halbhöhlen) in Südfrankreich, Ostspanien und Südafrika gefunden wurden. Die Malereien in den Bergen Ostspaniens sind vor etwa 8000 Jahren entstanden. Ein wunderschönes Gemälde, das 1917 in den Cuevas de la Araña (Spinnenhöhlen) in der Provinz Valencia (Abb. 3.2, links) entdeckt wurde, ist der erste direkte Nachweis einer früheren Honigjagd. Es stellt einen Mann dar, der an riesigen Luftwurzeln oder Ranken (oder vielleicht Seile) hinaufgeklettert ist, die an einer steilen Klippe hängen – den rechten Arm in das Nest eines Honigbienenvolkes getaucht, das eine Spalte hoch oben an der Felswand besiedelt hat. Mit seiner linken Hand hält er einen Behälter für die Honigwaben, die er den Bienen stehlen will. Unterdessen schwirren mehrere riesige Honigbienen um ihn herum. Ein weiterer Mensch klettert die Ranken hoch, einen weiteres Sammelgefäß tragend, aber er befindet sich weit unten und ist wahrscheinlich vor den Gegenangriffen der Bienen sicher. Eine komplexere Darstellung der frühzeitlichen Honigjagd wurde 1976 im Cingle de l'Ermità del Barranc Fondo (Bereich de Einsiedelei am Fuße des Canyons) entdeckt, einem tief erodierten Flussbett in der spanischen Provinz Castellón (Abb. 3.2, rechts). Auf dem Bild ist eine hohe Leiter zu sehen, die eine Klippe hinauf zu einem Bienennest führt. Am Fuß der Leiter stehen zwölf Personen, die vielleicht auf einen Teil des Honigs warten, und fünf weitere Personen klettern eine kompliziert gebaute Leiter hinauf, die an den Seiten aus je zwei Seilen besteht, die durch starre Querstäbe miteinander verbunden sind. Die zwei Kletterer, die am weitesten oben auf der Leiter stehen, und die vierte Person von oben haben eine gebückte Haltung und klammern sich offensichtlich mit Händen und Füßen an den Sprossen der Leiter fest; die dritte Person von oben jedoch ist im Begriff zu fallen und rudert mit Armen und Beinen in der Luft herum. Auch der fünfte Honigjäger ganz unten fällt oder springt von der Leiter. Beide Malereien schildern das für die Menschen aus der Mittelsteinzeit (Mesolithikum) große Wagnis, den Honig zu *jagen* und (als Folge davon) die heftige Verlockung, den Honig zu *essen*.

VON DER HONIGJAGD ZUR MAGAZINIMKEREI

Bis vor mehreren Tausend Jahren lebte jedes Honigbienenvolk in freier Wildbahn und wahrscheinlich wurde nur ein winziger Prozentsatz dieser Bienenvölker jemals von Honigjägern geplündert. Daher liegt es nahe, dass die Frühmenschen nur einen geringen Einfluss auf die Honigbienen hatten; vielleicht bestand er hauptsächlich darin, die natürliche Selektion zu unterstützen, indem sie Bienenvölker bevorzugten, die verborgene Nistplätze wählten und sich heftig verteidigten. Erst als die Honigjagd von der Stockbienenhaltung abgelöst wurde und die Menschen begannen, Bienenvölker in künstlich hergestellten Behausungen zu halten, nahm der Einfluss des Menschen auf die Honigbienen bis hin zu dem enormen Ausmaß zu , wie es heute in vielen Teilen der Welt der Fall ist . Die Anfänge der Stockbienenhaltung gingen wahrscheinlich vor etwa 10 000 Jahren einher mit der Erfindung der Landwirtschaft auf dem „Fruchtbaren Halbmond" des Vorderen Orients (das Winterregengebiet am nördlichen Rand der Syrischen Wüste, die sich im Norden an die Arabische Halbinsel anschließt), als einige unserer Vorfahren sich als Kleinbauern niederließen und anfingen, in das Leben von Pflanzen und Tieren, einschließlich der Honigbienen, einzugreifen, um ihre Leistungsfähigkeit zu steigern.

Der erste überlieferte Nachweis für die Haltung von Bienen ist das in Abbildung 3.3 dargestellte Flachrelief[45] aus Stein, dessen Alter auf 2400 v. Chr. geschätzt wird. Es entstand also vor fast 4500 Jahren, als Honig und Datteln die wichtigsten Süßungsmittel in der ägyptischen Küche waren und die Bienenhaltung in Ägypten ein wichtiger ägyptischer Wirtschaftszweig war. Diese Skulptur wird heute im Neuen Museum in Berlin ausgestellt, aber ursprünglich gehörte sie zum Tempel des Sonnengottes Re, den Pharao Niuserre in Abū Jirāb, einem Ort etwa 16 km südlich von Kairo, für ihn erbaute. Auf der linken Seite der Platte sehen wir einen Imker, der neben einem Stapel von neun Horizontalbeuten kniet, deren konische Form vermuten lässt, dass sie aus gebrannter Keramik hergestellt wurden. Die drei Hieroglyphen über dem Imker sind die Buchstaben für das ägyptische Wort „nft" (einen Luftzug erzeugen), offensichtlich benutzt der Mann nach althergebrachter Methode Rauch – der Smoker (im Bild nicht abgebildet) befindet sich zwischen ihm und den Bienenbeuten –, um die Bienen zu beruhigen und sie von ihren Waben zu vertreiben. In der Mitte und auf der rechten Seite sehen wir andere Männer, die den Honig in einer Art Fertigungsstraße weiterverarbeiten, bis am Ende eine Person, es könnte ein Beamter sein, ein Siegel auf ein Gefäß klebt, um den wertvollen Inhalt zu schützen.

Ein weiterer unmittelbarer Nachweis für die Stockbienenhaltung in der Antike wurde 2007 von Archäologen entdeckt, die bei Ausgrabungen in den Ruinen von Tel Rehov[46], einer Stadt aus der Eisenzeit, im Jordantal im Norden Israels, 30 unversehrte Bienenstöcke nebst den Überresten von weiteren 100 bis 200 Exemplaren fanden. Das Alter des verschütteten Getreides, das in der Nähe der Bienenstöcke gefunden wurde, wurde mithilfe der Radiokarbonmethode bestimmt, demnach stammt dieser Bienenstand aus der Zeit von 970–840 v. Chr., ist also fast 3000 Jahre

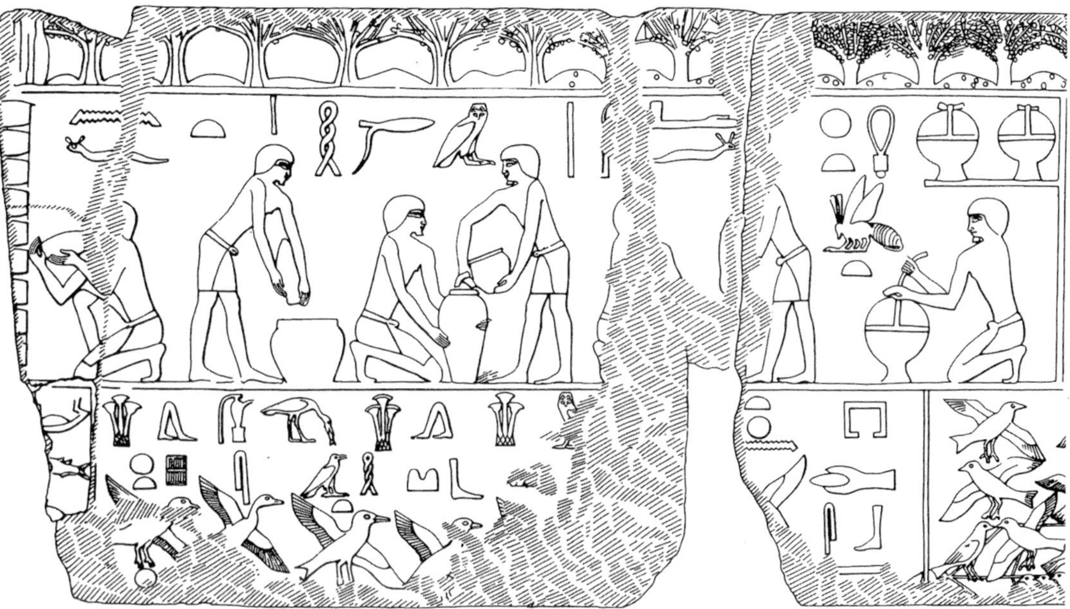

Abb. 3.3. Das älteste Zeugnis der Bienenzucht stammt aus dem Sonnentempel des Pharao Niuserre, der vor fast 4500 Jahren erbaut wurde. Ganz links bläst ein kniender Mann Rauch in Richtung eines Stapels aus neun Horizontalbeuten. In der Mitte stehen zwei Männer, die Honig aus kleineren Töpfen in größere Gefäße hineinschütten, dabei wird ein größeres Gefäß von einem knienden Mann festgehalten. Auf der rechten Seite befestigt ein kniender Mann ein Siegel an einem mit Honig gefüllten Behälter; in einem Regal über ihm stehen zwei ähnliche Behälter, die ebenfalls mit einem Siegel verschlossen sind.

alt. Jeder Bienenstock besteht aus einer ungebrannten Tonröhre, bei welcher Länge (ca. 80 cm), Außendurchmesser (ca. 40 cm) und Eingangsöffnung (Durchmesser 3–4 cm) große Ähnlichkeit mit den Maßen der traditionellen, heute im Nahen Osten verwendeten Bienenstöcke haben. Das vielleicht Bemerkenswerteste an diesem Fund ist, dass diese alten zylindrischen Bienenstöcke (Tunnelstöcke), die ältesten, die bisher gefunden wurden, horizontal und parallel gestapelt sind – wie Baumstämme in einem Holzstapel – und drei Reihen mit einem Abstand von etwa 1 m bilden, die jeweils drei Reihen hoch sind. Das zeigt, dass diese fast 3000 Jahre alten Bienenstände in der gleichen Weise organisiert waren wie die der traditionellen Imker im Nahen Osten heute (Abb. 3.4).

Eva Crane beschreibt in ihrem Monumentalwerk *The World History of Beekeeping and Honey Hunting* (1999) die Methoden der frühen Imker im Vorderen Orient, wobei sie davon ausgeht, dass deren Betriebsweise mit der der traditionellen Imker im heutigen Ägypten[47] übereinstimmt:

1) Der Imker arbeitete in der Regel an der Rückseite der „Bienenwand" (Stapel von Bienenstöcken), um zu vermeiden, von den Wächterbienen gestochen zu werden, die am Eingang jedes Bienenstocks herumschwirren.
2) Nachdem er einen der Bienenstöcke von hinten geöffnet hatte, blies er Rauch hinein, um die Bienen zu beruhigen und die Königin zum vorderen Ende zu treiben. Dann nahm er die Honigwaben, die er mit einem Werkzeug mit scharfer, flacher Klinge, ähnlich wie ein großer Spachtel, der an einem langen Holzgriff befestigt war, freigeschnitten hatte.
3) Er legte alle herausgeschnittenen Waben, die Brut enthielten, in den Bienenstock zurück und stützte sie mit Stöcken, die ein bisschen länger als der Röhrendurchmesser waren, so auf dem Boden ab, dass die Waben senkrecht zur Längsachse des Bienenstocks standen.
4) In der Schwarmzeit öffnete er die Bienenstöcke an der Vorderseite, um die Brutwaben der Bienenvölker zu inspizieren. Dann schnitt er entweder die unerwünschten Weiselzellen aus, um das Schwärmen zu verhindern, oder er entfernte Waben mit Weiselzellen *und* Arbeiterinnen und setzte sie in einen leeren Bienenstock ein, um daraus einen Ableger zu machen (neues Bienenvolk mit einer Königin).

Wir sehen also, dass schon vor mehreren Tausend Jahren die Imker in Ägypten und in den Ländern östlich des Mittelmeers Bienenvölker mit Methoden bewirtschafteten, die zwar für die Menschen vorteilhaft, aber nicht besonders bienenfreundlich waren: Sie stopften sie in dicht gedrängt in Bienenstöcke, nahmen ihnen den Honig weg und griffen in ihre Fortpflanzung ein. Als sich die Stockbienenhaltung vom Nahen Osten aus nach Westen und Norden in die Mittelmeer-Regionen ausbreitete, verharrte die Beziehung zwischen den Imkern und ihren Bienen offensichtlich immer noch auf dem Stand biblischer Zeiten: Die ausführlichste Beschreibung der Bienenhaltung in der Römerzeit stammt von Lucius Junius Moderatus Columella, einem römischer Bauern, der im ersten Jahrhundert n. Chr. in Rom lebte. Das neunte Buch[48] seines zwölfbändigen Werks *De re rustica* (Über die Landwirtschaft) ist größtenteils der Bienenzucht gewidmet.

Columella gibt dort fachkundige Ratschläge für den Einstieg in die Bienenhaltung: Der Imker solle einen Verbund von Bienenstöcken in einem gemauerten Bienenstand neben seinem Haus unterbringen, damit sie „unter den Augen des Gebieters" seien, und in höchstens „drei Reihen, eine über der anderen" anordnen. Dieser

Abb. 3.4. Ein Bienenstand („Bienenwand") aus aufeinandergestapelten Tonröhren (aus Nilschlamm) in Zentralägypten. Die Zwischenräume wurden mit Lehm gefüllt, um zu verhindern, dass Schwärme sich dort einnisteten. Jede Röhre hat am vorderen Ende eine kleine, kreisförmige Öffnung mit ein bis vier weißen Markierungen, die dem Imker anzeigen, wann das Volk angelegt wurde.

Aufbau weist darauf hin, dass die römischen Imker in der Regel Horizontalbeuten hatten (wie bei den Funden bei Tel Rehov), bei denen die Honigwaben an einem Ende entnommen werden. Obwohl Columella nicht weiter auf eine bestimmte Form oder Größe eingeht, rät er aber zum Gebrauch von gut gedämmten Bienenstöcken, die aus der dicken Rinde von Korkeichen (*Quercus suber*) angefertigt werden, und nicht etwa aus Töpferware, denn die in Behausungen aus gebranntem Ton untergebrachten Bienenvölker „werden von der Hitze des Sommers verbrannt und von der Kälte des Winters gefroren".

Außerdem gibt er ausführliche Anweisungen zum Bewirtschaften eines Volkes, wie beispielsweise das Öffnen der Bienenstöcke im Frühjahr, um den Unrat zu entfernen, der sich über den Winter angesammelt hat, die Vereinigung schwacher Bienenvölker, das Einfangen und Unterbringen von Schwärmen, das Ausschneiden von

Königinnenzellen zur Schwarmkontrolle, das Umhängen bzw. Übertragen von Brutwaben, das Töten von Drohnen (er beschreibt sie als „Bienen, die größer sind als die übrigen“) und das Umstellen der Bienenstöcke zwischen Frühjahrs- und Sommerstandorten (um „den Bienen eine reichhaltigere Ernährung von Spätblühern wie Thymian, Majoran und Bohnenkraut zu bieten“). Er rät auch zu einer spätsommerlichen Honigernte, wobei an einem Ende jedes Bienenstocks mit einem scharfen Messer Waben herausgeschnitten werden, jedoch mindestens ein Drittel des Honigs übrigbleiben sollte. Dann, „wenn der Winter bereits zu Besorgnis Anlass gibt“, empfiehlt er, „klaffende Löcher in den Bienenstöcken mit einer „Mischung aus Lehm und Ochsenmist“ zu stopfen und schließlich „Stängel und Blätter drüber anzuhäufen“, um sie gegen die Kälte zu schützen. Zweifelos liebten die Imker zu Columellas Zeiten ihre Bienen und wollten für sie sorgen, aber es war ihnen auch wichtig, dass ihre Bienen große Mengen Honig und Bienenwachs produzieren.

Nach der Römerzeit entwickelte sich die traditionelle Bienenhaltung nördlich des Mittelmeerraums in zwei verschiedene Richtungen[49] weiter. Die eine war die Waldbienenhaltung oder *Zeidlerei*, bei der Honig von Bienenvölkern geerntet wurde, die in (natürlichen oder künstlichen) Baumhöhlen lebten, die über dicht schließende Türen zugänglich waren. Diese Betriebsweise wurde überall in dem riesigen sommergrünen Laubwaldgürtel betrieben, der sich damals über etwa 3000 km quer durch Nordosteuropa von der Ostseeküste bis zum Ural ausdehnte. Die Bedingungen in diesen ausgedehnten, dünn besiedelten Wäldern, die weder von Gebirgen noch von Meeren unterbrochen wurden, waren ungemein günstig für die Besiedlung durch wilde Honigbienenvölker. Alte Weiden, Linden, Haselnussbäume und Eichen boten geschützte Nistplätze, krautige Pflanzen wie Himbeeren und Brombeeren in den Waldlichtungen versorgten die Bienen mit Nektar und Pollen. Die Zeidlerei wurde von Männern in kleinen Gruppen durchgeführt. Jede Gruppe hatte ein großes Waldgebiet – einen Bienenwald – abzudecken, das über 100 Bäume mit zugänglichen Nisthöhlen enthalten konnte, von denen vielleicht gerade mal zehn ständig von Honigbienen besetzt waren. Offensichtlich wurde die geringe Völkerdichte in diesen Wäldern durch das begrenzte Nahrungsangebot verursacht und nicht durch den Mangel an geeigneten Nisthöhlen.

Einige dieser großen Bienenbäume hatten natürliche Höhlen, die mit einer Tür ausgestattet wurden, aber die meisten enthielten künstliche Nisthöhlen, die die Zeidler sorgfältig ausgehöhlt hatten. Dafür kletterte einer von ihnen mit einem ledernen Klettergurt 5 bis 20 m seitlich an einem großen Baum hinauf und schnitt Äste ab, während er sich nach oben arbeitete (Abb. 3.5). Dann hackte er oben im

Abb. 3.5. Ein baschkirischer Zeidler ist einen Baum hinaufgeklettert, in dem ein Hohlraum als Behausung für ein wildes Honigbienenvolk vorbereitet wurde. Zu seinen Werkzeugen zählen Kletterseile, eine Axt zum Aushebeln der Falztüren (oberhalb von ihm aufgestapelt), Bienenschleier, Raucher und ein Holzeimer mit Deckel. Nach dem Öffnen der Baumhöhle nimmt er die Honigwaben heraus und legt sie in den Eimer. Der Nesteingang befindet sich unmittelbar rechts neben seinen Händen. Das Foto wurde im südlichen Ural in der Republik Baschkortostan (Russische Föderation) aufgenommen.

Baum, gewöhnlich auf der Südseite, einen etwa 10 cm breiten und etwa 1 m hohen vertikalen Schlitz in den Stamm. So entstand die Zugangsöffnung für diese Nisthöhle, die der Zeidler mit einem langstieligen Stechbeitel zu einer 40 bis 60 Liter großen Kammer aushöhlte. Er meißelte auch eine kleinere Öffnung für den Nesteingang heraus; meistens war sie nach Süden ausgerichtet und lag etwa auf halber Höhe des Hohlraums – etwa 5 cm breit und 10 cm hoch. Um den Zugang zu verkleinern, schlug er einen geschnitzten Holzpfropfen hinein, der auf jeder Seite einen etwa 1 cm breiten vertikalen Schlitz freiließ. Zum Schluss passte er in die Zugangsöffnung eine Tür mit einem Falz dicht ein, um die Nisthöhle vor Bären, Hornissen, Spechten und anderen Feinden der Bienen zu schützen. Während all diese Arbeiten hoch oben im Baum geschahen, schnitzte ein anderer Zeidler das Zeichen des Grundeigentümers – ein Ziegenhorn, einen Bogen oder einfach verschieden angeordnete Kerben – in die Rinde am Fuß des Baumes.

Im Frühsommer inspizierten die Zeidler die von ihnen angelegten Nistplätze, um nachzuschauen, welche besetzt waren. Im Spätsommer oder Herbst besuchten sie die besetzten Nistplätze wieder und ernteten einen Teil der Honigwaben darin. Es gibt keine Berichte über Zeidler, die Schwärme in leeren Baumhöhlen ansiedelten, und es hat nicht den Anschein, dass sie dabei erfolgreich waren, sodass sie sich fast ausschließlich darauf verlassen haben mussten, wilde Schwärme in ihre künstlichen Nisthöhlen zu locken.

Die Zeidlerei war im Mittelalter eine wichtige Tätigkeit im Osten Deutschlands, Polen, dem Baltikum und Russland. Tatsächlich spielte sie die Hauptrolle in der Wirtschaft dieser dicht bewaldeten Gebiete, da Honig und Bienenwachs, und in einigen Gegenden auch Pelze, die einzigen natürlichen Quellen des Wohlstandes waren. Honig war schon immer wichtig für die Metherstellung, und um 700 n. Chr. wurde Bienenwachs von christlichen Kirchen, Abteien und Klöstern dringend für die Herstellung von Kerzen benötigt. Einige Jahrhunderte später, um etwa 1000 n. Chr., besaßen die russischen Prinzen, Bojaren und Klöster viele Bienenwälder, und eine besondere Klasse der bäuerlichen Bevölkerung, die *Bortniki* oder Beutner, arbeiteten als Zeidler. (Im Russischen war *bort* die älteste bekannte Bezeichnung für einen „Bienenstock", ein hohler Baumstamm; daher war der *Bortnik* der Baumimker.) Die *Bortniki* arbeiteten gewöhnlich zu zweit oder in größeren Gruppen, um die wilden Völker zu betreuen und deren Honig und Wachs zu ernten. Die Verbundenheit der russischen Bauern mit ihren Bienen drückt ihr Kosewort für eine Arbeiterin aus – *Bozhiya ptashka*, „Gottes kleiner Vogel" –, deshalb betrachteten sie das Töten einer Biene als Sünde. Es wundert also nicht, wenn *Peter Prokopowitsch*, der

Vater der modernen *Bienenhaltung* in Russland, 1854 berichtete, dass ein *Bortnik* von jedem Bienenbaum niemals mehr als einen Holzeimer voller Honigwaben (etwa 6 kg) entnahm. Es ist ganz offensichtlich so, dass die Baumimker in Russland versuchten, Nachhaltigkeit bei der Honigernte zu betreiben.

Die Honigbienenvölker wurden durch die Zeidlerei[50] als Betriebsweise nur wenig gestört. Die Zeidler stellten ihnen lediglich geeignete Nistplätze zur Verfügung und entnahmen ihnen dafür gegen Ende des Sommers einen bescheidenen Anteil ihrer Honigvorräte. Letztendlich musste die Baumimkerei jedoch der Magazinimkerei Platz machen – zuerst kamen die aufrechten Klotzbeuten aus den Stammabschnitten eines Baumes –, aber als die riesigen Wälder Nordosteuropas für die Landwirtschaft abgeholzt und große Bäume zu Balken und Brettern verarbeitet wurden, war es verboten, Hohlräume in wertvolle Bäume zu stemmen. Die Waldbienenhaltung wird jedoch heute immer noch von baschkirischen Imkern im südlichen Ural in Russland ausgeübt, insbesondere im Baschkirischen Teil, einer 450 km² großen bewaldeten Gebirgsregion, in der sich auch der Baschkirische Nationalpark befindet. In diesem Naturschutzgebiet gibt es etwa 1200 Bäume mit künstlich angelegten Nisthöhlen, von denen jeden Sommer etwa 300 von Bienen besetzt sind.

Die zweite Richtung der traditionellen Bienenhaltung im nördlichen Mittelmeerraum entwickelte sich in Nordwesteuropa[51], im heutigen Gebiet von Westdeutschland, den Niederlanden, Großbritannien, Irland und Frankreich. Große Bäume waren hier nicht so häufig zu finden und so war hier der am meisten verwendete traditionelle Bienenstock ein großer, umgedrehter Strohkorb, der in Deutschland *Stülper* genannt wurde. Die englische Bezeichnung ist *skep* (das Wort *skep* stammt von *skeppa* ab, einem altnordischen Wort für einen großen Korb) und existiert seit der Zeit um 800 n. Chr, als die Wikinger mit ihren Raubzügen in England einfielen und sich anschließend dort niederließen. Diese Bienenkörbe wurden zunächst aus geflochtenen Weidenruten hergestellt – eine Beschichtung aus Lehm und Kuhmist diente als Wärmedämmung und machte sie außerdem wasserdicht –, später wurden sie auch aus Stroh geflochten (Spiralwulsttechnik). Sie wurden umgedreht und mit der offenen Seite nach unten auf einen flachen Stein oder Holzständer gestellt (Abb. 3.6). Die meisten Strohkörbe waren in einem Unterstand untergebracht, oft in einem an der Hauswand angebauten Gestell mit einer Abdeckung nach oben oder auch in einem freistehenden Bienenhaus mit Pultdach, Rücken- und Seitenwänden. Manchmal wurden die Körbe in Nischen von Steinmauern untergebracht (Bienenmauer), besonders bei Klöstern oder anderen Kirchengütern. Die Korbimkerei wurde oft als Schwarmimkerei bezeichnet, weil sie von der Entstehung und dem

Abb. 3.6. Holzschnitt, der zwei Bienenkörbe aus Korbgeflecht auf einem Holzständer und einen Imker darstellt, der eine Haube mit einem engmaschigen Netz als Einsatz trägt.

Einfangen von Schwärmen im Frühsommer abhängig war. Die Imker überließen damals ihre Bienenvölker sich selbst, damit diese während der Spätsommertracht Honig einlagern konnten, und töteten anschließend einen Teil der Völker ab, um an ihren Honig zu kommen, während der Rest zum Überwintern auf sich allein gestellt blieb. Während der Schwarmsaison war ständige Wachsamkeit erforderlich, um die Schwärme einzufangen, denn der Imker musste am Ende des Sommers ein Vielfaches der Bienenvölker haben wie zu Beginn. Oft fing man einen Schwarm, indem man einen umgedrehten Korb unter den Ast hielt, auf dem sich die Bienen gerade niedergelassen hatten, und ihn dann schüttelte, sodass die Bienen in ihr neues

Zuhause hineinfielen. Manchmal wurde ein Schwarm gefangen, indem man einen Schwarmfangbeutel oder Bienenkescher – ein röhrenförmiges Netz, das mit mehreren Reifen stabilisiert wurde – über den Eingang des Bienenkorbs legte, wenn ein Schwarm im Begriff war auszufliegen. Manche Imker wussten auch, dass sie mit einem baldigen Nachschwarm rechnen mussten, wenn aus einem Korb, von dem ein Vorschwarm abgegangen war, ein waldhornartiger Klang ertönte. Die Korbimkerei erforderte ein häufiges Schwärmen und die Imker förderten dies durch den Bau kleiner Strohkörbe, sodass ihre Bienenvölker im späten Frühjahr und im Frühsommer an Raummangel litten. Die Größe der Bienenkörbe, die in den englischen Bienenbüchern des 16. bis 19. Jahrhunderts empfohlen wurde, bewegte sich zwischen 9 und 36 Litern und lag in der Regel bei etwa 20 Litern. Sie waren also viel kleiner als die modernen Bienenbeuten heute. Zum Vergleich: Eine einzelne Langstroth-Brutraumzarge mit zehn Rahmen hat schon ein Volumen von 42 Litern.

Zum Abtöten der Korbvölker, damit man ihren Honig und das Wachs ernten konnte, wurden verschiedene Methoden angewendet – unter anderem das Aufstellen des Korbes über einer Grube mit brennendem Schwefel (Abschwefeln) oder das Eintauchen in Wasser, nachdem sie in einen verschlossenen Sack verpackt wurden. Manchmal töteten die Korbimker ihre Bienenvölker auch nicht, sondern befreiten nur die Waben von den Bienen, die sie von einem Korb in einen nächsten trieben. Bei diesem Vorgang wurde Rauch eingesetzt, der die Bienen veranlasste, sich mit Honig zu vollzufüllen, anschließend wurde der Bienenkorb mit dem Volk auf den Kopf gestellt und ein leerer Korb darüber befestigt. Schließlich schlug man mehrere Minuten lang seitlich auf den unteren (besetzten) Korb ein, um die Bienen in Bewegung und nach oben in den leeren Korb zu bringen. Leider überlebte ein Volk, das im Spätsommer in einen Korb ohne Waben hineingetrieben wurde, den Winter oft nicht, es sei denn, es bekam einige mit Honig gefüllte Waben mit. Eine zweite Methode, bei der die Honigernte nicht mit dem Tod des Volkes endete, bestand darin, den unteren Teil der Waben abzuschneiden, nachdem die Bienen mithilfe von Rauch von ihnen verjagt worden waren. Auf diese Weise wurde auch der Honig in der Zeidlerei geerntet.

Die Korbimkerei hatte gleich mehrere Vorteile gegenüber den früheren Betriebsweisen, einschießlich der ägyptischen Bienenzucht mit Tonröhren und der römischen Bienenhaltung mit hohlen Baumstämmen. Waren die Bienenvölker in Körben statt in Röhren oder Stämmen untergebracht, konnte man mit ihnen an Orte mit starker Tracht (Zeiten, in den viel Nektar gesammelt werden konnte) wandern, wie etwa die Lüneburger Heide südlich von Hamburg, wo im August und September die

Haupttrachtzeit der Besenheide (*Calluna vulgaris*) ist. Die Korbimkerei macht es dem Imker einfach, die Waben zu inspizieren, sodass er ganz allgemein die Stärke des Volkes, die Honigvorräte und die Schwarmbereitschaft (Vorhandensein von Weiselzellen) beurteilen kann. Bei den Bienenkörben konnte man allerdings keine gründliche Inspektion vornehmen, sodass man nicht immer feststellen konnten, ob ein Volk weiselrichtig war (also eine legende Königin hatte), ob die Waben mit Honig gefüllt waren, ob es sich auf das Schwärmen vorbereitete oder krank war. Auch weil die Imker in großem Maße darauf angewiesen waren, die Bienenvölker zur Honigernte abzutöten, mussten sie das Schwärmen fördern, was wiederum eine Unterbringung in kleinen Behausungen erforderte. Dadurch blieben ihre Völker klein, sodass die Honigproduktion entsprechend gering war. Darüber hinaus wuchs zu Beginn des 19. Jahrhunderts der Widerstand gegen das gnadenlose Abtöten von Korbvölkern, nur um an den Honig zu kommen. Die Imker brauchten eine Unterkunft für ihre Bienenvölker, die besser geeignet war.

VOM STABILBAU ZUM MOBILBAU

1848 schied Lorenzo Lorraine Langstroth, ein 38-jähriger Gemeindepfarrer, aus gesundheitlichen Gründen aus seinem Amt in Greenfield im amerikanischen Bundesstaat Massachusetts aus und zog nach Philadelphia in Pennsylvania, wo er eine Schule für junge Frauen eröffnete und eine kommerzielle Imkerei aufbaute. Dabei konzentrierte er sich auf die Bienenhaltung in Einmachgläsern: Er produzierte Wabenhonig in Bechergläsern und Glasglocken. In der Mitte der 19. Jahrhunderts bevorzugten die Käufer nämlich Wabenhonig, um sich seiner Reinheit sicher zu sein, sodass die mit verdeckelten Waben gefüllten Gläser als Premiumprodukt galten. Langstroth ließ die Bienen ihre Waben in Gläsern bauen. Dazu stellte er leere Gläser mit der Öffnung nach unten auf ein Brett mit passenden Bohrungen (Honigbrett), setzte das Brett auf einen Bienenkasten auf und stülpte anschließend über die Gläser einen Holzkasten (eine Honigraumzarge), um sie zu abzudunkeln. Die Bienen verhielten sich wie in der Natur und füllten die dunklen Hohlräume über ihren dunklen Brutwaben mit herrlich weißen Honigwaben.

Langstroths Tätigkeit als Berufsimker enthüllte ihm die Geheimnisse der Verhaltensweisen und des Soziallebens der Bienen. Das motivierte ihn auch dazu, bessere Bienenstöcke zu entwerfen als die, die er bisher in Gebrauch hatte, nämlich flache Holzkisten mit einer Tiefe von 15 cm und einer Breite von etwa 45 cm. Jede Zarge enthielt 12 Holzleisten, die parallel und in Abständen von etwa 3,5 cm von Mitte zu

Mitte angeordnet waren und in Falzen an der Vorder- und Rückwand des Kastens eingesetzt wurden. Jede Leiste war die obere Aufhängung für eine einzelne Wabe. Langstroth gefielen diese Bienenkästen wegen ihrer großen Auflagefläche, auf die er viele Gläser setzen konnte, die dann mit Wabenhonig gefüllt wurden. Aber es gefiel ihm nicht, wie die Bienen ihre Brutwaben an den Wänden innerhalb seiner Kästen befestigten. Das hieß nämlich, dass er, wenn er für Inspektion die Brutwaben entfernen musste, vor der unangenehmen Aufgabe stand, die Waben von den Wänden des Bienenstocks frei zu schneiden.

Langstroth war sich dessen bewusst, dass er bessere Behausungen brauchte, um die Bienenhaltung praktischer und „humaner" zu gestalten, idealerweise so, dass die Bienen natürlich leben und arbeiten können, aber trotzdem für den Imker leicht zugänglich sind. So wäre es möglich, Inspektionen durchzuführen, Hilfestellung zu leisten und Waben zu entfernen, und das alles, ohne die Waben übermäßig zu beschädigen, die Bienen zu verletzen oder Honig zu verschwenden.

Er begann, eine bessere Bienenwohnung zu entwerfen, indem er sich mit dem Problem beschäftigte, wie man die Abdeckung von den Bienenstöcken problemlos entfernen konnte. Sie lag nämlich direkt auf den Holzleisten, den Oberträgern mit den Waben, auf und so verklebten Langstroths Bienen natürlich die Abdeckung mit den Holzleisten – mit den antimikrobiellen Baumharzen (Propolis), die sie gesammelt hatten, um die Innenflächen ihrer Nester auszukleiden. Im Jahr 1851 konnte er dieses Problem lösen, indem er den Falz in den Vorder- und Rückwänden, auf der die Wabenträger auflagen, um knapp 9 Millimeter vertiefte. Dadurch wurden die Oberseiten der Träger soweit abgesenkt, dass sie etwa 9 mm unter der Oberkante des Bienenkastens und damit auch unter der Unterseite der Abdeckung lagen. Langstroth stellte erfreut fest, dass seine Bienen nun einen schmalen Zwischenraum über den Trägern mit den Waben offenließen. Wunderbar! So entdeckte er den „Bienenabstand" („*bee space*[52]"), eine von den Bienen befolgte bauliche Regel, bei der 7 bis 9 mm hohe Korridore als Durchgang offengelassen werden. In natürlichen Nestern finden sich „Korridore" in dieser Höhe seitlich der Waben, wo sie als Durchgänge zwischen den beiden Seiten einer Wabe dienen (Abb. 3.7).

Seltsamerweise betrachtete Langstroth seine Entdeckung des Bienenabstands zunächst nur als Lösung für das Problem, dass die Bienen die Abdeckung des Bienenkastens (oder die Honigbretter, auf denen die Gläser für Wabenhonig standen) mit den Leisten verkitteten.1851 genoss er den ganzen Sommer über die neu gewonnene Leichtigkeit beim Öffnen seiner Bienenkästen, kämpfte jedoch noch immer mit der vertrackten Aufgabe, jedesmal die Waben von den Wänden seiner Bienenstöcke zu trennen, wenn er sie zur Inspektion herausziehen wollte. Erst in jenem Herbst, am 30. Oktober, erkannte er, dass der Bienenabstand auch dieses Problem lösen würde. Er beschrieb seine Erkenntnis folgendermaßen:

> An den Oberträgern könnte man senkrechte Riegel befestigen, sodass zwischen [diesen und] der Vorder- und Rückwand des Bienenstocks derselbe Abstand für die Bienen verbleibt und so die Leisten [oder Oberträger] in bewegliche Rahmen verwandelt werden. [...] In diesem Augenblick entstanden die hängenden beweglichen Rahmen, die in passendem Abstand voneinander und von der Kiste, in der sie sich befinden, gehalten wurden. So wie die Dinge lagen, sah ich intuitiv das Ende vom Anfang und konnte nicht umhin, auf offener Straße „Heureka" zu schreien.

Langstroths Tagebucheintrag[53] vom 30. Oktober 1851 enthält Skizzen seines neuen Plans für die beweglichen Rähmchen, der das Anbringen von Teilen einer „frischen Arbeiterinnenwabe" am Oberträger oder das Ziehen „eines dünnen Wachsbandes über die Mittellinie des Trägers" einschließt, um die Bienen zum Bau ihrer Waben in der Fläche des Rahmens zu veranlassen. Er erkannte auch, wie sinnvoll eine zusätzliche untere Abschlussleiste für diesen „zusammengesetzten Rahmen" war, wodurch sich ein Zwischenraum mit der Breite des „*beespace*", des Bienenabstands, zwischen den Rahmen und der Abdeckung, den Rahmen und den Wänden *sowie* den Rahmen und dem Bodenbrett befinden würde. Auf diese Weise würde jeder bewegliche Rahmen außer an den beiden Aufhängepunkten von einem Bienenabstand umgeben sein (Abb. 3.8).

Als Langstroth erkannt hatte, dass er Bienenbeuten mit hängenden beweglichen Rähmchen bauen musste, die jeweils durch den Bienenabstand vom benachbarten Rahmen sowie von der Decke, den Wänden und dem Boden der Beute getrennt waren, war das Jahr schon zu weit fortgeschritten, um seine Ideen in seinem Bienenstand auszuprobieren. Nichtsdestotrotz zeigen seine Tagebucheinträge vom November 1851, dass er zuversichtlich war, dass sein Konzept – Waben in beweglichen Rähmchen – für die Zukunft der Bienenhaltung von größter Bedeutung sein würde, weil es „dem Imker die vollständige Kontrolle über seine Bienen geben wird".

1853 veröffentlichte Langstroth sein Buch mit dem Titel *Langstroth on the Hive and the Honey-Bee: A Bee Keeper's Manual*. Darin beschrieb er seine Erfindung: eine Magazinbeute mit „beweglichen Waben" und ihre Bedeutung für eine praktische

Abb. 3.7. Drei Durchgangsöffnungen an der vertikalen Seite einer Wabe, die in eine Baumhöhle gebaut wurde.

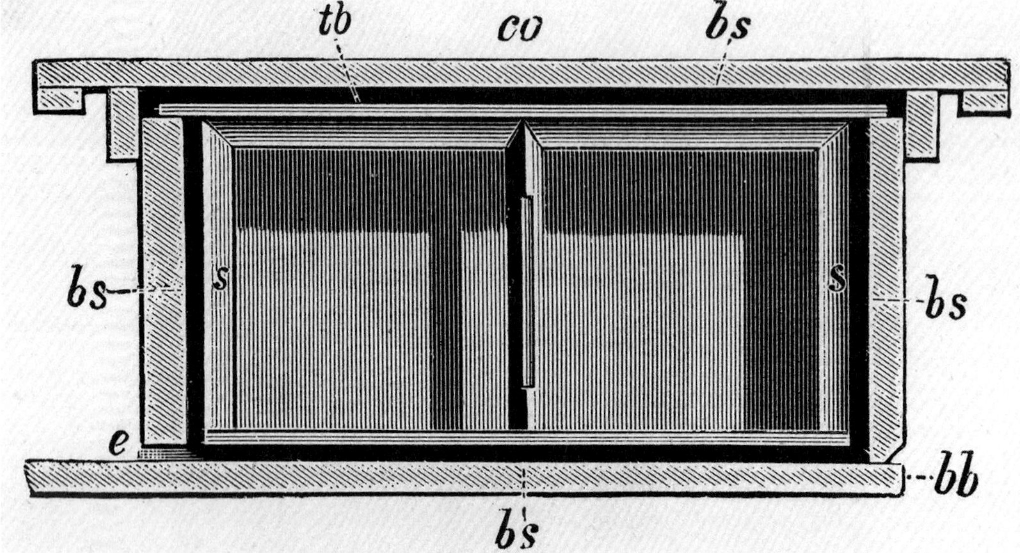

Abb. 3.8. Querschnitt durch Lorenzo L. Langstroths Original-Magazinbeute mit beweglichen Rähmchen aus Cheshire (1888). co = Deckel; tb = obere Leiste; bs = Bienenabstand; s = Seite des Rahmens; e = Eingang; bb = Bodenbrett. Dies ist die erste Zeichnung eines Langstroth-Magazins, in dem der Bienenabstand explizit ausgewiesen war.

und rentable Bienenhaltung. Indem er es den Imkern erleichterte, ihre Bienenstöcke zu öffnen und dann die Bienen und ihre Waben zu inspizieren und zu behandeln, ermöglichte Langstroth den Imkern Eingriffe wie das Teilen starker Bienenvölker zur Bildung künstlicher Schwärme, die Versorgung schwacher Bienenvölker mit Honig oder Brut, das Auffinden und Ersetzen von Königinnen, die Untersuchung der Bienenvölker auf Schädlinge und Krankheiten, Hilfe bei der Säuberung der Bienenvölker von Krankheitserregern und Parasiten und die Entnahme des Honigs. Außerdem konnten die Imker all diese Dinge tun, wann immer sie Lust dazu hatten und ohne die Behausung der Bienen zu beschädigen oder den Bienen selbst irgendwelche Verletzungen zuzufügen.

Indem Langstroth den Imkern praktisch die Kontrolle über das Leben der Bienen, wie sie in ihren Bienenstöcken leben, verschaffte, ermöglichte er es den Imkern, einen größeren Honigüberschuss pro Volk zu erzielen als je zuvor, vor allem in Gebieten, in denen die klimatischen Bedingungen und das Nektar- und Pollenangebot günstig für die Bienenhaltung sind. Die Imker übernahmen schnell die Bauweise von Langstroths Bienenkästen. Die weite Verbreitung seiner Magazinbeute mit den beweglichen Rahmen wurde dadurch begünstigt, dass der Zeitpunkt seiner Erfindung mit der Zeit zusammenfiel, als motorbetriebene Maschinen die Holzbearbeitung schneller und billiger machten. Dies hieß, dass diese neuen Magazinbeuten trotz ihrer präzisen Konstruktion in vielen Teilen Nordamerikas und Europas erschwinglich waren. Ende des 19. Jahrhunderts wurde auch der Überlandtransport mit der Entwicklung der Eisenbahn stärker technisiert, was die Absatzmärkte für Honig vergrößerte und die kommerzielle Bienenhaltung profitabler machte. Damit wurden weitere Fortschritte in der Technologie der Imkerei angeregt, die die Produktivität der von den Imkern geführten Bienenvölker noch weiter steigerte. Holzkästen als Honigräume (Honigzargen), Zentrifugalschleudern zum Ausschleudern des Bienenhonigs aus den Waben, drahtverstärkte Mittelwände aus Wachs zur Verstärkung der in den neuen Holzrahmen gebauten Waben, Absperrgitter zur Trennung von Brutraum und Honigraum, chemische Abwehr- und Vergrämungsmittel und mechanische „Bienenfluchten" zur Entfernung der Bienen aus den Waben vor der Honigernte und noch vieles mehr kamen dazu.

Die Verbreitung dieser Erfindungen[54], die dazu dienten, die Honigproduktion eines Volkes zu steigern, ging mit grundlegenden Veränderungen in der Bienenhaltung einher, die ebenfalls diese Absicht verfolgten. Das Hauptziel kommerzieller Imker in Nordamerika und Europa war und bleibt es bis zum heutigen Tage, ihre Bienenvölker im Frühjahr und Frühsommer groß und stark werden zu lassen, sie jedoch am Schwärmen zu hindern und sich dann die Energie aus der großen Arbeiterzahl jedes Volkes zunutze zu machen – die Bienen sollten weitaus größere Honigvorräte anlegen, als sie selbst jemals benötigen würden. Der Imker erntet dann den Überschuss und verkauft ihn. Diese Art der Bienenhaltung basiert auf der Unterbringung der Bienenvölker in geräumigen Magazinen mit fünf oder mehr Zargen, um einen Brutraum von über 200 Litern und ein Fassungsvermögen von 100 oder mehr Kilogramm Honig zu schaffen. Wir werden sehen, dass ein Wohnraum von diesem Ausmaß drei- bis fünfmal größer als die Behausung, die sich die Völker selbst aussuchen würden (siehe Kapitel 5). Eine andere Möglichkeit, die Stärke eines Bienenvolkes und damit die Honigproduktion zu erhöhen, besteht darin, mehr als eine Königin in einer Magazinbeute anzusiedeln. Die Königinnen, die sich eine Beute teilen, werden daran gehindert, sich gegenseitig zu töten, indem sie durch Absperrgitter voneinander getrennt werden – Metallbleche oder Holzbretter mit Schlitzen, durch die sich zwar die Arbeiterinnen, nicht aber die Königinnen hindurchzwängen können. Durch diesen Eingriff entsteht ein Volk mit einem überdimensionalen Brutnest und einer enormen Anzahl an Sammelbienen. In Regionen, in denen hervorragende Trachtbedingungen herrschen, hat der Betrieb von Mehrköniginnenvölkern die Imker mit massiven Honigernten belohnt, manchmal mehr als 500 Kilogramm Honig pro Bienenstock.

Wenn wir auf die 4500 Jahre alte Geschichte der Bienenhaltung zurückblicken, in der die Honigbienen zunächst in Tonröhren und hohlen Baumstämmen, dann in Strohkörben und einfachen Holzkisten und zuletzt in den heutigen, technisch hochentwickelten Magazinbeuten mit beweglichen Rähmchen untergebracht waren, wird uns klar, dass Lorenzo L. Langstroth und die anderen Erfinder der modernen Bienenhaltung den Imkern bessere Bienenstöcke verschafft haben. Wie wir in den kommenden Kapiteln sehen werden, hat die moderne Bienenhaltung den Bienen jedoch leider kein besseres Leben beschert.

4

HONIGBIENEN – EINE HAUSTIERRASSE?

Die Honigbiene kann in einem erstaunlichen Ausmaß
gezähmt oder domestiziert werden.[55]
*Lorenzo L. Langstroth, Langstroth on the
Hive and the Honey-Bee, 1853*

Die Domestikation[56], die allmähliche Umwandlung von Wildtieren in Haustiere und von wildlebenden Pflanzen in Kulturpflanzen, ist der Prozess der menschlichen Auslese und Vermehrung wilder Arten, um Zuchtformen zu erhalten, die in Kulturlandschaften gedeihen und für den Menschen nützliche Dinge wie Nahrung, Kleidung, Unterstützung bei der Jagd, Antriebskraft und Kameradschaft hervorbringen. So haben wir uns mit anderen Arten verbündet, um unser Leben zu optimieren. Das Bestreben der Menschen, die Selektion selbst in die Hand zu nehmen, nahm vor mindestens 15 000 Jahren in Eurasien seinen Anfang, als man Wölfe domestizierte und als Hunde zu Jagdgefährten machte. Vor etwa 10 000 Jahren fand sie in zunehmenden Ausmaß statt, als unsere im Vorderasien lebenden Vorfahren nach und nach ihre Lebensgrundlage von der Nahrungsbeschaffung (Jagen und Sammeln) auf die Nahrungsmittelproduktion (Viehzucht und Landwirtschaft) verlagerten. Der Übergang zur Landwirtschaft brachte die intensive Domestikation von Nutzpflanzen, Vieh, Kleinstlebewesen (Mikroben, z. B. Brauhefe[57]) und Haustieren mit sich. In der Regel bringt dieser Prozess Organismen mit Eigenschaften hervor, die sie befähigen, in einem vom Menschen gestalteten Umfeld zu gedeihen, mit denen sie in der freien Natur aber Probleme bekommen. Ein bekanntes Beispiel dafür sind die Maispflanzen (Kukuruz, *Zea mays*), die keinen wirksamen Mechanismus mehr für die Verbreitung ihrer Samen haben, weil die Maiskörner fest im Kolben zusammengefügt sind.

In diesem Kapitel werden wir uns mit der folgenden Frage befassen: Sind Honigbienen wirklich Haustiere? Dies ist eine wichtige Frage – um darauf eine Antwort zu finden, müssen wir die besondere Beziehung zwischen Honigbiene und Mensch unter die Lupe nehmen. Zu Beginn sei angemerkt, dass *Apis mellifera* tatsächlich häufig in der Liste der rund 18 domestizierten Tierarten (Haustierrassen) aufgeführt wird und die Imker tatsächlich ihre Bienen (in gewisser Hinsicht) in Besitz genommen haben und kontrollieren, die Mensch-Tier-Beziehung aber bei den Honigbienen grundsätzlich anders ist als bei Rindern, Hühnern, Pferden und anderen landwirtschaftlichen Nutztieren. Bei all diesen Arten wird die Selektion fast vollständig von Menschenhand gesteuert, um sie für ein Leben in einer Kulturlandschaft unter der Obhut des Menschen zu konditionieren, während bei den Honigbienen jedoch immer noch hauptsächlich die natürliche Selektion maßgebend ist für ein Leben in einem natürlicher Lebensumfeld und ohne menschliche Aufsicht. Wir werden in diesem Buch immer wieder Belege dafür finden: Die Honigbiene ist nach wie vor hervorragend an ein selbstständiges Leben in freier Natur angepasst.

AUF DEM WEG ZUR DOMESTIKATION

Die Flachrelief-Skulpturen, die die Imkerei im ägyptischen Tempel des Sonnengottes Re bei Abū Jirāb darstellen (Abb. 3.3), zeigen uns, dass die Honigbienen bereits vor rund 4000 Jahren unter der Obhut von Menschen gelebt haben, sie verraten uns aber nicht, wann die ersten Schritte zur Domestizierung der Honigbiene unternommen wurden. Sie geben immerhin einen Hinweis: Der hochentwickelte Standard bei den hier dargestellten imkerlichen Tätigkeiten – der geschickte Einsatz von Rauch und die sorgfältige Versiegelung der Vorratsgefäße – weist darauf hin, dass die Anfänge der Bienenhaltung viel älter sein mussten. Die jüngsten Belege dafür stammen von Archäologen, die schlüssige Beweise für eine weit verbreitete Nutzung der *Apis mellifera* in den frühgeschichtlichen landwirtschaftlichen Lebensgemeinschaften in Vorderasien[58] vorgelegt haben, inbesondere Spuren von Bienenwachs auf vielen, etwa 9000 Jahre alten Fragmenten von Keramikgefäßen aus Anatolien (einer Region im Osten der Türkei) – quasi als chemischer Fingerabdruck. Honigbienen waren sicherlich von hohem Stellenwert für diese Bauern, einmal wegen ihres Honigs – für sie ein seltenes Süßungsmittel –, zum anderen auch wegen des Bienenwachses zur vermutlich technologischen, kosmetischen und medizinischen Verwendung. Wenn man davon ausgeht, dass die enge Verbundenheit zwischen Mensch und Honigbiene mit der Entstehung der Landwirtschaft zusammenfällt, klingt es plausibel, dass die Honigbiene zusammen mit Schafen und Ziegen zu den ersten Lebewesen gehörte, die auf dem Weg zur Domestizierung waren, als die sich Landwirtschaft vor etwa 10 000 Jahren in Anatolien und dem „Fruchtbaren Halbmond" entwickelte und von dort weiter ausbreitete.

Was könnte die Bauern im Altertum dazu veranlasst haben, Honigbienenvölker in der Nähe ihrer Häuser und damit unter ihrer Aufsicht zu halten? Vielleicht waren die ersten Bienenzüchter einfach nur Menschen, die sich vor allem an dem köstlichen Honig erfreuten, den sie in den Nestern dieser geheimnisvollen kleinen Kreaturen verborgen wussten. Ohne Zweifel hatten unsere neolithischen Vorfahren ein intensives Geschmackserlebnis, wann immer sie in ein Wabenstück hineinbissen, seine atemberaubende Süße schmeckten und den ansprechenden Duft des heraustropfenden Honigs in sich aufnahmen. Vielleicht war dies sogar ein Moment des Glücks, da der goldene Honig die einzige gehaltvolle Süßspeise war, die diese Menschen kannten. Meiner Meinung nach hatten Moses Worte, als er vor etwa 3500 Jahren den Israeliten auf ihrer Wanderschaft von der Verheißung Gottes berichtete, sie „in ein Land zu bringen, in dem Milch und Honig fließen"[59], eine Bedeutung, die wir heute gar nicht richtig nachvollziehen können, wenn man bedenkt, wie viel Rohrzucker, Maissirup, Honig, Ahornsirup und andere Süßstoffe wir heute konsumieren.

Um den Ursprung der Bienenhaltung vollständig zu verstehen, sollten wir jedoch nicht nur die starken *Motive* der ersten Imker betrachten, sondern auch die *Möglichkeiten* zur Domestizierung, die von Bienen selbst ausgehen – zumindest zwei davon. Jede von ihnen repräsentiert ein Verhaltensmerkmal, das die Honigbienen geradezu dafür geschaffen macht, in der Nähe von Menschen zu leben. Das erste ist die Vorliebe der Bienen, in Hohlräumen von der Größe eines Wassereimers oder eines großen Korbs (20–40 Liter[60]) zu nisten. Es ist durchaus möglich, dass die ersten Behausungen der Honigbienen, die in der Nähe menschlicher Häuser nisteten, leere Gefäße[61] und umgestürzte Körbe waren, die im Freien liegen geblieben waren und von wilden Bienenschwärmen besetzt wurden. Dieses Szenario erscheint besonders plausibel in den Weidelandregionen des Fruchtbaren Halbmondes, wo Nahrung für Bienen reichlich vorhanden gewesen sein muss, natürliche Nisthöhlen aber wohl Mangelware waren. Wenn diese Vermutung stimmt, dann waren es die Honigbienen selbst – und nicht die Menschen –, die den ersten Schritt unternommen haben, dass Bienenvölker in von Menschenhand geschaffenen Strukturen (Bienenstöcke) ihren Wohnsitz beziehen, die gruppenweise (Bienenstände) in der Nähe menschlicher Siedlungen angeordnet waren.

Abb. 4.1. Arbeiterinnen nehmen Honig auf.

Die zweite und wahrscheinlich wichtigere Verhaltensweise der Honigbienen, das sie für die Domestizierung geeignet macht, wird von Lorenzo L. Langstroth im zweiten Kapitel seines Handbuchs für Imker von 1853, *Langstroth on the Hive and the Honey-Bee*, beschrieben. Sein Zitat klingt faszinierend: „die Honigbiene, die in einem überraschenden Ausmaß gezähmt oder domestiziert werden kann". Hier erklärt Langstroth den angehenden Imkern, dass die Honigbiene zwar ihr Nest genauso heftig verteidigen kann wie die Hornisse, sich aber von ihr dadurch unterscheidet, *dass ihre Verteidigungsbereitschaft nicht so stark* ausgeprägt ist. Er führt weiter aus, dass Arbeiterinnen erstaunlich wenig stechfreudig sind, wenn sie ihren Kropf (Honigmagen) erst einmal mit Honig gefüllt haben (Abb. 4.1), und dass gerade dieses auffällige Verhaltensmerkmal die Zähmung dieser ansonsten gefürchteten Stechinsekten möglich macht.

Es gibt zwei verschiedene Situationen, in denen es sich bei den Arbeiterinnen um ein Anpassungsverhalten handelt, sich den Magen mit Honig voll zu füllen und das Stechen zu vermeiden. Die eine ist, wenn sie in Schwarmbereitschaft[62] sind: Schwärmende Bienen tanken sich mit Honig voll – sie verdoppeln dabei fast ihr Körpergewicht –, bevor sie ihren alten Stock verlassen, damit sie für den Flug zu ihrer neuen Behausung und für die Aufgabe, sie mit Bienenwachswaben auszubauen, energetisch bestens ausgerüstet sind. Aber warum stechen diese mit Honig beladenen Bienen so ungern? Die Antwort ist einfach: Ein Stich ist für eine Arbeiterin tödlich, und ein Schwarm braucht so viele Arbeiterinnen wie möglich, nachdem er seinen neuen Nistplatz bezogen hat. Wie wir in Kapitel 7 sehen werden, ist die Wahrscheinlichkeit, dass das Volk den kritischen ersten Winter[63] in seinem neuen Heim überlebt, umso größer, je größer die Anzahl der Bienen in einem Schwarm ist.

Die zweite Lebenssituation, in dem es für Arbeitsbienen sehr adaptiv ist, sich mit Honig zu vollzustopfen und das Stechen zu unterlassen, tritt ein, wenn ihr Stock von Feuer bedroht ist, eine Gefahr, die sie durch den Geruch von Rauch[64] wahrnehmen. Eine kürzlich von Geoff Tribe, Karin Sternberg und Jenny Cullinan durchgeführte Feldstudie hat gezeigt, wie Völker der Kapbiene (*Apis mellifera capensis*) in Südafrika davon profitieren, sich mit Honig vollzusaugen und träge zu werden, wenn sie Rauch riechen. Sieben Tage, nachdem ein Flächenbrand eine fast 1000 Hektar große Schneise im Cape Point Nature Reserve[65] zerstört hatte, untersuchten diese Forscher 17 Nistplätze in der verkohlten Landschaft, die nachweislich vor dem Ausbruch des Feuers von wilden Völkern besetzt waren. Alle Völker hatten eine Höhle in einer Felswand, entweder unter einem Felsblock oder in einer Spalte innerhalb eines Felsvorsprungs besetzt (Abb. 4.2). Das Forschungsteam entdeckte, dass alle 17 Völker noch am Leben waren, auch wenn bei einigen die Nester teilweise zerstört waren: bei einigen war die Propolis-„Firewall", quasi eine Art Brandschutzmauer, am Nesteingang geschmolzen und (in selteneren Fällen) einige wenige Waben tiefer in der Nisthöhle. Offensichtlich hatten sich die Bienen mit Honig vollgesogen, als sie den Rauch rochen, sich so tief wie möglich in ihre hitzebeständigen Nisthöhlen zurückgezogen, so den Waldbrand überlebt und hielten sich nun mit dem Honig am Leben, den sie in ihren Körpern „zwischengespeichert" hatten. Etwa eine Woche später würden feuerresistente oder feuerbegünstigte Pflanzen (Pyrophyten) zu sprießen und zu blühen beginnen, sodass diese Bienen bald wieder auf Nahrungssuche gehen konnten.

Abb. 4.2. Wilde Honigbienen in Südafrika fliegen aus ihrem unbeschädigten Nest, kurz nachdem ein Waldbrand an ihrer Behausung in den Felsen vorbeigezogen ist. Die Hitze des Feuers ist der Auslöser für die verbrannten, buschigen Pflanzen (Silberbäume, *Leucadendron xanthoconus*) um das Nest herum, ihre orange-braunen Fruchtstände zu öffnen.

Die Untersuchung an diesen wilden Honigbienenvölkern, die den Flächenbrand überlebt hatten, ergab, dass die Aufnahme von Honig bei Rauchentwicklung eine Anpassungsreaktion der Bienenvölker ist, die in einer Waldbrand-gefährdeten Region in Südafrika leben. Was hier offenbar wird, unterscheidet sich jedoch ein wenig von der gängigen Erklärung dafür, warum Honigbienen sich mit Honig vollfüllen und ruhig werden, wenn sie Rauch wahrnehmen: Sie würden sich vorbereiten, das Nest zu *aufzugeben, um dem Feuer zu entkommen*. Ich denke, dass diese handelsübliche Erklärung sehr wahrscheinlich unzutreffend ist, denn ich halte es für unvorstellbar, dass ein von einem Feuer bedrohtes Volk seinen Nistplatz erfolgreich räumen und durch Flammen und Rauch davonfliegen kann, da die Königin voller reifer Eier und infolgedessen ein äußerst schwerfälliger Flieger ist. Es macht neugierig: Wann haben die Menschen bloß die magische Kraft von ein paar Rauchstößen entdeckt, die Tausende wütender Bienen besänftigen können? Der in Abbildung 3.3 dargestellte Imker, der Rauch in Richtung eines Bienenstocks bläst, macht uns klar, dass die ägyptischen Imker diesen Trick zur Beruhigung ihrer Völker schon vor über 4000 Jahren kannten. Möglicherweise ist man auch schon viel früher auf die Kraft des Rauchs zur Besänftigung eines Honigbienenvolkes gestoßen, und zwar lange vor den Anfängen der ägyptischen Bienenhaltung, als die Menschen noch reine Bienenjäger und noch keine Bienenzüchter waren. Archäologische Zeugnisse[66] weisen darauf hin, dass der kontrollierte Einsatz von Feuer schon vor etwa 120 000 Jahren bei den Menschen allgemein üblich war.

KÜNSTLICHE SELEKTION BEI HONIGBIENEN – NOCH KEINE 100 JAHRE BEKANNT

Wir Menschen wenden zwei generelle Methoden an, um die Leistungsfähigkeit unserer Haustiere, Kulturpflanzen und nützlichen Mikroorganismen zu steigern: die Veränderung ihrer Gene und die kontrollierte Veränderung ihrer Umwelt. Ich werde jedes Mal an diese Tatsache erinnert, wenn ich durch das fruchtbare Ackerland nördlich von Ithaca fahre, ein Land, in dem wirklich „Milch und Honig fließen“. Milchviehbetriebe[67] und Imkereien sind hier weit verbreitet, und wenn ich sie anschaue, muss ich daran denken, was Milchbauern und Imker heute tun, um ihren Nutztierbestand so gewinnbringend wie möglich aufzustellen. In den letzten 50 Jahren haben die Milchbauern die Milchproduktion pro Kuh gesteigert, sowohl durch eine Veränderung des Erbguts ihrer Kühe – die schwarz-weißen Holstein-Rinder haben die einst vertrauten Niederländischen Lakenvelder-Rinder und braunen Jersey-Rinder verdrängt – als auch durch eine Veränderung ihrer Lebensbedingungen. Heutzutage verbringen Milchkühe den Sommer nicht mehr auf der Weide. Die meisten leben jetzt das ganze Jahr über in Einzelboxen oder gruppenweise in Offenställen, in riesigen, seitlich offenen Unterständen, wo sie mit proteinreichem Mais und Luzerne und oft auch mit Antibiotika und Hormonen gefüttert werden, und das alles, um die Milchproduktion anzukurbeln. Auch die natürliche Befruchtung (Naturprung) gehört für diese Kühe der Vergangenheit an. Die Kälber werden innerhalb weniger Tage nach der Geburt von ihren Müttern getrennt, und wenn die Milchproduktion einer Mutterkuh nachlässt, wird sie künstlich mit dem Samen eines gekörten Bullen befruchtet, der erstklassige Milchproduzentinnen zeugt. Nach der „Paarung“ geht es für die Kuh in die nächste Runde als Produktionseinheit in einem Massentierhaltungsbetrieb.

Honigbienen teilen mit den Milchkühen das Schicksal, wirtschaftlich wichtige Tiere zu sein, die vom Menschen durch und durch manipuliert werden, um ihre Produktivität zu steigern. Aber anders als Holstein-Rinder, die auf die tägliche Fürsorge der Menschen angewiesen sind, um zu gedeihen, sind Honigbienen nach wie vor in der Lage, eigenständig zu leben. Aber warum? Warum haben wir Menschen die Erbsubstanz[68] der Honigbienen durch Zuchtmaßnahmen nicht so weit verändert, dass sie, wie die Milchkühe, ständige Unterstützung von uns zum Überleben brauchen? Die Antwort ist nicht, dass den Honigbienen das entscheidende Merkmal aller Zuchtprogramme fehlt, nämlich Unterschiede zwischen den Individuen hinsichtlich solcher Eigenschaften, die vererbbar sind (Vorhandensein einer genetischen Basis) und einen hohen wirtschaftlichen Wert haben. In der Bienenzucht ist das Volk das Individuum, und die Völker unterscheiden sich in vielen Dingen, die ihre genetischen Unterschiede widerspiegeln und wirtschaftlich wichtig sind, wie Honigproduktion, Pollensammeltrieb, Sanftmut, Schwarmneigung, Winterfestigkeit und Krankheitsresistenz.

Was also hat die Imker bis jetzt davon abgehalten, ihre Völker so zu züchten, dass sie eine starke Honigproduktion, ein schwach ausgeprägtes Verteidigungsverhalten, eine starke Resistenz gegen Krankheiten oder eine andere erwünschte Eigenschaft mitbringen? Die Antwort läuft vor allem darauf hinaus: Den Imkern mangelt es an strenger Kontrolle über die Fortpflanzung ihrer Völker. Ein Tierzüchter gestaltet die zukünftigen Generationen seines Tierbestandes, indem er ihre Fortpflanzung kontrolliert und nur die Individuen mit erwünschten Eigenschaften Nachkommen produzieren lässt. Bis ins späte 19. Jahrhundert waren die Imker nicht in der Lage festzustellen, welches ihrer Völker den größten Reproduktionserfolg hatte, das heißt den größten Erfolg bei der Aufzucht von Königinnen für ihre zukünftigen Völker und der Drohnen, die diese Königinnen befruchten würden. Die Imker mussten diese Angelegenheiten den Bienen und damit der natürlichen Selektion überlassen. Was die Imker brauchten, waren Mittel und Wege, um die Fortpflanzung bestimmter Königinnen und bestimmter Drohnen aus ihren besten Völkern, zu begünstigen, damit sie den genetischen Erfolg ihrer besten Bienen vorantreiben konnten.

Die Situation begann sich Mitte des 19. Jahrhunderts mit der Erfindung Langstroths – einer Magazinbeute mit beweglichen Rähmchen (Abb. 3.8) – zu verändern. Diese Konstruktion ermöglichte es den Imkern, ihre Bienenvölker zu untersuchen, ohne sie ernsthaft zu stören, und Schwarmzellen (Weiselzellen) – Königinnenzellen in schwarmbereiten Völkern – aus ihren besten Völkern zu entnehmen, um damit Hochleistungsköniginnen zu züchten. So konnten sie (weisellose) Völker

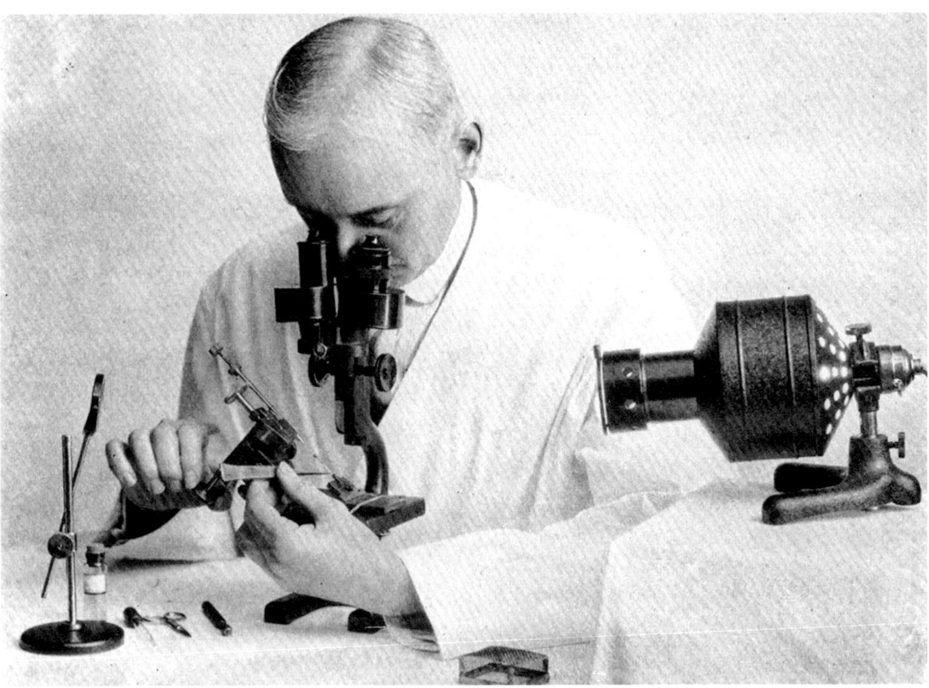

Abb. 4.3. Lloyd R. Watson führt 1928 die Körperhaltung bei einer instrumentellen Besamung einer Bienenkönigin mit seiner Originalausrüstung vor. Beide Ellbogen liegen auf dem Schreibtisch und die linke Hand ist gegen den Mikroskoptisch gestützt.

mit neuen Königinnen bestücken und neue Bienenvölker (Ableger) bilden, um ihre Bienenstände zu vergrößern. Doch erst die Entwicklung effizienter Methoden bei der künstlichen Königinnenaufzucht durch Gilbert M. Doolittle, über die er 1889 in seinem Buch *Scientific Queen-Rearing* ausführlich berichtete, ermöglichte den Imkern eine gezielte Zucht auf der Grundlage ihrer besten Völker. Normalerweise paarten sich die Jungköniginnen, die von diesen hochwertigen Völkern gezogen wurden, frei, sodass die Zucht ohne künstliche Selektion der Drohnen erfolgte.

Manchmal wurden die selektierten Jungköniginnen auch an abgelegene Orte (z. B. auf Inseln oder in Hochgebirgstäler) mit ausgewählten Völkern, die Drohnen produzierten, gebracht, wobei in diesem Fall die Zucht auch eine gewisse künstliche Selektion der Drohnen einschloss. Eine vollständig kontrollierte Bienenzucht, die auf einer starken künstlichen Selektion sowohl der Königinnen als auch der Drohnen basierte (Paarungskontrolle), wurde erst um 1920 möglich, als Lloyd R. Watson (im Rahmen seiner Doktorarbeit an der Cornell University) Instrumente und Techniken für die künstliche Insemination von Bienenköniginnen erfand (Abb. 4.3). Watson, ein Fachmann in der Entwicklung, Herstellung und Anwendung von Mikromanipulatoren (Zusatzinstrumente zum Mikroskop), bezeichnete die künstliche Besamung von Bienenköniginnen nun als „instrumentelle Besamung[69]", eine Bezeichnung, die heute unter Imkern allgemein üblich ist. Aber erst ab 1940, nachdem Harry H. Laidlaw das Verfahren und auch die Besamungsspritzen zur Injektion des Samens tief in die Eileiter der Bienenkönigin weiterentwickelt hatte, sodass die Spermien leicht in ihre Samentaschen (Receptaculum seminis oder Spermathek) eindringen können, konnte die künstliche Besamung von Bienenköniginnen zuverlässig durchgeführt werden. Endlich hatten die Imker die vollständige Kontrolle darüber, wer ihre ausgewählten Königinnen besamte – nun konnten sie den Genpool ihrer neuen Völker in vollem Umfang kontrollieren.

Ein frühes Beispiel für voll kontrollierte Bienenzucht stammt aus einem Programm zur Resistenzzucht gegen die Amerikanische Faulbrut[70] (AFB), eine Erkrankung der Honigbienen im Larvenstadium, die durch das Bakterium *Paenibacillus larvae* verursacht wird. Da die AFB sich leicht zwischen Völkern ausbreitet (hauptsächlich durch Räuberei), handelt es sich um die Brutkrankheit mit dem höchsten Ansteckungspotenzial. Das Zuchtprogramm zur Entwicklung der AFB-Resistenz begann 1934, als O. Wallace Park und F. B. Paddock, zwei Entomologen am Iowa State College, und Frank C. Pellet, einer der Herausgeber des *American Bee Journal*, mit der Suche nach Völkern begannen, die nach Einschätzung der Imker schon eine gewisse Resistenz gegen die AFB aufwiesen. Im Jahr 1935 stellten sie in einer Versuchsanlage in Iowa 25 solcher Völker aus verschiedenen Teilen der USA zusammen. Jedes Volk wurde auf eine vorhandene Resistenz getestet, indem in eine seiner Brutwaben ein rechteckiges Wabenstück mit etwa 200 Zellen eingesetzt wurde, von denen 75 bis 100 Zellen sogenannten Faulbrutschorf enthielten – die getrockneten Überreste von an der AFB eingegangenen Larven. Die Völker reagierten darauf, indem sie entweder die eingesetzten Waben entfernten, die infizierten Zellen darin reinigten oder gar nichts unternahmen. Die meisten Völker enthielten am Ende des Sommers an der AFB eingegangene Brut, aber sieben Völker (28 %) zeigten keine Krankheitssymptome und wurden als resistent eingestuft. 1936 folgte der nächste Schritt in diesem Zuchtprogramm, als die Forscher einen Imkerstand (halbisolierte Aufstellung) in der Mitte einer 100 km^2 großen Zitrusplantage in Texas errichteten, in dem Königinnen und Drohnen aus den resistenten Völkern aufgezogen wurden und sich paaren durften. Siebenundzwanzig dieser Völker wurden dann einem Test

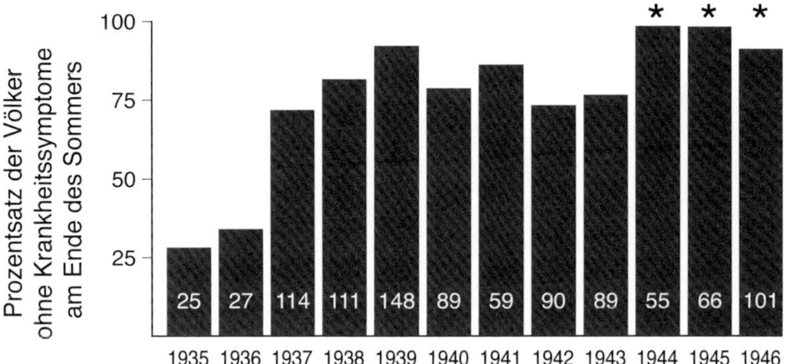

Abb. 4.4. Beachtliche Fortschritte bei der Resistenz-Züchtung gegen die Amerikanische Faulbrut. Der Prozentsatz der Völker, die nach der Impfung mit AFB-Sporen symptomfrei blieben, stieg im Verlauf von 12 Jahren selektiver Züchtung an. Die Zahlen auf den Balken geben die Anzahl der Völker an, mit denen im betreffenden Jahr gezüchtet wurde. Die Sternchen (*) geben die Jahre an, in denen die Paarung der Königinnen durch instrumentelle Besamung reguliert wurde.

auf AFB-Resistenz unterzogen, mit demselben Impfwaben-Verfahren wie im Vorjahr. Neun Völker (33 %) zeigten bei einer gründlichen Durchsicht am Ende des Sommers keine Anzeichen von AFB. In den folgenden 10 Jahren wurde das Verfahren von Aufzucht und Paarung (in Halbisolation) von Königinnen und Drohnen aus den widerstandsfähigsten Völkern wiederholt, und es wurden beeindruckende Fortschritte bei der Erhöhung des Prozentsatzes an resistenten Völkern erzielt (Abb. 4.4). Dies war besonders in den Jahren ab 1944 der Fall, als die Königinnen instrumentell besamt wurden, um eine Auskreuzung aufgrund unvollständiger Isolation auf dem Drohnensammelplatz zu verhindern; der Anteil der AFB-resistenten Völker stieg auf fast 100 Prozent.

Die markanten Ergebnisse dieses Programms – der künstlichen Selektion zur AFB-Resistenz[71] – von O. Wallace Park und seinen Mitarbeitern in Iowa sowie spätere Studien über die genetischen Grundlagen von Walter C. Rothenbuhler in Ohio sind eindrucksvolle Beispiele dafür, was in der Bienenzucht erreicht werden kann. Diese Grundlagenforschung bei der Züchtung zur Widerstandsfähigkeit gegen Brutkrankheiten wurde durch Selektionsprogramme zur Resistenz gegen *Ascosphaera apis*, einen Pilz, der die Kalkbrut verursacht, sowie gegen Tracheenmilben (*Acarapis woodi*) und *Varroa destructor*-Milben weiterentwickelt. Das Hauptaugenmerk dieser Programme richtete sich auf das Anzüchten eines verbesserten

Hygieneverhaltens – die Entfernung und Beseitigung der erkrankten Brut (Larven und Puppen) –, denn viele Studien belegen, dass ein besseres Hygieneverhalten[72] den Völkern eine größere Resistenz gegen Kalkbrut und Milben verleiht, so wie es bei der Amerikanischen Faulbrut der Fall ist. Hygieneverhalten ist auch eine wichtige Vorgabe für die selektive Zucht, da es sich um ein Merkmal auf Völkerebene handelt, das sich leicht messen lässt. Eine Brutwabe wird aus einem Bienenstock entfernt, ein kleiner Teil davon wird in flüssigem Stickstoff eingefroren und in den Bienenstock zurückgegeben. Anschließend wird innerhalb von festgelegten Zeitintervallen gemessen, wie lange die Bienen brauchen, um die durch das Einfrieren abgetötete Brut aus dem Stock entfernen. Völker, die sie innerhalb von 24 Stunden ausgeräumt haben, gelten als hygienisch, Völker, die länger brauchen, gelten als nicht hygienisch. Viele Imker in den USA, die die Königinnenzucht kommerziell betreiben, bewerten ihren Zuchtbestand anhand dieser Tests, denn hygienisches Verhalten ist nachweislich ein wichtiger Mechanismus der Resistenz gegen *Varroa destructor*, genau wie bei der Amerikanischen Faulbrut und der Kalkbrut. Hygienische Völker entfernen einen größeren Anteil der von *Varroa* befallenen Puppen als nicht hygienische Völker.

Ein weiteres erfolgreiches Programm für künstliche Selektion bei der *Apis mellifera* wurde in den 1960er-Jahren von William P. Nye und Otto Mackensen, die beim amerikanischen Landwirtschaftsministerium beschäftigt waren, durchgeführt. Diese Forscher brachten durch Inzucht entstandene Linien der Honigbienen heraus, deren Polleneintragsrate bei Luzerne als „hoch“ oder „niedrig“ eingestuft wurde, einer Pflanze, die von den Honigbienen hauptsächlich wegen des Nektars aufgesucht wird und für die sie normalerweise als eher ineffektive Bestäuber gelten. Sie führten ihre Untersuchung in einem Ort im Norden Utahs mit unterschiedlichen Pollenquellen durch – mit Bienen aus der fünften Generation im Selektionsprozess. Der Prozentsatz der Pollensammlerinnen, die mit einer Ladung Luzerne-Pollen zurückkehrten, lag bei 54 Prozent für die „hohen“ und bei 2 Prozent für die „niedrigen“ Linien. Verschiedene kommerzielle Saatgutunternehmen in den USA führten diese Untersuchungen fort, wählten jedoch mehrere Linien aus und kreuzten sie dann (um Inzucht zu vermeiden). Darauf folgten weitere Selektions- und weitere Kreuzungsvorgänge. Nach drei Zuchtjahren sammelten die Völker der ausgewählten Linien 68 Prozent ihres Pollens von der Luzerne, wenn sie in Testfeldern mit Luzerne, Färberdistel, Baumwolle, Melonen und Zuckerrüben aufgestellt wurden, während die Kontrollvölker am gleichen Ort (dem Kontrollbestand) nur 18 Prozent ihres Pollen von der Luzerne einsammelten. Diese Geschichte (Biene und Luzerne[73]) ist ein weiteres überzeugendes Beispiel dafür, was bei der Zucht von Honigbienen erreicht werden kann. Letztendlich wurden diese ausgewählten Honigbienenlinien jedoch nicht in großem Umfang für die kommerzielle Produktion von Luzerne-Saatgut eingesetzt, wahrscheinlich weil sie lange nicht so effektiv waren wie bestimmte Solitärbienen-Arten, die regelmäßig und effizient kleinkörnige Hülsenfrüchte, einschließlich Luzerne, besuchen.

KEINE UNTERSCHIEDLICHEN RASSEN VON HONIGBIENEN

Trotz der maßgeblichen Erfolge bei der Züchtung von speziellen Eigenschaften bei den Honigbienen wie das Hygieneverhalten, um ihre Resistenz gegen die Amerikanische Faulbrut, die Kalkbrut und die Tracheen- und Varroamilben zu verstärken, oder die Optimierung des Bestäubungsverhaltens bei der Luzerne zu, gibt es keine Hinweise darauf, dass die künstliche Selektion das Verhalten der Honigbienen generell verändert hat. Wie kommt es, dass die Zucht von Honigbienen nur wenige, wenn überhaupt, starke und dauerhafte Auswirkungen hatte? Sicherlich liegt es nicht an der mangelnden Vielfalt der für die Bienenzucht relevanten Eigenschaften bei den Bienenvölkern. Imker wissen, dass manche Völker alles in ihrer Behausung mit Propolis zukleistern und andere wiederum nicht, dass in manchen Völkern die Bienen herumrennen, wenn der Bienenstock geöffnet wird, während andere einen ruhigen Wabensitz haben (Abb. 4.5), und dass manche Völker sehr stechfreudig sind, wenn sie gestört werden, während andere ein weniger ausgeprägtes Abwehrverhalten zeigen. Wenn wir uns außerdem die Honigbienen in ihren Herkunftsgebieten in Europa ansehen, erkennen wir Unterschiede in Farbe, Körperbau und Verhalten, die mit der Geografie in Zusammenhang stehen – Unterschiede zwischen den Italienerbienen, den Kärntner Bienen, den kaukasischen Bienen, den irischen schwarzen Bienen und so weiter – aber wir können keine unterschiedlichen Honigbienenrassen[74] erkennen.

Welch ein Unterschied besteht hier zu den anderen Tieren, die für den Menschen so wichtig sind. Nehmen wir beispielsweise die Hunde. Wie die heutigen Honigbienen sind auch die heutigen Hunde Nachkommen der prähistorischen europäischen Tiere, insbesondere des Wolfes (*Canis lupus*), aber im Gegensatz zu den heutigen Honigbienen sind die Haushunde (*Canis familiaris*) durch ihre Domestizierung[75] tiefgreifend geprägt worden. Dies wird zum Beispiel durch ihre Diversität in Form und Verhalten innerhalb der Rassen deutlich: Deutsche Schäferhunde, Beagles,

Abb. 4.5. Arbeiterinnen (und mehrere Drohnen) verharren ruhig und gleichmäßig verteilt auf einer Wabe, die aus einem Bienenstock gezogen wurde.

Dackel, Labradorhunde, Chihuahuas, Irische Wolfshunde, Scottish Terrier und Dutzende andere. Dasselbe gilt für die Hausrinder, die domestizierte Nachkommen der stattlichen, rotbraunen, langhornigen Wildrinder (Auerochsen, *Bos primigenius*) sind, die wir aus eiszeitlichen Höhlenmalereien kennen. Von dieser Urart, die heute ausgestorben ist, aber in der Römerzeit noch lebte und von Julius Cäsar als „etwas kleiner als ein Elefant" beschrieben wurde, haben wir neuzeitliche Rinder gezüchtet, um Fleisch, Leder und Milch zu bekommen sowie Muskelkraft und Ausdauer zum Ziehen von Pflügen und Fuhrwerken. Und wie bei Hunden kann die Effektivität der künstlichen Selektion bei Rindern nicht angezweifelt werden, wenn man die Vielfalt in Form und Funktion unter den Rassen des Hausrindes (*Bos taurus*) bedenkt: Holstein-Rinder, Galloway-Rinder mit weißem Bauchring („Belted"), Texas Longhorns, Brown Swiss, Aberdeen Angus, Schottisches Hochlandrind und unzählige mehr.

Wie kommt es, dass die Bienenzüchter, im Gegensatz zu Hunde- und Viehzüchtern, in den letzten 10 000 Jahren die *Apis mellifera* so wenig verändert haben?[76]

Dass wir erst seit weniger als 100 Jahren das komplette Instrumentarium für die Zucht von Honigbienen haben – künstliche Königinnenzucht und instrumentelle Besamung –, ist nur ein Teil der Antwort. Was aber wahrscheinlich eine viel größere Rolle spielt, ist die Tatsache, dass die Mittel, die heute für die künstliche Auslese bei Honigbienen zur Verfügung stehen, nicht umfassend und nachhaltig genutzt wurden. Ich vermute sogar, dass die Wirksamkeit der künstlichen Auslese an den meisten Orten, an denen *Apis mellifera* in Europa und Nordamerika lebt, äußerst gering ist, weil sich die Paarung der meisten Bienenköniginnen der menschlichen Kontrolle entzieht: hoch in der Luft und mit irgendwelchen Drohnen, denen sie gerade begegnen. Viele, vielleicht die meisten dieser Drohnen werden von Völkern stammen, die wild in Bäumen oder Gebäuden hausen oder in den Bienenstöcken der Imker leben, die in die Genetik ihrer Völker nicht eingreifen. Das bedeutet, dass alle Veränderungen im Erbgut der Honigbienen, die von den Bienenzüchtern absichtlich vorgenommen wurden, mit der Zeit wieder ausgelöscht werden. Es bedeutet auch, dass an vielen (vielleicht den meisten) Orten die Genetik der Honigbienen viel mehr durch die natürliche Auslese von Merkmalen geprägt wird, die den genetischen Erfolg der allein auf sich gestellten Völker fördern, als durch die künstliche Auslese von Merkmalen, die die Gewinne der Imkervölker steigern können. Das erklärt, warum die Honigbienen unsere gezimmerten Beuten nicht brauchen und stattdessen in einem hohlen Baum noch immer perfekt zu Hause sind. In der Tat haben die meisten Imker mit Bestürzung beobachtet, wie bereitwillig ihre Bienen während der Schwarmzeit die Bienenbeuten für einen hohlen Baum aufgeben. Der Schritt zurück zum Leben in der Wildnis ist für die Bienen, die in unseren Bienenbeuten untergebracht sind, sehr klein.

APIS MELLIFERA, EINE HALBDOMESTIZIERTE ART

Während wir Menschen erfolgreich die Gene von Mais, Hunden und Rindern manipuliert haben, konnten wir keine grundlegenden Änderungen in den Genen der Honigbienen bewirken. Wir haben jedoch von der zweiten grundlegenden Möglichkeit ausgiebig Gebrauch gemacht, die Erträge unserer pflanzlichen und tierischen Partner zu steigern: die Manipulation ihrer Umwelt. Die erste Phase bei den Honigbienen fand vor Tausenden von Jahren statt, als wir die Völker dazu brachten, sich in unseren Bienenstöcken niederzulassen. Das gab uns die Kontrolle über ihren Lebensraum und ermöglichte uns, in ihre Behausungen einzudringen und ihnen das wegzunehmen, was wir haben wollten: Honigwaben und Bienenwachs. Heutzutage ist die Technologie der Bienenzucht so weit fortgeschritten, dass die Imker über viele hochentwickelte Mittel verfügen, mit denen sie die Lebensbedingungen ihrer Völker kontrollieren können, um die Produktion ihrer Güter (Honig, Pollen, Bienenwachs, Gelée royale und gelegentlich auch Bienengift) und die Dienstleistungen (Bestäubung), die wir von den Honigbienen verlangen, zu steigern.

Die grundlegendste Manipulation ihres Umfeldes, die von den Imkern zur Gewinnmaximierung durchgeführt werden, besteht darin, sie dorthin zu verfrachten, wo sie eine wertvolle Honigernte erwirtschaften oder wo die Obst- oder Gemüsebauern ihre Bestäubungsdienstleistungen benötigen. In Schottland zum Beispiel verlegen viele Imker ihre Völker im August in Heidemoorgebiete, um dort den aromatischen, rötlich-orangefarbenen Sortenhonig zu ernten, der aus dem Nektar der Besenheide (*Calluna vulgaris*) entsteht. Heidehonig ist der Rolls-Royce unter den Honigsorten – es lohnt sich also, mit den Bienenstöcken im Herbst auf die mit purpurfarbenem Heidekraut bewachsenen Hügel zu wandern[77] (Abb. 4.6). Ähnlich machen es einige Imker im Bundesstaat New York. Sie wandern mit ihren Völkern in die großen Buchweizenfelder, in der Hoffnung, dass sie dort den dunklen und eigentümlich schmeckenden, aber wertvollen Honig dieser Pflanze ernten können. Ich kenne einen Jungimker, der mit dem Geruch des Buchweizennektars, den seine Bienen eingetragen hatten, nicht vertraut war und befürchtete, dass irgendetwas in der Nähe seines Bienenstocks das Zeitliche gesegnet hatte.

Das eindrucksvollste, ja verrückteste Beispiel für Imker, die ihre Völker für Bestäubungsdienstleistungen verlegen, ist der Transport von etwa 1,5 Millionen Völkern – mehr als die Hälfte aller Völker in den USA – zu den Mandelhainen im kalifornischen Central Valley. Das bedeutet eine intensive Bewirtschaftung. Noch bevor sie für ihre Überlandfahrt nach Kalifornien von so weit entfernten Orten wie Florida und Maine aus auf eine Armada von Sattelschleppern verladen werden, müssen viele Völker zur Anregung ihrer Bruttätigkeit mit Zuckersirup und Futterteig aufgefüttert werden, damit sie die für ihre Bestäubungsverträge erforderliche Völkergröße erreichen. Sobald die Völker Ende Januar oder Anfang Februar Kalifornien erreichen, werden sie auf 325 000 Hektar Mandelplantagen verteilt, die sich von Sacramento bis nach Bakersfield erstrecken. Wenn die Mandelblüte[78] Anfang März vorbei ist, verfrachten manche Imker ihre Völker nach Norden zu den Apfel- und Kirschplantagen im Bundesstaat Washington, um weitere Bestäubungsverträge zu erfüllen, während andere sich in Richtung Osten aufmachen, um Honig aus den riesigen Feldern mit Luzerne, Sonnenblumen und Klee in Nord- und Süd-Dakota zu ernten.

Abb. 4.6. Zwei Bienenkästen mit Honigbienen, die in ein Heidemoorgebiet in den schottischen Highlands gebracht wurden. Der purpurne Hang im Hintergrund, in der Nähe von Nairn, ist mit blühender Besenheide (*Calluna vulgaris*) bedeckt.

Ein Imker kann das mit seinen Völkern erzielte Einkommen steigern, indem er nicht nur bestimmt, *wo* sie leben, sondern auch *wie* sie leben. In einem natürlichen Nest zum Beispiel sind die Waben eines Volkes fest mit der Decke und den Wänden ihrer Höhle verbunden, in einer modernen Magazinbeute hingegen werden die Bienen dazu veranlasst, ihre Waben in rechteckigen Holz- oder Kunststoff-Rahmen zu bauen, die ähnlich wie die Schnellhefter im Hängeregister eines Aktenschranks in einem Stapel von rechteckigen Holzkisten hängen, aus denen so ein Bienenstock auf-

Abb. 4.7. Mit Honig gefüllte, hölzerne Rähmchen hängen in einer Honigzarge über der Brutraumzarge.

gebaut ist. Diese Konstruktion macht es für den Imker einfach, die mit Honig gefüllten Waben zu entnehmen, indem er die Rähmchen mit den Waben gerade nach oben aus der Zarge herauszieht, so wie ein Sachbearbeiter einen Ordner herausnimmt (Abb. 4.7). So kann der Imker auch die mit Brut gefüllten Waben (in denen die Königin Eier gelegt hat und sich die jungen Bienen entwickeln) leichter inspizieren – sie bleiben in den Rahmen, die in den unteren Kästen (Zargen) der Magazinbeute hängen. Eine andere Möglichkeit, wie ein Imker die Aktivitäten seiner Bienen stark beeinflussen kann, besteht darin, in jeden Rahmen eine Mittelwand (eine dünne Platte aus Bienenwachs oder Plastik) einzusetzen, bei der auf beiden Seiten das sechseckige Muster der Zellen aufgeprägt ist. Wenn die Bienen auf ein Stück dieser Mittelwand stoßen, halten sie es für den Anfang einer Wabe und vervollständigen es oder – wie Imker sagen – „ziehen es aus“. Dabei bauen die Bienen die neue Wabe nach dem vorgegebenen sechseckigen Zellmuster auf der Mittelwand. Normalerweise veranlasst das die Bienen dazu, Waben mit den kleineren Zellen zu bauen, die

Tab. 4.1. Die wichtigsten Hilfsmittel und Techniken, die von modernen Imkern zur Steigerung der Produktivität von Völkern eingesetzt werden.

Hilfsmittel	*Ergebnis*
Beute mit beweglichen Rähmchen	Erleichterte Eingriffsmöglichkeiten in Volk und Nestinhalt
Mittelwände	Genaue Kontrolle von Wabenposition und Wabentyp
Königinnenabsperrgitter	Strikte Trennung zwischen Brutraum und Honigraum
Honigraumzargen	Waben sind verkaufsfertig im Honigraum
Königinnenzuchtkäfige	Bequemer Transport und Versand der Königinnen
Honigschleuder	Effizientes Ausschleudern der Honigwaben
Entdeckelungsmesser und -geräte	Bequemes Entdeckeln der Honigwaben
Selbstraucher	Wirkungsvolles Ruhigstellen der Bienen
Künstliche Königinnenzellen	Kommerzielle Königinnenzucht
Bienenflucht/Zwischenschied	Leichtes Entfernen der Bienen von Waben
Chemische Vergrämungsmittel	Entfernen der Bienen von Waben
Futtertasche, Futtereimer	Einfaches Einfüttern zum Anregen der Bruttätigkeit
Pollenfallen	Erleichtertes Pollensammeln für Reizfütterung
Pollenersatzmittel, Futterteig	Pollenersatzmitte für Reizfütterung
Bienenarzneimittel	Reduzierung von Krankheiten
Imkeranzug und Handschuhe	Einfachere Bearbeitung des Volkes
Arbeitstechniken	
Schwarmkontrolle	Starke Völker für Bestäubungszwecke und Honigproduktion
Unterbringung in Großraumbeuten	Volk bringt größere Honigerträge
Kommerzielle Königinnenzucht	Massenproduktion von Königinnen für Ableger
Reizfütterung	Beschleunigung von Bruttätigkeit und Wachstum des Volkes
Wandern mit Völkern	Erhöhte Bestäubungsrate und vermehrte Honigproduktion

für die Aufzucht von Arbeitsbienen verwendet werden, und nicht mit den größeren, die für die Aufzucht von Drohnen benötigt werden. Auf diese Weise werden die Bienen an der Aufzucht von Drohnen gehindert. Das steigert zwar die Honigproduktion ihres Volkes, verringert andererseits aber auch die erfolgreiche Fortpflanzung.

Neben der Erfindung von Hilfsmitteln wie bewegliche Rähmchen und Mittelwände beruht das Handwerk der modernen Imkerei auf den hochentwickelten Methoden der Völkerführung. Die vielleicht wichtigste davon ist die Schwarmkontrolle. Imker erreichen dies vor allem durch die Unterbringung ihrer Völker in großen Magazinbeuten, damit die Bienenvölker nicht an Platzmangel leiden. Einige Imker setzen auch Leerrahmen zwischen den Brutrahmen ein, um eine zu große Enge im zentralen Brutnest des jeweiligen Volkes zu verhindern. Einige wenige schneiden sogar Königinnenzellen – die speziellen Zellen, in denen neue Königinnen herangezogen werden – heraus, um diesen entscheidenden Schritt zur Schwarmbereitschaft zu unterbrechen. Durch die Verhinderung des Schwärmens zwingt der Imker das Volk dazu, weniger in seine Fortpflanzung (weniger Schwärme) und mehr in sein Wachstum und Überleben (mehr Waben, mehr Bienen und mehr Honig) zu investieren, als wenn es sich selbst überlassen bliebe. Tabelle 4.1 gibt einen Überblick über die wichtigsten Hilfsmittel und Techniken, die in der modernen Bienenhaltung zur Steigerung der Produktivität eines Volkes eingesetzt werden.

Weil die Imker die Genetik in ihrem Tierbestand nicht grundlegend verändert haben, so wie es Landwirte und Tierhalter mit ihren Rindern, Schafen, Hühnern und anderen Nutztieren gemacht haben, ist es ein Fehler, die Honigbiene in die Liste der echten Haustiere aufzunehmen. Gleichzeitig steht aber fest, dass die Honigbiene keine völlig wilde Spezies ist, da die Imker das Lebensumfeld ihrer Bienenvölker sehr stark regulieren, sowohl den Makrokosmos (sie transportieren die Völker durch die Landschaft), als auch im Mikrokosmos (mit dem Bienenstock bestimmen sie den Wohnbereich der Bienen).

Ich schlage daher vor, dass wir *Apis mellifera* als eine halbdomestizierte Spezies betrachten, eine Spezies, deren Genetik wir nur sehr wenig verändert haben, deren Umwelt wir aber sehr stark verändern können und dies oft auch tun. Außerdem schlage ich vor, dass wir anerkennen, dass, obwohl wir Millionen von Völkern dieser fleißigen Biene dazu gedrängt haben, unter unserer Obhut, in der Nähe unseres Zuhauses und in unseren Diensten zu leben, noch immer unzählige Völker dieser wunderbaren Tiere ohne unsere Fürsorge, weit weg von uns und abseits unserer Absichten leben. Diese wilden Völker zeigen uns, dass die Honigbienen ihr natürliches Leben nicht in unsere Hände gelegt haben, denn wenn sie allein leben, folgen sie immer noch einer Lebensweise, die vor Millionen von Jahren festgelegt wurde.

5

DAS NEST

Es muss ein beschränkter Mensch sein, welcher bei Untersuchung des ausgezeichneten Baues einer Bienenwabe, die ihrem Zwecke so wundersam angepasst ist, nicht in begeisterte Verwunderung geriete.
Charles Darwin, On the origin of species, 1859[79]

Dieses Buch möchte einen Überblick über das gesamte Wissen geben, das wir über die wildlebenden Honigbienenvölker haben, deshalb stehen die Bienen meistens im Mittelpunkt. Allerdings müssen wir ihren selbstgebauten Nestern besondere Aufmerksamkeit schenken, denn die Eigenschaften des *statischen* Nestes entscheiden – in gleichem Maß wie die Fähigkeiten der *dynamischen* Bienen – über die Lebensdauer eines Volkes, seine Reproduktionsfähigkeit und die erfolgreiche Weitergabe seines Erbguts. Man kann davon ausgehen, dass beim Nestbau einer Kolonie genetisch festgelegte Gesetzmäßigkeiten im Verhalten die Arbeiterinnen einen guten Nistplatz finden lassen, zur richtigen Zeit Bienenwachs ausschwitzen, kunstfertig ihre Waben mit sechseckigen Zellen bauen und die Nestwände aufwändig mit antiseptischem Baumharz beschichten lassen. Dieses Kapitel wird nachweisen, dass das Nest eines Honigbienenvolkes maßgeblich zu seinem Überleben und seiner Fortpflanzung beiträgt.

Betrachtet man das Nest eines wilden Volkes als Überlebensausrüstung[80], neben dem Bienenkörper an sich, wird einem bewusst, dass die Imker Gefahr laufen, die biologische Anpassungsfähigkeit ihrer Bienen zu stören, wenn sie sie in Bienenkästen mit beweglichen Rähmchen unterbringen, die dicht zusammengedrängt in einem Bienenstand stehen. Wir werden sehen, dass Völker, die unter der Aufsicht eines Imkers in Holzkisten leben, und nicht auf sich allein gestellt in hohlen Bäumen hausen, gezwungen sind, mit überdimensionierten, schlecht gedämmten und eng beieinander liegenden Behausungen zurechtzukommen. Erkennt man die Veränderungen in den natürlichen Lebensbedingungen der Bienen und ihre Auswirkungen auf die Gesundheit und die biologische oder reproduktive Fitness (Fitness = Angepasstheit, Begriff aus der Populationsgenetik) eines Volkes, tauchen viele Fragen bezüglich der optimalen Gestaltung der Bienenstöcke und der besten Haltungsweisen in der Imkerei auf. Sie decken auch einige grundlegende Interessenkonflikte zwischen den Bienen und ihren Haltern auf.

NATÜRLICHE BAUMNESTER

Das meiste, was wir über die Nester wildlebender Honigbienenvölker wissen, verdanken wir einer Studie, die ich Mitte der 1970er-Jahre mit meinem ersten wissenschaftlichen Mentor, Professor Roger A. Morse, damals Professor für Bienenforschung an der Cornell University, durchgeführt habe. Damals war ich Anfang 20 und wollte erforschen, welche Kriterien ein Honigbienenschwarm bei der Auswahl seines zukünftigen Wohnortes anlegt. Mein erstes Anliegen war die Beschreibung ihrer natürlichen Nester[81] – ich ging davon aus, auf diese Weise Anhaltspunkte zu dafür finden, was ein „Traumhaus" für ein Honigbienenvolk ausmacht. Wenn ich erst einmal die typischen Eigenschaften ihrer natürlichen Nistplätze – Hohlraumvolumen, Höhe und Größe des Eingangs etc. – herausgefunden hatte, würde ich Experimente durchführen, um herauszufinden, ob diese Eigenschaften (z. B. die typische Größe der Eingangsöffnung) tatsächlich Ausdruck von Nistplatz-Vorlieben der Bienen waren oder sich nur daraus ergaben, was den Bienen gerade zur Verfügung stand.

Professor Morse und ich nahmen uns vor, mindestens 20 natürliche Nester zu beschreiben. Von den Streifzügen durch die Wälder rund um mein Elternhaus, das etwas außerhalb von Ithaca lag, kannte ich bereits die Standorte von drei Bienenbäumen. Durch eine Anzeige in der Lokalzeitung, dem *Ithaca Journal*, konnten wir noch einige Dutzend mehr ausfindig machen. Der Text der Anzeige lautete: *„BIENENBÄUME gesucht. $ 15 oder 15 Pfund Honig für einen Baum, der ein lebendes Honigbienenvolk beherbergt."* Die Anzeige hatte erstaunlichen Erfolg, und in weniger als zehn Tagen hatten wir eine Liste mit 36 Bienenbäumen, alle innerhalb eines 15-Meilen-Radius um Ithaca. Großartig! Als Nächstes stand die Zusammenarbeit mit Herb Nelson, einem technischen Mitarbeiter der Abteilung für Insektenforschung der Cornell University, an, der als Holzfäller in den Wäldern von Maine gearbeitet hatte und mir helfen konnte, diese Bienenbäume sicher zu fällen. Die meisten waren mächtige alte Individuen. Wir untersuchten jeden einzelnen Bienenbaum, um Eigenschaften wie Höhe und Richtung des Nesteingangs zu vermessen, aber vor allem, um herauszufinden, ob wir den Pickup-Truck von Roger Morse in die Nähe des Baumes manövrieren konnten.

Die Erreichbarkeit eines Standortes mit dem Lastwagen war eine wesentliche Voraussetzung, denn um ein Nest sauber zu zerlegen, mussten wir den Stammabschnitt mit dem Nest auf den Lastwagen laden, um ihn zurück zum Labor der Cornell University, dem *Dyce Laboratory* for Honey Bee Studies, zu transportieren. Dort hatte ich die dann Möglichkeit, das Nest langsam, sorgfältig und bequem zerlegen.[82] An 21 dieser 36 Bienenbäume konnten wir nah genug mit dem Lastwagen heranfahren, sodass wir 21 natürliche Nester einsammeln konnten. Herb und ich fällten jeden Baum, sägten den Stammabschnitt mit dem Nest heraus, hievten ihn in die Ladefläche des Lastwagens und transportierten ihn zurück ins Labor. Dort spaltete ich den Holzklotz vorsichtig auf, um das Nest freizulegen (Abb. 5.1) und begann mit dem Sezieren. Die anderen 15 Bienenbäume befanden sich zu tief im Wald, um ihre Nester zu einzusammeln, aber bei 12 von ihnen konnten wir mehrere wichtige Merkmale der Eingänge, wie Höhe, Größe und Himmelsrichtung, vermessen.

Die Eingänge dieser 33 Bienennester, die wir in unserer Studie untersuchten, hatten mehrere auffällige Eigenschaften. Erstens hatten die meisten Nester (79 %) nur eine Öffnung (z. B. siehe Abb. 1.1, 2.9 und 5.1), die anderen hatten zwei bis fünf. Zweitens handelte es sich bei diesen Eingangsöffnungen in der Regel um Astlöcher (56 %), manchmal aber auch um Risse in einem Baumstamm (32 %) oder Spalten zwischen den Wurzeln (12 %). Drittens waren sie eher nach Süden ausgerichtet[83] (23 Nester) als nach Norden (10 Nester) und viertens lagen die meisten im unteren Drittel der Nisthöhle (58 %) anstatt im mittleren (18 %) oder oberen Drittel (24 %). Und fünftens war die durchschnittliche Größe der Nesteingänge mit nur 29 cm² recht klein, meistens waren es knapp 10 bis 20 cm² (siehe Abb. 5.2 oben). Zum Vergleich: Das normale Flugloch eines Langstroth-Magazins ist mit etwa 75 cm² um ein Vielfaches größer. Wäre es möglich, dass wilde Völker eher kleine, leicht zu bewachende Eingangsöffnungen bevorzugten?

Die Untersuchungsergebnisse, die die Eingangshöhe der Bienennester betrafen, erwiesen sich als besonders aufschlussreich. Denn das, was wir über die Nistplatz-Eigenschaften dieser 33 Nester herausfanden, wurde durch spätere Arbeiten widerlegt und auch korrigiert. Die untere Grafik in Abbildung 5.2 zeigt, dass die 49 Eingangsöffnungen dieser 33 Bienennester größtenteils im unteren Bereich der Bäume lagen. Etwa die Hälfte befand sich auf einer Höhe von weniger als 1 m über dem Erdboden, obwohl auch andere in einer Höhe von mehr als 5 m existierten. So kam

Abb. 5.1. Das erste von 21 Bienennestern, die 1975 seziert wurden. *Links:* Der noch unversehrte Baum – das Astloch, das dem Volk als Nesteingang diente, erkennt man im linken Teil der Astgabel.
Rechts: Der Stammabschnitt mit dem Nest wurde ins Labor gebracht und vorsichtig aufgespaltet, um das Nest im Inneren freizulegen. Oben befinden sich die Honigwaben (Zellen mit gelber Verdeckelung) und unten die Brutwaben mit Eiern, weißen Larven und Puppen (Zellen mit brauner Verdeckelung). Der Nesteingang befindet sich auf der linken Seite etwa zwei Drittel über dem Boden der Höhe.

ich zu der Überzeugung, dass wildlebende Baumhöhlenvölker in der Regel tief gelegene Nesteingänge haben, genau wie in den von Imkern hergestellten Bienenstöcken. Dies schien damals eine plausible Schlussfolgerung zu sein, mit der ich aber, wie sich im Nachhinein herausstellte, völlig daneben lag.

Das wurde mir nach und nach im Verlauf dreier Bestandsaufnahmen[84] der Wildvölker im Arnot Forest klar, die sich über den Zeitraum von 1978 bis 2011 erstreckten. Wann immer ich dabei einen Bienenbaum fand, versuchte ich, den Eingang des Bienennests zu finden und seine Höhe zu messen. Meistens gelang es mir auch – entweder kletterte ich mit dem Maßband auf den Bienenbaum oder benutzte einen Neigungsmesser – das Försterdreieck. Nur bei zwei Völkern waren die Eingänge so gut in der Baumkrone versteckt, dass ich sie selbst mit einem starken Fernglas nicht erkennen konnte. Abbildung 5.2 zeigt, dass die 21 Eingangsöffnungen der Nester, die ich bei diesen Untersuchungen im Arnot Forest fand, alle hoch über dem Boden lagen.

Das niedrigste Einflugloch befand sich 4 Meter über dem Boden, 90 Prozent der Eingänge waren mehr als 5 Meter vom Boden entfernt. Außerdem hatte nur eines dieser Nester im Arnot Forest mehr als eine Eingangsöffnung, genauer gesagt hatte es zwei. Übrigens wurde dieses Verhaltensmuster, dass wilde Völker normalerweise Nesteingänge hoch über dem Boden bevorzugen, kürzlich von meinem Freund Robin Radcliffe im Rahmen einer Erhebung an wildlebenden Völker in einem 5 km^2 großen Teil des *Shindagin Hollow State Forest* bestätigt, einem Waldgebiet, das an seine Farm angrenzt (siehe Kapitel 2). Robin folgte der Flugrichtung der Bienen („beelining") und fand fünf Völker, eines davon in der Außenwand einer Jagdhütte außerhalb des Waldes und die vier anderen in uralten Kanadischen Hemlocktannen mitten im Wald, in denen die Nesteingänge im Durchschnitt 9,5 m über dem Erdboden lagen. Die durchschnittliche Höhe der Eingänge bei den vier Bienenvölkern von Robin betrug 9,5 m.

Woher kommt dieser auffällige Unterschied zwischen den beiden in Abbildung 5.2 dargestellten Untersuchungsreihen, die die Höhe des Eingangs betreffen? Im Nachhinein weiß ich jetzt, dass meine Mitte der 1970er-Jahre durchgeführte Probennahme der Bienennester unabsichtlich in Richtung der Nester mit niedrigen Eingängen verfälscht war. Solche Nester werden im Vergleich zu denen, deren Eingänge oben in den belaubten Baumkronen liegen, viel eher zufällig gefunden – so wie die Nester, die wir Mitte der 1970er-Jahre untersuchten, die von den Bauern, Dorfbewohnern und Waldbesitzern entdeckt wurden, die auf unsere Anzeige im *Ithaca Journal* reagierten. Als ich dagegen 1978, 2002 und 2011 Bienenbäume im Arnot Forest lokalisierte, vermied ich diesen Fehler. Ich entdeckte diese Nester nicht

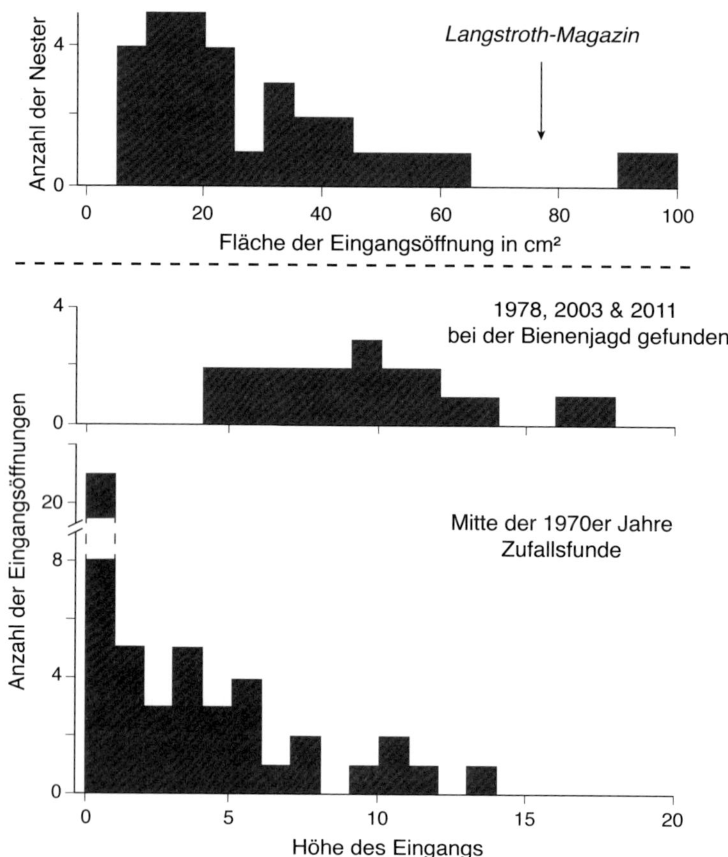

Abb. 5.2. *Oben*: Verteilungskurve der Größe der Eingangsöffnungen von 32 Bienennestern. Nicht dargestellt ist die Größe des Eingangs von 204 Quadratzentimetern eines Nests. *Unten*: Verteilungskurve der Höhen der Eingangsöffnungen von 33 zufällig gefundenen Bienennestern (Mitte der 1970er-Jahre, n = 49 Öffnungen) und von 20 durch Bienenjagd gefundenen Bienennestern (in späteren Jahren, n = 21 Öffnungen).

einfach versehentlich, sondern indem ich sie gezielt mit den Methoden eines Bienenjägers verfolgte – ich ließ mich von ihren Sammelbienen zu ihren Behausungen führen, wo auch immer sie sich befanden.

Der Erfolg bei der Bienenjagd wird nur wenig von der Höhe des Nesteingangs beeinflusst. Der drastische Unterschied zwischen den beiden in Abbildung 5.2 dar-

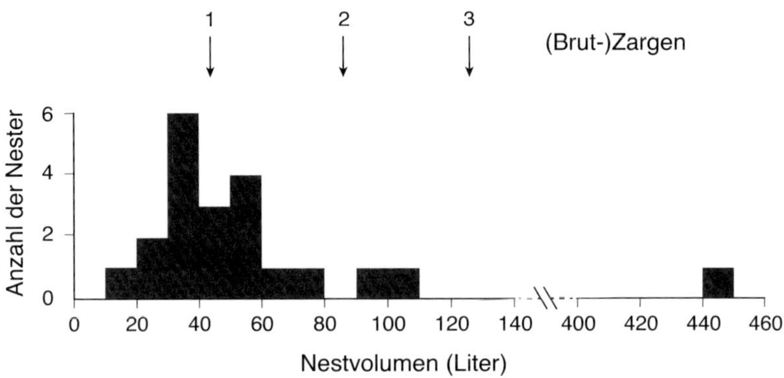

Abb. 5.3. Volumenverteilung der Baumhöhlen bei 21 Bienennestern.

gestellten Verteilungskurven der Einflughöhe lehrte mich eine wichtige allgemeine Lektion über das Studium der Bienen: *Man sollte sich immer vor unbeabsichtigten Verzerrungen bei der Probenahme hüten.* Anders formuliert: Die Daten in Abb. 2 zeigen uns, dass auch die wilden Völker in den Wäldern um Ithaca normalerweise in Baumhöhlen leben, deren Eingänge hoch oben liegen und daher gut vor Bodenbewohnern versteckt sind – vor allem (wie wir in Kapitel 10 sehen werden) vor Schwarzbären.

Roger Morse und ich verlagerten unser Augenmerk von der äußeren Umgebung unserer Baumbienennester auf ihr Innenleben. Erwartungsgemäß waren die von den Bienen besetzten Baumhöhlen im Allgemeinen hoch und zylindrisch: sie hatten eine durchschnittliche Höhe von 156 cm und einen Durchmesser von 23 cm, was zur Form der Baumstämme passt. Was uns jedoch überraschte, war, dass die meisten wilden Völker in Baumhöhlen lebten, die viel kleiner waren als die Bienenstöcke der Imker. Das durchschnittliche Nestvolumen (ohne extreme Ausreißer[85] zu berücksichtigen) betrug nur 47 Liter, was nur geringfügig größer ist als die 42 Liter einer tiefen Zarge (oder Brutraumzarge) eines Langstroth-Magazins (Abb. 5.3). Die Nisthöhle eines wilden Volkes ist also im Durchschnitt nur ein Viertel bis halb so groß wie die typische Beute eines Imkers. An dieser Stelle fragten wir uns: Bevorzugen wilde Völker also eher kleine und gemütliche Behausungen?

Die Bienen, die in diesen kleinen Baumhöhlen lebten, nutzten ihren Lebensraum zweifellos gut aus, denn jedes Volk hatte seine Nesthöhle fast vollständig mit mehreren Bienenwachswaben gefüllt (im Durchschnitt nur acht Waben). Jede Wabe bildete einen von Wand zu Wand verlaufenden Vorhang, der den relativ schmalen Hohlraum überspannte. Die Bienen hatten jedoch kleine Durchgänge (Wabengassen) durch die Waben gebaut, die an den Wänden und der Decke der Höhle befestigt waren (Abb. 3.7). Diese Durchgänge dienten den Bienen zweifelsohne dazu, leicht von einer Wabe zur nächsten zu krabbeln. Die meisten Waben hingen nach unten hin frei, sodass zwischen dem unteren Rand der Waben und dem Boden des Nests ein mehrere Zentimeter freier Raum blieb. In frisch besiedelten Baumhöhlen, die gelbe oder hellbraune Waben enthielten, war der Boden gewöhnlich mit einer mehrere Zentimeter dicken Schicht aus weichem, dunklem, morschem Holz bedeckt. Aber in Höhlen, die mit dunklen Waben gefüllt und daher wahrscheinlich seit Jahren bewohnt waren, war der Boden mit einer mehrere Millimeter dicken trockenen, harten Schicht aus Baumharzen (Propolis) überzogen, die ihn glänzend und wasserdicht machte, während Decke und Wände etwa 0,5 mm dick beschichtet waren (Abb. 5.4). Nachdem ein Schwarm in diesen Hohlraum eingezogen war, hatten die Arbeiterinnen offensichtlich unverzüglich das weiche, verrottete Holz von den Innenflächen abgenagt, um das feste Holz zum Anbringen ihrer Waben freizulegen, und dann nach und nach die Wand- und Deckenflächen zwischen den Waben mit Baumharz beschichtet. Wir vermuteten, dass all diese Arbeit der Bienen dazu diente, die unzähligen Risse und Spalten abzudichten, in denen sonst Schimmelpilze und Bakterien gedeihen würden. Meistens reichte die Beschichtung bis nach außen vor das Einflugloch und die Risse in der Rinde waren hier ebenfalls mit Propolis ausgefüllt, sodass die Oberfläche an dieser belebten Stelle glatt war – vermutlich um den regen Flugverkehr an diesem unvermeidlichen Engpass zu optimieren; vielleicht dient es den Bienen auch zur Desinfektion ihrer Tarsi (Füße) vor dem Betreten ihrer Behausung.

Ein weiteres erwähnenswertes Merkmal der Wände war ihre Dicke[86] und damit ihre Funktion als Wärmedämmung. Der Durchgang durch den Baumstamm, den die Bienen beim Betreten oder Verlassen ihres Nestes passieren mussten, war durchschnittlich etwas mehr als 15 cm tief, einmal waren es sogar 74 cm!

Acht der 21 untersuchten wilden Bienenvölker hatten ihre Nisthöhle mit Waben ausgefüllt. Im Durchschnitt betrug die Gesamtfläche der Waben in jedem Nest 1,17 m^2, etwa genauso viel, wie in die 13 großen (tiefen) Rähmchen eines Langstroth-Magazins hineinpasst. Erwartungsgemäß bestand der Großteil der Waben aus den kleineren Arbeiterinnenzellen, aber es gab auch einen beträchtlichen Anteil von Drohnenwaben[87] mit größeren Zellen, durchschnittlich 17 Prozent (zwischen 10 % und 24 %). Leider haben wir die Größe der Arbeiterinnenzellen nicht gemessen,

Abb. 5.4. Nahaufnahme der Propolis-Schicht, die ein Bienenvolk durch Beschichtung der Innenflächen seiner Höhle mit Harzen geschaffen hat. Im oberen rechten Bereich wurde Propolis entfernt, um das zersetzte Holz darunter mit seinen unzähligen Rissen und Spalten sichtbar zu machen – eine ideale Umgebung für das Wachstum von Bakterien.

doch anhand von Fotografien der Waben in drei Nestern (z. B. Abb. 3.7) ermittelte ich in den Brutwaben einen Mittelwert für ihren Durchmesser: 5,12, 5,19 und 5,25 mm. Die Größe der Arbeiterinnenzellen betrug also im Durchschnitt 5,19 mm. Zum Vergleich: In meinen Wirtschaftsvölkern, die ihre Waben auf einer Standard-

Mittelwand aus Bienenwachs (von verschiedenen Herstellern) bauten, haben die Arbeiterinnenzellen mit 5,38 mm Durchmesser im Durchschnitt einen etwas größeren Abstand zwischen den Zellwänden. In einer früheren Studie hatte ich einmal mit kleinzelligen Waben[88] als Mittel zur Steuerung des Varroamilben-Befalls (siehe Kapitel 10) experimentiert, und in der Anfangsphase dieser Studie ließ ich die Völker ihre Waben auf kleinzelligen Mittelwänden bauen. Hierbei hatten die Zellen der Arbeiterinnenwaben einen durchschnittlichen Wandabstand von nur 4,82 mm. Zusammenfassend lässt sich sagen, dass die Mitte der 1970er-Jahre untersuchten Nester der Wildvölker Waben mit Arbeiterinnenzellen enthielten, deren Zellengröße zwischen ihren normal großen Zellen und denen der kleineren Arbeiterinnenzellen aus den Bienenstöcken der Imker lag, wobei sie aber eher zu den normal großen Zellen tendierten.

Die Bienen dieser wildlebenden Völker hatten sich in ihren Waben genauso organisiert, wie es jeder Imker kennt: Den Honig lagerten sie im oberen Nestbereich, darunter zogen sie die Brut auf und dazwischen bauten sie den Pollenkranz, wobei oft zusätzliche mit Pollen gefüllte Zellen im Brutnest verstreut waren. Die meisten Nester wurden im Spätsommer – im späten Juli und August – eingesammelt und zerlegt, und bis auf ein weiselloses Volk (ohne Königin) waren alle sehr gut entwickelt. Bei den weiselrichtigen Völkern lag die durchschnittliche Größe der Arbeiterinnen- und Drohnenpopulationen bei 17 800 bzw. 1004 Individuen. Natürlich würde die Aufzucht weiterer Arbeiterinnen und Drohnen in den Völkern bald durch die Füllung ihrer Waben mit Honig begrenzt. Im Durchschnitt verfügten die Völker über 15,1 kg Honigvorräte[89] und damit waren bereits etwa 50 % der Zellen in ihren Nestern befüllt: 56 % der Arbeiterinnen- und 48 % der Drohnenzellen. Die Brut belegte 25 % ihrer Arbeiterinnenzellen und 26 % ihrer Drohnenzellen, sodass 19 % ihrer Arbeiterinnenzellen und 26 % ihrer Drohnenzellen unbesetzt waren. Insgesamt schien es, als würden diese Völker gut vorankommen in ihrem Bestreben, einen Honigvorrat von mindestens 25 kg anzulegen und eine große Population von Jungbienen aufzuziehen. Das brauchen sie, um den Winter zu überleben. Wir untersuchten alle Waben genau auf Anzeichen von Brutkrankheiten – Amerikanische Faulbrut, Europäische Faulbrut, Sackbrut und Kalkbrut –, fanden aber nichts. Unsere Studie lief etwa 10 Jahre vor den ersten Funden von Tracheenmilben (*Acarapis woodi*, in Florida, 1984) und Varroamilben (*Varroa destructor*, in Florida, 1987) in Nordamerika, sodass wir natürlich keinen dieser beiden Parasiten fanden.

WAHL DES NISTPLATZES

Die Baumhöhle oder Felsspalte, die das Nest eines wilden Volkes beherbergt, ist für ihre Bewohner das Zentrum des Universums. Hier haben sie nicht nur ihr Nest gebaut, sondern es ist auch der einzige Ort, den sie mit ihrem Leben verteidigen und zu dem sie auch aus weiter Entfernung mit Unmengen von Nektar und Pollen zurückkehren. Ihre Nisthöhle mit den darin befindlichen Waben zählt ebenso zum Überlebenswerkzeug des Volkes wie die Bienen selbst. Für jeden, der einmal hineingeschaut und die Waben bewundert hat (Abb. 5.5), ist es klar, dass diese labyrinthartigen Strukturen das Werk der dort lebenden Bienen sind. Schließlich ist das Bienenwachs, aus dem die Waben gebaut werden, ein Körpersekret der Bienen und die wunderbaren sechseckigen Zellstrukturen in jeder Wabe ein Ergebnis ihrer Verhaltensmuster. Weniger offensichtlich ist jedoch, dass auch der hohle Baum oder die Felsspalte, die dieses komplexe Nest beherbergen, das Überleben des Volkes sichern. Wir werden sehen, dass die Honigbienen ihre Nistplätze zwar nicht selbst *bauen*, sie jedoch *sorgfältig auswählen*, sodass die Höhle, die ein Volk besetzt, ebenfalls ein Ergebnis der Verhaltensweise aller Mitglieder ist.

Die Suche nach einer passenden Unterkunft beginnt mit der Vermehrung des Volkes (Schwärmen[90]), die im Gebiet um Ithaca hauptsächlich im Spätfrühling und Frühsommer (Mai bis Juli) stattfindet. Der erste Schritt bei der Wohnungssuche beginnt schon, bevor ein Schwarm das Nest des Muttervolks verlassen hat. Einige Hundert der ältesten Bienen eines Volkes, die Sammlerinnen, stellen die Nahrungssuche ein und widmen sich stattdessen der Suche nach neuen Behausungen. Dies erfordert eine radikale Verhaltensänderung. Diese Bienen suchen nicht mehr hell leuchtende, süßlich duftende Nektar- und Pollenquellen auf, sondern inspizieren dunkle Orte – Astlöcher und Risse in Ästen, Wurzellücken und Felsspalten – stets auf der Suche nach einem behaglichen Hohlraum, der sich für die Unterbringung eines Honigbienenvolkes eignet.

Wenn eine Kundschafterin[91] eine potenzielle Unterkunft entdeckt hat, verbringt sie fast eine Stunde damit, sie genau zu inspizieren. Ihre Untersuchung besteht aus ein paar Dutzend Rundflügen innerhalb der Höhle, die jeweils etwa eine Minute dauern und dann von Ausflügen nach draußen abgelöst werden. Draußen läuft sie hastig im Bereich der Eingangsöffnung hin und her und schwebt langsam um den gesamten Nistplatz herum, wobei sie anscheinend eine detaillierte visuelle Inspektion der Struktur und der umliegenden Objekte durchführt. Im Inneren krabbelt die Biene über die Innenflächen, wobei sie zunächst nicht sehr weit in den Hohlraum

Abb. 5.5. Waben im Nest einer Honigbienenkolonie, die sich in einem hohlen Baum niedergelassen hat.

vordringt, sondern sich erst mit zunehmender Erfahrung immer tiefer in die entlegenen Ecken des Hohlraums hineindrückt. Nach Abschluss der Inspektion[92] hat die Kundschafterin wahrscheinlich knapp 50 m oder mehr im Inneren des Hohlraums zurückgelegt und damit alle Innenflächen abgelaufen. Ich führte Experimente mit einem zylinderförmigen Nistkasten durch, dessen Wände frei beweglich waren, während die helle Eingangsöffnung unbeweglich blieb, sodass die Biene beim Betreten des Kastens gewissermaßen in eine Tretmühle hineinspazierte. Dabei zeigte sich, dass eine Kundschafterin das Volumen der potenziellen neuen Behausung danach beurteilt, wie weit sie laufen muss, um sie zu umrunden. Wie genau sie jedoch die Geräumigkeit des Hohlraums anhand der Informationen beurteilt, die sie aus ihren Gehbewegungen (und gelegentlichen Flugbewegungen) innerhalb des Hohlraums gewinnt, bleibt ein Rätsel.

Die lange Dauer der Nestinspektionen durch die Kundschafterinnen ließ vermuten, dass sie nicht nur eine, sondern mehrere Eigenschaften dieses Platzes untersuchen, um seine Eignung zu überprüfen. Hierbei scheinen sie auch starke Vorlieben zu haben, wie die von mir und Roger Morse entdeckten Gesetzmäßigkeiten in den Nistplatz-Eigenschaften wie Größe und Höhe des Eingangs, Hohlraumvolumen etc. nahelegten. Es konnte jedoch auch sein, dass die von uns gefundenen Übereinstimmungen lediglich widerspiegelten, was in Baumhöhlen allgemein verfügbar war. Um weitere Informationen über die Nistplatz-Vorlieben der Honigbienen zu sammeln, recherchierte ich in wissenschaftlicher Literatur und Fachliteratur über Bienenhaltung und -zucht, fand jedoch nur einen einzelnen Artikel in einer französischen Imkerzeitschrift über den Bau interessanter Schwarmfangkisten zum Einfangen von Wildschwärmen.[93] Dies überraschte mich, denn ich wusste, dass Imker seit Jahrhunderten daran gearbeitet hatten, den perfekten Bienenstock zu entwerfen, und ich dachte, sie hätten sich vielleicht an den natürlichen Lebensräumen der Honigbienenvölker orientiert, aber offensichtlich hatten sie das nicht getan. Gleichzeitig freute es mich, hier eine Wissenslücke gefunden zu haben und ich erkannte, dass meine Neugier auf die natürlichen Lebensräume der Bienen mich in ein unerforschtes Terrain in der Biologie der *Apis mellifera* geführt hatte.

Die Methode[94], die ich entwickelte, um die Nistplatz-Vorlieben der Bienen zu bestimmen, war simpel: Ich wollte Nistkästen aufstellen, die sich in bestimmten Eigenschaften unterschieden, und abwarten, welche davon bevorzugt von wilden Schwärmen besetzt wurden. Ich stellte die Nistkästen in Zweier-, Dreier- oder Vierergruppen auf, wobei sich die Kästen einer Gruppe jeweils in nur einer Eigenschaft – wie z. B. der Größe des Eingangs oder des Hohlraumvolumens – unterschie-

Abb. 5.6. Zwei Nistboxen, die an Strommasten befestigt sind. Beide Kästen bieten identische Bedingungen (gleiches Hohlraumvolumen, gleiche Form, gleiche Einflughöhe und -richtung etc.), nur hat der rechte eine kleinere Einflugöffnung (12,5 cm^2) als der linke (75 cm^2).

den. Die Kästen innerhalb jeder Gruppe waren etwa zehn Meter voneinander entfernt an etwa gleich großen Bäumen (oder einem Paar Stromleitungsmasten) angebracht, an denen ich sie im Hinblick auf ihre Sichtbarkeit, Windeinwirkung und Lage ausrichten konnte (Abb. 5.6). Jede Gruppe diente dazu, eine (mögliche) Nistplatz-Vorliebe zu testen. Hierbei hatten die Schwärme die Wahl zwischen einem Kasten, der in allen Eigenschaften einer *typischen* Nisthöhle in der Natur entsprach (z.B. durchschnittliche Eingangsgröße, durchschnittliches Volumen etc.), und einem (oder mehreren) anderen Kasten, der mit dem ersten bis auf eine einzige Eigenschaft identisch war, die in diesem Fall *atypisch* war (z.B. die Eingangsgröße). Auf diese Weise wurden die Vorlieben wilder Schwärme in Bezug auf die eine Variable untersucht, die bei den Kästen unterschiedlich war. Um beispielsweise herauszufinden, ob die in Abbildung 5.2 gezeigte Verteilungskurve der Eingangsgrößen tatsächlich eine Vorliebe für kleine Eingangsöffnungen widerspiegelt, stellte ich

Tab. 5.1. Nistplatzeigenschaften, die Bienen entweder bevorzugten oder ablehnten, auf der Basis der von den Schwärmen besetzten Nistboxen.
A > B bedeutet: A wird gegenüber B bevorzugt;
A = B bedeutet: keine Bevorzugung von A oder B.

Eigenschaft	*Vorliebe*	*Funktion(en)*
Größe des Eingangs	12.5 cm^2 > 75 cm^2	Verteidigung der Kolonie und Wärmeregulation
Orientierung des Eingangs	Süden > Norden	Thermoregulation
Höhe des Eingangs über dem Erdboden	5 m > 1 m	Verteidigung der Kolonie
Lage des Eingangs	Boden > Oberes Ende des Hohlraums	Wärmeregulation
Form des Eingangs	Keine: Kreis = Schlitz	(Kein Unterschied)
Hohlraumvolumen	10 < 40 > 100 Liter	Speicherplatz für Honig; Wärmeregulation
Form des Hohlraums	Keine: Würfelförmig = senkrechter Quader	(Kein Funktionsunterschied)
Trockenheit in der Höhle	Keine: feucht = trocken	(Bienen können eine feuchte Höhle abdichten)
Durchzug im Hohlraum	Keine: zugig = dicht	(Bienen können Ritzen und Löcher abdichten)
Waben im Hohlraum	mit > ohne	Sparsamkeit beim Nestbau

jeweils Paare von identischen würfelförmigen Nistboxen auf, von denen eine den typischen Eingang mit einer Fläche von 12,5 cm^2 hatte, die andere aber einen atypisch großen Eingang von 75 cm^2 (wie man ihn vom der Langstroth-Magazin kennt).

Während die Versuchsplanung relativ einfach war, stellte sich die Umsetzung hingegen als schwieriger heraus. Insgesamt baute ich 252 Nistkästen im Winter 1975/1976, die ich im Sommer 1976 und 1977 in kleinen Gruppen in der Landschaft rund um Ithaca verteilte. Glücklicherweise gab es zahlreiche wilde Schwärme, sodass der Plan aufging. Meine Nistboxen lockten 124 Schwärme an, genügend, um viele Geheimnisse der Bienen bei ihrer Nestsuche zu enthüllen.

Tabelle 5.1 fasst die Ergebnisse dieser Studie zusammen. Man sieht, dass die Bienen dieser wilden Schwärme bei vier Eigenschaften der Eingangsöffnungen ihrer Nisthöhlen Vorlieben zeigten. Dies ist kaum überraschend, da dieser Durchgang die Schnittstelle zwischen dem Volk und dem Rest der Welt darstellt. Die gesamte

Nahrung, das Wasser, das Harz und die frische Luft eines Volkes kommen durch diese Öffnung herein; der gesamte Abfall und Unrat gehen durch sie hinaus; und alle Angriffe von Raubtieren konzentrieren sich auf diesen äußerst verwundbaren Punkt. Was den Hohlraum selbst betrifft, zeigen die wilden Schwärme nur in Bezug auf zwei Merkmale Vorlieben, zum einen bezüglich seines Volumens und ob er mit Bienenwachswaben (von einem früheren Volk) ausgestattet war.

FUNKTION DER NISTPLATZ-VORLIEBEN

Welche Eigenschaften ziehen wilde Schwärme bei der Wahl ihrer Nisthöhle vor? Wie muss die Größe, Orientierung, Höhe und Lage des Eingangs beschaffen sein? Meine Beobachtungen von Teststandorten gaben Antworten.

Größe des Eingangs

Ich baute 14 Versuchsstandorte auf, an denen Schwärme die Wahl zwischen zwei Nistkästen hatten, die sich nur in der Größe des Eingangs unterschieden. An sechs von ihnen besetzte ein wilder Schwarm einen der Kästen, und zwar immer den mit der kleineren, 12,5 cm^2 großen Eingangsöffnung. Dies war an und für sich nicht ungewöhnlich, da ein kleiner Eingang einem Volk hilft, sich gegen Honigräuber zu verteidigen. Die meisten Imker in der Umgebung von Ithaca wissen zum Beispiel, dass sie die Fluglöcher ihrer Bienenstöcke im Herbst verkleinern müssen, vor allem dann, wenn der Frost die Blüten zerstört hat und die gelben Kurzkopfwespen (*Vespula* spp.) in ihrer Hungersnot verzweifelt versuchen, an die Honigvorräte der Bienen zu gelangen. Wahrscheinlich hilft ein kleiner Eingang einem Volk auch dabei, das Volk im Winter warmzuhalten, da die Zugluft in der Nesthöhle minimiert wird. Dies könnte auch erklären, warum einige Völker im Spätherbst den Eingang verkleinern, indem sie den größten Teil der Öffnung mit einem Propoliswulst verschließen, der nur von einigen wenigen Öffnungen durchbrochen ist – jede von ihnen gerade groß genug, um ein oder zwei Bienen hindurchzulassen (Abb. 5.7).

Orientierung des Eingangs

Teststandorte, an denen die zwei Bienenkästen nach Südosten, Süden oder Südwesten ausgerichtet waren, wurden deutlich öfter besetzt, als solche, an denen die Kästen nach Nordwesten, Norden oder Nordosten ausgerichtet waren. Offensichtlich

Abb. 5.7. Die rechte Hälfte eines Fluglochs (2 × 14 cm), das im Spätsommer verkleinert wurde, als die Bienen eine Propoliswulst über den größten Teil der Öffnung bauten. Nur die beiden kleinen Durchgänge blieben übrig. Der linke Durchgang ist gerade so breit, dass drei Bienen gleichzeitig hindurchkrabbeln können.

bevorzugen die Bienen also Nesteingänge, die nach Süden zeigen. Eine von Tibor I. Szabo[95] in der kanadischen Provinz Alberta durchgeführte Studie ergab, dass ein Bienenstock mit einem Eingang in Südrichtung im Winter seltener mit Eis und Schnee verstopft ist als einer, dessen Eingang nach Norden zeigt, und dass die Luftverhältnisse im Stock wie auch der Gesundheitszustand eines Volkes besser sind, wenn er den ganzen Winter über geöffnet ist. Ein nach Süden orientierter Eingang ist wahrscheinlich auch hilfreich, weil der Standort von der Sonne gewärmt wird und die Bienen an milden Wintertagen von hier aus zu Reinigungsflügen starten können, um aufgestaute Körperausscheidungen zu entsorgen.

Höhe des Eingangs

Ich errichtete acht Teststandorte mit paarweise angeordneten Nistkästen, einer davon hoch, der andere niedrig angebracht, und fing damit sechs Schwärme, die sich alle im höheren der beiden Kästen niederließen. Dies deutete auf eine klare Vorliebe für hoch über dem Boden gelegene Nesteingänge hin, was mit der Verteilung der Eingangshöhen bei den Nestern der Wildvölker, die durch die Bienenjagd lokalisiert wurden, übereinstimmte (Abb. 5.2). In Kapitel 10 werde ich auf ein natürliches Experiment im Arnot Forest eingehen, dass eine Möglichkeit aufzeigt, warum ein wildes Volk von einem hoch liegenden Nesteingang profitiert: Es senkt das Risiko, von Bären entdeckt zu werden. Es verringert ebenso die Wahrscheinlichkeit, dass die Nester im Winter von Waldnagern wie Hirschmäuse (*Peromyscus maniculatus*) beschädigt werden.

Lage des Eingangs

Diese Variable wurde untersucht, indem 12 Paare von Nistboxen aufgestellt wurden, jeweils zwei Kästen mit einem Hohlraum, der 100 cm hoch und sowohl 20 cm breit als auch tief war. Bei einem der Kästen befand sich die Eingangsöffnung auf Bodenhöhe, während sie bei dem anderen bündig mit der Decke abschloss. Zehn dieser 12 paarweise aufgestellten Kisten lockten einen Schwarm an: acht zogen in einen Kasten mit niedrigerem Eingang und zwei mit einem höheren Eingang ein. In Kapitel 9 werden wir uns mit einer Studie des Ingenieurs und Physikers Derek M. Mitchell[96] befassen, die die Vorteile eines *nicht* im obersten Nestbereich liegenden Eingangs für die Bienen beleuchtet.

Volumen der Nisthöhle

Das Nestvolumen ist diejenige Variable, die ich in meinen Untersuchungen, wie die Honigbienen rund um Ithaca ihre Nistplätze auswählen, am genauesten untersucht habe und die auch am nachhaltigsten andere Biologen in Nordamerika zu weiterführenden Studien veranlasst hat. Ich stellte 14 Testgruppen von jeweils vier würfelförmigen Nistkästen unterschiedlicher Größe auf – mit jeweils 10, 40, 70 und 100 Litern Rauminhalt. In den beiden Folgemonaten ließ sich kein einziger Schwarm in den 10-Liter-Kästen nieder, wohingegen 11 Schwärme in die größeren Kästen eingezogen waren. Also war ein Volumen von 10 Litern für die Bienen zu klein. Um herauszufinden, ob es auch eine Obergrenze gibt, stellte ich 10 weitere Testpaare in zwei unterschiedlichen Größen auf, je einen Kasten mit 40 und einen mit 100 Litern. Nun beobachtete ich ein auffälliges Muster: Sieben Schwärme besetzten die 40-Liter-Kästen, aber keiner zog in die 100-Liter-Kästen ein. Angesichts dieser Ergebnisse kam ich zu dem Schluss, dass die Schwärme in meinem Untersuchungsgebiet 10-Liter-Hohlräume (zu klein) strikt meiden und einen 40-Liter-Hohlraum gegenüber einem 100-Liter-Hohlraum (zu groß) stark bevorzugten. Die Obergrenze des Volumens habe ich hier nicht weiter untersucht, dafür jedoch die Untergrenze. Bei

Versuchen, in denen wilde Schwärme die Wahl zwischen 10- und 25-Liter-Nistkästen bzw. zwischen 17,5- und 25-Liter-Kästen hatten, stellte ich fest, dass sie gerne die 25-Liter-Kästen besetzten, aber nie die 10-Liter-Kästen und nur selten die 17,5-Liter-Kästen.

Das klingt sinnvoll, wenn man bedenkt, dass ein 10-Liter- und sogar ein 17,5-Liter-Hohlraum – der nur etwa 40 Prozent des Volumens einer Langstroth-Brutraumzarge hat – zu klein ist, um die knapp 20 Kilogramm an Honig zu aufzunehmen, die ein Volk in der Gegend von Ithaca zum Überwintern braucht.

Ich veröffentlichte meine Ergebnisse[97] 1977 und kurze Zeit später berichteten zwei Forscher von der Universität von Illinois, Elbert R. Jaycox und Stephen G. Parise, im Rahmen ihrer Studien, dass künstliche Schwärme der gelben Italienischen Honigbienen (*A. m. ligustica*) 5,2 Liter-Hohlräume mieden, solche mit 13,3 und 24,4 Litern aber akzeptierten. Dagegen lehnten Schwärme der schwarzen Kärntner Honigbienen (*A. m. carnica*) 5,2 und 13,3 Liter fassende Hohlräume ab, nahmen solche mit einem Volumen von 24,4, 43,5 und 85,1 Litern hingegen an. Ihre Ergebnisse legen den Schluss nahe, dass Honigbienen verschiedener geografischer Rassen unterschiedliche Untergrenzen für eine hinreichend große Nisthöhle haben und dass Bienen, die in kälteren Regionen heimisch sind (z. B. die *Carnica* aus den Karnischen Alpen zwischen Österreich und Italien), größere Höhlen benötigen – wahrscheinlich um größere Honigvorräte einlagern zu können.

Die Theorie, dass die Nistplatz-Vorlieben der Bienen auf das Klima ihrer Heimat abgestimmt sind, wird durch eine groß angelegte Studie gestützt, die 1981 von Thomas E. Rinderer und seinen Kollegen im *Honey Bee Breeding, Genetics, and Physiology Research Laboratory* durchgeführt wurde, einer Abteilung des amerikanischen Landwirtschaftsministeriums *USDA* in Baton Rouge im Bundesstaat Louisiana. Untersucht wurde die Wahl des Nistplatzes in Abhängigkeit von der Hohlraumgröße des Nestes bei wilden Schwärmen der Europäischen (Westlichen) Honigbienen in der Gegend von Baton Rouge. Zu diesem Zweck errichteten sie 10 hölzerne Plattformen in 3 m Höhe und stellten sechs Bienenkästen auf jeder Plattform auf: davon je zwei mit einem Fassungsvermögen von 5, 10 oder 20 Litern, bzw. je zwei mit 20, 40 und 80 Litern oder aber je zwei mit 40, 80 und 120 Litern. Das Forschungsteam fand heraus, dass die Schwärme hauptsächlich die 20- oder 40-Liter-Kästen besetzten und sowohl die sehr kleinen (5 Liter) als auch die sehr großen (80 und 120 Liter) ablehnten.

Eine weitere Studie, die Ende der 1980er- und Anfang der 1990er-Jahre von Justin O. Schmidt durchgeführt wurde, verglich die Nistplatz-Vorlieben der Westlichen und der Afrikanisierten Amerikanischen Honigbienen hinsichtlich des Hohlraumvolumens, wobei der Schwerpunkt auf der Bestimmung der gerade noch akzeptierten Mindestgröße lag. Ließ man dabei den Bienen die Wahl zwischen künstlichen Nisthöhlen (aus Zellstoff) mit einem Volumen von 13,5 oder 31,0 Litern, nahmen beide, die wilden Schwärme Westlicher Honigbienen in Arizona ebenso wie auch die wilden Schwärme afrikanisierter Bienen in Costa Rica, den kleineren Hohlraum mit nur 13,5 Litern. Es zeigte sich jedoch auch, dass nur die Westlichen Honigbienen (aber nicht die afrikanisierten Bienen) bevorzugt diejenigen Zellstoffhöhlen besetzten, die einen Hohlraum von 31,0 Litern boten.

Dass einige dieser Schwärme auch 13,5-Liter-Hohlräume besetzten, überraschte mich zunächst, bis ich erkannte, dass diese Bienen sich an die regionalen Gegebenheiten angepasst haben mussten, – das heißt, die Gene, die die Nistplatz-Vorlieben steuern, haben sich verändert –, dass sie auch an diesem Ort ohne harte Winter überleben können. Obwohl wilde Völker Westlicher Honigbienen, die im Zentrum New Yorks leben, den Winter in 13,5-Liter großen Nisthöhlen nicht überleben können, schaffen es ihre Vertreter im Süden Arizonas offensichtlich doch. Dies könnte den Selektionsdruck auf diese Bienen verringert haben, solch kleine Wohnräume vermeiden zu müssen.

Waben in der Nisthöhle

Zur Untersuchung dieser Variablen wurden 12 Paare von 40-Liter-Nistkästen aufgestellt, von denen der eine Kasten eine 300 cm² große Wabe aus dunklem, altem Bienenwachs enthielt, die gegen eine Wand gelehnt war, während der andere Kasten kein Wachs enthielt. Vier dieser 12 Nistkasten-Paare lockten einen Schwarm an: drei zogen in den Kasten mit der Wabe ein, der vierte in den leeren Kasten. Dies lässt vermuten, dass Bienen einen bereits mit (Alt-)Waben ausgestatteten Hohlraum bevorzugen. Als ich diesen vierten Schwarm in Augenschein nahm, stellte ich fest, dass den anderen Kasten ein großes Volk der Deutschen Wespe (*Vespula germanica*) in Besitz genommen hatte – eines, das so stark war, dass ich mich lieber fernhielt! Dies bedeutete aber, dass der Kasten mit der Wabe an diesem Standort den Bienen einfach nicht zur Verfügung gestanden hatte. Insgesamt war der Kasten mit der Wabe drei Mal der Favorit. Auch wenn dies kein eindeutiges Ergebnis ist, sind den Bienen bereits mit Waben ausgestattete Behausungen wohl am liebsten.

Der Bienenforscher Tibor I. Szabo[98] aus der kanadischen Provinz Alberta berichtete, dass Schwärme in vollständig mit Waben ausgestatteten Bienenstöcken im

Laufe eines Sommers fast doppelt so viel Honig produzieren wie Schwärme, die in leere Höhlen einziehen: 81 bzw. 43 kg. Auch die Zeidler im mittelalterlichen Russland schätzten die schon früher von Bienen besiedelten alten Baumhöhlen sehr viel mehr als die noch unberührten.

Eher unwichtige Nistplatz-Eigenschaften

Ich war davon ausgegangen, dass Bienen einen hohen und schmalen Nesteingang[99] einem kreisförmigen – von der Fläche her gleich – vorziehen würden, da er leichter zu verteidigen wäre. Die wilden Schwärme zeigten dahingehend jedoch keine Vorlieben. Ebenso wenig unterschieden sie zwischen einem Kasten, dessen Boden mit 2 Litern *trockenem* Sägemehl bedeckt war, und einem, in dem der Bodenbelag aus *feuchtem* Sägemehl bestand. Außerdem zeigten sie keine Präferenz für einen Kasten mit massiven Wänden im Vergleich zu einem Kasten, dessen Vorder- und Seitenwände jeweils mit 25 Löchern mit einem Durchmesser von jeweils 6,35 mm versehen waren.

Der Gleichmut der Bienen hinsichtlich Trockenheit und Zugluft in den Hohlräumen verwirrte mich, bis ich die besetzten Kästen herausnahm und öffnete, um die darin befindlichen Schwarmbienen in Standardbeuten umzusiedeln. Überrascht stellte ich fest, dass die Bienen, die in den Kisten mit den von Sägemehl bedeckten Böden lebten, sowohl das trockene als auch das nasse Sägemehl ordentlich beseitigt hatten. Ebenso überrascht war ich, dass die Bienen in den zugigen Kästen alle Löcher in den Wänden mit Propolis abgedichtet hatten. Plötzlich ergab alles einen Sinn: Honigbienen sind nicht wählerisch, wenn es um Details geht, die sie nach dem Einzug in das Nest reparieren können. Die Höhe des Eingangs oder die Größe des Hohlraums können sie natürlich nicht verändern, also müssen sie diese Angelegenheiten durch eine sorgfältige Auswahl ihres Wohnortes vorher regeln.

Was mich jedoch am meisten überraschte, war, dass die Bienen keine Unterschiede zwischen einem hohen Kasten (Innenmaße: 100 cm hoch mal 20 cm breit und tief) und einem kubischen Kasten mit dem gleichen Volumen machten. Ich wusste, dass die Bienen draußen in den Wäldern, ihrem natürlichen Lebensraum, in Baumhöhlen leben, die normalerweise hoch und ziemlich eng sind. Ebenso war mir bekannt, dass sie ihre Nester innen senkrecht anordnen mit einer auffälligen Abgrenzung von Honig (oben eingelagert) und Brut, die unten aufgezogen wird. Daher ging ich fest davon aus, dass sie Hohlräume bevorzugen würden, in denen ihre Waben eine große vertikale Ausdehnung haben würden. Als ich jedoch die Variable

Form des Hohlraums untersuchte, indem ich 12 Paare von Nistkästen mit je einem hohen und einem würfelförmigen Kasten aufstellte, fand ich keine Anzeichen für eine Bevorzugung. Neun der 12 Paare von Nistkästen lockten einen Schwarm an: drei besetzten den hohen Kasten, sechs den würfelförmigen Kasten. Offensichtlich haben die Bienen demnach keine ausgeprägte Vorliebe für hohe Nisthöhlen.

DER WABENBAU

Eine behagliche Unterkunft zu finden, ist nur die erste von vielen Hürden, die ein wildes Honigbienenvolk nehmen muss, um das erste Jahr zu überleben. Die nächste Herausforderung ist der Bau der Waben, deren Zellen als Wiege für die Brut und als Behälter für die Honigvorräte des jungen Volks dienen (Abb. 5.8).

Unverzüglich wird mit dem Wabenbau begonnen, da ohne Waben das neue Volk weder mit der Aufzucht von Arbeiterinnen beginnen kann, die es für ein starkes Volk benötigt, noch mit der Lagerung des Honigs, der das Überleben im kommenden Winter sichert. Es ist daher nicht überraschend, dass bei vielen Bienen eines Schwarms frische Wachsschuppen an der Unterseite ihres Hinterleibs (Abdomen) sichtbar sind (Abb. 5.9) – ein untrügliches Zeichen dafür, dass diese Bienen gerüstet sind für den Wabenbau.

Ein weiteres Indiz dafür, dass dringend große Mengen von Wachs in den Jungvölkern benötigt werden, ist die bemerkenswert breite Altersspanne[100] der Schwarmbienen mit voll funktionsfähigen Wachsdrüsen. Es sind nicht nur die mittelalten Arbeiterinnen, die normalerweise in erster Linie für die Wachsproduktion zuständig sind, sondern auch die älteren Arbeitsbienen. Eigentlich sind diese mit der Nahrungssuche beschäftigt und haben nichts mit der Wachsgewinnung zu tun, weshalb ihre Wachsdrüsen degeneriert sind. Als Mitglieder eines Schwarms reaktivieren sie jedoch ihre Wachsdrüsen und helfen so, den dringenden Bedarf ihres Volkes an Bienenwachs zu decken. Die Dicke des Epithels der Wachsdrüsen – ein Maß für die Wachsproduktion einer Biene – ist bei den Bienen mittleren Alters und den älteren Bienen in einem Schwarm tatsächlich gleich.

Der Energieaufwand für die Herstellung der Wachsmenge, die zum Bau eines kompletten Nestes benötigt wird, ist enorm. Wir haben bereits gesehen, dass ein typisches Nest eines wilden Volkes aus mehreren Reihen (Vorhängen) von Waben besteht, deren Gesamtfläche etwa 1,2 m². Jede dieser Waben ist beidseitig bebaut, sodass eine Gesamtfläche ca. 2,4 m² entsteht. Ungefähr 80 % der Wabenoberfläche ist mit den kleineren Arbeiterinnenzellen (insgesamt ca. 82 000) belegt und die

Abb. 5.8. Brutwabe mit Zellen, die Eier, Larven und Pollen enthalten.

anderen 20 % mit den größeren Drohnenzellen (insgesamt ca. 13 000). Für dieses gewaltige Bauwerk[101] müssen die Arbeiterinnen eines Volkes etwa 1,2 kg Bienenwachs[102] ausschwitzen. Dies entspricht in etwa der Menge an Wachs, die 60 000 Arbeiterinnen in ihrem ganzen Leben produzieren würden, und diese 60 000 Bienen entsprechen dem Fünffachen der Population eines Schwarmes, der ein Volk gründet. Im Durchschnitt kann eine Arbeiterin in einem Schwarm etwa 35 mg einer 65-prozentigen Zuckerlösung aufnehmen, sodass die 12 000 Bienen in einem normalen Schwarm insgesamt Energie in Form von etwa 275 g Zucker[103] mit sich tragen. Die Effizienz der Synthese von Bienenwachs aus Zucker, vergleicht man Ausgangsgewicht und Endgewicht, beträgt höchstens etwa 0,20 und aus einem Gramm Wachs können etwa 20 cm^2 Wabenfläche gebaut werden. Das bedeutet, dass eine vollständige Umwandlung der Zuckerladung eines durchschnittlichen Schwarms eine Wabenfläche in der Größe von etwa 1100 cm^2 ergeben würde – das sind weniger als 5 Prozent des Wabenbaus in einem vollständig ausgebauten Nest. Die verbleibenden 95 Prozent des Nestbaus müssen die Sammlerinnen in Form von Nektar in den folgenden Monaten und Jahren erwirtschaften.

Abb. 5.9. Weiße Wachsschuppen am Hinterleib einer Arbeitsbiene – sie treten aus den vier Paaren von Wachsdrüsen hervor.

Der Aufwand für den Nestbau kann auch mit dem Energieverbrauch eines Volkes über den Winter in Relation gesetzt werden. Da Honig bekanntermaßen eine etwa 80-prozentige Zuckerlösung ist und Bienen eine etwa 20-prozentige Effizienz bei der Umwandlung von Energie in Wachs haben, kann man daraus berechnen, dass die Produktion der 1,2 kg Wachs in einem typischen Nest dieselbe Menge an Energie verbraucht, die etwa 7,5 kg Honig liefert. Diese Menge an Honig (wie wir im nächsten Kapitel sehen werden) macht etwa ein Drittel des Honigs aus, den ein Volk über den Winter zur Aufrechterhaltung der Stockwärme verbraucht. Es liegt auf der Hand, dass die Kosten für den Nestbau ein wichtiger Posten im Energiehaushalt eines Volkes während seines ersten Jahres sind, das heißt, dass sie von einer Energieeinsparung hier stark profitieren können. Tatsächlich kann das Überleben eines Volkes von solch einer Einsparung abhängen. In Kapitel 7 werden wir sehen, dass nur etwa 20 Prozent der Schwarmvölker (Gründerkolonien) in den Wäldern um Ithaca bis zum nächsten Frühjahr überleben.[104] Die meisten von ihnen sterben im Winter, wenn ihre Honigvorräte erschöpft sind.

Sobald ein Bienenschwarm in die auserkorene Baumhöhle eingezogen ist, beginnt der Nestbau. Die Arbeit beginnt damit, dass einige der Bienen das lockere, verrottete Holz an der Decke und den oberen Wänden der Höhle abnagen. Die gereinigten Oberflächen werden danach von anderen Bienen mit Baumharzen (Propolis) beschichtet. Diese Vorbereitungsarbeit stellt zwar zum Teil eine langfristige Investition in die Nesthygiene (siehe unten) dar, dient aber zunächst hauptsächlich dazu, glatte, harte, beschichtete Oberflächen zu schaffen, auf denen dann die im Anschluss gebauten Waben befestigt werden können. In der Zwischenzeit fügen sich die meisten Bienen zu einer Masse miteinander verbundener Bienenketten (Bautraube) zusammen, welche von der Decke und den Wänden des Hohlraums herabhängen. In den folgenden Tagen hängen – mit Ausnahme einiger Futter- und Wassersammlerinnen – fast alle Bienen des Volkes nahezu bewegungslos im dunklen Innenbereich ihres neuen Zuhauses und schwitzen pausenlos winzige Wachsschüppchen aus den Wachsdrüsen an der Unterseite ihres Abdomens aus (Abb. 5.9).

Der Wabenbau beginnt, wenn sich einzelne Bienen mit gut entwickelten Wachsschuppen von ihren Geschwistern lösen, an der Bienenkette nach oben klettern und ihr Wachs an der Decke oder an den Wänden des Hohlraums ablegen. Um eine Wachsschuppe herauszulösen, drückt die Biene ein Hinterbein fest gegen die Bauchdecke und schiebt es dann nach hinten, bis einer oder mehrere der größeren Stacheln im Pollenkamm des Beins eine Schuppe aufspießen (Wachszange) und sie so aus ihrer Drüse entfernen. Im nächsten Schritt zieht die Biene das Hinterbein, welches die Schuppe trägt, zum Kopf, wo die Wachsschuppe von den Vorderbeinen erfasst und dann vom Oberkiefer zerkaut werden kann. Dabei wird das Wachs mit einem Speicheldrüsensekret vermengt und leichter formbar. Anschließend wird das Wachsplättchen auf der Oberfläche deponiert, wo die Wabenbildung beginnt oder schon im Gange ist. Anfänglich bilden diese Wachsablagerungen nur kleine Häufchen, mit der Zeit verschmelzen sie jedoch zu einer mehrere Millimeter langen Erhöhung. An diesem Punkt beginnt der Bau der Zellen. Zunächst wird auf einer Seite des Wachsrückens ein Hohlraum von der Breite einer Arbeiterzelle ausgehöhlt, wobei das überschüssige Wachs an den Seiten des Lochs abgelagert wird. Diese Arbeit wird auf der anderen Seite des Wachsrückens wiederholt, wobei hier *zwei* Zellen ausgehoben werden, sodass sich die erste Zelle auf der einen Seite mittig zwischen den beiden Zellen auf der anderen Seite befindet. Danach werden die hochstehenden Ränder dieser Zellen zu dünnen Strängen geformt, um die Basis der sechs Wände jeder Zelle zu bilden. Die angrenzenden Wände werden dann in einem Winkel von 120 Grad angeordnet. So entsteht bei jeder Zelle bereits zu Beginn der hexagonale Grundriss. Während stetig weitere Wachsstücke abgelagert werden, beginnen die Fundamente weiterer Zellen in den entsprechenden Abständen von den bereits vorhandenen Zellen Gestalt anzunehmen. Gleichermaßen wachsen die Wände der ersten Zellen, indem grobe Wachspartikel auf die Oberseite jeder Wand aufgetragen und dann auf beiden Seiten abgetragen werden, sodass in der Mitte eine dünne, glatte Wachsfläche entsteht (Abb. 5.10, Mitte). Das abgetrennte Wachs wird dann zusammen mit etwas frischem Wachs auf der Oberseite der Wand aufgeschichtet, und der Vorgang wird wiederholt. So wächst nach und nach eine wunderbar dünne Wachswand nach außen, jedes Mal gekrönt von einer breiten Wachskappe.

Durch den gesamten Prozess des Wabenbaus zieht sich der Leitgedanke der Wirtschaftlichkeit bei der Verwendung des energieaufwendigen Bienenwachses. Am stärksten zeigt sie sich in der Zellform der Waben: ein exakt sechseckiges Prisma, das am inneren Ende von einer dreieckigen Pyramide gekrönt wird. Da die Zellen in Honigbienennestern ursprünglich einen kreisförmigen Querschnitt hatten, wie sie auch heute noch in den Nestern aller anderen Bienen vorkommen, kann man sich die Wabe in einem Honigbienennest als eine Ansammlung identischer Zylinder vorstellen, die zu sechseckigen Prismen zusammengepresst werden. Der Umfang eines Sechsecks mit einer vorgegebenen Fläche ist 5 Prozent größer als der Umfang eines Kreises mit derselben Fläche. Da aber da jede sechseckige Zelle in einer Wabe ihre Wände mit anderen Zellen teilt, im Gegensatz zu kreisförmigen Zellen, sind für den Aufbau der Zellwände in einer Wabe mit sechseckigen Zellen nur etwa 52 Prozent der Wachsmenge erforderlich, die für den Aufbau dieser mit kreisförmigen Zellen verbraucht wird. Beispielsweise betrug der durchschnittliche Wandabstand in der Arbeiterinnenzellen in den Nestern der wilden Völker, die ich seziert habe, 5,20 mm. Ein Sechseck dieser Größe hat eine Fläche von 23,40 mm^2 und einen Umfang von 18,01 mm. Ein Kreis mit der gleichen Fläche hat einen Umfang von nur 17,15 mm. Da jedoch jede Zellwand bei sechseckiger Bauweise zu zwei Zellen gehört, beträgt der effektive Umfang jeder Zelle nur 18,01 mm geteilt durch zwei, also 9,00 mm, und 9,00 mm geteilt durch 17,15 mm ergibt 0,52, daher die oben erwähnte Zahl von 52 %. Eine Wabe mit kreisförmigen Zellen[105] benötigt zusätzliches Wachs, um die Zwischenräume zwischen den Zellwänden auszufüllen (Abb. 5.10, links). Somit ist die zum Bau einer Wabe mit sechseckigen Zellen benötigte Wachsmenge bei einer gegebenen Anzahl von Zellen alles in allem weniger als halb so groß wie die Menge an Wachs, die benötigt wird, um eine Wabe aus kreisförmigen Zellen mit der gleichen Anzahl von Zellen zu bauen.

Neben der hexagonalen Zellenform gibt es auch mehrere andere Eigenarten beim Wabenbau, die einen Beitrag zum wirtschaftlichen Umgang der Honigbienenvölker mit Wachs leisten. Eine davon ist die Fähigkeit der Arbeitsbienen, die Trennwände zwischen den Zellen abzuschaben, wodurch die Zellwände nur 0,073 mm dünn bleiben. Ein Experiment zur Untersuchung der sensorischen Fähigkeiten der Arbeiterinnen ergab, dass ihre Fühler[106] eine entscheidende Rolle bei der Wahrnehmung der Zellwanddicke spielen. Als die sechs distalen Segmente beider Antennen bei mehreren Hundert Bienen amputiert wurden und daraufhin ihr Wabenbau

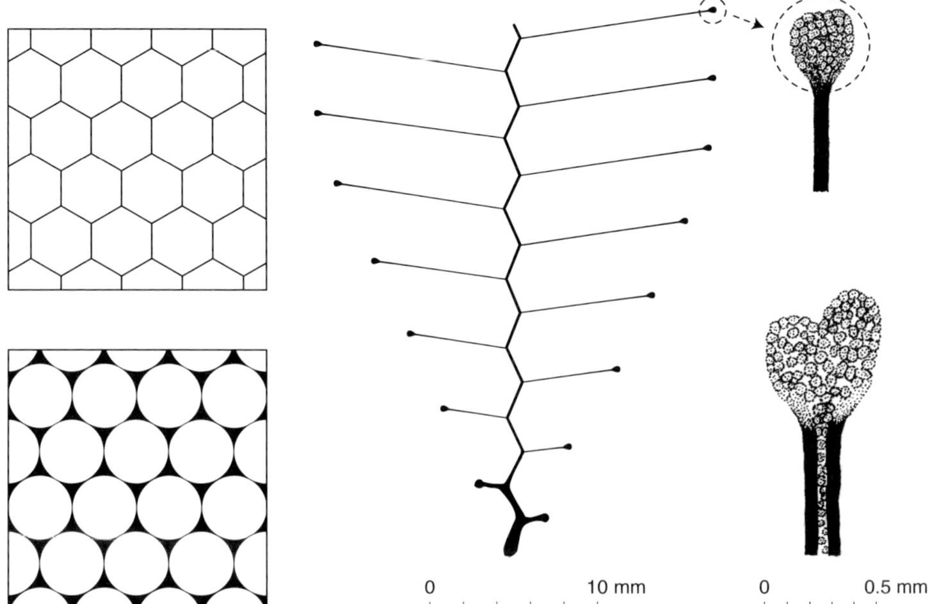

Abb. 5.10. *Links*: Veranschaulichung der Wirtschaftlichkeit durch den Bau hexagonaler statt kreisförmiger Zellen aus Wachs. *Mitte*: Der Wabenquerschnitt zeigt, wie die Bienen während des Baus die Zellwände präzise glätten, um den Wachsverbrauch zu minimieren. *Rechts*: Querschnitte der äußeren Zellwände, die von normalen Bienen gebaut wurden (oben) und von Bienen, denen die sechs distalen Segmente ihrer Fühler amputiert wurden (unten). Normalerweise werden lose Wachsstücke an der Oberseite der Zellwand zusammengefügt, während der Rest der Wand aus einer einzigen, dünnen Wachsschicht besteht. Bienen mit funktionstüchtigen Fühlern bauten aufwendige dreischichtige Zellwände auf.

untersucht wurde, zeigte sich, dass ihre Bautätigkeit stark beeinträchtigt war. Einige Zellen hatten Löcher, die in die Wände genagt worden waren, während andere Zellen mit doppelt so dicken Wänden wie sonst gebaut wurden (Abb. 5.10, rechts). Da Temperatur und Zusammensetzung ihres Baumaterials (das Bienenwachs) konstant sind und die Form der Zellen in ihren Waben einheitlich ist, ist es wahrscheinlich, dass eine Arbeitsbiene die Dicke einer Zellwand einschätzen kann, indem sie mit ihrem Oberkiefer darauf drückt und mit ihren Fühlern die Elastizität beurteilt.

Weitere Einsparungen bei der Wachsproduktion erreichen die Bienen durch permanentes Recycling von altem Wachs. Wann immer eine Biene schlüpft, wird der

Zelldeckel entweder von ihr selber oder von einer Ammenbiene in der Nähe vorsichtig abgebissen und dann zur späteren Wiederverwendung am Rand der Zelle gelagert. Auch die Weiselzellen – die speziellen, großen, erdnussförmigen Zellen, in denen die Bienenköniginnen aufgezogen werden – werden aus Wachsstücken gebaut, die aus den angrenzenden Arbeiterinnenzellen herausgenagt werden, und nachdem sie verwaist sind, werden sie zerstört, damit das Wachs für andere Zwecke verwendet werden kann.

Die vielleicht wichtigste Methode, Wachs einzusparen, ist die sorgfältige zeitliche Planung des Wabenbaus und die Beschränkung auf Zeiträume, in denen der Nutzen des Wabenbaus den Aufwand der Wachsproduktion überwiegt. Versetzen wir uns zunächst in die Lage eines Schwarms, der gerade in eine leere Baumhöhle gezogen ist. Hier ist der Nutzen des Wabenbaus gewaltig, denn Waben sind lebenswichtig für die Zukunft des Bienenvolkes. Ein junges Bienenvolk kann weder mit der Aufzucht von Brut noch der Lagerung von Honig beginnen, bevor es einige Waben gebaut hat, daher ist es sinnvoll, ordentlich in den Wabenbau zu investieren. Dieses Phänomen hat kürzlich einer meiner Doktoranden, Michael L. Smith[107], beschrieben, der das Leben mehrerer Honigbienenvölker von dem Augenblick, an dem sie ihre Nesthöhlen besetzten, bis zu ihrem Tod beobachtete. Jedes Bienenvolk begann als normal großer Kunstschwarm – etwa 12 000 Arbeitsbienen und eine Königin – und wurde in einem großen Schau-Bienenkasten mit Glaswänden angesiedelt, der einer Nisthöhle mit Volumen von etwa 38 Litern entsprach Jeder Schwarm wurde vorher *nach Belieben* mit Zuckersirup gefüttert, sodass seine Mitglieder beim Einzug in das neue Zuhause mit energiereicher Nahrung[108] vollgestopft waren – so, wie es auch in der Regel bei natürlichen Schwärmen der Fall ist. In den nächsten 20 Monaten blieben die drei Bienenvölker ungestört, außer dass einmal wöchentlich bei Nacht die Dämmplatten, die die Glaswände jedes Bienenstocks abdeckten, entfernt wurden, um die Arbeiterinnen- und Drohnenpopulation des Bienenstocks zu erfassen, den Anteil des Arbeiterinnen- und Drohnenbaus zu verfolgen und aufzuzeichnen, welche Wabenzellen Brut, Pollen, Honig enthielten oder leer waren.

Abbildung 5.11 zeigt, wie schnell jedes Volk innerhalb der ersten drei Wochen bereits 2000 bis 4000 cm^2 Wabenfläche errichtete. Dieses umfangreiche Wabenwerk beinhaltet trotz seiner bereits beachtlichen Größe nur 8500 bis 17 000 Arbeiterinnenzellen – weniger als 20 Prozent der Anzahl in einem fertigen Nest, aber ausreichend dafür, dass jedes Volk innerhalb weniger Tage nach dem Einzug in seine neue Behausung mit der Aufzucht von Arbeiterinnen beginnen konnte. Dies war

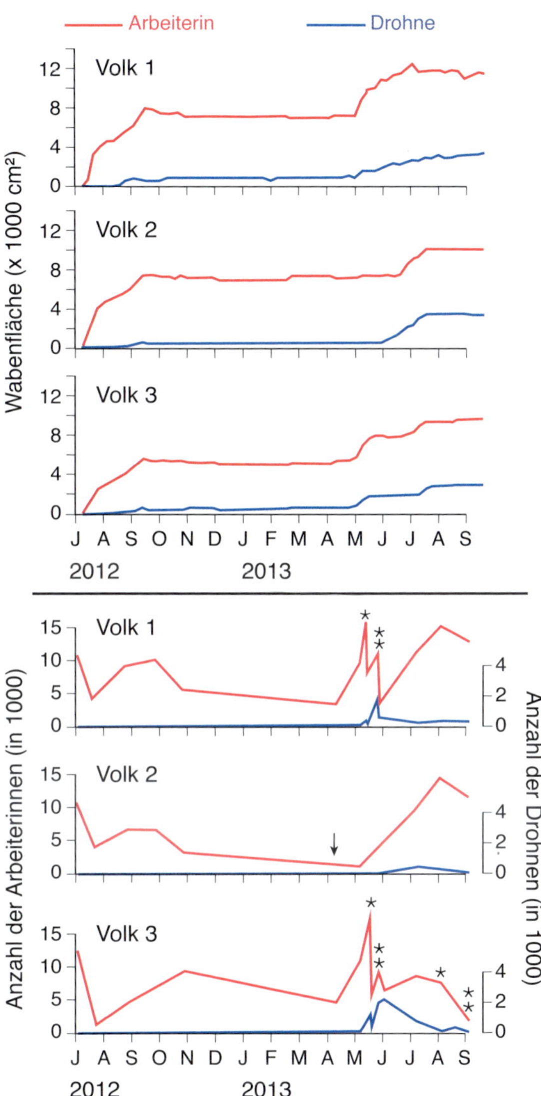

Abb. 5.11. *Oben*: Zeitlicher Verlauf des Wabenbaus von drei unbewirtschafteten Völkern, die jeweils als Schwarm mit 12 000-Bienen im Juli 2012 starteten. Rote Linie – Arbeiterinnenzellen; blaue Linie – Drohnenzellen. Jedes der Völker hatte innerhalb des ersten Jahres nur zwei Auslöser zum Wabenbau: einmal beim Einzug in den leeren Bienenstock und einmal Ende August bzw. Anfang September, als die Goldrute (*Solidago* spp.) reichlich Nektar produzierte. Die Wabenfläche in der Grafik präsentiert beide Seiten jeder Wabe. *Unten*: Die Populationsdynamik in diesen drei Völkern. Rote Linie – Arbeiterinnen; blaue Linie – Drohnen. Abgänge von Schwarm oder Nachschwarm sind mit einem Sternchen (*) gekennzeichnet. Der Pfeil bei Volk 2 zeigt, wann das Volk eine neue Königin erhielt, als Ersatz für seine ursprüngliche, verstorbene Königin.

deshalb so bedeutend, weil die Entwicklungszeit einer Arbeiterin 21 Tage beträgt, was bedeutet, dass die Stärke eines Volkes in den ersten drei Wochen nach dem Einzug kontinuierlich schrumpft, da alte Arbeiterinnen absterben und von den jungen, die deren Arbeitskraft ersetzen könnten, noch keine geschlüpft sind. Tatsäch-

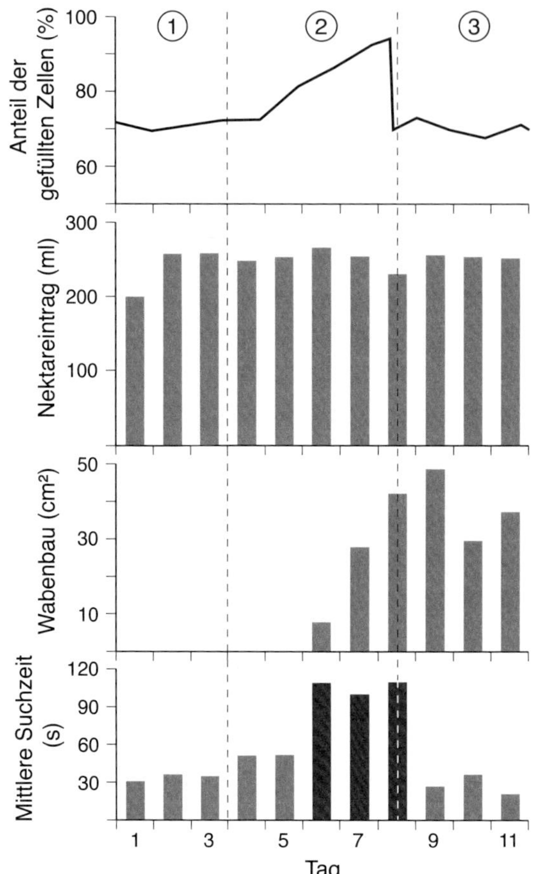

Abb. 5.12. Ergebnisse eines Experiments, das den Einfluss des Füllungszustandes der Waben auf die Entscheidung der Völker, zusätzliche Waben zu bauen, untersucht. *Phase 1:* Das Volk hatte eine hohe Nektareintragsrate (Aufnahme der 65%igen Zuckerlösung aus dem Futterspender), aber der Füllungsgrad der Honigwaben war auf niedrigem Niveau. *Phase 2:* Die „Nektar"-Eintrag dauerte an, jetzt durften die Bienen jedoch ihre Vorratswaben mit Honig füllen. *Phase 3:* Das Volk wurde auf den Zustand von Phase 1 zurückgesetzt. Die Suchzeit (im untersten Diagramm in unterschiedlicher Balkenstärke dargestellt) ist die Zeit, die eine Nektarsammlerin nach der Rückkehr in den Stock benötigt, um eine Nektaraufnehmerin zu finden, die bereit ist, ihr die Nektarladung abzunehmen. Drei durch dunkle Balken gekennzeichnete mittlere Suchzeiten sind deutlich höher als die anderen.

lich zeigt Abbildung 5.11, dass am Ende der ersten drei Wochen in jedem Volk die Arbeiterinnen-Population bis auf magere 20 bis 50 Prozent ihrer ursprünglichen Größe geschrumpft war, und dass selbst am Ende des Sommers keines der Völker seine ursprüngliche Stärke wieder erreicht hatte.

Nach dem ersten Ausbruch der Bautätigkeit[109], der Brutaufzucht und des Futtereintrags steht ein Volk in Bezug auf den weiteren Wabenbau vor einem Dilemma. Auf der einen Seite stellt der Bau weiterer Waben freien Stauraum zur Verfügung, um ein unvorhergesehenes Nektarangebot effizient zu nutzen, sodass die Nektarabnehmerinnen keine Zeit mit der Suche nach leeren Zellen verlieren, in denen sie den frischen Nektar verstauen können. Andererseits kann zusätzlicher Wabenbau die Honigvorräte eines Volkes wegen der energieaufwändigen Produktion von Wachs schrumpfen lassen. In den 1990er-Jahren entschloss sich noch einer meiner Doktoranden, Stephen C. Pratt[110], dazu, zu untersuchen, wie die Bienen mit diesem Dilemma umgehen. Mit dem Verfahren der „stochastischen dynamischen Programmierung" stellte er die Entscheidungssituation eines Volkes nach, wann und wie viel es in den Wabenbau investiert. Sein Ziel war es, den optimalen Zeitpunkt für den zusätzlichen Wabenbau während des ersten Sommers eines Volkes zu bestimmen, abhängig vom Nektarangebot, dem Füllungszustand der Waben und dem Vorhandensein von Waben im Nest. Stephens Modellstudie ergab, dass ein etabliertes Bienenvolk ein nahezu optimales Timing für den Wabenbau erreicht, wenn der Bau zusätzlicher Waben auf Zeitpunkte beschränkt ist, zu denen die folgenden zwei Bedingungen erfüllt sind: 1) der Füllungsgrad der Waben liegt über einem bestimmten Schwellenwert und 2) die Kolonie weist eine hohe Nektareintragsrate auf.

Stephen überprüfte seine Prognose anhand von Experimenten, in denen er den Wabenbau von Völkern in einem Dreiwaben-Schau-Bienenkasten überwachte. Ein Rahmen enthielt Brut, einer war teilweise mit Honig gefüllt und der dritte Rahmen war leer (um Platz für den Wabenbau zur Verfügung zu stellen). Er siedelte die Untersuchungsvölker nach und nach an einen Ort ohne natürliche Nektarquellen um. So konnte er die Nektareintragsrate kontrollieren, indem er die Verfügbarkeit von „Nektar" (Zuckerwasser) über einen Futterspender steuerte. Abbildung 5.12 stellt die Ergebnisse einer Untersuchung dar, in der er nachwies, dass ein Nektar sammelndes Volk erst, wenn der Füllungsgrad der Waben einen bestimmten Schwellenwert überschritten hat, mit dem Bau zusätzlicher Waben beginnt. In Phase 1 hatte das Volk eine hohe Nektareintragsrate, der Füllungszustand der Waben war jedoch recht gering. In Phase 2 blieb die Nektareintragsrate weiterhin hoch und nun konnte das Volk seine Vorratswaben mit Honig füllen. Anschließend, in Phase 3, wurde das Volk wieder auf die Bedingungen von Phase 1 zurückgesetzt. Wie angenommen, baute das Volk in Phase 1 keine Waben, begann dann aber in Phase 2 damit, sobald die Waben zu etwa 80 % gefüllt waren. In Phase 3 stellte das Volk die Bautätigkeit jedoch nicht ein, obwohl der Füllungsgrad der Waben – von Stephen Pratt – auf ein niedriges Niveau reduziert worden war. Dieses Experiment zeigt, dass die Völker bereits mit dem Wabenbau beginnen, bevor sie alle vorhandenen Waben in ihrem Nest befüllt haben. Ich vermute, dass die Bienen diese Strategie – die ein gewisses Risiko bei verfrühtem Wabenbau mit sich bringt – verfolgen, um bei guter Tracht genügend Stauraum zu haben. Dieses Experiment zeigt auch, dass ein

Volk, wenn es einmal mit der Bautätigkeit begonnen hat, so lange weiterbaut, wie es eine hohe Nektareintragsrate hat, und damit eine gute Versorgung mit Brennstoff für den Wabenbau. Stephen führte auch Experimente durch, bei denen den Völkern das Nektarangebot reduziert wurde, die Vorratswaben jedoch stark gefüllt waren (mindestens zu 85%). Er stellte fest, dass diese Völker den Wabenbau einstellten. Zusammengenommen zeigen diese beiden Ergebnisse, dass Stephens Modellanalyse korrekt war: ein Volk investiert erst dann in den Aufbau zusätzlicher Waben, wenn die Waben einen bestimmten Füllungsgrad erreicht haben und das Bienenvolk eine hohe Nektareintragsrate aufweist.

Wie überwachen die Arbeiterinnen den Füllungszustand ihrer Waben *und* die Nektareintragsrate ihres Volkes, um den richtigen Zeitpunkt für den Beginn des Wabenbaus zu finden? Eine Möglichkeit ist, dass, wenn die Vorratswaben eines Volkes fast voll sind, die Nektarabnehmerinnen – die Bienen, die den zurückkehrenden Nektarsammlerinnen den Nektar abnehmen –, zunehmend Schwierigkeiten haben, Zellen für die Einlagerung des frischen Nektars zu finden. Darauf reagieren sie mit der Absonderung von Wachs und fangen an, Waben zu bauen. Diese Hypothese wird durch unser Wissen gestützt, dass sowohl die Nektarabnehmerinnen als auch die Baubienen mittelalte[111] Bienen sind, etwa 10 bis 20 Tage alt, das heißt, dass, dass die Nektarabnehmerinnen alt genug sind, um Baubienen zu werden. Auch das in Abbildung 5.12 dargestellte Experiment unterstützt diese Annahme. Bei der Durchführung dieses Experiments stellte Stephen fest, dass die mittlere Suchzeit einer *Nektarsammlerin* – die Zeit, die sie damit verbrachte, im Bienenstock nach einer Biene zu suchen, die ihr die Nektarladung abnehmen kann – bei Beginn der Bautätigkeit deutlich zunahm. Dieser auffällige Anstieg könnte durch den Wechsel der mittelalten Bienen von der Nektarabnehmerin zur Baubiene verursacht werden. Als Stephen 30 bis 40 Prozent der Nektarabnehmerinnen eines Volk farblich markierte[112] und dieses Volk dann zum Wabenbau animierte, stellte er fest, dass die markierten Bienen weniger als 5% der Baubienen ausmachten. Dieses überraschende Ergebnis zeigt, dass zukünftige Studien über die Kontrolle des Wabenbaus sich auf das Verhalten *beschäftigungsloser Baubienen* konzentrieren müssen, um herauszufinden, wie diese Bienen Informationen über den Füllungsgrad der Waben und den Nektareintrag des Volkes erhalten.

STEUERUNG DES WABENTYPS

Neben der Entscheidung, *wann* mit dem Wabenbau begonnen werden soll, müssen die Völker auch entscheiden, *welcher* Wabentyp gebaut werden soll – Arbeiterinnenwaben oder Drohnenwaben. Beide werden zur Lagerung von Honig genutzt, aber nur die großen Zellen der Drohnenwaben können zur Aufzucht der großen, schwerfälligen Drohnen benutzt werden. Ein wildlebendes Volk gesteht dem Drohnenbau einen großen Teil der gesamten Wabenfläche zu: etwa 17 Prozent (Abb. 5.13). Denn nur ein Volk mit genügend Drohnenbau ist in der Lage, viel in die Aufzucht von Drohnen zu investieren, die für seinen reproduktiven (genetischen) Erfolg entscheidend sind. Abb. 5.11, aus der Studie von Michael L. Smith, zeigt jedoch, dass alle drei Völker in dieser Studie in den ersten Wochen nach dem Umzug in ihr neues Zuhause nur Arbeiterinnenzellen[113] bauten und so auch nur Arbeiterinnen aufzogen. Dies klingt sinnvoll, da die Arbeitsbienen, die die Waben bauen und Honig und Pollen sammeln, für das Überleben eines Jungvolkes lebensnotwendig sind.

Eines Tages wird ein gesundes Volk stark genug sein, um in den Bau von Drohnen- und Arbeiterzellen zu investieren. Wie reguliert es den jeweiligen Anteil der beiden Wabentypen in seinem Nest? Im Prinzip muss jede Baubiene – oder vielleicht auch die Königin – über den aktuellen relativen Anteil jedes Wabentyps im Nest informiert sein, doch wie ist dies angesichts der Größe des gesamten Nestes für eine einzelne Arbeiterin möglich? Die Königin eignet sich besonders dazu, dies zu beurteilen. Denn sie verbringt einen Großteil ihrer Zeit – wenn sie nicht gerade ruht oder gepflegt wird – damit, auf den Waben herumzulaufen und die Größe der leeren Zellen zu messen, um zu entscheiden, welche Art von Eiern sie legt: befruchtete Eier in Arbeiterinnenzellen und unbefruchtete in Drohnenzellen. Wenn sie ständig über beide Wabentypen auf dem Laufenden ist, kann sie möglicherweise ein Ungleichgewicht zwischen beiden wahrnehmen und dies den Arbeiterinnen mitteilen, damit diese es korrigieren können, indem sie den Typ der neuen Waben, die sie bauen, anpassen.

Stephen C. Pratt untersuchte die Informationswege[114], die die Bienen nutzen, um ihre Entscheidungen über den zu bauenden Wabentyp weiterzugeben. Dazu stellte er starke, weiselrichtige Bienenvölker (mit einer Königin) auf, die er in zwei Bienenstöcken mit je 10 Rähmchen einquartierte, und passte dann die Anzahl und Art der Waben in jedem Stock und den Zugang der Arbeiterinnen zu den Waben in ihrem Stock an, um verschiedene Versuchsbedingungen zu generieren (Abb. 5.14). Stephens Experimente offenbarten drei Dinge. Erstens brauchen die Bienen in

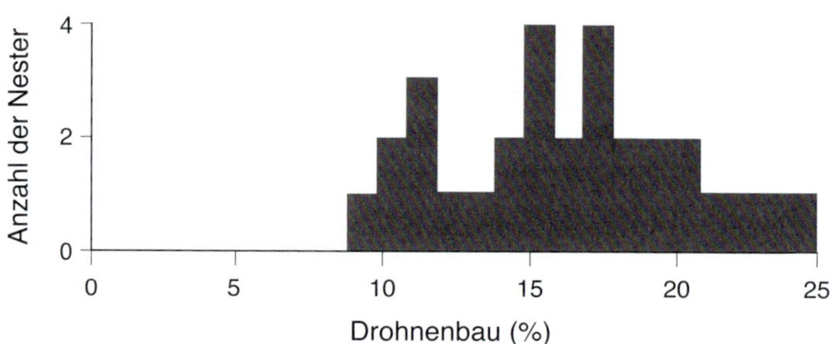

Abb. 5.13. *Oben*: Die Zellendurchmesser in natürlichen Honigwaben haben eine bimodale Verteilungskurve: Das kleinere Format links (etwa 5,2 mm Wandabstand) wird zur Aufzucht der Arbeiterinnenbrut genutzt, das größere Format rechts (etwa 6,5 mm Wandabstand) zur Aufzucht der Drohnenbrut.
Unten: Der prozentuale Anteil des Drohnenbaus bei der Wabenfläche in den Nestern von 8 wilden Völkern, die im Norden des Bundesstaates New York eingesammelt wurden, und 22 simulierten wilden Völkern. Die Werte gruppieren sich um den Mittelwert von 17 Prozent.

einem Volk den Kontakt mit den Drohnenwaben, damit so der Bau zusätzlicher Drohnenwaben unterdrückt wird. Zweitens hat der Kontakt der Königin mit den Drohnenwaben hierbei keine Auswirkung. Drittens kann die Unterdrückung von weiterem Drohnenbau von den Drohnenwaben selbst ausgehen, wobei der Effekt noch stärker ist, wenn diese mit Brut gefüllt sind. Diese Ergebnisse zeigen, dass die Arbeiterinnen nicht auf ein flüchtiges chemisches Signal reagieren, das in den Droh-

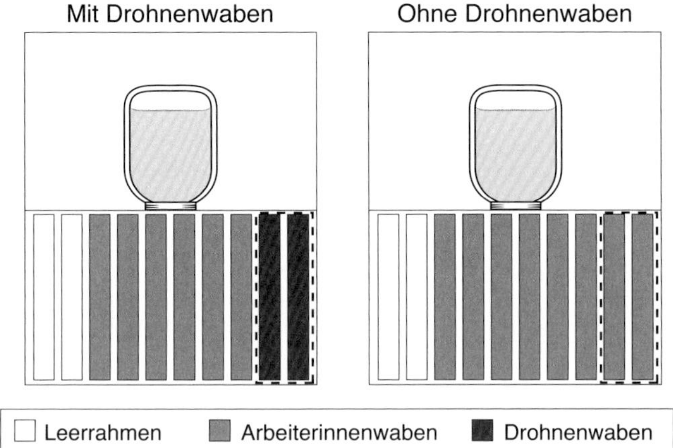

Abb. 5.14. Versuchsaufbau zur Kontrolle, ob ein direkter Kontakt der Bienen mit den Drohnenwaben für die korrekte Steuerung des Wabenbaus notwendig ist. Königin und Arbeiterinnen wurden beim Versuch „Mit Drohnenwaben" durch ein Drahtgitter von den beiden Drohnenwaben abgetrennt. Zur Kontrolle wurden beim Versuch „Ohne Drohnenwaben" zwei Arbeiterinnenwaben genauso abgetrennt. Bei beiden Versuchen hatte der Bienenkasten zwei leere Rähmchen zum freien Wabenbau und auf der Oberseite ein mit Zuckersirup gefülltes Gefäß (zur Förderung des Wabenbaus).

nenwaben eingebaut ist – sie brauchen den direkten Kontakt, um auf deren Vorhandensein zu reagieren. Ebenso verdeutlichen die Untersuchungsergebnisse, dass die Königin nicht als zentrale Steuerung für den Bau von Drohnenwaben fungiert, obwohl sie eigentlich Informationen über den Bedarf an Drohnenwaben sammeln könnte. Wie also entscheiden die Arbeiterinnen, welche Art von Wabentyp sie bauen wollen? Eine Möglichkeit wäre, dass jede Baubiene über die vorhandenen Waben krabbelt und dabei bedächtig Informationen über ihren Aufbau anhand der Zellgrößen sammelt, indem sie direkt eine bestimmte Anzahl von Zellen ausmisst. Möglicherweise gehen die Arbeiterinnen bei der Messung der Zellgrößen auch genauso vor wie die Königin: Kopf und Vorderbeine werden in eine Zelle eingeführt und tasten die Zellwände ab.

Zusammenfassend lässt sich sagen, dass wir heute wissen, wie Bienen den Bau der Zelltypen steuern und dass eine Baubiene über den Bedarf an jedem Zelltyp in Kenntnis ist, indem sie sich jeden Kontakt mit *ausgewachsenen* Arbeiterinnen- und Drohnenwabenzellen merkt (relative Begegnungsrate). Wir wissen auch, dass sie genauso ihre Arbeit – den Bau von Arbeiterinnenwaben oder Drohnenwaben – mit der ihrer Stockgenossinnen koordinieren kann, indem sie sich jeden Kontakt mit Zellen *im Aufbau* merkt. Alle Hypothesen bedürfen jedoch noch einer sorgfältigen experimentellen Überprüfung.

DIE PROPOLISHÜLLE

Der vielleicht auffälligste Unterschied zwischen dem Inneren des hohlen Baumhauses eines wilden Volkes und dem Inneren der aus Holz gebauten Bienenbeute eines bewirtschafteten Volkes ist das Aussehen der Wände. Die Wände im Innern eines Bienenbaums sind mit Baumharzen beschichtet, die sie glänzend und wasserdicht machen (Abb. 5.4), während die Wände im Innern eines Bienenkastens – selbst nach jahrelanger Benutzung – keine derartige Beschichtung haben: Sie sehen immer noch so matt und porös aus wie frisch gehobelte Bretter. Kurz gesagt, nur wilde Völker sind von einer Propolishülle umgeben. Diese Hülle besteht größtenteils aus einer dünnen (weniger als 1 mm dicken) Harzschicht. Entstehen Risse in den Wänden, füllen die Bienen sie mit dunklem Harz aus. Wenn die Eingangsöffnung zu groß ist – zu zugig oder zu einladend für Eindringlinge – verkleinern die Bienen sie durch den Bau eines festen Walls aus getrocknetem Harz (Abb. 5.7). Das Verengen der Eingangsöffnung ist die markanteste Verwendung von Baumharzen – daher kommt auch die Bezeichnung der Imker: „*Propolis*“ (*pro*: vor; *polis*: Stadt oder Gemeinschaft).

Woher stammen diese Baumharze[115] und wie sammeln die Bienen dieses klebrige Zeug? Der einzige Baum, an dem ich Bienen beim Harzsammeln – das Harz befindet sich auf den klebrigen Blattknospen – beobachtet habe, ist eine Kanadische Schwarzpappel (*Populus deltoides*) in der Nähe meines Labors. Es wurden jedoch auch Bienen beobachtet, die Harz aus den Knospen und Wunden vieler anderer Baumarten in Nordamerika und Europa sammelten, insbesondere der Gewöhnlichen Rosskastanie (*Aesculus hippocastanum*), der Silberpappel (*Populus alba*), der (Amerikanischen) Zitterpappel (*Populus tremula* und *P. tremuloides*) und verschiedener Birkenarten (*Betula* spp.), deren Blattknospen durch die schützenden Harzschichten glänzen. Auch das Harz von Nadelbäumen – einschließlich der Fichten (*Picea* spp.), Kiefern (*Pinus* spp.) und Lärchen (*Larix* spp.) –, deren Wundstellen die schützenden Harze der Bäume absondern, wird aufgenommen. Eine Harzsammlerin[116] lädt dieses klebrige Material auf, indem sie ein Stückchen Harz mit den Mandibeln (Oberkiefer) abkaut, es dann mit den Vorderbeinen packt, an eines ihrer Mittelbeine weiterreicht und es schließlich von dort zur Corbicula (Pollenkörbchen) auf der glei-

Abb. 5.15. Honigbiene mit einer Ladung glänzenden Harzes in der Corbicula (Pollenkörbchen) an ihrem linken Hinterbein.

chen Seite schiebt. Dieser Vorgang wird so lange wiederholt, bis jede Corbicula mit einer Ladung glitzernden Harzes gefüllt ist (Abb. 5.15). Wenn eine Sammlerin zu ihrem Nest zurückkehrt, krabbelt sie über die Waben dorthin, wo das Harz benötigt wird, und steht dann dort 5–20 Minuten, während andere Bienen, die gerade Harz brauchen, Harzstücke von den beiden Ladungen in ihren Pollenkörbchen abbeißen.

Die Harzsammlerinnen und die Harzverarbeiterinnen eines Honigbienenvolkes sind faszinierende Bienen. Aber wer sind sie genau? Wie gehen sie mit dem Harz in ihren Nestern um? Und wie kontrollieren sie den Vorrat dieses Baumaterials? Bis vor kurzem hatten wir keine verlässlichen Antworten auf diese Fragen. Daher war ich sehr erfreut, als Professor Jun Nakamura[117] vom *Honeybee Science Research Center* der Tamagawa University in Japan 2002 mit der Mission in mein Labor kam, dieses Rätsel zu lösen. Er führte seine Untersuchungen an einem Volk von etwa 3000 Bienen durch, die in einem gläsernen Schau-Bienenkasten in einem beheizten Raum lebten. Um einzelne *Harzsammlerinnen* und *Harzverarbeiterinnen* zu untersuchen, fügte er dem Volk im Mai acht Kohorten (Altersklassen) von frisch geschlüpf-

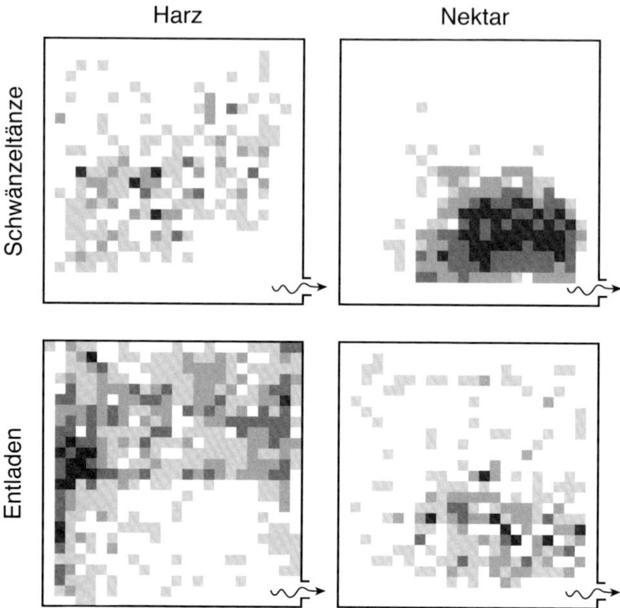

Abb. 5.16. Räumliche Verteilung des Schwänzeltanzes und der Entladevorgänge bei Harz- und Nektarsammlerinnen eines Volkes, das in einem Zwei-Waben-Schau-Bienenkasten lebt. Der Pfeil am unteren Rand jeder Abbildung markiert den Eingang.

ten Bienen – noch keinen ganzen Tag alt – hinzu, eine Kohorte alle drei bis vier Tage. Schnell erkannte er, dass die Harzabnehmerinnen sehr selten sind, denn nur 10 seiner 800 markierten Bienen waren damit beschäftigt, mit Harz Risse und Spalten abzudichten oder Harz aus der Corbicula einer Sammlerin herauszubeißen. Alle zehn waren mittelalte Bienen. Mit der Verarbeitung von Harz waren sie zwischen dem 14. und 24. Lebenstag beschäftigt, d. h. *nachdem* sie ihre Arbeit als Ammenbienen beendet hatten (z. B. Larven füttern und Pollen fressen) und *bevor* sie mit der Arbeit als Futtersammlerin begannen. Die Harzsammlerinnen in Juns Volk waren ältere Bienen (im Alter von 25–38 Tagen), ebenso wie die Nektar-, Wasser- und Pollensammlerinnen.

Jun fand ebenfalls heraus, dass es bei Harz – anders als bei Pollen, Nektar oder Wasser – keine strenge Arbeitsteilung unter denjenigen Bienen gibt, die außerhalb des Bienenstocks als Sammlerinnen arbeiten, und denen, die ihn innerhalb des Bienenstocks verwerten. Dies kam heraus, als er 35 Harzsammlerinnen auf Video aufnahm, sobald sie in den Schau-Bienenkasten hereinkamen. Er beobachtete, dass jede dieser Bienen schnurstracks zu einer Stelle oben oder an der Seite der Bienenbeute krabbelte, wo die Harzverarbeiterinnen sich das Harz bei den Sammlerinnen holten und zum Füllen der Zwischenräume zwischen den Glaswänden und dem Holzrahmen der Beute nutzten (Abb. 5.16). Fünf dieser Sammlerinnen hatten einen Harzklumpen in ihren Mundwerkzeugen hineingetragen – nebst den vollgeladenen Corbiculae –, suchten sich sofort einen Arbeitsplatz und begannen selbst mit Abdichtungsarbeiten – mit dem Harz aus ihren Mandibeln. Im Gegensatz dazu standen die Sammlerinnen, die ausschließlich in ihren Pollenkörbchen Harz transportiert hatten, einfach nur herum und warteten, etwa 5–18 Minuten, bis Harzverarbeiterinnen Stücke ihrer Ladung abbissen und diese zum Einsatzort trugen.

Es ist immer noch nicht bekannt, woher die Sammlerinnen wissen, wie viel Harz ein Volk benötigt. Sie könnten dies direkt (bei der Verarbeitung des Harzes) oder indirekt (durch eine Verzögerung bei der Übernahme) festgestellt haben, oder auch beides. Die von Jun markierten Sammlerinnen in seinem Untersuchungsvolk schienen jedenfalls einen anhaltenden Harzbedarf zu verspüren, denn von den 102 Harzsammlerinnen, deren Kommen und Gehen er am Schau-Bienenkasten beobachtete, sammelten 68 (67 %) für den Rest ihres Lebens Harz. (Die anderen 34 Bienen wechselten schließlich zum Sammeln von Nektar oder Pollen.) Dies könnte auch daran gelegen haben, dass Jun etwa jede Woche die schmutzigen Glaswände des Schaukastens durch saubere ersetzte und dabei die Spalten zwischen den Glaswänden und den Holzrahmen immer wieder öffnete. Denn es ist bekannt, dass Bienen alle Lücken, Spalten und rauen Oberflächen – alles Stellen, die schwer sauber zu halten sind – mit Harz verschließen. (Tatsächlich verkauft Imkereibedarfshandel in den USA inzwischen Propolisgitter: Plastikfolien, die mit Hunderten von schmalen Schlitzen versehen sind, durch die gerade mal eine Bleistiftmine hindurch passen würde.) Diese Gitter werden über die Waben der obersten Zarge gelegt, um die Bienen zum Sammeln und Ablegen von Propolis anzuregen, das zur Herstellung von antibiotischen Tinkturen und Lotionen entnommen wird. Vor kurzem haben Michael Simone-Finstrom[118] und seine Kollegen an der Universität von Minnesota entdeckt, dass Harzsammlerinnen schneller als Pollensammlerinnen lernen, den Berührungsreiz ihrer Fühler auf einer Oberfläche mit einem 1 mm breiten Schlitz mit einer Belohnung in Gestalt eines Tropfens Zuckersirup in Verbindung zu bringen. Dasselbe funktionierte mit einer rauen Oberfläche (ein kleines Stück Sandpapier). Es ist nicht bekannt, ob das unterschiedlich schnelle Erlernen taktiler Reize bei den Harzsammlerinnen und Pollensammlerinnen auf ihren jüngsten Erfahrungen beruht oder genetisch festgelegt ist, aber so oder so ist es wahrscheinlich, dass diese Fähigkeit Harzsammlerinnen dabei hilft, Lücken, Spalten und raue Oberflächen im Nest des Volkes zu erkennen.

Die meisten Imker empfinden Propolis als ein unerfreuliches Hindernis bei ihrer Arbeit, da das Öffnen einer Bienenbeute und die Handhabung der Rähmchen im Innenraum schwierig werden können. Für die Bienen muss Propolis jedoch von großem Wert sein, denn sonst würden sie sich nicht die Mühe machen, klebrige Pflanzenharze abzubeißen, sie auf die Hinterbeine zu packen, die zähen Klümpchen zurück in den Bienenstock zu verfrachten und dann damit Risse zu füllen und die Wände im Nest zu auszukleiden. Neuere Arbeiten haben gezeigt, dass die Propolisbeschichtung hauptsächlich als antimikrobielle Oberfläche fungiert und so den Aufwand des Volkes für die Abwehr von Krankheiten zu reduziert. Wir werden dieses Thema in Kapitel 10 eingehend behandeln, wenn wir uns das vielschichtige Thema der Verteidigung der Völker anschauen. Bevor wir uns jedoch in dieses und die drei anderen Hauptthemen bei der Funktionsweise eines Volkes – Reproduktion, Nahrungsaufnahme und Wärmeregulation – vertiefen, werden wir das Leben eines wilden Volkes im Ganzen betrachten, indem wir seinen außergewöhnlichen Jahreszyklus untersuchen.

6

DER JAHRESZYKLUS

Oh, gib uns Freude am Obstgarten weiß,
wie nichts anderes bei Tag, wie Geister bei Nacht;
Und mache uns glücklich in den glücklichen Bienen,
dem Schwarm, der sich um die makellosen Bäume herum ausbreitet.
Robert Frost[119]*: A Prayer in Spring, 1915*

Ein Schlüssel zum Verständnis des natürlichen Lebens der Honigbienenvölker, die in kalten Klimazonen leben, ist ihr einzigartiger Jahreszyklus. Wenn im Winter die Völker aller anderen sozialen (staatenbilden) Bienen – wie Hummeln und soziale Schmal- und Furchenbienen – verschwunden sind bis auf ein paar übriggebliebene, begattete Königinnen allein in tiefer Winterruhe, funktionieren Honigbienenvölker weiterhin als vollwertige soziale Gruppen, von denen jede aus etwa 15 000 Arbeitsbienen und einer Bienenkönigin besteht. Außerdem bleiben die Honigbienen aktiv und trotzen der Kälte, anstatt wie die anderen Insekten in kalten Klimazonen in einen Ruhezustand zu fallen. Jedes Volk hält die Außentemperatur seiner Wintertraube auf über 10 °C, selbst bei Außentemperaturen von -30 °C oder weniger. Um ihren Wärmehaushalt derart effektiv zu steuern, nisten sich die Honigbienen in schützenden Höhlen ein, rücken ganz eng zu einer gut isolierten Traube zusammen und bündeln die Stoffwechselwärme, die sie mit den isometrischen Kontraktionen (Kontraktionen ohne Flügelbewegung) ihrer kraftvollen Flugmuskulatur erzeugen. Als Brennstoff für diese eindrucksvolle winterliche Wärmeproduktion dienen die rund 20 kg Honig, die jedes Bienenvolk im Laufe des vorangegangenen Sommers in seinem Nest bevorratet hat.

Abgesehen von der Überwinterung als warme und aktive Kolonie ist der Jahreszyklus der Honigbienen auch in anderer Hinsicht etwas Besonderes. Kurz nach der Wintersonnenwende, wenn die Tage wieder länger werden, die Landschaft in Ithaca

Abb. 6.1. Eine Honigbiene sammelt Pollen vom Stinkkohl (*Symplocarpus foetidus*), der im Vorfrühling blüht. Nur die Blüten sind über dem schlammigen Boden sichtbar, aus den unterirdischen Stängeln treiben erst später die Blätter aus.

aber noch unter einer Schneedecke liegt, erhöht jedes Bienenvolk die Kerntemperatur seiner Wintertraube auf etwa 35°C und beginnt mit der Aufzucht der Brut. Anfangs enthält das Nest nur etwa hundert Brutzellen, aber im Vorfrühling, wenn die roten Ahornbäume, die Weidenbüsche und die Stinkkohlpflanzen (*Symplocarpus foetidus*) blühen und die Bienen mit reichlich Nektar und Pollen versorgen (Abb. 6.1), beherbergt es schon mehr als 1000 Zellen Bienenbrut und das Wachstum eines Bienenvolkes beschleunigt sich von Tag zu Tag.

Im Spätfrühling, wenn die Königinnen der Hummeln und Schmalbienen gerade ihre ersten Töchter als Arbeiterinnen bis zum Adultstadium großziehen, haben Honigbienenvölker bereits ihre volle Größe erreicht – etwa 30 000 Individuen – und beginnen sich zu vermehren. Damit ist nicht nur die Aufzucht von männlichen Bienen – den Drohnen – gemeint, die aus ihrem Nest fliegen, um jungfräuliche Königinnen aus Nachbarvölkern zu finden und sich mit ihnen zu paaren, sondern auch der komplizierte Teilungsprozess eines Volks (Schwärmen), bei dem eine Mannschaft von etwa 10 000 bis 15 000 Arbeitsbienen zusammen mit der alten Königin – der Stockmutter – in einer wirbelnden Masse aufbricht, um ein neues Volk zu gründen.

Dieses Kapitel möchte in erster Linie einen Überblick über die Lebensweise der wildlebenden Bienenvölker in den Wäldern rund um Ithaca geben, indem es den Ablauf der Ereignisse in diesen Völkern im Verlauf eines Jahres beschreibt. Dieser Jahresüberblick enthüllt einige grundlegende Aspekte des Lebens von Bienenvölkern in der freien Natur, die in den noch folgenden Kapiteln eine Rolle spielen werden. Ein weiteres Anliegen dieses Kapitels ist es, zu erklären, warum Bienenvölker, die in den kaltgemäßigten Klimazonen Europas und Nordamerikas leben, keine Winterruhe[120] einlegen und daher einen Jahreszyklus besitzen, der unter all den dort lebenden Insekten einzigartig ist. Wie wir noch sehen werden, wird der charakteristische Jahreszyklus der Westlichen Honigbiene, *Apis mellifera*, in den gemäßigten Breiten von einer Mischung aus den gegenwärtigen Umweltbedingungen und ihrer ursprünglichen Herkunft bestimmt. Die physiologischen und sozialen Merkmale, die die Biene von ihren tropischen Vorfahren geerbt hat, wurden von neuartigen Anpassungen an das Leben in einem jahreszeitlich kalten Klima überlagert.

JAHRESKREISLAUF VON ENERGIEAUFNAHME UND ENERGIEVERBRAUCH

Den Winter zu überleben, indem man die Kälte abwehrt, ist energetisch sehr aufwändig. Mitten im Winter wiegt ein Bienenvolk etwa 2 kg[121] und hat einen Energieverbrauch – hauptsächlich für die Wärmeproduktion – von etwa 20–40 Watt, was in etwa der Leistung einer kleinen Glühlampe entspricht. Für das langfristige Überleben eines Bienenvolkes ist es natürlich erforderlich, dass der Energieverbrauch im Winter durch die Energiespeicherung im Sommer ausgeglichen wird, wenn energiereicher Nektar gesammelt werden kann, um die Honigvorräte aufzufüllen. Ein intensiver wechselseitiger Energiefluss zwischen dem Bienenvolk und seiner Umgebung ist daher ein Hauptmerkmal der Biologie der Honigbienen, das sowohl Biologen als auch Imkern einen wertvollen Einblick in das Leben dieser Bienen gewährt. Beobachtet man diesen Energiefluss über den Zeitraum eines Jahres, erhält man nicht nur einen Überblick über den Jahreszyklus eines Bienenvolkes, sondern auch eine detaillierte Darstellung von einer der größten Herausforderungen, denen es sich jedes Jahr stellen muss – der Notwendigkeit, innerhalb einer kurzen Sommersaison einen ausreichenden Brennstoffvorrat für den Winter zu sammeln.

Ein einfacher, aber effektiver Weg, den Energiefluss zu überwachen, der in ein Bienenvolk hineingeht und wieder herauskommt, ist die Aufzeichnung der Änderungen im Gesamtgewicht[122]: das Gewicht der Bienen, des Nestes und der im Nest gelagerten Nahrung. Das Gewicht nimmt zu, wenn Nahrung in das Bienenvolk eingebracht wird, es nimmt ab, wenn die gespeicherte Nahrung verbraucht wird, wenn sich das Bienenvolk zur Fortpflanzung teilt und wenn Mitglieder des Bienenvolkes sterben. Für viele Gebiete in den gemäßigten Breiten, wie die USA, Kanada, Deutschland und Großbritannien, wurden detaillierte Aufzeichnungen von Gewichtsveränderungen[123] bei Bienenvölkern im Verlauf eines Sommers oder eines ganzen Jahres veröffentlicht. Sie wurden jedoch fast ausnahmslos zu imkerlichen Verwendungszwecken gesammelt, daher wird der Verlauf von Nettogewichtszunahme bzw. -verlust solcher Bienenvölker beschrieben, die von Imkern für die Honigproduktion bewirtschaftet wurden und in Agrarlandschaften lebten. Daher beruht die folgende Betrachtung in erster Linie auf den Ergebnissen einer Studie, die ich mit dem Ziel, die Energiebilanz von wildlebenden Bienenvölkern zu erforschen, durchgeführt habe.

Kernstück meiner Studie war die Beobachtung der wöchentlichen Gewichtsveränderungen[124] von zwei unbewirtschafteten Bienenvölkern. Jedes von ihnen bewohnte eine Bienenbeute, die aus zwei Langstroth-Brutzargen mit einem Gesamtvolumen von 84 Litern bestand – die Nisthöhlen meiner Studienvölker waren also größer als das typische Nest eines wilden Bienenvolkes (Abb. 5.3).

Ich stellte beide Bienenkästen einzeln auf eine Plattformwaage und wog sie jeden Sonntagabend von Anfang November 1980 bis Ende Juni 1983. Mit Ausnahme der zwei Inspektionen pro Monat zur Brutentwicklung im späten Frühjahr, Sommer und frühen Herbst wurde keines der Bienenvölker seit Beginn der Studie gestört oder behandelt. Der am wenigsten natürliche Aspekt in den Umweltbedingungen dieser Bienenvölker war ihr Standort: der Othniel C. Marsh Botanical Garden, der in einer grünen Wohngegend in der Kleinstadt New Haven im Bundesstaat Connecticut liegt. (Damals bewohnten meine Frau und ich das Haus des Hausmeisters in diesem Park, und da die Beuten ganz in der Nähe waren, war es einfach, jeden Sonntagabend ihr Gewicht abzulesen). Das Nahrungsangebot für die Bienenvölker in dieser Stadt ist wohl reichhaltiger als das der Bienenvölker tief in den Wäldern, sodass die Ergebnisse dieser Studie wahrscheinlich die Schwierigkeit der Nahrungsbeschaffung von wildlebenden Honigbienen *nicht* erkennen lassen.

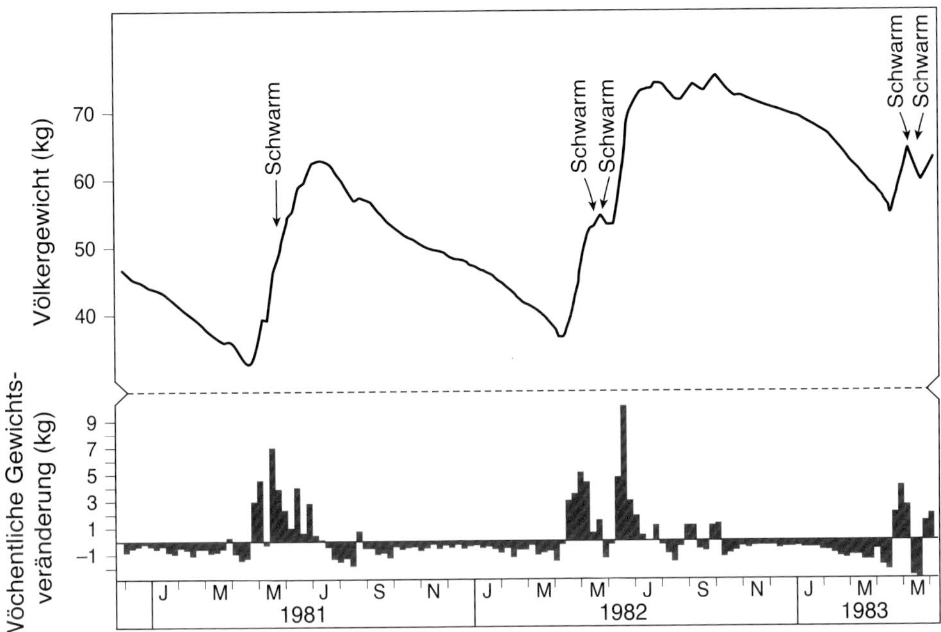

Abb. 6.2. Wöchentliche Gewichtsveränderung von zwei Bienenvölkern (Beute + Bienen und Futtervorrat) in New Haven (Connecticut). Die Messwerte stellen die Verteilung der Gewichtsveränderungen der beiden untersuchten Völker dar.

Die Gewichtsaufzeichnungen, die in Abbildung 6.2 dargestellt werden, zeigen, dass der Winter für diese beiden Bienenvölker mit einem drastischen Gewichtsverlust verbunden war – im Durchschnitt verloren sie jedes Jahr zwischen September und April 23,6 kg. Abgesehen von etwa einem Kilogramm, das auf die Entfernung toter Arbeiterinnen aus dem Nest zurückzuführen ist, stellen diese Gewichtsverluste den Verbrauch der Nahrungsvorräte – Honig und Pollen – dar. Ich vermute, dass der größte Teil des über 20 kg umfassenden Energieverbrauches auf die hohen Aufwendungen für die Aufzucht der Brut im Winter zurückzuführen ist. Es ist bezeichnend, dass die beiden Bienenvölker im März, als die Brutaufzucht intensiv war, doppelt so schnell an Gewicht verloren (0,84 kg pro Woche) wie im Dezember (0,42 kg pro Woche), als sie noch brutfrei waren.

Einen weiteren Beweis für die hohen energetischen Kosten der Brutaufzucht im Winter lieferten Experimente, die Clayton L. Farrar[125], ein Entomologe an der Universität von Wisconsin, in den 1930er-Jahren durchführte. Er verglich die winterlichen Gewichtsverluste von Bienenvölkern mit und ohne eingetragenen Pollen, demzufolge mit und ohne Aufzucht von Winterbrut. Bei den Völkern mit Pollenvorräten fiel das Gewicht zwischen Oktober und Mai im Durchschnitt um 22,7 kg, bei den Völkern ohne Polleneintrag im selben Zeitraum nur um 11,8 kg. Vermutlich ist dieser Unterschied von 10,9 kg vor allem auf die höheren energetischen Kosten der Wärmeregulierung zurückzuführen, die bei einem Brutbeginn mitten im Winter entstehen (siehe Kapitel 9). Während ein brutfreies Volk nur die Oberflächentemperatur seiner Wintertraube auf ca. 10°C halten muss, muss ein Volk mit Brut seine Kerntemperatur auf ca. 35°C halten, der optimalen Brutnesttemperatur für ein Bienenvolk.

Abbildung 6.2 veranschaulicht auch eine zweite wichtige Tatsache im Jahreszyklus der Bienenvölker: die Kürze des Zeitraums, in dem die Bienenvölker jedes Jahr einen Nettoenergiegewinn (oder Nettoenergieaufnahme) erzielen. Im Durchschnitt legten meine beiden Versuchsvölker jedes Jahr nur innerhalb von 14 Wochen an Gewicht zu. Noch auffälliger ist, dass 86 Prozent der jährlichen Gewichtszunahme dieser Bienenvölker zwischen dem 16. April und dem 30. Juni stattfanden – in einem Zeitraum von nur 75 Tagen.

Dieses eher bedrückende Bild, das sich aus dem Blick auf die Energiebilanz von Bienenvölkern, die in kalten Klimazonen zu Hause sind, ergibt, ist das einer ständig drohenden Energiekrise. Ein Bienenvolk verbraucht in jedem Winter mindestens 20 kg Honig, hat aber im Sommer nur ein kleines Zeitfenster, um seine Nahrungsreserven wieder aufzufüllen. Wie wir im nächsten Abschnitt sehen werden, ist dieses Energieproblem besonders akut für neu gegründete Bienenvölker, die im Gegensatz zu bereits etablierten Völkern nicht auf vorhandene Nahrungsreserven aus den Vorjahren zurückgreifen können. Zudem müssen die Jungvölker auch die hohen energetischen Kosten für den Wabenbau in ihren Nestern aufbringen. Es mag sein, dass nicht alle Bienenvölker so große Energieprobleme haben. Völker in milderen Klimaregionen oder in Habitaten mit einem reichhaltigeren Nahrungsangebot stehen vielleicht anderen Problemen und weitaus größeren Herausforderungen – wie natürlichen Feinden oder einem Mangel an Nistplätzen – gegenüber. Dennoch denke ich, dass für die wildlebenden Völkern der *Apis mellifera* in den nördlichen Teilen ihres Verbreitungsgebiets – in Europa und Nordamerika –, die größte Hürde in der Überlebensfrage darin besteht, in ihrer jährlichen Energiebilanz die winterlichen Verluste durch den Ertrag im Sommer auszugleichen.

JÄHRLICHER WACHSTUMS- UND FORTPFLANZUNGSZYKLUS

Der richtige Zeitpunkt für Wachstum und Fortpflanzung eines Bienenvolkes ist für das Überleben der Honigbienen in kalten Klimazonen entscheidend. Wie wir bisher gesehen haben, überlebt ein Bienenvolk die kalten, blütenlosen Wintertage mithilfe von intensiver Wärmeregulation, die durch eine strategische Reserve in Form von etwa 20 kg Honig befeuert wird, den es über den vorangegangenen Sommer sammeln konnte. Wir werden nun sehen, dass diese beeindruckende Leistung – der Aufbau eines Nahrungsvorrats –, voraussetzt, dass ein Bienenvolk den richtigen Zeitpunkt für sein Wachstum und seine Fortpflanzung wählt. Anderenfalls wird es zur betreffenden Jahreszeit nicht genug Arbeiterinnen haben, um diese Herausforderung auf Leben und Tod zu meistern.

Der Verlauf von Wachstum und Reproduktion eines Bienenvolkes im Zeitraum eines Jahres lässt sich leicht untersuchen. Der Wachstumsprozess kann auf zwei Arten bestimmt werden: durch regelmäßiges Zählen der Anzahl der mit Brut gefüllten Zellen im Nest oder durch wiederholte Auszählung der Anzahl der adulten Bienen. Die Beschreibung des jährlichen Fortpflanzungszyklus ist etwas schwieriger, da es unterschiedliche Abläufe bei weiblichen (Königinnen) und männlichen Bienen (Drohnen) gibt. Der jahreszeitliche Verlauf der Reproduktion durch die Männchen lässt sich durch Zählen der Zellen mit den sich entwickelnden Drohnen beschreiben, bei der Vermehrung durch die Weibchen, indem man das Auftreten von Weiselzellen beobachtet, den großen und auffälligen Zellen, in denen sich die Königinnen entwickeln (Abb. 6.3).

Da Bienenvölker jedoch häufig Fehlstarts[126] bei der Königinnenaufzucht haben – sie bauen Königinnenzellen, zerstören sie dann aber, bevor die Königinnen darin heranreifen –, ist die Methode, die Schwärme zu erfassen, zuverlässiger, denn diese bilden den wahren Bestandteil der weiblichen Fortpflanzung.

Abbildung 6.4[127] zeigt die Wachstumsentwicklung von zwei Bienenvölkern, die ich in New Haven, Connecticut, von 1980 bis 1983 beobachtete, auf der Grundlage von zweimal im Monat stattfindenden Zählungen ihrer Brutzellen. Nach mehreren brutfreien Monaten im Spätherbst und Frühwinter beginnen die Bienenvölker im Januar oder Februar mit der Aufzucht von Bienen, offensichtlich als Reaktion auf die Zunahme der Tageslänge[128]. Zunächst sind in einem Bienenstock oder einem Bienenbaum weniger als 1000 Brutzellen zu finden, doch ab Ende März oder Anfang April steigt diese Zahl an und erreicht im Mai oder Juni einen Höchstwert von über

30 000 Zellen mit Bienenbrut. Kurze Zeit später tritt eine Unterbrechung der Buttätigkeit ein, weil dem Bienenvolk aufgrund der mit dem Schwärmen verbundenen Fluktuation der Königinnen (Umweiselung) für 10–20 Tage eine eierlegende Königin fehlt. Sobald aber die neue Königin ihre Rivalinnen eliminiert hat und ihre Begattung abgeschlossen ist, läuft die Aufzucht der Brut für einige Wochen nahezu auf Hochtouren, nimmt dann aber für den Rest des Sommers allmählich ab und hört schließlich im Oktober ganz auf. Dieses jahreszeitliche Muster gilt für Bienenvölker in gemäßigten Klimazonen[129], obwohl der genaue Zeitpunkt der schnellen Expansion im Frühjahr je nach Breitengrad stark variiert. Zum Beispiel traten die von Willis J. Nolan[130] untersuchten Bienenvölker in Somerset (Maryland) schon drei Wochen vor meinen Versuchsvölkern in New Haven (Connecticut), das 250 km weiter nördlich liegt, in die intensive Wachstumsphase ein. Solche geografischen Unterschiede in der jährlichen Entwicklung der Brutaufzucht können teilweise genetisch gesteuert sein und die Anpassung an das lokale Klima und die Flora widerspiegeln. Dies wurde durch Experimente[131] in Frankreich bewiesen, bei denen Bienenvölker zwischen Paris (Nordfrankreich) und dem Département Landes (Südwestfrankreich) ausgetauscht wurden. Die Imker an beiden Standorten waren sich dessen, dass die Höhepunkte der Brutaufzucht in ihren Völkern zu unterschiedlichen Zeiten stattfanden: im Frühsommer in Paris und im Spätsommer in Landes. Diese Studie über die Umsiedlung von Bienenvölkern hatte ein ungewöhnliches Ergebnis – die Bienen behielten ihren ursprünglichen (angeborenen) Jahresrhythmus der Brutaufzucht an ihren neuen Standorten bei.

Die Fortpflanzung der Bienenvölker beginnt im späten Frühjahr, kurz nachdem die Produktion der Arbeiterinnenbrut rasant angestiegen ist, und ist bis zum Beginn des Sommers weitgehend abgeschlossen. In einer Studie im Agrarforschungsinstitut Rothamsted Research[132] (früher Rothamsted Experimental Station) in Südengland wurde zum Beispiel festgestellt, dass Drohnen im Mai und Juni neun Prozent der Brut eines Bienenvolkes ausmachen, aber nur ein Prozent im Juli und August. Das Maximum der Drohnenproduktion in einem bestimmten Gebiet liegt in der Regel einige Wochen vor dem Höhepunkt der Schwarmbildung. Dies gewährleistet, dass die Völker über geschlechtsreife Drohnen verfügen, die zur Begattung bereit sind, wenn die jungfräulichen Königinnen, die in den schwärmenden Völkern aufgezogen werden, ihre Hochzeitsflüge durchführen.

Abb. 6.3. Eine der großen, erdnussförmigen (Weisel-)Zellen, in denen Bienenköniginnen aufgezogen werden.

In Abbildung 6.5 sieht man zum Beispiel, wie ein starkes Bienenvolk, das in einem großen Schau-Bienenkasten in meinem Labor in Ithaca lebte, Mitte April mit der Aufzucht von Drohnen begann, also weit vor der Bildung eines Vorschwarms und zweier Nachschwärme im späten Mai und frühen Juni. Abbildung 6.4 zeigt, dass der Zeitpunkt für den Abgang dieser drei Schwärme für Ithaca typisch war. Von den 301 Schwärmen, die in den Jahren 1971–1981 in und um Ithaca eingesammelt wurden – als Reaktion auf Anrufe, die im Dyce Laboratory for Honey Bee Studies in Cornell eingingen – tauchten 84 % zwischen dem 15. Mai und 15. Juli auf. Berichte[133] aus ganz Nordamerika und Europa bestätigen dieses Muster des Schwarmgeschehens im späten Frühjahr und Frühsommer, obwohl es, wie bei der Brutaufzucht, geografische Unterschiede in der Hauptschwarmzeit gibt.

Eine der erstaunlichsten Eigenschaften von Bienenvölkern ist ihre Fähigkeit, bereits im Winter mit der Brutaufzucht zu beginnen und dadurch bis zum späten Frühjahr oder Frühsommer zur Schwarmstärke heranzuwachsen. Die frühzeitige Teilung eines Bienenvolkes ist eine äußerst angepasste Vorgehensweise, da sie den neuen Bienenvölkern (den Gründerkolonien) ausreichend Zeit verschafft, um ihre Nester zu bauen, genügend Bienen aufzuziehen und noch einen großen Honigvorrat anzulegen, bevor der Winter ihre Sammeltätigkeit zum Erliegen bringt. Dennoch schafft es nur ein kleiner Teil dieser Jungvölker, den ersten Winter zu überleben. Bei den wildlebenden Völkern in den Wäldern rund um Ithaca sind nur etwa 23–24 Prozent der im Sommer entstandenen Gründerkolonien im darauffolgenden Frühjahr noch am Leben, während 78–82 Prozent der etablierten Völker – die bereits mindestens einen Winter überlebt haben – die kalten, schneereichen Monate von November bis April überstehen.

In den späten 1970er-Jahren waren mein Kollege Kirk Visscher und ich so fasziniert von der Fähigkeit der Bienenvölker, bereits mitten in unseren kalten, schneereichen Wintern mit der Brutaufzucht zu beginnen, dass wir beschlossen, ihre Anpassungsfähigkeit experimentell zu untersuchen. Dazu führten wir zwei Experimente durch. Im ersten verglichen wir Bienenvölker mit einem normalen Beginn der Brutaufzucht mit solchen, bei denen der Brutbeginn von der Mitte des Winters auf die Mitte des Frühlings verschoben[134] wurde, genauer gesagt auf den 15. April, wo normalerweise reichlich Futter zur Verfügung steht. Wir fanden einen deutlichen Unterschied in der Populationsstärke der beiden Völker am 1. Mai: Die Kontrollvölker enthielten im Durchschnitt 10 800 Bienen, die Versuchsvölker dagegen nur 2600 Bienen. Außerdem schwärmten die Kontrollvölker auch viel früher – Mitte bis Ende Mai gegenüber Ende Juni bis Anfang Juli bei den Versuchsvölkern. Diese

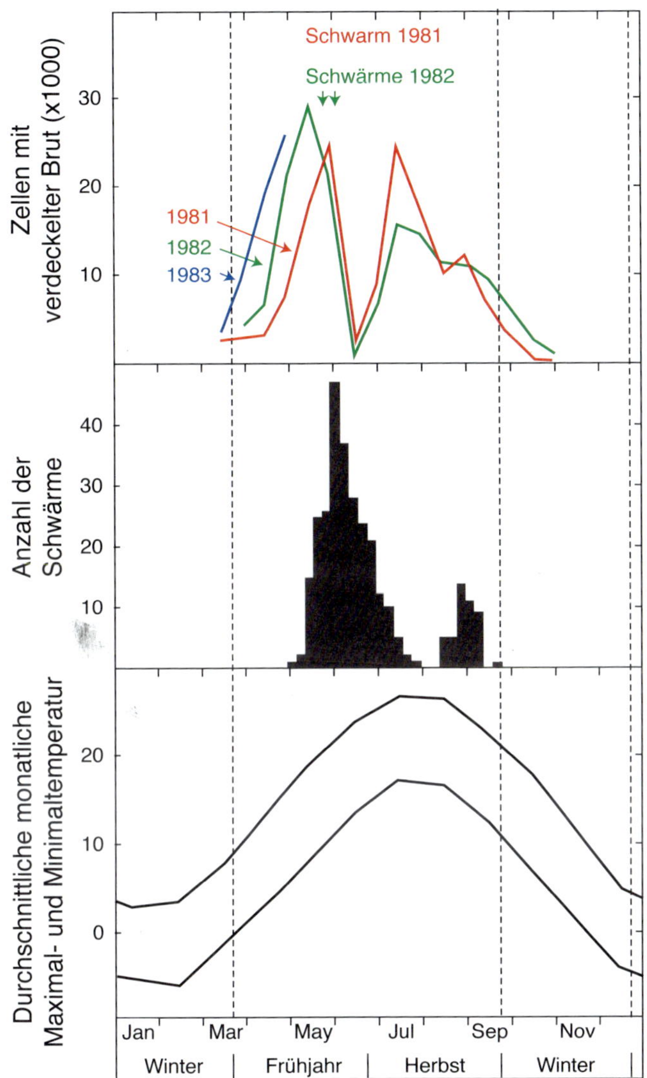

Abb. 6.4. Jahreszyklus der Brutaufzucht und Lufttemperatur (in New Haven, Connecticut) und des Schwärmens (in Ithaca, New York). *Oben*: Anzahl der Zellen mit verdeckelter Brut (Puppen) in einem Bienenvolk im Verlauf eines Jahres (Daten von zwei Jahren und zu Beginn eines dritten Jahres). *Mitte*: Jahreszeitliches Auftreten von Schwärmen (301 Schwärme im 10-Jahres-Zeitraum von 1971–1981). *Unten*: Jahresverlauf der Lufttemperatur für New Haven, Connecticut.

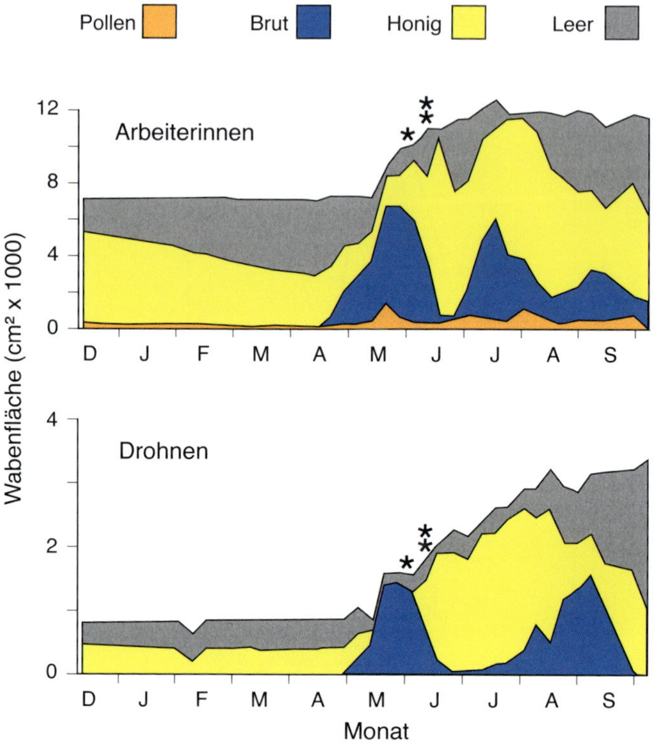

Abb. 6.5. Wabeninhalt eines ausgewachsenen, unbewirtschafteten Bienenvolkes in einem großen Schau-Bienenkasten in Ithaca, New York, von Dezember 2012 bis Oktober 2013. Die Flächenangaben beziehen sich auf beide Seiten jeder einzelnen Wabe. Die Sternchen (*) kennzeichnen die Abflugzeitpunkte des Vorschwarms und zweier Nachschwärme.

Untersuchung zeigte, dass die erstaunliche Fähigkeit von Bienenvölkern, mitten im Winter mit der Aufzucht der Brut zu beginnen, wesentlich dazu beiträgt, dass sie Kraft für den kommenden Sommer sammeln.

In unserem zweiten Experiment untersuchten wir die Auswirkungen eines frühen bzw. eines späten Schwärmens. Dazu verglichen wir die winterlichen Überlebenswahrscheinlichkeiten[135] von Bienenvölkern, mit denen wir – wir benutzten Kunstschwärme (Paketbienen) – am 20. Mai bzw. erst am 30. Juni starteten. Wir wählten diese beiden Stichtage, weil sie 20 Tage vor und 20 Tage nach dem mittleren Schwarmzeitpunkt der Bienenvölker in und um Ithaca liegen (siehe Abb. 6.4). Wir brachten jeden Kunstschwarm in einem Langstroth-Magazin mit einer Zarge unter, die 10 Rähmchen mit Mittelwänden aus Wachs enthielt. So musste jedes Bienenvolk seine Waben von Grund auf neu bauen, wie in der Natur. In dreien der vier Jahre, über die sich dieses Experiment erstreckte, war das Nahrungsangebot entweder extrem spärlich oder extrem reichlich. In diesen drei Jahren starben die Bienenvölker entweder alle während des folgenden Winters (nach einem Jahr mit Nahrungsknappheit) oder sie überlebten fast alle (nach den zwei Jahren mit reichlichem Nahrungsangebot). In dem einem Jahr mit nur mäßigem Nahrungsangebot überlebten dagegen fast alle frühen Schwärme, während alle späten Schwärme verhungerten.

Wenn wir die Ergebnisse dieser beiden Experimente[136] zusammenfassen, erkennen wir, wie wichtig der Brutbeginn im Winter und das Schwärmen im zeitigen Frühjahr für den Erfolg der Bienenvölker in den kaltgemäßigten Regionen der Welt sind. Dort ist das Zeitfenster, in dem die sie einen Überschuss an Honig anlegen können, klein, aber der Bedarf an Honig, um den Winter zu überleben, ist groß. In Anbetracht dieses Dilemmas begünstigt die natürliche Auslese diejenigen Bienenvölker, die bereits im Winter mit der Aufzucht der Brut beginnen, damit sie im zeitigen Frühjahr stark sind. Ein frühzeitiges Völkerwachstum stellt die Weichen für eine frühzeitige Vermehrung, die in manchen Jahren entscheidend für das Überleben der neuen Bienenvölker ist, die als Schwärme begonnen hatten.

DER EINZIGARTIGE JAHRESZYKLUS DER BIENENVÖLKER

Dieses Kapitel begann mit der Feststellung, dass der Jahreszyklus von Honigbienenvölkern und Hummelvölkern grundverschieden sind. Eine Honigbienenkolonie ist das ganze Jahr über aktiv, hält den ganzen Winter über ein warmes Mikroklima in ihrem Nest aufrecht, bringt Wachstum und Fortpflanzung im Frühsommer zum Höhepunkt und vermehrt sich durch die Aufzucht von Drohnen und den Abgang von Schwärmen. Das Hummelvolk[137] dagegen wird im Frühjahr mit der allein lebenden Königin aktiv, wächst dann durch die Aufzucht von Arbeiterinnen, eventuell werden im Sommer männliche Hummeln und Königinnen aufgezogen, und bricht schließlich im Herbst zusammen. Im Winter sind die einzigen noch lebenden Mitglieder eines Hummelvolkes die frisch gepaarten Jungköniginnen, die mit viel Glück den Winter überleben und im Frühjahr dann ihre eigenen Kolonien gründen.

Auf den ersten Blick sieht es so aus, als ob sich der Jahreszyklus von Honigbienen und Hummeln deshalb so deutlich unterscheidet, weil die Honigbienen einen

Durchbruch mit ihrer Überlebensstrategien im Winter erreicht haben. Ein Bienenvolk schafft in seinem Nest ein warmes Mikroklima – es bündelt die von den Arbeitsbienen produzierte Stoffwechselwärme, deren Brennstoff die Honigvorräte im Nest sind. Hummeln hingegen lösen das Problem des Überlebens im Winter einfacher: Hummelköniginnen fügen ihrem Blut Frostschutzmittel zu und fallen dann in unterirdischen Höhlen in die Winterstarre. Es ist eine wichtige Erkenntnis: Auch wenn ihre Überlebensmechanismen erheblich einfacher sind als die der Honigbienen, sind sie doch auch viel wirkungsvoller. Es gibt zum Beispiel eine Hummelart, *Bombus polaris*, die ihren Lebensraum in der Tundra[138] (Kältesteppe) oberhalb des Polarkreises (66° 34″ N) hat und dort gedeiht, was weit, weit jenseits der nördlichen Grenze des Verbreitungsgebietes der Honigbiene, *Apis mellifera*, liegt – es sei denn, die Bienen dort werden von Imkern betreut und unterstützt (siehe Abb. 1.2). Aber warum unterscheiden sich Honigbienen und Hummeln so stark in ihren Jahreszyklen und in ihren Überlebensstrategien im Winter? Die Antwort liegt meines Erachtens in ihren unterschiedlichen ursprünglichen Lebensräumen[139] begründet: die warmen tropischen Regionen bei den Honigbienen und die kalt-gemäßigten Klimazonen bei den Hummeln.

Die Tropen sind das Ursprungsgebiet zweier Gruppen von eusozialen Bienen[140]: die Honigbienen und die stachellosen Bienen. Obwohl sich beide in vielerlei Hinsicht unterscheiden, haben sie doch zwei grundlegende Merkmale gemeinsam, die ihr gemeinsames Erbe als tropische staatenbildende Bienen widerspiegeln: 1) ihre mehrjährige Lebensweise und 2) die Fortpflanzung durch Schwarmbildung. Die Ursache für ihre mehrjährige Lebensdauer liegt wahrscheinlich darin, dass in den Tropen einfach keine Notwendigkeit für eine solitäre Phase (d.h. die Überwinterung der Königin) in einem einjährigen (jährlichen) Zyklus bestand. Auch die Vermehrung durch Schwärme geht wohl auf das ursprüngliche Leben in den Tropen zurück, wo die neugebildeten Bienenvölker dem räuberischen Verhalten von Ameisen schutzlos ausgeliefert gewesen wären, wenn nicht jede Königin beim Verlassen des heimatlichen Nests von einer Schar von Arbeitsbienen als Schutz begleitet worden wäre. Robert L. Jeanne[141], eine weltweit anerkannte Autorität auf dem Gebiet der Biologie staatenbildender Wespen, wies nach, dass räuberische Angriffe von Ameisen auf unbewachte Nester sozialer Wespen in Tropenwäldern viel häufiger vorkommen ist als in gemäßigten Wäldern. Er beobachtete das Verschwinden von Wespenlarven, die in nur für Ameisen zugänglichen Gefäßen platziert wurden, und dabei fand er heraus, dass in Costa Rica (10° nördliche Breite) mehr als 86 Prozent der Larven innerhalb von 48 Stunden entfernt wurden, in den USA (in New

Hampshire, 43° nördliche Breite) jedoch weniger als 50 Prozent im gleichen Zeitraum.

Als sich die Westliche Honigbiene, *Apis mellifera*, aus den Tropen nach Norden in die gemäßigten Regionen ausbreitete, wurde sie meiner Meinung nach durch die komplexe soziale Organisation – eine hochfruchtbare Königin, die Stockmutter, die von Tausenden ihrer Töchter, den Arbeiterinnen, unterstützt wird – daran gehindert, sich an das Leben in kalten Klimazonen anzupassen. Sicherlich hat diese Spezies ihre soziale Organisation nicht umgestaltet, um die Winter nach Art der Hummeln zu überleben, nämlich als ein Überrest einzelner Königinnen in der Winterstarre. Außerdem hat *Apis mellifera* ihre Physiologie nicht in einer Weise angepasst, die es ganzen Bienenvölkern ermöglichen würde, in den Ruhezustand überzugehen. Stattdessen entwickelte sich die Honigbiene auf dem vermutlich einfachsten Weg, der das Überleben im Winter in den gemäßigten Regionen sicherte – sie optimierte ihre bestehende Biologie. Ich vermute, dass diese Optimierung die Anpassung der Vorlieben für einen Neststandort, die Verfeinerung der Mechanismen zur Thermoregulierung des Volkes, die Vergrößerung der Honigvorräte und die Feinabstimmung der jährlichen Zyklen des Wachstums und der Reproduktion des Bienenvolkes beinhaltete. Alles in allem glaube ich, dass der einzigartige Jahreszyklus der *Apis mellifera*, so wie sie in den gemäßigten Regionen der Welt lebt, am besten als „oben drauf gebaut" auf die ursprüngliche Biologie dieser Biene als tropisches Sozialinsekt verstanden werden kann.

7

FORTPFLANZUNG

Ein Individuum ist fit, wenn seine Anpassungen so geeignet sind,
dass überdurchschnittlich viele Gene
an zukünftige Generationen weitergegeben werden.
George C. Williams[142], *Adaptation and Natural Selection, 1966*

Um zu verstehen, wie die Fortpflanzung bei den Honigbienen funktioniert, ist es hilfreich, einige Parallelen zwischen Bienenvölkern und Apfelbäumen zu betrachten, wenn es darum geht, wie sie ihre Gene an zukünftige Generationen weitergeben. Erstens funktionieren beide als simultane Hermaphroditen[143] (Simultanzwitter), d. h. sie vermehren ihre Gene, indem sie jeden Sommer sowohl weibliche als auch männliche Fortpflanzungselemente produzieren: Königinnen oder Pflanzenzellen auf der einen Seite und Drohnen oder Pollenkörner auf der anderen. Zweitens haben sie beide ihre weiblichen Elemente in einer großen und komplizierten Struktur verborgen – in einem Schwarm von etwa 10 000 Arbeitsbienen (Abb. 7.1) oder in einem Apfel mit vielen Tausend Pflanzenzellen. Dadurch wird die sichere Verbreitung der im Schwarm geschützten Königin und der im Apfel verborgenen Kerne gewährleistet. Drittens verteilen beide ihre männlichen Fortpflanzungselemente „nackt" und damit mit geringem Aufwand. Die Drohnen brechen selbstständig aus dem Nest ihres Bienenvolkes zu ihren Begattungsflügen auf und die mikroskopisch kleinen Pollenkörner verlassen die Blüten eines Baumes, indem sie an den Haaren einer Biene festkleben. Und schließlich viertens, weil in beiden lebenden Systemen jede weibliche Einheit viele Tausend Mal größer und aufwändiger herzustellen ist als jede männliche, produzieren sie die zwei Varianten in sehr unterschiedlicher Anzahl. Ein vitales Bienenvolk wird im Laufe eines Sommers nur einen oder wenige Schwärme mit Königin, aber viele Tausende von Drohnen aussenden, und ein gesunder Apfelbaum wird nur einige Hundert samenhaltige Äpfel, aber Millionen von Pollenkörnern hervorbringen.

Dieses Kapitel möchte ein klares Bild von der Fortpflanzungsbiologie der wildlebenden Bienenvölker vermitteln. Schauen wir uns also an, was ein Bienenvolk macht, um seine Gene weiterzugeben, wenn seine reproduktiven Verhaltensweisen nicht von Imkern beeinflusst werden. Die meisten Imker versuchen durch ihre Betriebsweise Abgänge von Schwärmen und die Aufzucht von Drohnen bei ihren Völkern zu verhindern, um die Honigproduktion zu steigern – daher haben wir bis vor kurzem die Fortpflanzungsbiologie der *Apis mellifera* hauptsächlich aus der imkerlichen Perspektive betrachtet. Dies vermittelt uns jedoch ein verzerrtes Bild. Zum Glück gibt es einige neuere Studien, die detaillierte Informationen über das natürliche Fortpflanzungsverhalten von Bienenvölkern vermitteln und auf deren Ergebnisse werden wir jetzt unsere Aufmerksamkeit richten. Außerdem werden wir uns auch mit den inneren Abläufen in einem Bienenvolk beschäftigen, mit denen sie ihre Schwarm- und Drohnenproduktion adaptiv steuern. Wir wollen verstehen lernen, wie ein wildes Bienenvolk seine Fortpflanzung so in den Griff bekommt, dass es „mehr als eine durchschnittliche Anzahl von Genen an die zukünftigen Generationen weitergeben kann".

ERST DIE DROHNEN – DANN DIE KÖNIGINNEN

Auch wenn für die erfolgreiche Fortpflanzung eines Bienenvolkes die Aufzucht von geschlechtsreifen Drohnen und die Bildung von großen Schwärmen erforderlich sind, verlaufen beide Prozesse[144] nicht vollkommen synchron. Stattdessen liegt der Höhepunkt der Drohnenproduktion in der Regel etwa 30 Tage vor dem Zeitpunkt, an dem die Bienenvölker in der Nachbarschaft damit beginnen, Schwärme zu bilden und Jungköniginnen zum Hochzeitsflug loszuschicken. Der Grund dafür ist relativ einfach. Drohnen haben eine Entwicklungszeit von 24 Tagen und benötigen nach dem Schlupf aus den Brutzellen noch etwa weitere 12 Tage, um die Geschlechtsreife zu erreichen. (Königinnen brauchen dafür deutlich weniger Zeit: etwa 16 Tage bzw. 6 Tage.) Wenn also in einem Bienenvolk eine maximale Anzahl geschlechtsreifer Drohnen dann einsatzbereit sein soll, wenn es die meisten Jungköniginnen gibt – nämlich in der Schwarmzeit –, dann muss es lange vor dem Höhepunkt der Schwarmsaison mit der Aufzucht seiner Drohnen beginnen. Das bestätigte auch eine von Robert E. Page Jr. in Davis im Bundesstaat Kalifornien durchgeführte Stu-

Abb. 7.1. Ein Honigbienenschwarm mit rund 12 000 Arbeiterinnen und einer Bienenkönigin, die sich geschützt im Inneren der Traube aufhält.

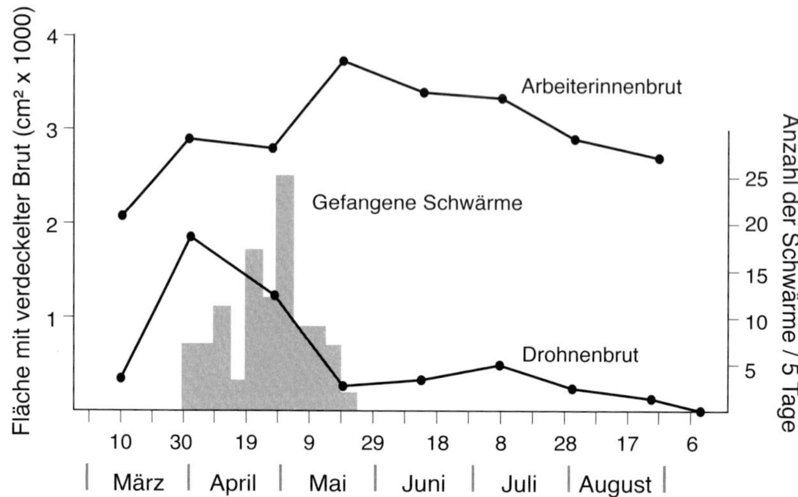

Abb. 7.2. Anteil der verdeckelten Brut (Puppen) bei 16 Testkolonien im Jahr 1978 und Schwarmfrequenz der Bienenvölker, die 1979 in der Gegend von Davis in Kalifornien lebten.

die. Wie die Abbildung 7.2 zeigt, erreichte die Produktion von Drohnenbrut in den 13 Versuchsbienenvölkern, die Page untersuchte, ihren Höhepunkt im zeitigen Frühjahr, Anfang April, während die Produktion von Schwärmen Anfang Mai, etwa 30 Tage später ihren Höhepunkt erreichte. Dasselbe Phänomen erkennt man auch in Abbildung 6.5 bei einem Bienenvolk, das in einem großen Schau-Bienenkasten in Ithaca lebte. Dieses Volk begann Ende April mit der Aufzucht seiner Drohnen, also genau einen Monat, bevor Mitte Mai ein Schwarm abging.

Wie viele Drohnen produziert ein Bienenvolk, wenn es sich selbst überlassen ist und so viele Drohnenwaben bauen und Drohnen aufziehen kann, wie es will? Diese Frage kann anhand des Zahlenmaterials aus zwei wissenschaftlichen Arbeiten[145] beantwortet werden, in denen die Fläche der Drohnenbrut in nicht bewirtschafteten Bienenvölkern mit einem normalen Anteil an Drohnenwaben (ca. 20 %) im Verlauf eines Sommers gemessen wurde. Die erste ist die oben genannte Studie von Robert E. Page Jr. in Davis, Kalifornien, aus dem Jahr 1978, die zweite Studie stammt von Michael L. Smith und seinen Mitarbeitern, die 2013 in Ithaca durchgeführt und bereits in Kapitel 6 erwähnt wurde (siehe Abb. 6.5). Page ermittelte die Flächen der verdeckelten Drohnenzellen (Brut im Puppenstadium) von 13 Bienenvölkern, die in Standardbeuten mit beweglichen Rähmchen lebten, wobei eine Zarge 10 Rähmchen enthielt, zwei davon mit Drohnenwaben. Smith und seine Mitarbeiter vermaßen die

Flächen der Drohnenwaben, die mit Brut (Eier, Larven und Puppen) belegt waren, bei vier Bienenvölkern, die in großen Schau-Bienenkästen mit Naturwaben untergebracht waren, die diese Völker bereits im vorangegangenen Sommer gebaut hatten. Für jede Studie habe ich die Angaben der Autoren – die gemessene *Fläche* der besetzten Drohnenwaben an verschiedenen Sommertagen – in Schätzwerte der *Anzahl* der besetzten Drohnenzellen bei der Probenentnahme, umgerechnet. Daraus habe ich die Gesamtzahl der Drohnen, die pro Bienenvolk über den Sommer hinweg aufgezogen wurden, berechnet, indem ich die Gesamtzahl der Tage, an denen die Brutzellen mit Drohnenbrut belegt waren, durch die jeweils relevante Entwicklungszeit für Drohnen geteilt habe: bei der Page-Studie entsprach das der 14-tägigen Brutperiode, als die Brut verdeckelt war, und bei der Studie von Smith und seinen Mitarbeitern der gesamten Brutperiode von 24 Tagen. Beide Studien ergaben für ein unbewirtschaftetes Bienenvolk mit einer normalen Menge an Drohnenwaben ähnliche Werte: Die durchschnittliche Anzahl der Drohnen, die im Verlauf eines Sommers produziert wurden, betrug 7812 Drohnen bei Page und 6949 Drohnen bei Smith. Was diese beiden Werte im Einzelnen bedeuten, wird später in diesem Kapitel noch erläutert, wenn wir die Kosten vergleichen, die Bienenvölker in ihre männlichen (Drohnen) und ihre weiblichen (Königinnen) Fortpflanzungselemente investieren.

Da es für die Bienenvölker von Vorteil ist, wenn sie im zeitigen Frühjahr mit der Aufzucht von Drohnen beginnen, und weil sie ihre Drohnenwaben im vorangegangenen Sommer und Herbst mit Honig gefüllt haben, stehen sie im Frühling oft vor dem Problem, dass viele Zellen noch mit Honig vollgestopft sind. Es ist daher nicht weiter verwunderlich, dass sie im Frühjahr bevorzugt Honig den Drohnenwaben *entnehmen*, wenn der Platz für die Aufzucht ihrer Drohnen benötigt wird, während sie im Spätsommer und Herbst hingegen bevorzugt Honig in die Drohnenwaben *einlagern*, wenn sie für die Honiglagerung gebraucht werden. Dieser jahreszeitlich bedingte Nutzungswechsel bei den Drohnenwaben, also zur Honiglagerung, wurde kürzlich in einer Studie von Michael L. Smith[146] und seinen Mitarbeitern belegt, die in Ithaca durchgeführt wurde. Von April bis September wurden in den Beuten mehrerer Bienenvölker einmal im Monat zwei Waben – eine Drohnenwabe und eine Arbeiterinnenwabe – eingesetzt, deren Zellen mit dickflüssigem Zuckersirup gefüllt waren. Die beiden Versuchsrahmen wurden jeweils links und rechts von zwei Brutwaben eingesetzt; dadurch wurde sichergestellt, dass sich in der Nähe genug Ammenbienen befanden, um beide Rahmen zu testen. Vierzehn Tage später entfernten die Forscher die beiden Versuchsrahmen wieder aus den Beuten und ermit-

Abb. 7.3. Drohnenwaben vor dem Einsetzen in ein Bienenvolk im April (oben), als sich dieses auf die massenhafte Aufzucht von Drohnen vorbereitete, und nach 14 Tagen Verweildauer (unten). Die reflektierenden Zellen enthalten Zuckersirup (in beiden Bildern). Das untere Bild zeigt, dass die Bienen „Honig" aus der Mitte der Drohnenwaben entfernt haben, um Platz für die Aufzucht der Drohnen zu schaffen. Das Versuchsvolk befand sich in Ithaca, New York.

telten jeweils die Fläche der Waben, die von Zuckersirup befreit worden war (siehe Abb. 7.3). Sie fanden heraus, dass im April und Mai die durchschnittlich freigelegte Wabenfläche bei den Drohnenwaben deutlich *größer* war als bei den Arbeiterinnenwaben und dass sich das Muster im August und September umkehrte: Im Durchschnitt war die geräumte Wabenfläche bei den Drohnenwaben merklich *kleiner* als bei den Arbeiterinnenwaben. Vermutlich entfernten die Arbeiterinnen im Spätsommer und Herbst deshalb nicht so viel Zuckersirup aus ihren Drohnenwaben, weil sie wussten, dass die Drohnenproduktion nicht mehr die wichtigste Verwendung für diese speziellen Waben mit ihren großen Zellen war.

KÖNIGINNENAUFZUCHT UND SCHWARMTÄTIGKEIT

Der Lebenszyklus eines Bienenvolkes beginnt im Frühjahr, wenn ein etabliertes Bienenvolk seine Arbeiterinnenpopulation aufbaut und als Vorbereitung auf das Schwärmen anfängt, einen Satz Jungköniginnen aufzuziehen. Der erste Schritt in diesem Prozess ist der Bau von Weiselbechern an den unteren Rändern der Brutwaben. Diese zunächst winzigen, nach unten geöffneten Becher aus Bienenwachs bilden die Basis für die langen, elliptischen Zellen, in denen die Königinnen aufgezogen werden (Abb. 6.3). Danach bestiftet die Königin ein gutes Dutzend dieser Näpfchen mit ihren Eiern und die Arbeiterinnen füttern die schlüpfenden Larven mit Gelée royale, das ihre Entwicklung zu Königinnen bewirkt. Die Entwicklung dieser Jungköniginnen verläuft außerordentlich schnell; nur 16 Tage vergehen von der Eiablage bis zu dem Moment, in dem eine erwachsene Jungkönigin aus ihrer Zelle herausklettert. Während sich die Tochterköniginnen entwickeln, vollziehen sich gleichzeitig Veränderungen in der Physiologie der Mutterkönigin, der Stockmutter, im Bienenvolk. Von Tag zu Tag bekommt sie weniger Futter von den Arbeiterinnen. Ihre Eiproduktion nimmt ab, und ihr Hinterleib, der nicht mehr von vollständig ausgereiften Eiern angeschwollen ist, schrumpft rasant. Außerdem beginnen die Arbeiterinnen, ihre Königin zu schütteln[147]; eine nach der anderen packt sie mit den Vorderbeinen und rüttelt sie fünf oder sechs Mal kräftig durch. Diese Rüttelattacken, die schließlich eine Häufigkeit von 40 bis 80 pro Stunde erreichen können, zwingen die Königin anscheinend, ständig im Nest umherzulaufen. Die „sportliche Betätigung“ führt zusammen mit der reduzierten Fütterung dazu, dass die Königin 25 %[148] ihres Körpergewichts verliert. Kurz nachdem die erste Königinnenzelle verdeckelt ist, fliegt die alte Königin mit einem Schwarm von etwa 10 000 bis 20 000 Arbeiterinnen davon und lässt nur etwa ein Viertel[149] des Bienenvolks im elterlichen Nest zurück.[150] Nachdem der Schwarm eine kurze Strecke geflogen ist, drängt er sich in einer bartähnlichen Traube am Ast eines Baumes zusammen (Abb. 7.1). Von hier aus suchen die Spurbienen nach Nisthöhlen[151], wählen eine geeignete aus und geben dem Schwarm schließlich das Signal, sich aufzulösen und zu der gewählten Behausung zu fliegen. Sie befindet sich selten weniger als 300 m vom ursprünglichen Wohnort der Bienen entfernt, kann aber auch über 3000 m[152] weiter weg sein.

Nach dem Abflug der alten Königin sind die Arbeiterinnen im elterlichen Nest etwa acht Tage lang weisellos (ohne Königin), dieser Zustand endet aber mit dem Schlüpfen der ersten Tochterkönigin. Falls das Bienenvolk durch den Abgang des ersten Schwarms – Imker nennen ihn den Vorschwarm oder Primärschwarm – noch stark geschwächt ist, gestatten die verbleibenden Arbeiterinnen der zuerst geschlüpften Tochterkönigin, das Nest nach ihren rivalisierenden Schwesterköniginnen abzusuchen und diese zu töten, indem sie sie noch in den Zellen absticht. Aber normalerweise sind, bis die erste Tochter erscheint, genug junge Arbeiterinnen aus den Zellen der Brutwaben geschlüpft, dass das Volk wieder seine alte Stärke erreicht hat. In diesem Fall schützen die Arbeiterinnen die noch verbliebenen Weiselzellen vor der Zerstörung durch die erste Tochterkönigin. Sie beginnen, diese neue Königin zu schütteln, um sie auf den Flug vorzubereiten, und schließlich stoßen sie auch diese in einem Nachschwarm aus dem Nest. Wie aus Abbildung 7.4 hervorgeht, kann sich dieser Prozess des Nachschwärmens mit einer weiteren Tochterkönigin wiederholen. Geschieht dies, ist das Bienenvolk in der Regel so geschwächt, dass es eine weitere Teilung nicht mehr verkraften kann. Wenn dann noch mehr als eine Tochterkönigin im elterlichen Nest verbleibt, lassen die Arbeiterinnen diese Königinnen gegeneinander kämpfen, bis nur noch eine am Leben ist. Sie ist dann diejenige, die teils durch Glück, teils durch Geschick das elterliche Nest mit seiner reichen Ausstattung an Bienenwachswaben und Honigvorräten erbt – beides ungeheuer wichtige Ressourcen, die eine hohe Überlebenswahrscheinlichkeit für den kommenden Winter garantieren.

Die Bildung von Nachschwärmen hängt stark von der noch verbliebenen Stärke des Bienenvolkes ab – gemessen in Arbeiterinnen und vor allem in Brut –, nachdem der Vorschwarm abgeflogen ist, sodass die Anzahl der Nachschwärme, die durch solch einen Fortpflanzungsprozess entstanden sind, stark variiert. Zum Glück ist es dank der Ergebnisse mehrerer detaillierter Studien über Schwärme und Nachschwärme bei unbewirtschafteten Bienenvölkern heute möglich, die in Abbildung 7.4 dargestellten Vorgänge mit Wahrscheinlichkeitswerten zu belegen. Zum einen

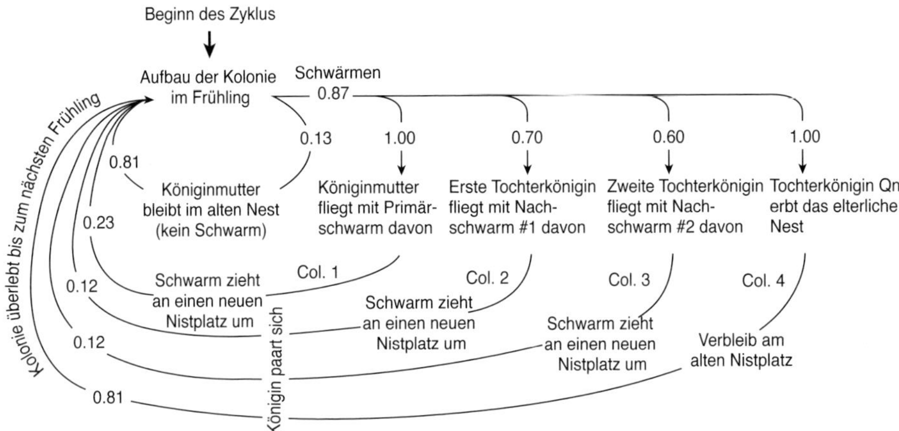

Abb. 7.4. Die wichtigsten Ereignisse im Lebenszyklus von Honigbienenvölkern, angefangen mit dem Frühjahr, wenn ein Bienenvolk seine Arbeiterinnenpopulation aufbaut, die die Voraussetzungen für das Schwärmen bildet. Q = Königin. Die Zahlen entlang der Linien bezeichnen die Wahrscheinlichkeitswerte der verschiedenen Ereignisse (z. B. beträgt die Wahrscheinlichkeit des Schwärmens eines Bienenvolkes nach dem Aufbau im Frühjahr 0,87).

wissen wir aus Langzeitstudien (die im folgenden Abschnitt beschrieben werden), dass die jährliche Wahrscheinlichkeit einer Umweiselung in einem unbewirtschafteten Bienenvolk, das in der Region von Ithaca lebt, im Durchschnitt 0,87 beträgt. Eine 87 %ige Wahrscheinlichkeit[153] ist daher ein guter Schätzwert dafür, dass in einem bestimmten Jahr die Mutterkönigin eines Bienenvolkes ihr Nest mit einem Vorschwarm verlässt und sich in einer neuen Nisthöhle niederlässt, ein paar Hundert oder Tausend Meter entfernt. Zum anderen wissen wir aus akribischen Studien[154] von Mark L. Winston, in Lawrence, Kansas, und von David C. Gilley und David R. Tarpy, die in Ithaca arbeiten, sehr viel über das Schicksal der Tochterköniginnen, die in unbewirtschafteten Bienenvölkern aufgezogen werden, nachdem die Mutterkönigin mit dem Vorschwarm davongeflogen ist.

Gilley und Tarpy arbeiteten zum Beispiel mit Bienenvölkern in großen Schau-Bienenkästen, die es den beiden – unterstützt von einem Helferteam – ermöglichten, die Aktivitäten der Tochterköniginnen in fünf Bienenvölkern, von denen jedes einen Vorschwarm gebildet hatte, lückenlos zu verfolgen. Sie überwachten die Tochterköniginnen in ihren Bienenvölkern rund um die Uhr, bis jede von ihnen entweder ausgeflogen oder getötet worden war, mit Ausnahme derjenigen, die das elterliche Nest übernommen hatte. Fasst man die Ergebnisse dieser drei Studien von Winston, Gilley und Tarpy zusammen, beträgt für ein unbewirtschaftetes Bienenvolk nach dem Abgang eines Vorschwarms die Wahrscheinlichkeit, dass eine der Tochterköniginnen in einem ersten Nachschwarm ausfliegt, 0,70[155], die Wahrscheinlichkeit, dass eine andere Tochterkönigin in einem zweiten Nachschwarm ausfliegt, liegt bei 0,60, und die Wahrscheinlichkeit, dass eine dritte Tochterkönigin das ursprüngliche Nest erbt (nachdem sie alle ihre Rivalinnen getötet hat), bei 1,00.

Der Prozess der Königinnenaufzucht und der Koloniegründung ist dann abgeschlossen, wenn alle überlebenden Tochterköniginnen aus ihren Nestern ausgeflogen sind und sich mit Drohnen aus benachbarten Bienenvölkern gepaart haben (darauf wird noch später in diesem Kapitel eingegangen). Zu diesem Zeitpunkt haben die Bienenvölker, die in neue Neststandorte umgezogen sind, mit dem Bau ihrer Nester begonnen, und alle – auch das Volk, dass im alten Nest geblieben ist – ziehen Brut auf, um ihre Populationen aufzubauen, und sind intensiv mit der Futtersuche beschäftigt, um Honigvorräte zur Vorbereitung auf den Winter anzulegen. Die Wahrscheinlichkeit, den kommenden Winter zu überleben, ist für die glückliche Tochterkönigin, die das alte Nest und seinen Honigvorrat geerbt hat, recht hoch, etwa 0,81[156]. Leider ist für ihre Mutter, die alte Königin, und ihre Schwesterköniginnen, deren Bienenvölker neue Nester von Grund auf neu bauen müssen, die Wahrscheinlichkeit, den Winter zu überleben, viel geringer, sie liegt oft unter 0,20, aus Gründen, die im Folgenden noch erläutert werden.

Man könnte sich nun fragen, warum die natürliche Auslese gerade Mutterköniginnen begünstigt, die das alte Nest mit dem Vorschwarm verlassen haben und damit eine geringe Überlebenswahrscheinlichkeit im Winter in einem neuen Nest riskieren? Ich denke, die Antwort ist einfach: Wenn die alte Königin das Nest mit dem Vorschwarm verlässt, anstatt dort zurückzubleiben, entgeht sie dem hohen Risiko, von einer ihrer Tochterköniginnen getötet zu werden, wenn diese aus ihren Zellen schlüpfen. Wie groß die Gefahr für die Mutterkönigin ist, wenn sie zu Hause bleibt, wird durch Faktenmaterial über den Königinnenmord durch die Jungköniginnen bestätigt – darüber wird bei Gilley und Tarpy berichtet und bei M. Delia Allen[157], in Aberdeen, Schottland, in den 1950er-Jahren. Diese drei Forscher berichten über das Schicksal von 44 Jungköniginnen, aufgezogen in sechs Versuchsvölkern, die in Schau-Bienenkästen lebten und geschwärmt hatten. Die Forscher beobachteten, dass in diesen Bienenvölkern im Durchschnitt eine Jungkönigin mit einem Nachschwarm davonflog, eine Jungkönigin das elterliche Nest erbte und 5,3 Jungköniginnen starben, weil sie von einer anderen Jungkönigin abgestochen wurden.

Offensichtlich tut die alte Königin, die Stockmutter, gut daran, das Schlachtfeld zu verlassen, bevor ihre mordlustigen Töchter aus ihren Zellen schlüpfen.

FORTBESTAND VON WILDVÖLKER-POPULATIONEN

Unter günstigen Bedingungen kann ein Bienenvolk, das am Ende des Sommers noch lebt, auch den anschließenden Winter überleben und im darauffolgenden Sommer mit der Fortpflanzung beginnen. Allerdings finden wildlebende Bienenvölker nicht immer geeignete Bedingungen vor und viele sterben im Verlauf des Winters an Hunger, Krankheiten oder weil sie es versäumt haben, eine alternde Königin zu ersetzen (Umweiselung). Wenn die Sterberate einer Kolonie die Geburtenrate (durch Schwärmen) übersteigt, dann schrumpft die Population der Bienenvölker in einer Region und wird schließlich ganz erlöschen. In Kapitel 2 haben wir erfahren, dass die Populationen der wilden Bienenvölker, die in der Gegend des Arnot Forest leben, stabil blieben, seit sie in den 1990er-Jahren eine Resistenz gegen Varroamilben entwickelt haben. Wir wollen nun untersuchen, wie sich diese Wildvölker-Population behaupten konnte. Dazu fassen wir nochmal zusammen, was wir über die Muster der Völkerentstehung und des Völkerschwunds gelernt haben, die auf sich allein gestellt an wilden Orten außerhalb von Ithaca leben. Alles, was wir darüber wissen, stammt aus zwei Langzeitstudien[158] über die Demografie von wilden Bienenvölkern, die ich in den Jahren 1974–1977 und 2010–2016 durchgeführt habe.

Die beiden Studien verfolgen zwei verschiedene Forschungsrichtungen: zum einen die *Fortpflanzung* (Schwärmen) von simulierten wilden Bienenvölkern (SWCs, simulated wild colonies), die in Magazinen mit beweglichen Rahmen leben, und zum anderen das *Überleben* von wilden Bienenvölkern, die in natürlichen Nistplätzen leben. Für die Fortpflanzungsstudie mit den Magazinvölkern wurden ca. 20 SWCs an verschiedenen abgelegenen Orten aufgestellt. Jede SWC entstand als eingefangener natürlicher Schwarm – entweder dort eingesammelt, wo er sich im Freien niedergelassen hatte, oder eingezogen in eine Schwarmfangkiste[159] – und wurde anschließend in ein Langstroth-Magazin mit 10 Rähmchen umgesetzt (Abb. 7.5). Das Magazin enthielt zwei Rähmchen mit Drohnen- und acht mit Arbeiterinnenwaben und ihr Eingang war auf eine kleine Öffnung reduziert, wie sie in der Natur vorkommt. Somit bewohnte jede SWC eine Beute, die einer natürlichen Höhle nachempfunden war, mit dem Unterschied, dass die Holzwände dünner waren und der Eingang niedriger lag. Ich kennzeichnete die Königin in jedem Bienenvolk mit einer Farbmarkierung, damit ich den Wechsel der Königin (Umweiselung) nachweisen konnte – in erster Linie geschah das wohl beim Schwärmen. Die Königinnen meiner Völker blieben jahrelang alle gekennzeichnet, da ich jede, die ich bei der Inspektion eines Volkes ohne Markierung erwischte, gleich mit Farbpunkten versah. Ich inspizierte jede SWC dreimal in jedem Sommer, nämlich Anfang Mai, Ende Juli und Ende September. Das bedeutete, dass jedes Bienenvolk in der Gegend von Ithaca[160] vor und nach der Hauptschwarmzeit (Mitte Mai bis Mitte Juli) und vor und nach der Nachschwarmzeit (Mitte August bis Mitte September) überprüft wurde. Diese Inspektionen dienten zwei Zwecken: jedes Bienenvolk auf eine Umweiselung (wahrscheinlich durch einen Schwarmabgang) und auf Brutkrankheiten zu überprüfen.

Für die Studie, die sich mit dem Überleben der Bienenvölker befasste, musste ich erst einmal Dutzende von wilden Bienenvölkern finden. Ich „jagte“ im Arnot Forest nach Baumbienenvölkern, indem ich auf Schwarmmeldungen antwortete (was häufig zur Entdeckung seiner Herkunft in einem Baum oder Gebäude in der Nähe des Schwarms führte) und indem ich öffentlich bekanntgab, dass ich auf der Suche nach Bienenvölkern war, die irgendwo in Bäumen siedelten. Wenn ich sie einmal gefunden hatte, war der Rest ganz einfach. Dreimal in jedem Sommer – Anfang Mai, Ende Juli und Ende September – suchte ich alle Standorte auf, von denen ich wusste, dass sie von einem wilden Bienenvolk bewohnt waren (oder vor kurzem besetzt worden waren). Diese Kontrollbesuche zeigten, ob das Bienenvolk dort noch am Leben war, oder ob ein Standort, der früher nach dem Tod eines Bienenvolkes aufgegeben worden war, von einem Schwarm neu besiedelt wurde. In den Jahren 1974–1977 überwachte ich 42 Nistplätze: 26 befanden sich in Bäumen und 16 in ländlichen Gebäuden (Jagdhütten, Scheunen und Bauernhäuser). Im Zeitraum 2010–2016 waren es 33 Standorte: 20 in Bäumen und 13 in ländlichen Gebäuden.

Die Untersuchungen in den 1970er- und 2010er-Jahren erbrachten überraschend ähnliche Erkenntnisse darüber, wie Bienenvölker überleben und sich fortpflanzen, wenn sie auf sich selbst gestellt sind. In Tabelle 7.1 sind sie zusammengefasst. Die erste Spalte in dieser Tabelle enthält die Wahrscheinlichkeiten für den Fall, dass ein etabliertes Bienenvolk im Laufe eines Sommers schwärmte (p = 0,87) oder nicht (p = 0,13). Wir sehen dort, dass nicht alle, aber doch die meisten schwärmten. Die nächsten Spalten enthalten die Wahrscheinlichkeiten der verschiedenen Ereignisse, die eintreten können, nachdem der Vorschwarm das Nest eines etablierten Volkes verlassen hat: p = 1,00 – die Mutterkönigin besiedelt ein neues Nest; p = 1,00 – eine Tochterkönigin erbt das alte Nest; p = 0,70 – eine Tochterkönigin verlässt mit einem ersten Nachschwarm das Nest; und p = 0,60 – eine weitere Tochterkönigin zieht mit

Abb. 7.5. Einer der Bienenkästen, die zur Unterbringung eines simulierten, wilden Bienenvolkes verwendet wurden. Der blaue Einsatz ist ein Gitterboden mit Bodeneinlage zur Ermittlung des Milbenbefalls innerhalb eines Zeitraums von 24 Stunden. Jeder Kasten wurde dauerhaft mit einem Gitterboden ausgestattet, um nicht-invasive Messungen der Milbenbelastung des Volkes durchzuführen.

einem zweiten Nachschwarm aus. Tabelle 7.1 zeigt auch die Überlebenswahrscheinlichkeiten bis zum nächsten Jahr für das Volk, das von der Mutterkönigin gegründet wurde ($p = 0{,}23$), und für die Völker, die von den verschiedenen Tochterköniginnen gegründet wurden: diejenige, die das alte Nest übernimmt ($p = 0{,}81$), diejenige, die im ersten Nachschwarm ausfliegt ($p = 0{,}12$), und diejenige, die im zweiten Nachschwarm das Muttervolk verlässt ($p = 0{,}12$). Mit dem Wert von $p = 0{,}23$ für das Überleben des neuen Bienenvolks, das von einer Mutterkönigin gegründet wurde, wird die Wahrscheinlichkeit angegeben, mit der ein Vorschwarm bis zum nächsten Sommer überlebt. Für ein von einem Nachschwarm gegründetes Bienenvolk gebe ich einen deutlich geringeren Wert, $p = 0{,}12$, für die Überlebenswahrscheinlichkeit

Tab. 7.1. Die Wahrscheinlichkeit, dass ein Bienenvolk schwärmt, und falls es schwärmt, die Wahrscheinlichkeit der verschiedenen darauffolgenden Ereignisse. Außerdem die Überlebenswahrscheinlichkeit des Bienenvolkes bis zum nächsten Sommer für die Mutterkönigin und für die verschiedenen Tochterköniginnen sowie die Gesamtwahrscheinlichkeiten für das Überleben bis zum nächsten Sommer für die verschiedenen Arten von „Ablegern" des Bienenvolkes, Q = Königin.

Problem Kolonie schwärmt (SW)	*Ereignisse nach dem Schwärmen*	*Problem Ereignis (E)*	*Problem Überleben (S)*	*Problem überall (SW × E × S)*
0.87	Mutter Q übernimmt das neue Nest	1.00	0.23	0.20
	Eine Tochter Q erbt das alte Nest	1.00	0.81	0.70
	Eine Tochter Q geht mit dem Nachschwarm #1	0.70	0.12	0.07
	Eine Tochter Q geht mit dem Nachschwarm #2	0.60	0.12	0.06
				1.03 colonies
Problem Nicht Schwärmen (nSW)	*Ereignis nach dem Nicht-Schwärmen*			*Problem überall (nSw × E × S)*
0.13	Mutter Q bleibt im alten Nest	1.00	0.81	0.11 Kolonien

bis zum nächsten Sommer an. Der Grund dafür ist, dass ein Nachschwarm im Vergleich zu einem Vorschwarm mehr Hindernisse auf seinem Weg zum Überleben bis zum nächsten Frühjahr bewältigen muss: Er beginnt später im Sommer mit dem Nestbau, er erleidet eine Verzögerung[161] beim Beginn der Brutaufzucht, weil seine Königin ungefähr zwei Wochen braucht, bis sie befruchtet ist und mit der Eiablage zu beginnen kann, und er riskiert, seine Königin zu verlieren, wenn sie ihren Hochzeitsflug durchführt.

Die Quintessenz aus den in Tabelle 7.1 gezeigten Ergebnissen ergibt zweierlei. Zum einen: Obwohl die meisten (ca. 87 %) wilden Bienenvölker in der Gegend um Ithaca jeden Sommer schwärmen und obwohl diese schwärmenden Völker oft mehrere Schwärme produzieren (im Durchschnitt einen Vorschwarm und 1,3 Nachschwärme), ist die Nettowachstumsrate dieser Population nur gering. Auf ein bestehendes Bienenvolk kommen nämlich nur um 0,14 neue Bienenvölker hinzu. (Für jedes Bienenvolk, das im Frühjahr des ersten Jahres noch lebt, beträgt die erwartete Anzahl von Bienenvölkern, die im Frühjahr des zweiten Jahres noch leben, 1,03 + 0,11 = 1,14). Obwohl diese Zuwachsrate recht niedrig ist, scheint sie doch ausreichend zu sein, sodass sich diese Population von Wildvölkern von einer Phase hoher Sterblichkeit erholen konnte, die durch einen Sommer mit unzureichendem Nahrungsangebot oder einen besonders anstrengenden Winter verursacht wurde. Die zweite Botschaft, die wir mitnehmen können, ist, dass diese Population nahe an der Aufnahmekapazität – der maximalen tragbaren Populationsgröße – der Felder und Wälder um Ithaca zu liegen scheint. Die geringen Überlebenswahrscheinlichkeiten von Bienenvölkern, die neue Nistplätze besiedeln, deuten darauf hin, dass es für neu gegründete Bienenvölker schwierig ist, sich in die Population der etablierten Bienenvölker einzufügen.

WIE LANGE WIRD EIN BIENENBAUM VON BIENEN BEWOHNT?

Wenn ein Schwarm in einen hohlen Baum oder einen anderen natürlichen Nistplatz einzieht – wie lange wird dieser Platz kontinuierlich von einem Bienenvolk bewohnt? Oder einfach ausgedrückt: Wie lange ist ein Standort mit Bienen besiedelt? Um diese Frage zu beantworten, berechnete ich die durchschnittliche „Lebensdauer[162]" eines besetzten Nistplatzes unter Verwendung der in Tabelle 7.1 angegebenen Wahrscheinlichkeitswerte. Dazu multiplizierte ich jedes mögliche „Alter" des Standortes (in Jahren angegeben, z. B. 0, 1, 2, 3 bis 20) mit der Wahrscheinlichkeit des „Todes" des Standortes in diesem Alter und zählte dann die 21 Zahlen, die sich aus dieser Multiplikation ergaben, zusammen. Zu dieser Summe habe ich 0,5 Jahre addiert. (Man muss ein halbes Jahr addieren, weil die mittlere Lebensspanne eines Individuums zum Zeitpunkt des Todes ein halbes Jahr mehr beträgt als sein Alter, ausgedrückt in ganzen Jahren, zum Zeitpunkt des Todes. Eine Person, die z. B. im Alter von 80 Jahren stirbt, hat vielleicht tatsächlich 80 Jahre und 6 Monate gelebt.) Ich berechnete die altersspezifischen Wahrscheinlichkeitswerte für das Absterben der Standorte, indem ich den Wahrscheinlichkeitswert für das Überleben der Standorte für jedes Alter mit dem Wahrscheinlichkeitswert für das Absterben der Standorte im entsprechenden Alter multiplizierte. Bei diesen Berechnungen ging ich davon aus, dass der Standort von einem Schwarm mit einer Mutterkönigin besiedelt wurde (also ein Vorschwarm war), sodass die Überlebenswahrscheinlichkeit an diesem Standort im ersten Jahr 0,23 betrug. Für jedes Jahr danach habe ich eine Überlebenswahrscheinlichkeit von 0,81 verwendet, da dies der Wert für ein etabliertes Bienenvolk ist, und zwar unabhängig davon, ob es in diesem Jahr geschwärmt hat (eine

Abb. 7.6. Arbeiterinnen drängen sich um ihren Nesteingang, hoch oben (9,4 Meter) in einer Großzähnigen Pappel (*Populus grandidentata*) im Arnot Forest. Inspektionen fanden drei Mal im Jahr statt und belegen, dass dieser Bienenbaum vom Zeitpunkt des Fundes am 27. August 2011 bis zum 20. September 2017, also sechs Jahre lang, durchgehend bewohnt war. Die letzte Kontrolle am 8. Mai 2018 ergab, dass das hier lebende Bienenvolk im Laufe des sehr strengen und langen Winters 2017/2018 einging.

Tochterkönigin hat den Standort geerbt) oder nicht (die Mutterkönigin bleibt im Standort). Diese Berechnungen ergeben einen Schätzwert von 1,7 Jahren für die durchschnittliche Nutzungsdauer eines Bienenbaums in der Gegend von Ithaca. Sie ist ziemlich gering, weil ein Bienenvolk, das allein in einem Baum oder Gebäude lebt, eine bedauerlich geringe Wahrscheinlichkeit ($p = 0{,}23$) hat, den ersten Winter zu überleben. Wenn jedoch das Gründervolk seinen ersten Winter überlebt, dann ist die Wahrscheinlichkeit, dass das Bienenvolk an diesem Standort weitere Jahre überlebt, viel höher ($p = 0{,}81$), was bedeutet, dass der Standort wahrscheinlich noch mehrere Jahre lang mit Bienen belebt ist. Die Berechnungen zeigen, dass ein Standort, dessen Bienenvolk den schwierigen ersten Winter überlebt hat, im Durchschnitt weitere 5,2 Jahre kontinuierlich besiedelt ist – und zwar nicht nur in der Theorie. In meinem Sechs-Jahres-Plan (2010–2016) zur Überwachung von 33 Nistplätzen, die von wilden Bienenvölkern besetzt waren, gab es acht Standorte, die ich während dieser ganzen Zeit regelmäßig kontrollierte. Zwei waren während dieser Jahre durchgehend bewohnt, zwei andere vier Jahre lang. Darüber hinaus waren zwei Standorte bis Mai 2017 sieben Jahre lang dauerhaft besiedelt. Abbildung 7.6 zeigt einen dieser beiden Standorte. Als Eingang dient ein kleines Astloch, das hoch oben in einer mächtigen Großzähnigen Pappel (*Populus grandidentata*) sitzt und nach Südwesten ausgerichtet ist.

INVESTITIONSQUOTE BEI DROHNEN UND KÖNIGINNEN

Das erstaunlichste Merkmal der Fortpflanzungsbiologie der Honigbienen ist ihr erstaunlich ungleiches Geschlechterverhältnis. Wie wir bereits gesehen haben, zieht ein typisches wildlebendes Bienenvolk jedes Jahr etwa 7500 Drohnen bis zum Erwachsenenalter auf, produziert aber nur 2,3 Schwärme: einen Vorschwarm und (im Durchschnitt) 1,3 Nachschwärme. Die Evolutionstheorie sagt jedoch voraus, dass die natürliche Auslese im einfachsten Szenario – also bei einer großen Brutpopulation, gleichartigen Individuen, Zufallspaarung, starker Auskreuzung etc. –eine gleichmäßige Verteilung der Ressourcen[163] auf die Produktion von männlichen und weiblichen Nachkommen vorsieht. Der Grund dafür ist, dass die eine Hälfte der Gene in jedem Individuum der Population (d.h. in jedem Bienenvolk) durch den Fortpflanzungserfolg der Männchen (über ihre Spermien) und die andere Hälfte durch den Fortpflanzungserfolg der Weibchen (über ihre Eier) zustande kommt. Dies bedeutet, dass die männlichen und weiblichen Funktionen gleichwertige

Tab. 7.2. Berechnung der Anzahl der Arbeiterinnen, die ein Bienenvolk im Durchschnitt in die Schwärme investiert, die es im Laufe eines Sommers produziert.

Wahrscheinlichkeit des Schwärmens, P_{sw}	*Schwarmtyp*	*Wahrscheinlichkeit des Schwarmtyps,* P_{type}	*Durchschnittl. Anzahl der Arbeterinnen,* W	*Erwartete Anzahl der investierten Arbeiterinnen* $P_{sw} \times P_{type} \times W$
0.87	Hauptschwarm	1.00	16,033	13,949
	Nachschwarm #1	0.70	11,538	7,026
	Nachschwarm #2	0.60	3,926	2,049
				23,024 total

Mittel zum Erreichen des genetischen Erfolgs sind. Daher ist es, wenigstens auf den ersten Blick, rätselhaft, dass ein Bienenvolk jeden Sommer Tausende von Drohnen, aber nur wenige Königinnen produziert.

Als ersten Schritt zur Lösung dieser scheinbar großen Diskrepanz zwischen Theorie und Realität sollten wir uns ansehen, welchen Aufwand ein Bienenvolk insgesamt, für die Fortpflanzung durch männliche und weibliche Elemente, betreibt. Bei der männlichen Nachkommenschaft ist das recht überschaubar. Es ist einfach, welche Ressourcen auch immer das Bienenvolk aufwendet, um seine Drohnen zu produzieren und sie im Laufe ihres Lebens zu versorgen. Für die weibliche Nachkommenschaft ist die Situation deutlich komplexer. Ich glaube, dass es zutreffend ist, die Gesamtinvestition eines Bienenvolkes in die Reproduktion anhand der weiblichen Tiere zu berechnen, indem man alles einbezieht, was es für die Erzeugung seiner Schwärme investiert. Dies kann man aus der Analogie zwischen Bienenvölkern und Apfelbäumen ableiten, wenn man die Fortpflanzung durch weibliche Elemente betrachtet: Bienenvölker produzieren Königinnen, die im Inneren der Schwärme geschützt sind, und Apfelbäume produzieren Samen, die in Äpfeln eingebettet sind.

Mit dieser Betrachtungsweise lässt sich vergleichen, wie viel Aufwand ein Bienenvolk in die Fortpflanzung durch männliche Tiere und wie viel in die durch weibliche Tiere investiert: Man bestimmt das Gesamttrockengewicht der Bienen, die ein Bienenvolk für seine Fortpflanzung mittels Drohnen produziert, und vergleicht es mit dem gleichen Wert für seine Fortpflanzung durch Schwärme. Berechnen wir zunächst das Trockengewicht[164] der Investition für Drohnen. Wir haben bereits gesehen, dass Untersuchungen der Drohnenbrutflächen in unbewirtschafteten Bienenvölkern von Robert E. Page und Michael L. Smith (und Mitarbeiter), ergaben,

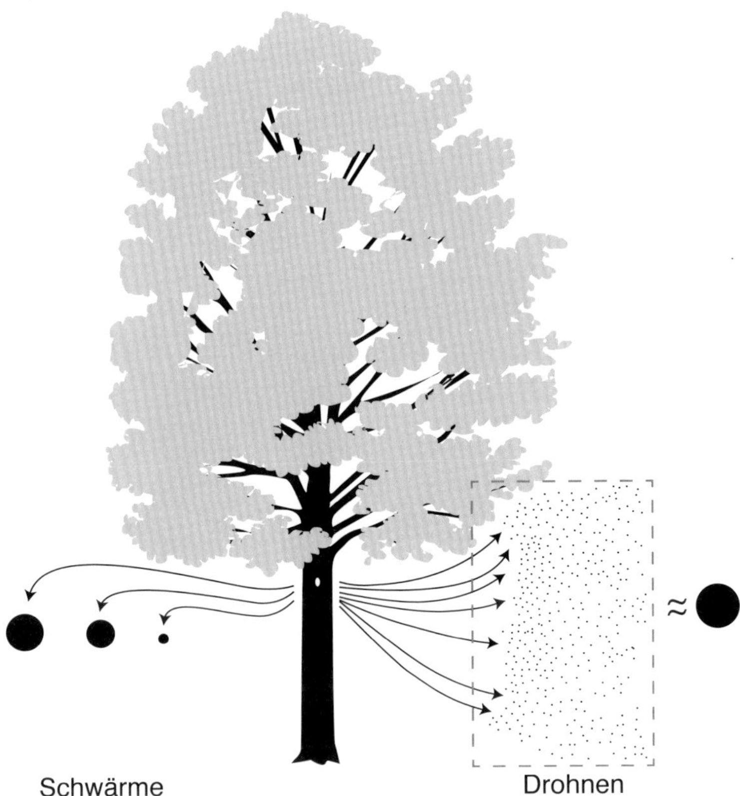

Abb. 7.7. Grafische Darstellung der durchschnittlichen relativen Investition eines Bienenvolkes in die weibliche Reproduktion (Schwärme) und die männliche Reproduktion (Drohnen). Der Flächeninhalt der drei Kreise, die die Schwärme symbolisieren, ist proportional zur durchschnittlichen Investition – gemessen im Trockengewicht der Bienen –, die ein Bienenvolk in die Produktion eines Vorschwarms, eines ersten Nachschwarms und eines zweiten Nachschwarms steckt. Der Flächeninhalt des Kreises, der die Drohnen darstellt, ist proportional zu der durchschnittlichen Investition, die ein Bienenvolk in die Produktion von Drohnen steckt. Obwohl die Anzahl und Größe der Schwärme und der Drohnen sehr unterschiedlich sind, ist deren Gesamttrockengewicht fast identisch.

dass sie im Durchschnitt 7812 bzw. 6.949 Drohnen über einen Sommer produzierten. Somit liegt der Mittelwert bei 7380 Drohnen pro Bienenvolk und Sommer. Das Trockengewicht einer einzelnen Drohne beträgt 45 mg, sodass die mittlere Gesamtinvestition in die Drohnen eines Bienenvolks (gemessen am Trockengewicht) über einen Sommer 7380 × 45 mg = 332 g beträgt.

Abb. 7.8. Eine Arbeiterin füttert eine hungrige Jungdrohne, noch bevor diese aus ihrer Zelle herausgeklettert ist.

Wie groß ist nun das Gesamttrockengewicht der Investition eines Bienenvolkes in Schwarmbienen? Die entsprechende Berechnung ist in Tabelle 7.2 zeigt, dass ein Volk im Durchschnitt 23 024 Arbeiterinnen im Laufe eines Sommers für die Schwarmtätigkeit aufzieht. Das Trockengewicht einer Arbeitsbiene beträgt 17 mg, sodass die durchschnittliche Gesamtinvestition in die Schwärme eines Bienenvolkes in einem Sommer 23 024 × 17 mg = 391 g beträgt. Diese beiden Werte, 332 g (Drohnen) und 391 g (Arbeiterinnen), bedeuten, dass das Bienenvolk in Wirklichkeit etwa das gleiche Kapital in den Aufbau seiner männlichen und weiblichen Reproduktionseinheiten investiert (Abb. 7.7). Ich vermute, dass diese beiden Kostenabschätzungen für die Investitionen eines Bienenvolkes in die weibliche und männliche Fortpflanzung sogar noch deutlicher übereinstimmen würden, wenn sie die anteiligen Kosten für die Ernährung der Arbeiterinnen und Drohnen bei der Fortpflanzung des Bienenvolkes mit einbeziehen würden. Die Versorgung der Arbeiterinnen mit Nahrung für ihre Fortpflanzungsbemühungen fällt nur einmal an, nämlich kurz bevor sie mit dem Schwarm wegfliegen. Die Versorgung der Drohnen[165] erstreckt sich jedoch über ihr ganzes Leben, sie beginnt gleich nach dem Schlüpfen aus ihren Zellen (Abb. 7.8) und reicht bis zu ihrem Tod, der normalerweise einige Wochen später eintritt.

DIE OPTIMALE SCHWARMFRAKTION

Wenn Sie selbst Imker sind, dann wissen Sie, dass eine der schlimmsten Erfahrungen, die man machen kann, darin besteht, den Deckel einer Beute mitten in der Trachtzeit zu öffnen und festzustellen, dass sie nicht mehr randvoll mit Bienen, die fleißig die Honigwaben füllen, besetzt ist. Stattdessen sieht die Beute regelrecht verwaist aus. Verflucht, das Bienenvolk ist abgeschwärmt! Die meisten Bienen sind verschwunden und mit ihnen auch die Aussicht auf eine reiche Honigernte von einem Volk, das bis vor kurzem noch ein Spitzenvolk war. Da wundert man sich nun, warum ein so großer Teil der Arbeiterinnen mit dem Vorschwarm das Volk verlässt? In den letzten Jahren haben zwei meiner Kollegen, Juliana Rangel und H. Kern Reeve, mit mir zusammen untersucht, wie die natürliche Selektion die „Schwarmfraktion" festlegt, d. h., den prozentualen Anteil seiner Arbeitskräfte, die das Nest verlassen, wenn das Volk einen Vorschwarm (mit der Mutterkönigin) hinausschickt. Wir waren sehr interessiert daran, diesen Teil der Funktionsweise von Bienenvölkern zu untersuchen, da dies ein Teil ihrer Biologie ist, der nicht von Imkern beeinflusst wird und somit vollständig von den Bienen selbst gesteuert wird.

Das Problem, das die Bienen lösen müssen, ist Folgendes: Wie sollen sich die erwachsenen Arbeiterinnen zwischen dem neuen und dem alten Bienenvolk aufteilen? Sobald die neue Kolonie – mit der alten Königin (Mutter der Arbeiterinnen) an der Spitze – in ihre neue Behausung eingezogen ist, nimmt sie die Megaaufgabe, einen Satz Waben zu bauen, in Angriff, das wissen wir. In der Zwischenzeit erbt das alte Bienenvolk – angeführt von einer neuen Königin (einer Schwester der Arbeiterinnen) – im elterlichen Nest wirtschaftliche Reserven im Überfluss, einschließlich einer vollen Ausstattung mit Waben, mit viel Brut und oft einem ansehnlichen Honigvorrat[166]. Angesichts dieser deutlichen Ungleichheit der Ressourcen zwischen dem Mutterköniginnen-Volk und den Schwesterköniginnen-Völkern erwartet man, dass ein schwärmendes Bienenvolk einen großen Teil seiner Arbeitskraft dem Schwarm zur Verfügung stellen müsste. Doch wie groß ist dieser Teil im Optimalfall?

Wir näherten uns dieser Fragestellung in zwei Schritten[167]. Zunächst erstellten wir ein Modell der genetischen Gesamtfitness („inclusive fitness") zur optimalen

Aufteilung der Arbeiterinnen zwischen den beiden Teilen eines Bienenvolkes. Dieses Modell basiert auf der Erkenntnis der Evolutionsbiologie, dass sich die Arbeiterinnen zwischen dem Mutterköniginnen-Volk und dem Schwesterköniginnen-Volk so verteilen sollten, dass der genetische Erfolg der Arbeiterinnen maximiert wird. Das Modell berücksichtigt dabei drei Aspekte: 1) den genetischen Verwandtschaftskoeffizienten (r) – den Verwandtschaftsgrad einer Arbeiterin mit den Nachkommen, die von jeder Königin produziert werden; 2) die Überlebenswahrscheinlichkeit eines Bienenvolkes im Winter, $s_{\text{Mutter}}(x)$ und $s_{\text{Schwester}}(x)$, falls Fraktion x der Arbeiterinnen des Ursprungsvolkes mit der Mutterkönigin ausfliegt; und 3) die erwartete reproduktive Fitness (Fortpflanzungserfolg) eines Bienenvolkes, $w_{\text{Mutter}}(x)$ und $w_{\text{Schwester}}(x)$, das den Winter überlebt hat und falls Fraktion x der Arbeiterinnen des Ursprungsvolkes mit der Mutterkönigin ausfliegt. Die Variable x ist die „Schwarmfraktion", die sich nur auf die *adulten* Arbeiterinnen im Ursprungsvolk bezieht, denn nur diese können entscheiden, wie sie sich zwischen dem Mutterköniginnen- und Schwesterköniginnen-Bienenvolk aufteilen.

Um dieses Modell zur Berechnung der optimalen Schwarmfraktion zu verwenden, mussten wir die Überlebenswahrscheinlichkeit[168] im Winter für Mutterköniginnen- und Schwesterköniginnenvölker als Funktion der Fraktionsgröße bestimmen. Dazu stellten wir im Juni 2008 von jedem der 15 Bienenvölker einen Kunstschwarm her. Wir entnahmen die Mutterkönigin mit jeweils einem Teil der Arbeiterinnen eines jeden Bienenvolkes (0,90, 0,60 oder 0,30), um sie in den Kunstschwarm einzusetzen. In jeder Versuchsgruppe (einer bestimmten Fraktionsgröße x) befanden sich fünf Bienenvölker. Nachdem wir jeden unserer Kunstschwärme in eine Beute mit 10 Rähmchen (die Rähmchen enthielten Wachs-Mittelwände) eingesetzt hatten, ließen wir sie alleine, damit sie Waben bauen, Futter sammeln und ihre Brut aufziehen konnten. Einmal im Monat, von Juli 2008 bis April 2009, überprüften wir jedoch jedes Bienenvolk, um sicherzustellen, dass sie noch lebten. Diese Arbeit ergab die folgenden Werte für die Überlebenswahrscheinlichkeit im Winter (p) für die Mutterköniginnen-Völker als Funktion der Fraktionsgröße (sf): $p = 0{,}80$, für $sf = 0{,}90$; $p = 0{,}20$, für $sf = 0{,}60$; und $p = 0{,}00$, für $sf = 0{,}30$. Für die Schwesterköniginnen-Bienenvölker betrugen die entsprechenden Winter-Überlebenswahrscheinlichkeiten 0,20, 0,40 und 0,40.

Basierend auf diesen Ergebnissen und unter der Annahme, dass die Funktion für den Reproduktionserfolg des Bienenvolkes in Abhängigkeit vom Schwarmanteil ($w(x)$) für Mutterköniginnen- und Schwesterköniginnen-Völker gleich ist, berechneten wir die Gesamtfitness eines schwärmenden Bienenvolkes als Funktion der

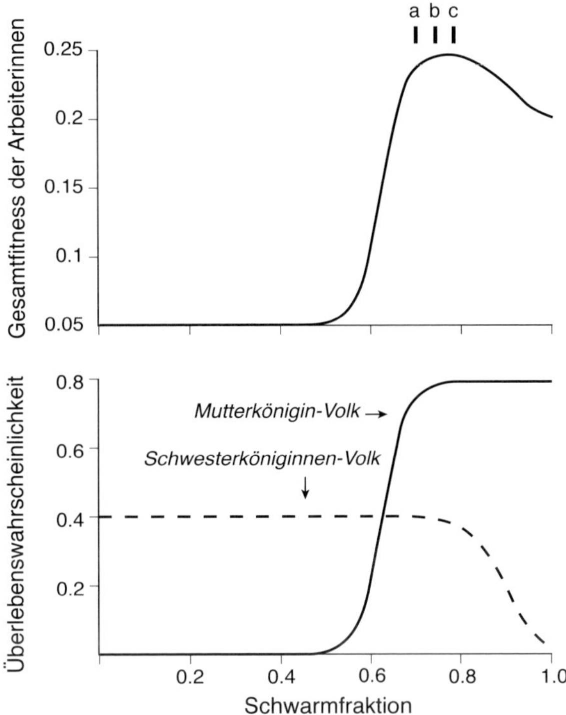

Abb. 7.9. *Oben*: Gesamtfitness als Funktion des Arbeiterinnenanteils in einem Mutterköniginnen-Bienenvolk. Sie hat ihr Maximum bei einem Schwarmanteil von 0,77. Die Markierungen (a, b, c) oben kennzeichnen die gemessenen Werte. *Unten*: Überlebenskurven für Mutterköniginnen- und Schwesterköniginnen-Völker in Abhängigkeit von der Schwarmfraktion. Die Kurven wurden mit den Ergebnissen aus einem Freilandversuch abgeglichen.

Schwarmfraktion. Die Ergebnisse sind in der Abbildung 7.9 wiedergegeben. Das Modell sagt voraus, dass die Gesamtfitness der Arbeiterinnen am höchsten ist, wenn die Schwarmfraktion 0,76–0,77 beträgt. Außerdem gibt es einen großen Bereich von Schwarmanteilen, von etwa 0,65 bis 0,80, in dem die Gesamtfitness eines schwärmenden Bienenvolkes relativ hoch ist. Was sind die tatsächlichen Schwarmgrößen, die man gefunden hat? Drei Studien[169] haben Mittelwerte für einen Schwarmanteil von 0,68, 0,72 und 0,75 ergeben, im Mittel also von 72 % der Arbeiterinnen eines schwärmenden Bienenvolkes.

Dass der vom Modell *prognostizierte* optimale Wert für den Schwarmanteil (0,76–0,77) sehr nahe am *beobachteten* Mittelwert für den Schwarmanteil (etwa 0,72) liegt, zeigt uns, dass die Arbeiterinnen tatsächlich ihren genetischen Erfolg (Gesamtfitness) maximieren, indem sie lieber mit der Mutterkönigin fortfliegen als mit einer Schwesterkönigin dazubleiben. Dies liegt zum Teil daran, dass der Verwandtschaftsgrad jeder Arbeiterin zu den reproduktiven Nachkommen (Königinnen und Drohnen) ihrer Mutter größer ist als zu ihren Schwestern (die zumeist nur Halbschwestern sind). Die starke Präferenz der Arbeiterinnen, mit ihrer Mutterkönigin zu gehen, wurde wahrscheinlich auch durch die natürliche Auslese gefördert, da das Mutterkönigin-Bienenvolk vor der gewaltigen Herausforderung steht, eine neue Kolonie aufzubauen, und dafür eine große Anzahl von Arbeiterinnen benötigt, um überhaupt eine Chance zu haben, bis zum nächsten Sommer zu überleben.

WILDE VERPAARUNG

Seit den 1950er-Jahren ist uns bekannt, dass Königinnen und Drohnen, die sich zu ihren Hochzeitsflügen[170] in die Lüfte schwingen, nicht wahllos in der Nähe ihrer Nester nach Mitgliedern des anderen Geschlechts suchen. Vielmehr unternehmen junge Königinnen und junge Drohnen ausgedehnte Flüge, um bestimmte Orte zu erreichen, die als Drohnensammelplätze bezeichnet werden. Dort treffen sie sich in einer Höhe von etwa 10–20 m, um sich in der Luft zu paaren. Die Drohnen beginnen gegen 13 Uhr mit dem Flug zu diesen luftigen Rendezvousplätzen, etwa eine Stunde vor der Ankunft der Königinnen, so dass normalerweise bereits eine ganze Schar von Drohnen an den jeweiligen Plätzen herumkreist, wenn die erste Königin eintrifft.

Es ist eine bemerkenswerte Tatsache, dass eine junge Bienenkönigin, die zum Hochzeitsflug aufbricht, ohne einen Tross von Arbeitsbienen zu ihrem Schutz reist. Da sie allein unterwegs ist, ist sie eine leichte Beute für Libellen und andere fliegenden Insektenfresser. Das bedeutet, dass ihr Hochzeitsflug nicht nur die intimste Zeit in ihrem Leben ist, sondern auch die gefährlichste. Daher überrascht es nicht, dass eine junge Königin in der Regel nur einen Hochzeitsflug unternimmt und ihn so kurz wie möglich hält – sie paart sich nur mit 10–20 Drohnen.

Die Orte, an denen sich die Jungköniginnen mit paarungsbereiten Drohnen treffen, scheinen über Jahre hinweg zu bestehen. In den österreichischen Alpen zum Beispiel gibt seit den 1960er-Jahren eine Gruppe gut untersuchter Drohnensammelplätze in der Nähe von Lunz am See, also seit mindestens 50 Jahren. Andere existieren ebenfalls seit Jahrzehnten. Einer befindet sich auf dem Campus der Cornell University. Er wurde in den 1960er-Jahren von Norman E. Gary entdeckt, als er Experimente durchführte, mit denen er nachwies, dass der Hauptbestandteil des Königinnen-Pheromons, (E)-9-Oxo-2-Decansäure, bei den Honigbienen als Sexuallockstoff[171] fungiert. In der Luft über diesem Drohnensammelplatz wimmelt es nur so von Drohnen – über einer ca. 100 × 100 m großen Rasenfläche in einem ansonsten bewaldeten Tal mit steilen Hängen nördlich der Veterinärmedizinischen Fakultät. An vielen sonnigen Nachmittagen im Juni habe ich hier im Gras gelegen und beobachtet, wie Drohnen die Königinnen verfolgten – wie Kometen (oder wie Kieselsteine, die ich mit meiner Steinschleuder abfeuerte) – und dabei durch den strahlend blauen Himmel schießen. Einmal fing ich eine begattete Königin ein, die auf die Erde gestürzt war. Mein erster Gedanke war, sie zur Bildung eines neuen Volkes zu verwenden, aber dann wurde mir klar, dass damit ein Bienenvolk verwaist bleiben würde. Also ließ ich die Königin nach Hause fliegen.

Fast alles, was wir heute über Drohnensammelplätze wissen, stammt von den Arbeiten zweier Brüder, den Professoren Friedrich und Hans Ruttner. Sie arbeiteten in den 1960er-und 1970er-Jahren in Österreich, und ihre Nachfolger, die Professoren Gudrun und Nikolaus Koeniger[172], setzten ihre Forschungsprojekte (sowohl in Österreich als auch in Deutschland) bis in die Gegenwart fort. Diese Forscher entdeckten, dass die „Dating-Plätze“ auffallend klare Grenzen haben können. An einem Sammelplatz fanden die Ruttners zum Beispiel heraus, dass, wenn sie eine in der Luft befindliche Königin – die in einem Käfig, der hoch oben in der Luft an einem Wasserstoffballon hing, eingesperrt war – nur um 30 Meter innerhalb eines Drohnensammelplatzes versetzten, sich damit die Anzahl der Drohnen, die um die eingesperrte Königin herum schwebten, auf ein Zehntel reduzierte. Außerdem stellten sie fest, dass in den bergigen Regionen, in denen sie ihre Studien durchführten, Königinnen und Drohnen sich offenbar auf dem Flug zu ihren Drohnensammelplätzen an niedrig gelegenen Punkten am Horizont orientierten, die sie als Führungspunkte mit maximaler Lichtintensität wahrnahmen, möglicherweise so lange, bis sie einen Ort erreichten, an dem die Lichtintensität am Horizont gleichmäßig war, und dort fingen sie dann an zu kreisen. Wie sich die Drohnensammelplätze letztendlich auf einer flachen Ebene bilden, bleibt ein Rätsel. Vielleicht sind die Drohnen ziemlich gleichmäßig über dem flachen Land verteilt und finden sich nur dann zusammen, wenn sie den verlockenden Duft einer Königin wahrnehmen und fliegen dann gegen den Wind dorthin, wo er herkommt.

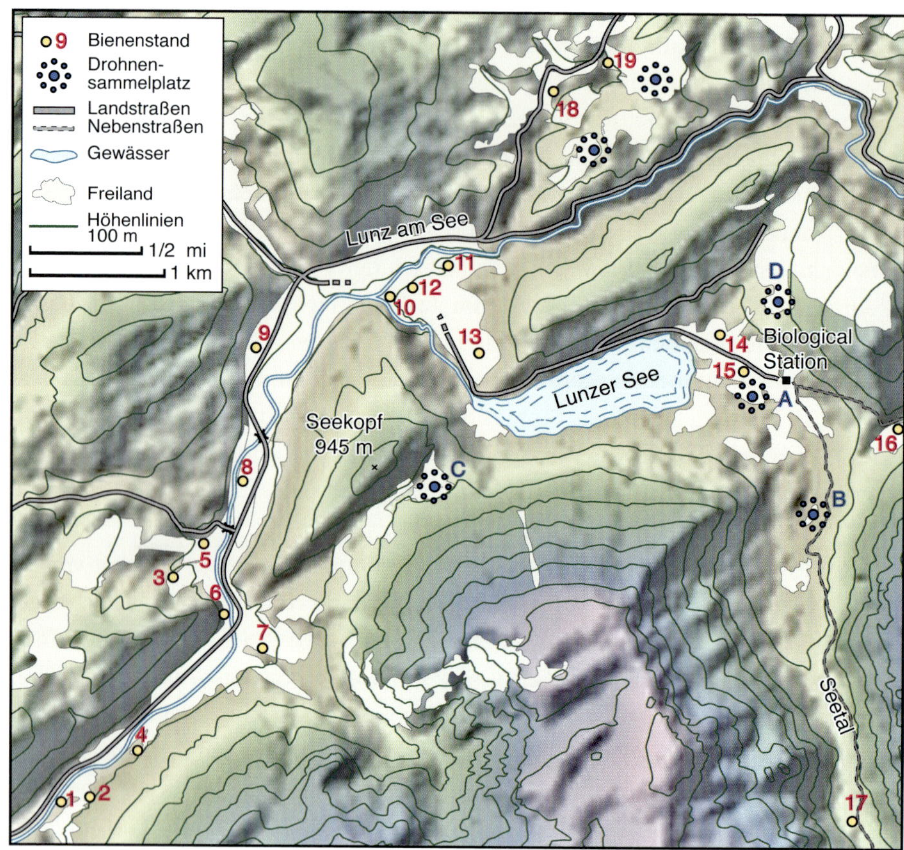

Abb. 7.10. Standorte der Drohnensammelplätze und Bienenstände in den Bergen um das Dorf Lunz am See in Österreich. Mithilfe der Rückfangmethode292 („mark and recapture") wurde festgestellt, dass die Drohnen von allen Bienenständen (außer Nummer 9) den zentralen Sammelplatz C in der Mitte der Karte aufgesucht hatten.

Zwei weitere Recherchen über das Paarungsverhalten der Honigbienen befassten sich mit der Dichte ihrer Drohnensammelplätze und den Entfernungen, die Königinnen und Drohnen auf ihren Flügen dahin zurücklegen. Eine intensive Suche, die in der Nähe von Erlangen in Süddeutschland durchgeführt wurde, entdeckte fünf Drohnensammelplätze (DCAs = Drone Congregation Areas) innerhalb eines kreisförmigen Gebietes von etwa 3 km^2. Die Dichte in diesem Gebiet betrug etwa 1,6 Sammelplätze pro Quadratkilometer. Die Ergebnisse einer ähnlichen Untersuchung in der Nähe von Lunz am See in Österreich, ist in Abbildung 7.10 dargestellt. Die hier gefundene Dichte ist deutlich geringer als in der Nähe von Erlangen, nämlich nur rund 0,1 Drohnensammelplatz auf 10 km^2.

Schaut man sich die Flugstrecken an, so steht fest, dass sowohl die Königinnen als auch die Drohnen große Entfernungen[173] zurücklegen, um Drohnensammelplätze zu erreichen. Dabei paaren sich die Königinnen meistens 2 bis 3 km von ihrem Zuhause entfernt, während die Drohnen 5 bis 7 km oder mehr zurücklegen, um eine paarungsbereite Königin zu finden. Der vielleicht eindrucksvollste Beweis für die weiten Paarungsflüge der Drohnen entstand bei einer groß angelegten Rückfangstudie („mark-and-recapture study"), die Friedrich und Hans Ruttner Mitte der 1960er-Jahre in den österreichischen Alpen durchführten.

Ihr Untersuchungsgebiet befand sich in der Nähe der Stadt Lunz am See, wo sie in den vorangegangenen Jahren sechs Drohnensammelplätze entdeckt hatten und Zugang zu Bienenvölkern hatten, die an 19 in der Umgebung verstreuten Bienenständen lebten (siehe Abb. 7.10). Zunächst suchten sie alle Bienenstände auf, um Tausende von Drohnen zu markieren, jede mit einer für das Bienenvolk spezifischen Farbmarkierung. Anschließend fingen sie die Drohnen auf zwei der sechs bekannten Drohnensammelplätze in der Region ein. Ihre Fangmethode sah folgendermaßen aus: Sie ließen eine Königin in einem kleinen Plastikkäfig, der an einem mit Wasserstoff gefüllten Ballon befestigt war, in die Höhe steigen. Dann warteten sie, bis eine Ansammlung von Drohnen sie umkreiste, und ließen sie langsam hinunter, bis sie die von der Königin angelockten Drohnen mit einem langstieligen Insektennetz einzusammeln konnten. Erstaunlich war dabei, dass sie am Drohnensammelplatz C, der in einem tiefen Tal im Zentrum des Untersuchungsgebiets liegt, Drohnen von 18 der 19 Bienenstände aus der Region einfangen konnten. Der einzige Bienenstand, der nicht unter den eingefangenen Drohnen vertreten war – Stand Nr. 9 –, war zwar nur 1,6 km von diesem Drohnensammelplatz entfernt, jedoch durch einen mehr als 300 m hohen Berg, den Seekopf, von ihm getrennt. Die Ruttners machten auch Angaben darüber, wie viele ihrer gefangenen Drohnen von den jeweiligen Bienenständen stammten. Aus diesen Daten habe ich die durchschnittlichen Flugdistanzen der Drohnen berechnet, die sie in den Sammelplätzen B und C gefangen hatten: 3,0 km bzw. 2,3 km. Der längste Paarungsflug, den sie ermittelten, war ein Ausflug eines Drohns vom Bienenstand 17 zum Drohnensammelplatz C. Dabei flog er entweder eine 3,9 km lange Luftlinie über die Berge oder (was wahrscheinlicher ist) um die Berge herum über eine etwa 6 km lange, gebogene Route durch das langgestreckte Tal (das Seetal), die zum See führt.

Unterstützt werden diese Erkenntnisse über die beeindruckenden Flugstrecken beim Paarungsflug der Drohnen in den österreichischen Alpen durch das, was Donald F. Peer[174] in den 1950er-Jahren in kanadischen Provinz Ontario herausfand. Er untersuchte den Aktionsbereich bei der Paarung von Honigbienen, indem er Bienenvölker in einer Region mit ausgedehnten Nadelwäldern aufstellte, in denen es außer seinen Versuchsvölkern keine anderen Völker gab. Er errichtete einen Bienenstand mit 20 Bienenvölkern, die nur Drohnen mit dem Cordovan-Allel produzierten, einer rezessiven Farbmutation. Außerdem stellte er kleine Bienenvölker (Begattungskästchen) auf, von denen keines Drohnen hatte, aber je eine junge Königin mit einem genetischen Marker enthielt, sie war reinerbig (homozygot) für die Cordovan-Mutation. Um Daten über die Reichweite der Begattungsflüge zu erhalten, stellte er seine Begattungskästchen, die mit jungen Königinnen bestückt waren, in verschiedenen Entfernungen von seinen Drohnenvölkern auf. Er stellte fest, dass keine einzige der 22 Königinnen, die 19,3 oder 22,6 km von den Bienenvölkern mit Drohnen entfernt waren, erfolgreich begattet wurde, doch die meisten Königinnen, die 16 km oder weniger Entfernung aufgestellt waren, paarten sich erfolgreich, und zwar nur mit Männchen, die das Cordovan-Allel trugen (also aus seinem Bienenstand). Auch wenn Peers beeindruckende Ergebnisse die maximale, aber nicht typische, Reichweite der Paarungsflüge offenbaren, deutet die Tatsache, dass Honigbienen so große Paarungsbereiche haben, darauf hin, dass starke Auskreuzungen bei *Apis mellifera* mit schon fast die Regel sind.

IST POLYANDRIE IN FREIER NATUR WENIGER AUSGEPRÄGT?

Polyandrie[175] – das Verhalten, dass sich ein Weibchen mit mehreren Männchen paart – ist bei Insekten nicht sehr verbreitet, kommt aber bei allen Arten von Honigbienen in erstaunlich hohem Ausmaß vor. Der Grad der Polyandrie von *Apis mellifera*-Königinnen wurde gemessen, indem man die Genotypen der Arbeiterinnen in Bienenvölkern untersuchte, um festzustellen, wie viele verschiedene Samenspender notwendig sind, um die genetische Vielfalt dieser Arbeiterinnen zu erklären. Forschungsergebnisse[176] zeigen, dass sich eine Königin sich im Durchschnitt mit 12 Drohnen verpaart. Warum sind die Königinnen der Honigbienen so promiskuitiv? Wir wissen, dass dieses Verhalten nicht nötig ist, um die lebenslange Versorgung einer Königin mit Sperma sicherzustellen. Das durchschnittliche Ejakulat eines Drohns enthält etwa 11 Millionen Spermien[177], so dass die Gesamtzahl der Spermien, die eine Königin bei einem Begattungsflug aufnimmt, mehr als 100 Millionen betragen kann. Allerdings speichert eine Königin in ihrem Speicherorgan für die Spermien (der Spermathek) normalerweise nur etwa 5 Millionen Spermien – und zwar als zufällige Auswahl aus der Menge, die sie erhalten hat. Heute kennen wir den Grund, warum sich eine Königin mit einem Dutzend Drohnen paart und dann ihr Sperma hortet: Die befruchteten Eier, die sie legt, sollen genetisch vielfältige Arbeiterinnen hervorbringen. Zahlreiche Studien haben gezeigt, dass eine hohe genetische Vielfalt unter den Arbeiterinnen dem Bienenvolk viele Vorteile bietet. Dazu gehören eine größere Widerstandsfähigkeit gegen Krankheiten, eine höhere Temperaturstabilität im Brutnest und eine bessere Erfassung von Nahrungsquellen durch eine ausgedehntere und effizientere Futtersuche. Wie genau die Erhöhung der genetischen Vielfalt eines Bienenvolkes dessen Effektivität steigert, hat Heather R. Mattila im Anschluss an ihre Promotion in Cornell eingehend erforscht. Ein Zweig ihrer Forschungsaktivität konzentrierte sich auf die Fähigkeiten der Bienenvölker bei der Futtersuche. Dazu verglich sie die Aktivitäten einzelner Sammlerinnen in Bienenvölkern mit mehreren Vaterlinien mit denen, die nur eine Vaterlinie haben – Bienenvölker also, deren Königinnen entweder mit einer Mischung aus Samen, der von 10 Drohnen gesammelt wurde, oder mit der gleichen Samenmenge von nur einem Drohn instrumentell befruchtet wurden. Heather fand heraus, dass die Bienenvölker mit mehreren Vaterlinien davon profitierten, dass sie durch höhere soziale Aktivierung[178], d. h. durch Arbeitsbienen, die als Sammlerinnen (und Schwänzeltänzerinnen) für die „Frühschicht" verpflichtet wurden, also früh am Morgen mit der Futtersuche begannnen, die Anstrengungen ihres Bienenvolkes bei der Futtersuche steigern konnten. Diese Bienen mit hoher sozialer Beteiligung gehörten nur wenigen Vaterlinien aus den Bienenvölkern mit mehreren Vaterlinien an, sie fehlten aber meistens in den Bienenvölkern mit nur einer Vaterlinie.

Alle Schätzwerte für die Paarungshäufigkeit von Königinnen der europäischen Unterarten von *Apis mellifera*, die entweder in Europa oder Nordamerika leben, basierten bis vor kurzem auf Untersuchungen von Arbeiterinnen aus bewirtschafteten Völkern in Bienenständen, das heißt von solchen Bienenvölkern mit Königinnen, die ihre Hochzeitsflüge wahrscheinlich in Gebieten durchführten, wo Drohnen im Überfluss vorhanden waren. Ich habe mich gefragt, ob man diese Schätzwerte für die Paarungshäufigkeit auf die in freier Natur lebenden Königinnen, deren Völker weit verteilt sind, übertragen kann. Paaren sich die Königinnen seltener, wenn die Dichte der Bienenvölker geringer ist und es weniger potenzielle Partner gibt? Um diese Frage zu beantworten, schloss ich mich mit zwei Kollegen – David R. Tarpy

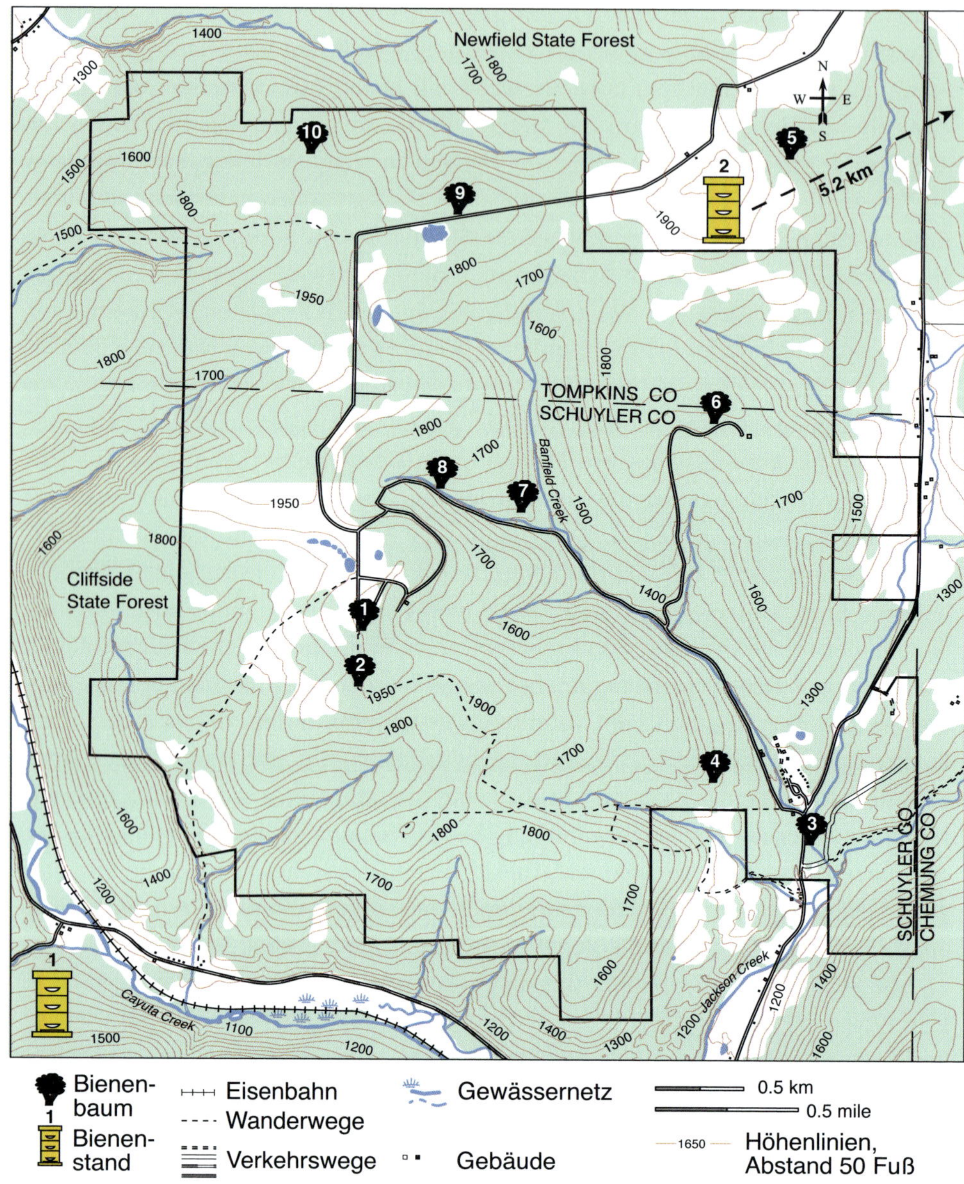

Abb. 7.11. Karte des Arnot Forest und der angrenzenden Gebiete mit den Standorten der 10 Bienenvölker, die im August 2011 gefunden wurden, und von den zwei nächstgelegenen Bienenständen außerhalb des Arnot Forest.

von der North Carolina State University und Deborah A. Delaney von der University of Delaware – zusammen, um mit ihnen die Paarungshäufigkeit[179] der Königinnen in den Bienenvölkern im Arnot Forest zu bestimmen.

Der erste Schritt zu dieser Arbeit erfolgte im August 2011, als ich zusammen mit Sean R. Griffin, einem Studenten aus Cornell, mithilfe der in Kapitel 2 beschriebenen Technik der Bienenjagd („bee lining") 10 Bienenvölker lokalisierte, die im oder nahe am Rande des Arnot Forest leben (Abb. 7.11). Um Proben von mindestens 100 Arbeiterinnen von jedem Baumbienenvolk zu sammeln, fingen wir Bienen an unserer Futterstation. Wir fingen diese Bienen erst, als wir uns dem Bienenbaum bis auf 100 m genähert hatten. Ab da wurde unsere Futterquelle vollständig von Sammlerinnen aus dem nahegelegenen Bienenvolk dominiert (was durch nachfolgende genetische Analysen bestätigt wurde).

Da wir die Begattungshäufigkeiten der Königinnen unserer *wilden* Bienenvölker mit denen der Königinnen der nächstgelegenen, jedoch *bewirtschafteten* Völker vergleichen wollten, sammelten wir im August 2011 auch etwa 100 Arbeiterinnen aus jeder der 20 bewirtschafteten Kolonien, und 10 jeweils in den beiden Bienenständen, die dem Arnot Forest am nächsten lagen. Der Bienenstand Nr. 1 befand sich nur 1,0 km von der südwestlichen Grenze des Arnot Forest entfernt (siehe Abb. 7.11) und wurde im Mai 2011 von einem kommerziellen Imker neu eingerichtet. Seine Völker waren mit jungen Königinnen bestückt, die im Frühjahr von einem Königinnenzüchter in Kalifornien gekauft worden waren. Daher waren wir zuversichtlich, dass die von diesen 10 Bienenvölkern entnommenen Arbeiterinnen Informationen über die Paarungshäufigkeit der kommerziell gezüchteten Königinnen lieferten. Der andere Bienenstand (Nr. 2) befand sich 5,2 km nordwestlichen Ecke des Arnot Forest. Derselbe kommerzielle Imker, der im Mai 2011 den ersten Bienenstand aufstellte, hatte auch Anfang der 2000er-Jahre den zweiten Bienenstand errichtet. Von Zeit zu Zeit versorgte er die Bienenvölker des 2. Bienenstandes mit neuen Königinnen, die er von demselben Züchter in Kalifornien bezog, von dem auch die Königinnen von Bienenstand Nr. 1 stammten. Es war praktisch, diese beiden Bienenstände in der Nähe des Arnot Forest zu haben, denn sie ermöglichten es uns, die Paarungshäufigkeit von Königinnen aus wilden und bewirtschafteten Bienenvölkern zu vergleichen, die an einem ähnlichen Standort lebten. Es war jedoch gleichzeitig beunruhigend, dass Bienenstand Nr. 1 nur einen Kilometer von der südwestlichen Grenze des Arnot Forest entfernt lag, denn seine Gegenwart hatte das Potenzial, die Genetik der Bienen in diesem Wald zu verändern. Meine Besorgnis war jedoch nur von kurzer Dauer, denn ein Schwarzbär zerstörte diesen Bienenstand im November 2011, woraufhin der Standort aufgegeben wurde.

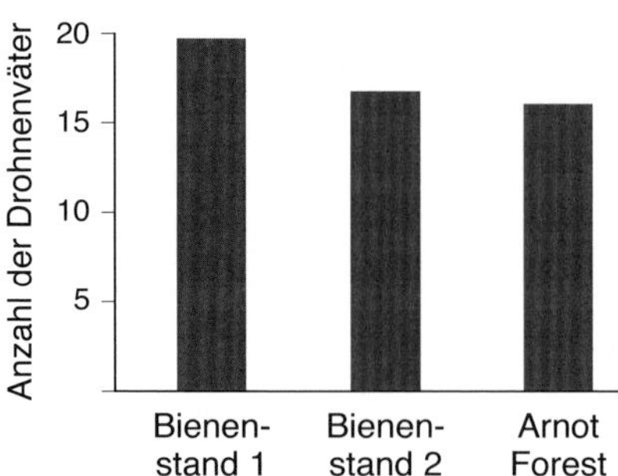

Abb. 7.12. Durchschnittliche Paarungshäufigkeit von 10 Königinnen, die aus den drei Gruppen entnommen wurden: die zwei Bienenstände, die dem Arnot-Forest am nächsten liegen, und die Population der wilden Bienenvölker, die in diesem Wald leben. Die Königinnen des Bienenstandes Nr. 1 wurden in Kalifornien, im Betrieb eines großen, kommerziellen Königinnenproduzenten, aufgezogen und besamt.

Als David Tarpy und Deborah Delaney eine Vaterschaftsanalyse an 1089 Arbeitsbienen durchführten, die ich von diesen 30 Völkern eingesammelt hatte – es waren im Durchschnitt 36,3 Individuen pro Volk – fanden sie keine signifikanten Unterschiede in der mittleren Anzahl der Drohnenväter (Samenspender) pro Königin unter den drei Gruppen der Königinnen (Abb. 7.12). Die mittlere Begattungshäufigkeit der Königinnen an Bienenstand Nr. 1 (19,8 Drohnen) und an Bienenstand Nr. 2 (16,6 Drohnen) unterschied sich statistisch nicht von der der Königinnen im Arnot Forest (15,9 Drohnen).

Die Ergebnisse zeigen, dass Königinnen, die in wilden und weit verstreuten Bienenvölkern leben, sich nicht unbedingt mit weniger Drohnen paaren als Königinnen, die in bewirtschafteten und dicht beieinander stehenden Bienenvölkern leben. Auch wenn Bienenvölker weit über das Land verteilt liegen, finden sich ihre Königinnen und Drohnen an einigen wenigen speziellen Orten – den Drohnensammelplätzen – zusammen, wenn der Zeitpunkt für die Begattung gekommen ist. Fazit: Die geringe Dichte von Bienenvölkern in einer Wildpopulation führt nicht zwangsläufig zu einer geringen Drohnendichte an den Orten, an denen die Königinnen begattet werden. Das ist wenig überraschend, denn bevor der Mensch begann, das Leben der Honigbienen zu regeln, lebten Bienenvölker ebenso weit verstreut. Daher muss die natürliche Auslese jene geheimnisvolle Fähigkeit von Bienenköniginnen und Drohnen in starkem Maße begünstigt haben, die sie dazu befähigt, loszufliegen und Individuen anderer Bienenvölker zu finden, mit denen sie ihre Liebesaffären pflegen.

8

NAHRUNGSERWERB

Oft hab ich gestaunt, wie du ohne Tadel
Aus deiner Wohnhöhle kommst geflogen.
Schwebst scheinbar mühelos voller Adel
Vom Berg in das Tal, vom Fluss zu den Wogen.
Thomas Smibert[180]*, The Wild Earth-Bee, 1851*

Gewöhnlich stellen wir uns ein Bienenvolk als einen Familienverband vor, der in einem Bienenstock oder einem hohlen Baum lebt. Denkt man einen Augenblick darüber nach, erkennt man jedoch, dass viele Bienen dieses Volkes tagsüber weit verstreut in der umliegenden Landschaft unterwegs sind, wo sie sich abrackern, um Nahrung für ihr Volk zu sammeln. Dafür fliegt jede Sammelbiene bis zu 14 km[181] weit zu einem Blumenfeld, sammelt eine Ladung Nektar oder Pollen (oder beides, Abb. 8.1) und fliegt dann zum Stock zurück, wo sie schnell ihre Nahrung ablädt und sich auf ihren nächsten Sammelflug begibt. An einem normalen Tag schickt eine Kolonie mehrere Tausend Arbeiterinnen – das entspricht etwa einem Drittel[182] des Volkes – als Nahrungssammlerinnen los. Bei der Nahrungssuche wirkt eine Honigbienenkolonie wie eine große, diffuse, amöbenartige Einheit, die sich über große Entfernungen und gleichzeitig in verschiedene Richtungen ausdehnen kann, um ein riesiges Angebot von Nahrungsquellen zu erschließen. Um erfolgreich den benötigten Pollen und Nektar zu sammeln, muss ein Bienenvolk die Trachtquellen in seiner Umgebung im Auge haben und seine Sammelbienen vernünftig einsetzen, damit die Futtersuche effizient ist – in ausreichender Menge und in der richtigen Nährstoffzusammensetzung. Das Volk muss die eingetragene Nahrung sinnvoll zwischen dem aktuellen Verbrauch und der Vorratshaltung für den zukünftigen Bedarf aufteilen. Ferner muss es diese Leistung angesichts sich ständig ändernder Bedingungen erbringen, und zwar sowohl außerhalb des Nestes, wenn Sammelgelegen-

Abb. 8.1. Eine Arbeitsbiene auf dem Heimflug, mit gelbgrünem Pollen an ihren Hinterbeinen und einer Ladung Nektar in ihrem Kropf (Honigmagen), was an ihrem geschwollenen und durchscheinenden Hinterleib zu erkennen ist.

heiten auftauchen und wieder verschwinden, als auch innerhalb des Nestes, wo sich der Nährstoffbedarf eines Volkes je nach Jahreszeit verändert. In diesem Kapitel werden wir sehen, wie ein wildlebendes Bienenvolk diese Herausforderungen bewältigt.

DER HAUSHALT EINER WILDLEBENDEN KOLONIE

Neben frischer Luft benötigt ein Bienenvolk nur vier Rohstoffe zum Lebensunterhalt: Pollen, Nektar, Wasser und Baumharz (Abb. 8.2). Pollen ist der nährstoffreichste Posten auf der kurzen Einkaufsliste der Bienen. Er liefert die Aminosäuren, Fette, Mineralien und Vitamine, die Bienenlarven brauchen, um sich richtig entwickeln zu können, und die die erwachsenen Bienen brauchen, damit ihr Organismus richtig arbeiten kann. Die Ammenbienen in einem Bienenvolk sind zum Beispiel darauf angewiesen, dass in der Nähe des Brutnestes mit Pollen gefüllte Zellen vorhanden sind, denn wenn in ihrer Nahrung Pollen fehlt, verkümmern die Futtersaftdrüsen (Hypopharynxdrüsen) und sie sind nicht mehr fähig, den Nachwuchs ihres Bienenvolkes zu füttern.

Das Bestreben der Ammenbienen, Pollen[183] in der Nähe der Brut einzulagern, wird verständlich, wenn man in einen Schau-Bienenkasten mit Glaswänden hineinschaut und eine Pollensucherin beobachtet, die gerade mit zwei bunten Pollenkügelchen an den Hinterbeinen nach Hause kommt. Man erkennt, dass sie an den Rändern des Brutnestes entlang schaut, um eine Zelle zu finden, in der sie ihren Pollen abladen kann. Sobald sie eine geeignete Speicherzelle gefunden hat, steht sie dort etwa 10 Sekunden lang und stößt mit der Spitze ihres Hinterleibs hinein, gleichzeitig reibt sie ihre Hinterbeine kräftig aneinander, um ihre Pollenladungen abzustreifen. Diese Sorgfalt beim Abladen, die von allen Sammelbienen, die mit dem Sammeln von Pollen beschäftigt sind, praktiziert wird, schafft ein sauberes Band von pollengefüllten Zellen nahe am Brutnest, den Pollenkranz.

Andere Futtersammlerinnen tragen keine Pollenhöschen an den Hinterbeinen, wenn sie in den Stock zurückkommen, sondern landen mit einem auffällig geschwollenen Hinterleib am Nesteingang. Wenn man eine dieser Bienen erwischt, bevor sie im Nest verschwindet, und sie dann ruhig an den Flügeln festhält und den Hinterleib vorsichtig mit einer Pinzette zusammendrückt, sieht man, wie sie einen Tropfen klarer oder blassgelber Flüssigkeit absondert. Eine Analyse der Zusammensetzung dieser Flüssigkeit zeigt, dass es sich um eine konzentrierte Zuckerlösung – hauptsächlich aus Glukose, Fruktose und Saccharose – handelt, das ist also der Nektar, der Hauptlieferant der Kohlenhydrate für die Bienen. Allerdings sind nicht alle Bienen, die mit einem prallen Hinterleib nach Hause zurückkehren, Nektarsucherinnen. Ein kleiner Prozentsatz trägt eine Ladung von fast reinem Wasser in sich. Das sind die Wassersammlerinnen[184], die von einer Pfütze, einem Bach oder einer anderen geeigneten Wasserquelle zurückkehren. Sowohl Nektar- als auch Wassersammlerinnen würgen den Inhalt ihrer Honigmägen aus und geben ihn an die im Nest arbeitenden Bienen ab (Abb. 8.3). Dazu öffnet die Biene beim Entladen der Flüssigkeit ihre Mandibeln weit und sondert einen Flüssigkeitstropfen ab, der auf ihrem gefalteten Rüssel (der Zunge) sitzt. Die Biene, die die Flüssigkeit aufnimmt, fährt ihren Rüssel bis zur vollen Länge aus und trinkt den Tropfen. Die Nektar- und Wasserabnehmerinnen sind meist mittelalte[185] Bienen. Diejenigen, die den Nektar annehmen (Nektarabnehmerinnen), verteilen einen Teil dieser frischen Nahrung an andere zum sofortigen Verbrauch, aber den größten Teil verarbeiten sie zu Honig für den späteren Bedarf. Diejenigen, die Wasser aufnehmen (Wasserabnehmerinnen), verteilen es entweder über die Waben, um das Nest zu kühlen, oder teilen es

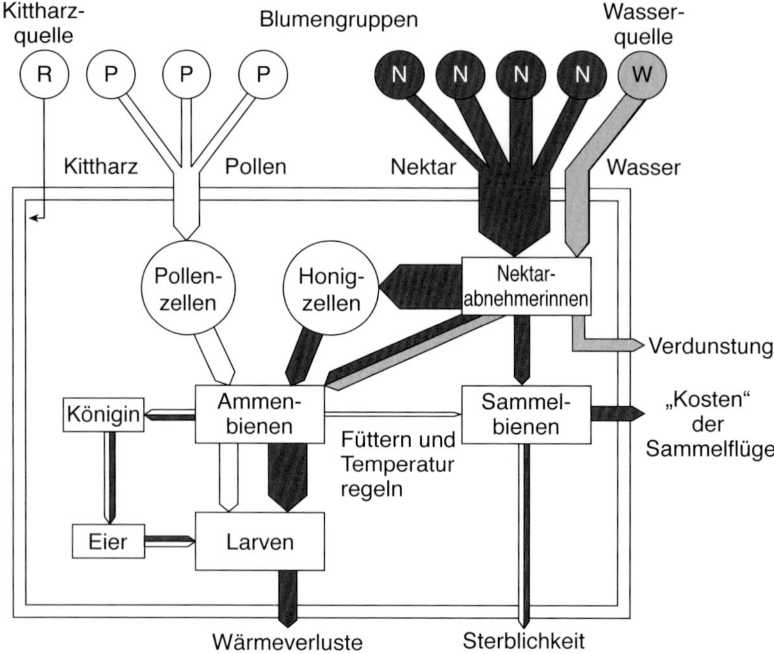

Abb. 8.2. Stoffflüsse in einem Bienenvolk an einem Sommertag. Die Breite der Pfeile ist proportional zur Menge der jeweils fließenden Stoffe. Die Stoffe sammeln sich in den heranwachsenden Larven an, um die Populationsstärke des Bienenvolkes zu erhöhen, und in den Pollen- und Honigzellen als Energievorrat für Regentage und Winter.

unter den Ammenbienen auf. Das Sammeln von Wasser für die Ammenbienen geschieht am häufigsten im zeitigen Frühjahr, wenn das Bienenvolk von Honig und gespeichertem Pollen lebt und die Ammenbienen des Volkes Wasser benötigen, um ihren Wasserhaushalt auszugleichen, während sie entsprechend verdünntes Futter für die Larvenbrut des Volkes zubereiten.

Pollen, Nektar und Wasser sind die Stoffe, die am häufigsten von den Futtersammlerinnen eines Bienenvolkes gesammelt werden. Aber im Spätsommer und Frühherbst, wenn man den Eingang eines Bienenstocks genau beobachtet, kann man auch einige Bienen beobachten, die mit glänzenden braunen Ladungen von Baumharz in ihren Pollenkörbchen in den Stock zurückkehren (Abb. 5.15). Wie in Kapitel 5 beschrieben, stopfen die Bienen dieses klebrige Material in Risse und

Abb. 8.3. Eine Nektarsammlerin mit prall gewölbtem Hinterleib (rechts) kehrt in ihr Nest zurück und erbricht ihre Nektarladung an eine Nektarabnehmerin (links), die ihre Zunge zwischen die Mundwerkzeuge der Sammlerin gesteckt hat.

kleine Löcher in den Wänden ihrer Nisthöhle, wodurch ihr Heim wetterfest wird und leichter zu verteidigen ist. Wir haben auch gesehen, dass sie dieses Harz zur Beschichtung der Wände ihrer Nesthöhle verwenden, da es über antimikrobielle Eigenschaften verfügt, die die Gesundheit des Bienenvolkes fördern.

Was nun folgt, ist ein quantitativer Blick auf das Sammeln von Nektar und Pollen bei einem Bienenvolk, wobei der Schwerpunkt auf den Gesamtmengen dieser beiden Substanzen liegt, die eine Kolonie im Laufe eines Jahres verbraucht. Dieser Überblick zeigt, dass die Futtersuche selbst für ein relativ kleines wildlebendes Volk ein gewaltiges Unterfangen ist. Wir werden uns hier auf die Themenbereiche Nektar und Pollen im Haushalt eines Bienenvolkes konzentrieren, denn das Thema Harz wurde bereits in Kapitel 5 untersucht und das Thema Wasser folgt in Kapitel 9, wenn wir uns mit der Thermoregulation des Nestes befassen.

Die meisten Studien, die sich mit dem Verbrauch von Nektar und Pollen befassen, haben Bienenvölker im Blickfeld, die für die Honigproduktion bewirtschaftet werden. Da sich dieses Buch jedoch mit dem Leben von wilden Bienenvölkern befasst, werden wir uns auf meine Erfahrungen konzentrieren, die ich bei Untersuchungen an nicht bewirtschafteten oder simulierten wilden Bienenvölkern gewonnen habe. Es handelte sich um Bienenvölker, die ich in Bienenstöcken von der Größe natürlicher Nisthöhlen untergebracht und dann drei Jahre lang – hauptsächlich durch wöchentliches Wiegen – überwacht habe. Ich habe in Kapitel 6 schon berichtet, dass ich diese Arbeit in den frühen 1980er-Jahren durchgeführt habe, als ich in der Stadt New Haven im Bundesstaat Connecticut[186], etwa 400 km östlich von Ithaca, lebte. Die Populationen meiner simulierten wilden Völker reichten von einem Minimum von etwa 8000 erwachsenen Bienen im Spätwinter (März) bis zu einem Maximum von etwa 30 000 erwachsenen Bienen im Frühjahr (Mai/Juni), kurz bevor sie Schwärme produzierten. Diese Völkergröße entspricht einer Biomasse von etwa 1 bzw. 4 kg.[187] Da Bienenvölker eine beachtliche Masse haben und große Mengen an Nahrung verbrauchen, konnte ich den Nahrungsverbrauch meiner Bienenvölker fast das ganze Jahr über verfolgen, indem ich die Veränderungen des Gesamtgewichts, ihrer Nahrungsreserven und ihrer Nester beobachtete. (Im Folgenden bezeichne ich die Summe dieser drei einzelnen Gewichte als „[Bienen-] Stockgewicht".) Zwischen Ende September und Ende April sammelten diese Bienenvölker nur wenig oder gar keine Nahrung, sodass das Stockgewicht stetig fiel, solange sie ihre Honig- und Pollenvorräte verbrauchten. Wie ebenfalls in Kapitel 6 besprochen wurde, betrug die Gesamtmasse des verbrauchten Winterfutters bei jedem Volk im Durchschnitt etwa 25 kg, wovon etwa 1 kg aus Pollen und der Rest aus Honig bestanden.

Die Bestimmung des Gesamtverbrauchs an Honig und Pollen in einem Bienenvolk im Sommer – Ende April bis Ende September in New York und Neuengland – ist komplizierter als im Winter, da nun Ressourcen in das Bienenvolk hineinfließen, die den Gewichtsverlust im Volk selbst durch den Nahrungsverbrauch ausgleichen. Glücklicherweise kam es im Sommer zu längeren Perioden mit kühlem, regnerischem Wetter, in denen die Bienen nicht nach Nahrung suchten. Die Verluste beim Stockgewicht in dieser Zeit zeigen den Anteil der verbrauchten Ressourcen im Sommer an. (Hinweis: Diese Gewichtsverluste dürften den Anteil des Futterverbrauchs deutlich zu niedrig ansetzen. Der Grund liegt darin, dass verbrauchte Honig- und Pollenressourcen in Brut umgewandelt werden und so nicht in den Verlusten des Stockgewichtes enthalten sind.). Der Rückgang des Stockgewichtes bei Regenwetter lag zwischen 1,0 und 4,0 kg pro Woche, betrug also im Durchschnitt etwa 2,5 kg pro Woche. Wenn ich die Sommersaison mit einer Dauer von 22 Wochen (Ende April bis Ende September) veranschlage, schätze ich die Gesamtmasse der Ressourcen, die während des Sommers von einem Bienenvolk in New York oder Neuengland verbraucht werden, auf etwa 2,5 kg pro Woche × 22 Wochen = 55 kg. Der Pollenanteil an dieser Gesamtmasse kann geschätzt werden, wenn man in Rechnung stellt, dass etwa 130[188] mg Pollen zur Aufzucht einer Biene benötigt werden und dass

Abb. 8.4. Eine Sammlerin sammelt Pollen in den Blüten der Raublatt-Aster (*Symphyotrichum novae-angliae*).

die durchschnittliche Population eines Bienenvolkes im Verlauf eines Sommers etwa 30 000 Bienen enthält. Wenn man davon ausgeht, dass eine Arbeiterin[189] etwa einen Monat im Sommer lebt, können wir abschätzen, dass ein wildes Bienenvolk in New York oder Neuengland während der fünfmonatigen Sommersaison jedes Jahr etwa 150 000 Bienen aufzieht. Wenn ein Volk also für die Aufzucht einer einzelnen Biene rund 130 mg Pollen verbraucht, benötigt es jeden Sommer etwa 150 000 × 130 mg = 20 kg Pollen für die Brutaufzucht.

Kurzgefasst: Ich schätze den jährlichen Nahrungsverbrauch[190] eines wilden Bienenvolkes in meiner Gegend auf etwa 20 kg Pollen und 60 kg Honig (25 im Winter und 35 im Sommer). Dies sind natürlich nur grobe Schätzungen; die exakten Werte variieren je nach der Größe des Volks, dem lokalen Klima und dem Nahrungsangebot. Vergleichbare Zahlen für Bienenvölker, die in Europa und Nordamerika für die Honigproduktion bewirtschaftet werden, legen wesentlich höher. Sie ziehen schätzungsweise 150 000 bis 250 000 Bienen im Jahr auf und verbrauchen jährlich 20 bis 35 kg Pollen und 60 bis 80 kg Honig.

Die Anzahl der Sammelflüge, die für den Eintrag des Materials erforderlich sind, das ein Wildvolk verbraucht, und die Wirtschaftlichkeit bei der Futtersuche lassen sich relativ leicht berechnen. Was den Pollen betrifft – die übliche Pollenladung wiegt etwa 15 mg –, sind für das Sammeln von 20 kg Pollen etwa 1,3 Millionen Trachtflüge notwendig. Bei einer durchschnittlichen Flugstrecke von 4,5 km (für den Hin- und Rückflug), Flugkosten von 6,5 Joules pro Kilometer und einem Brennwert von 14 250 Joule pro Gramm Pollen ergeben sich Gesamtkosten für einen Pollensammelflug von etwa $3{,}8 \times 10^7$ Joule ($1{,}3 \times 10^6$ Flüge × 4,5 km pro Flug × 6,5 Joules pro km) und für den Pollen einen Brennwert von fast $2{,}9 \times 10^8$ Joules. Diese Zahlen erschließen eine Energierückgewinnungsrate der Arbeiterinnen beim Pollensammeln von etwa 8 : 1 (Abb. 8.4).

Parallel kann man Berechnungen über die Anzahl der Trachtflüge anstellen, die für die Produktion von 60 kg Honig erforderlich sind, die ein Bienenvolk in einem Jahr konsumiert. Da wir wissen, Nektar eine etwa 40 %ige Zuckerlösung ist, während der Zuckergehalt beim Honig bei mehr als 80 Prozent liegt, und eine typische Nektarladung etwa 40 mg wiegt, können wir daraus berechnen, dass die Produktion von 60 kg Honig etwa 3 Millionen Trachtflüge erfordert. Wenn man mit diesen Zahlen[191] weiterrechnet, kommt man bei den Arbeiterinnen, die Nektar eintragen, auf eine Energierückgewinnungsrate von etwa 10:1.

Diese Zahlen verdeutlichen, dass der Nahrungserwerb bei einem wilden Bienenvolk, das in kalten Klimaregionen lebt, jedes Jahr ein enormes Unterfangen ist. Jedes einzelne Volk können wir uns als einen Organismus vorstellen, der 1–5 kg wiegt, 150 000 Bienen aufzieht und jährlich etwa 20 kg Pollen und rund 60 kg Honig verbraucht. Um solche Mengen an Nahrung einzutragen, die in Form von winzigen, weit verteilten Päckchen in Blumen verborgen ist, muss ein Bienenvolk seine Arbeiterinnen auf etwa 4 Millionen Trachtflüge schicken, wobei die Sammlerinnen insgesamt eine Strecke ungefähr 20 Millionen Kilometer zurücklegen. Wenn wir uns all das vor Augen halten, können wir davon ausgehen, dass die Bienenvölker einer starken natürlichen Selektion unterworfen waren, was ihre außerordentlichen Fähigkeiten bei der Beschaffung und der Nutzung ihrer Nahrung angeht.

EIN GROSSER AKTIONSRADIUS

Zu den verblüffendsten Eigenschaften eines Bienenvolkes gehört die Fähigkeit, seinen Nahrungserwerb in einem riesigen Gebiet auszuüben, das sich über mehr als 100 km² rund um das Nest ausdehnt. Es kann Trachtquellen in einem so großen

Gebiet ausbeuten, weil jede einzelne Nahrungssammlerin zu Blumenstandorten hin- und von dort aus wieder zurückfliegen kann, die 6[192] oder mehr Kilometer von ihrem Stock entfernt sind. Eine Honigbiene erreicht eine Fluggeschwindigkeit[193] von etwa 30 km/h, sodass ein 6-km-Flug nur etwa 12 Minuten dauert. Das klingt zwar zunächst nicht so besonders viel, aber wenn man aber ihre geringe Größe in Betracht zieht, weiß man, dass ein Sammelrevier in dieser Größenordnung wirklich beeindruckend ist. Ein 6 *Kilo*meter langer Flug einer 15 *Milli*meter langen Biene entspricht einer Reise von 400 000 Körperlängen. Eine vergleichbare Leistung eines 1,50 m großen Menschen entspräche einer Reise von rund 600 km, wie etwa von Boston nach Washington, D. C., oder von Zürich nach Berlin oder aber von Los Angeles nach San Francisco.

Eine meiner schönsten Erinnerungen aus der Zeit, als ich noch ein Neuling in der Imkerei war – vor etwa 50 Jahren – ist, wie ich im Spätsommer im Gras zwischen meinen Bienenstöcken lag und die Nahrungssammlerinnen betrachtete, die wie Sternschnuppen kreuz und quer durch den blauen Himmel schossen. Natürlich fragte ich mich, wie weit die Sammlerinnen meiner Bienenvölker flogen, um ihre Arbeitsplätze zu erreichen. Einige Jahre später, als Student, las ich wissenschaftliche Zeitschriften, in denen über Studien zum Radius der Sammeltätigkeit bei einem Bienenvolk berichtet wurde. In einigen hatten die Forscher die bekannte Rückfangmethode[194] („mark-and-recapture", auch Petersen-Methode genannt) angewandt: Die Sammlerinnen wurden in ihren Bienenstöcken gekennzeichnet – mit Farbe, fluoreszierendem Pulver, Zuckersirup mit radioaktiven Isotopen oder mit einer genetisch bedingten Abweichung im Aussehen (genetischer Farbmarker). Anschließend wurden die Felder in der Umgebung ihrer Bienenstöcke nach den markierten Bienen abgesucht.

In einer anderen Studie, die ich viel aufregender fand als die bereits erwähnten, verlegten die Wissenschaftler Bienenvölker in die halbwüstenartigen Badlands im Nordwesten von Wyoming, in denen es keine Nektarquellen gab, außer in zwei künstlich bewässerten, 28 km voneinander entfernten Gebieten, in denen Luzerne (*Medicago sativa*) und Gelber Steinklee (*Melilotus officinalis*) angebaut wurden. Der Wissenschaftler John E. Eckert stellte seine Bienenvölker entlang der alten, kurvenreichen „Postkutschenstraße" auf, die diese beiden Gebiete verband, und untersuchte anschließend, welche seiner Bienenvölker die beiden landwirtschaftlichen Oasen entdeckten und ausbeuteten. In wieder anderen Studien erfanden Norman E. Gary und seine Mitarbeiter eine raffinierte Weiterentwicklung der üblichen Rückfangmethode: Sie installierten eine Reihe von Magneten über dem Flugloch eines

Versuchsvolkes, fingen Bienen von Blumen in den umliegenden Getreidefeldern, klebten jeder gefangenen Biene eine kleine metallene Identifizierungsplakette vorsichtig auf das Abdomen und zeichneten dabei sorgfältig auf, wo jede Plakette zum Einsatz kam. Wenn die Futtersucherinnen in ihren Bienenstock zurückkehrten, fingen die Magnete über dem Eingang die Identifizierungsplaketten automatisch wieder ein. Anhand der Aufzeichnungen darüber, welche Plaketten in welchen Feldern eingesetzt wurden, konnten die Forscher ziemlich genau feststellen, wo die markierten heimkehrenden Bienen auf Futtersuche waren.

Untersuchungen, die den einen oder anderen dieser drei Ansätze zugrunde legten, haben gezeigt, dass die meisten Futtersucherinnen aus den Versuchsvölkern Blüten in einem Umkreis von 2 km um den Stock herum anfliegen, aber auch, dass sie bis zu 14 km weit fliegen, wenn in der näheren Umgebung keine Blüten zu finden sind (die Situation einiger Bienenvölker in Wyoming). Trotzdem lieferte keine dieser Studien ein Bild von der räumlichen Verteilung der Sammelaktivitäten eines in der freien Natur lebenden Bienenvolkes. Das liegt teils daran, dass diese Studien in einer künstlichen Umgebung durchgeführt wurden – die Versuchsvölker befanden sich entweder am Rande der Felder oder in einem kargen, halbwüstenartigen Habitat – und teils daran, dass ihre Ergebnisse nicht nur widerspiegelten, wohin die Sammelbienen gingen, um Blumen zu finden, sondern auch, wo die Forscher hingingen, um Bienen zu finden. Zwangsläufig gingen die Forscher nicht überall dorthin, wohin die Bienen hingingen. Außerdem fanden die meisten Studien, die mit der Rückfangmethode durchgeführt wurden, in Umgebungsbedingungen statt, in denen das Futter ungewöhnlich reichhaltig war, wie z. B. in Luzernefeldern oder Mandelplantagen zur Haupttrachtzeit.

So begann ich im Frühjahr 1979 zusammen mit Kirk Visscher[195], einem meiner Freunde, eine Studie, deren Ziel eine genaue Übersicht über die Aktivitäten bei der Nahrungssuche eines unter natürlichen Bedingungen lebenden Bienenvolkes aus der Vogelperspektive war. Unser Ansatz bestand darin, Tag für Tag die Orte zu kartieren, die von den Sammlerinnen eines großen Volkes aufgesucht wurden, das tief im Inneren des Arnot Forest aufgestellt wurde. Dazu bedienten wir uns eines Verfahrens, bei dem eine Schülerin von Karl von Frisch – Dr. Herta Knaffl[196] – in den Jahren 1948–1950 Pionierarbeit leistete: sie beobachtete die Schwänzeltänze, die die Sammelbienen eines in einem Schau-Bienenkasten lebenden Volkes vollführten. Die Faszination dieses Ansatzes besteht darin, dass er verrät, wohin die Sammlerinnen eines Bienenvolkes fliegen, sogar, wenn sie verschiedene Blütenfelder besuchen und diese viele Kilometer weit entfernt liegen. Allerdings gibt diese Tech-

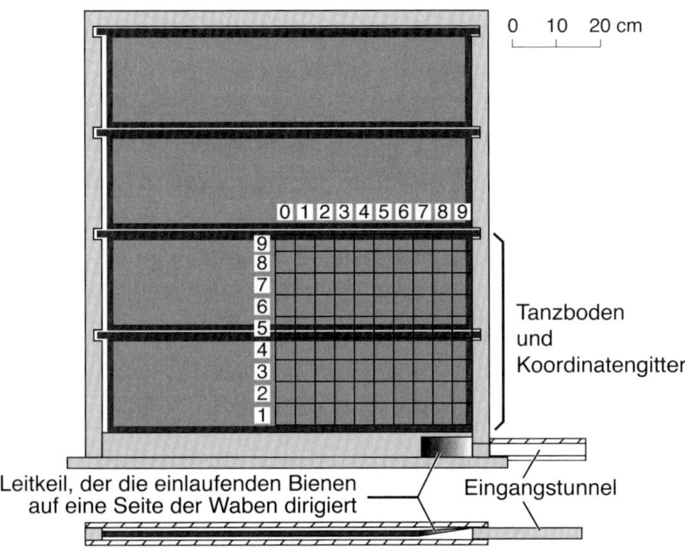

Abb. 8.5. Der große Schau-Bienenkasten, der zur Untersuchung und zum Vermessen der Schwänzeltänze in einem ausgewachsenen Bienenvolk verwendet wurde, um festzustellen, wo die Sammlerinnen des Volkes ihre Nahrung sammelten.

nik nicht *alle* Orte preis, an denen die Futtersucherinnen jeden Tag arbeiten, denn nimmt man einen bestimmten Tag, werben nur die Bienen, die von den ertragreichsten Trachtquellen in den Stock zurückkehren, mit Werbetänzen für ihre Arbeitsplätze. Bienen, die in solchen Blütenfeldern arbeiten, bei denen sich eine weitere Ausbeutung lohnt, aber keine zusätzlichen Sammelbienen benötigt werden, bewerben diese nicht durch Schwänzeltänze, also treten diese Plätze nicht für denjenigen in Erscheinung, der ihre Tänze beobachtet. Dennoch liefert diese Methode ein genaues Bild über die räumliche Ausdehnung der Sammelaktivitäten eines Bienenvolks, da jede bedeutende Trachtquelle in der Anfangsphase der Ausbeutung durch Schwänzeltänze bekannt gemacht wird.

Die erste Phase unserer Untersuchung bestand darin, einen Schau-Bienenkasten zu bauen, der geräumig genug war, um ein vollständiges Bienenvolk aufzunehmen (Abb. 8.5). Unser Kasten hatte ein Volumen von 40 Litern, das entspricht dem mittleren Volumen der Nisthöhlen der Wildvölker in diesem Gebiet (Abb. 5.3). Der Kasten enthielt vier große Waben, deren Gesamtfläche (1,35 m²) mit den Nestern der

Bienenvölker übereinstimmte, die in hohlen Bäumen um Ithaca leben. Da wir *alle* Schwänzeltänze dokumentieren wollten, die in unserem Stock aufgeführt wurden, brachten wir die Sammlerinnen in unserem Versuchsvolk dazu, ihr Nest über die Vorderseite ihrer riesigen Wabenwand zu betreten. Außerdem hielten wir die soeben eingetroffenen Sammlerinnen davon ab, auf die Rückseite dieser Wabe zu krabbeln, indem wir alle Durchgänge zwischen den beiden Seiten der Wabe vorne am Eingang mit Bienenwachs abdichteten.

Die meisten Sammlerinnen führen ihre Schwänzeltänze kurz nach dem Betreten des Nestes (oder des Stocks) auf. Indem wir also den Flugbetrieb – die ankommenden Sammlerinnen – auf die eine Seite der Wabe lenkten, entstand ein exakt definierter „Tanzboden" in der Nähe des Eingangs auf der Vorderseite unseres Kastens. Wir zeichneten ein Koordinatengitter auf das Glas über diesem Tanzbodenbereich, sodass wir die tanzenden Bienen nach dem Zufallsprinzip untersuchen konnten, sobald wir mit der Datenerfassung begannen. Nun richteten wir ein Bienenvolk mit ca. 20 000 Arbeitsbienen und einer Königin (und einigen Drohnen) in der Beute ein und brachten es einige Tage später in den Arnot Forest, wo wir es in einer speziellen Hütte in der Mitte des Waldes aufstellten. Eine wichtige Eigenschaft hatte das Dach dieser Hütte, es bestand aus lichtdurchlässigen Glasfaserplatten, die diffuses Sonnenlicht für unsere Beobachtungen der Bienentänze in der Beute durchließen. Einige Tage später starteten wir mit der Datenerhebung bei den Bienen, die in unserem großen Schau-Bienenkasten ihre Schwänzeltänze aufführten. Diese Arbeit erforderte, dass wir von 8 bis 17 Uhr neben dem Bienenstock saßen und von Hand die Daten der jeweiligen (zufällig ausgewählten) tanzenden Biene aufzeichneten. Für jede Biene erfassten wir vier Werte: 1) den Winkel ihres Schwänzellaufs (bezogen auf die Vertikale), 2) die Dauer ihres Schwänzellaufs, 3) die Farbe ihrer Pollenladungen (falls vorhanden) und 4) die Uhrzeit, wann sie tanzte. Anhand dieser vier Informationen konnten wir abschätzen, wo sie gesammelt hatte, und feststellen, ob an ihrer Trachtquelle Pollen oder nur Nektar verfügbar war. Zum Schluss trugen wir das jeweilige Flugziel der Tänzerinnen auf einer Karte ein. Auf diese Weise erhielten wir eine Übersicht über die ergiebigsten Trachtquellen des Volkes, die dessen Sammlerinnen mit ihren Schwänzeltänzen bekannt gemacht hatten, und zwar für jeden einzelnen Tag.

Abbildung 8.6 gibt die Verteilung der Entfernungen zu den verschiedenen Futterquellen wieder, die von unserem Versuchsvolk im Arnot Forest ausgebeutet wurden. Sie beruht auf den Beobachtungen von 1871 tanzenden Bienen während vier Zeitabschnitten von jeweils neun Tagen, die über den Sommer 1980 verteilt waren.

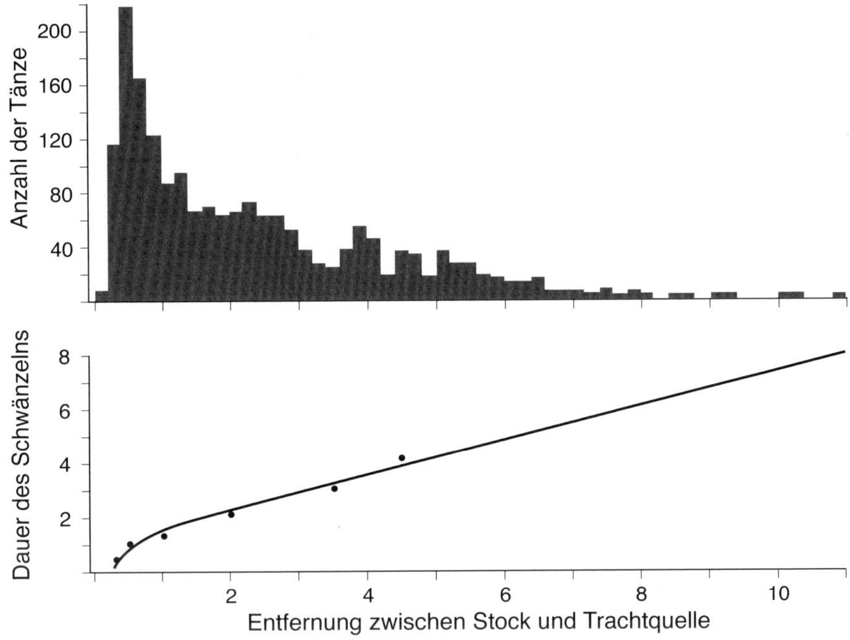

Abb. 8.6. *Oben*: Verteilung der Entfernungen zu den Futterplätzen eines Bienenvolkes. Die Grafik beruht auf der Analyse von 1871 „Schwänzeltänzen". *Unten*: Entschlüsselung der Entfernungsdaten beim Schwänzeltanz: Die Dauer eines jeden Schwänzellaufs ist proportional zur Länge des Hinflugs.

Wir konnten feststellen, dass die Sammelbienen dieses Volkes einen Teil ihrer Sammelflüge in einem Radius von einigen hundert Metern um ihren Stock ausführten, aber auch Blumengruppen anflogen, die mehrere Kilometer von ihrem heimatlichen Stock entfernt waren. Die modale (gängigste) Entfernung ihrer Behausung zu einer Trachtquelle betrug 0,7 km, die mittlere 1,7 km, die durchschnittliche Entfernung lag bei 2,3 km und das Maximum bei 10,9 km. Es war auch faszinierend zu beobachten, dass die durchschnittliche Entfernung, die die Bienen zurücklegten, um ihre Nahrungsquellen zu erreichen, im Laufe des Sommers variierte. Beispielsweise betrug die durchschnittliche Flugdistanz in der zweiten Erhebungsphase (9 bis 17. Juli 1980) ca. 2 km, während der dritten Phase (28. Juli bis 5. August) jedoch ca. 5 km. Offensichtlich hatten die Sammlerinnen in unserem Versuchsvolk Schwierigkeiten, Ende Juli und Anfang August innerhalb des Arnot Forest ergiebige Nahrung zu finden; ihre Tänze verrieten uns, dass sie während dieser Zeit meistens zum Nahrungserwerb 5–6 km in ein Tal namens Pony Hollow im Norden flogen. Wir wussten, dass es in diesem Tal mehrere Farmen gab und eine Überprüfung ihrer Felder ergab, dass die Honigbienen dort eifrig Nektar und Pollen von Luzernepflanzen (*Medicago sativa*) sammelten, die gerade in voller Blüte standen.

Das auffälligste Merkmal der in Abbildung 8.6 dargestellten Verteilung ist die Lage des 95%-Grenze, die bei 6 km liegt. Würden wir einen Kreis um den Bienenstock ziehen, der groß genug ist, um 95% der Trachtquellen dieses Bienenvolks einzuschließen, dann hätte er eine Fläche von mehr als 113 km^2! Allerdings könnte man sich fragen, ob unser Bienenvolk mit einem derartig ausgedehnten Sammelrevier eine Ausnahme darstellt? Ich glaube nicht, und zwar aus mehreren Gründen. Der erste ist die biologische Tatsache, dass das Kommunikationssystem der Bienen zur Rekrutierung – der Schwänzeltanz – durch natürliche Auslese so angepasst wurde, dass erfolgreiche Sammelbienen ihre Stockgenossinnen zu ergiebigen Trachtquellen führen können, die mehr als 10 km von ihrer Behausung entfernt sind (siehe Abb. 8.6). Dies erklärt, dass sich ihr Kommunikationssystem so entwickelt hat, damit die Nahrungssuche auch über große Entfernungen koordiniert werden kann. Zweitens gibt es noch weitere Studien, die darüber berichten, dass sich Honigbienen mehr als 10 km von ihrem heimatlichen Stock entfernen, um reichhaltige Futterquellen auszunutzen. Zuerst möchte ich die Studie von Herta Knaffl aus dem Jahr 1953 erwähnen, die im Anschluss an ihre Promotion bei Karl von Frisch arbeitete und als Erste die Methode, die Schwänzeltänze der Bienen in ihrem Nest zu analysieren, anwendete, um die Entfernungen zu untersuchen, die die Sammlerinnen zurücklegen. Nach ihrem Bericht bewarben 95 Prozent der 2456 Tänze, die sie in Bienenvölkern, die in kleinen Schau-Bienenkästen untergebracht waren – alle innerhalb der Stadt Graz in Österreich –, entschlüsselte, Rosskastanienbäume (*Aesculus hippocastanum*) und andere Trachtquellen in weniger als 2 km Entfernung. Sie berichtete aber auch von Tänzen, die reichhaltige Nahrungsquellen in 5–6 km und sogar 9–10 km Entfernung ankündigten.

Der eindrucksvollste Beweis für die Fähigkeit eines Bienenvolkes, seine Nahrungssuche auf ein weiträumiges Sammelrevier auszudehnen, stammt aus einer Studie, die Madeleine Beekman[197] und Francis L. W. Ratnieks an einem Bienenvolk durchführten, das in einem Schau-Bienenkasten inmitten der Stadt Sheffield in England lebte. Über Videogeräte zeichneten sie 444 Schwänzeltänze der Sammlerinnen an drei Tagen Mitte August 1996 auf und entschlüsselten sie anschließend. Zu dieser Zeit standen große Flächen der Hauptnektnektarquelle, der Besenheide

(*Calluna vulgaris*), in den Mooren des Peak Distrikt westlich von Sheffield in voller Blüte. Ihre Datenanalyse ergab, dass ihr Versuchsvolk bei der Nahrungssuche in zwei Gebieten unterwegs war: Eins befand sich in der Nähe und war weniger als 2 km vom Stock entfernt, während das zweite weiter weg in einer Entfernung von 5–10 km lag. Insgesamt bewarben 50 Prozent der Tänze, die in dem Schau-Bienenkasten durchgeführt wurden, Trachtquellen, die mehr als 6 km entfernt waren und 10 Prozent Stellen in mehr als 9,5 km Entfernung! Natürlich profitiert ein Bienenvolk in solchen Zeiten sehr davon, wenn es Arbeiterinnen mit höchsten Flugreichweiten hat, denn dadurch sind Sammelaktivitäten mit einem großen Aktionsradius möglich.

BIENEN AUF SCHATZSUCHE

Damit ein Bienenvolk seine gewaltige Reichweite von mehr als 6 km bei der Nahrungssuche bestmöglich ausnutzen kann, muss es in der Lage sein, diese erstklassigen Trachtquellen in einem Umkreis von rund 100 km² um sein Nest herum zu entdecken. Außerdem muss es sie kurz nach Blühbeginn entdecken, bevor sie von konkurrierenden Bienenvölkern dominiert werden. Diese Überlegungen werfen eine wichtige Frage auf: Wie gut überwacht ein wildlebendes Bienenvolk seinen Lebensraum, um ergiebige Blumengruppen zu finden, die in den Feuchtgebieten auftauchen, in den Waldgebieten und den Feldern, die die Landschaft um seine Behausung ausmachen? Dieser Frage ging ich Mitte der 1980er-Jahre nach, als ich ein Experiment durchführte, bei dem ich zweimal eine Art Schatzsuche[198] mit vier Bienenvölkern veranstaltete. In beiden Durchgängen dieses Versuchs legte ich üppige Flecken mit blühendem Buchweizen an, die zerstreut in einem Waldgebiet lagen, und ermittelte, wie erfolgreich jedes Bienenvolk beim Aufspüren dieser wertvollen Nahrungsquellen war.

Mein Experiment fand im 3213 Hektar großen und wunderschönen Yale Myers Forest im Nordosten von Connecticut statt, der viele Gemeinsamkeiten mit dem Arnot Forest in New York aufweist. Beides sind Waldgebiete, die von staatlichem und privatem Waldbesitz umgeben sind. Beide werden seit langem von den Menschen genutzt, wobei die Landwirtschaft in den 1870er-Jahren aufgegeben wurde und danach im Zuge der Wiederaufforstung ein nur leicht bewirtschafteter Laubmischwald mit einigen Beständen Kanadischer Hemlocktannen und Weymouthkiefern entstand. Der Yale Myers Forest weist jedoch ein Habitatmerkmal auf, dass im Arnot Forest nicht zu finden ist: große, offene Feuchtgebiete, die durch die Aktivitäten der Biber entstanden sind. Diese sonnigen Flächen, die mit Rohrkolben und purpurrotem Blutweiderich bewachsen sind, versorgen die Bienen mit einem reichhaltigen Nahrungsangebot. Bevor ich dieses Experiment durchführte, suchte ich die südöstliche Ecke des Yale Myers Forest ab und fand vier wilde Bienenvölker in hohlen Bäumen, was mir bewies, dass der Yale Myers Forest, ebenso wie der Arnot Forest, ein idealer Lebensraum für wilde Bienenvölker der *Apis mellifera* ist. Das gilt heute noch genauso wie in den 1980er-Jahren. Ich hatte keine Schwierigkeiten, tief im Wald Honigbienen auf Blüten zu finden, als ich im August 2017 dort einen Tag mit der Bienenjagd verbrachte.

Die Versuchsanordnung bestand aus vier dicht beieinanderstehenden Bienenstöcken und sechs weit verteilten Buchweizenfeldern (Abb. 8.7). Ihre Größe war – mit 100 m^2 – identisch, aber ihre Entfernung von den Bienenstöcken war unterschiedlich: Sie lag zwischen 1,0 und 3,6 km. Den Zeitpunkt für die Anpflanzung dieser Blumenfelder legte ich so, dass sie dann aufblühten, wenn nur wenig andere Tracht zur Verfügung stand – entweder gegen Ende Juni, nach der Haupttrachtzeit der Brombeeren (*Rubus* spp.) und der Essigbäume (*Rhus* spp.), oder ab Mitte August, vor der Haupttrachtzeit der Goldrute (*Solidago*) – also zu einer Zeit, wo die Bienenvölker begierig sein würden, meine Buchweizenpflanzen auszubeuten. Sobald die Bestände in voller Blüte standen, ging ich zu allen Feldern und markierte 150 der etwa 200 Bienen, die dort fleißig auf Futtersuche waren, mit einer für das jeweilige Feld spezifischen Farbe. Dann flitzte ich zu meinen vier Bienenstöcken zurück und beobachtete die Fluglöcher, ob dort Sammelbienen mit meinen Farbmarkierungen auftauchten. Sah ich Bienen mit einer bestimmten Farbe in den Stock hineinfliegen oder verließen sie ihn wieder, dann wusste ich, dass dieses Bienenvolk das entsprechende Feld entdeckt hatte. Bei diesem Experiment kam heraus, dass die vier Bienenvölker eine hohe Wahrscheinlichkeit hatten, die Felder in einer Entfernung von 1000 (p = 0,70) und 2000 Metern (p = 0,50) zu entdecken, aber dass – zu meiner Überraschung – keines der Bienenvölker die Felder in einer Entfernung von 3200 und 3600 m (p = 0,00) fand.

Ich vermute, dass diese Wahrscheinlichkeitswerte die tatsächliche Überwachungsfähigkeit eines Bienenvolkes als zu niedrig darstellen, schon allein deshalb, weil meine Methode, mit der ich bestimmte, welche Völker die Blumenfelder entdeckt hatten, wahrscheinlich nicht alle Entdeckungen meiner vier Völker erfasst haben dürfte. Wenn nur wenige Sammelbienen zu einem der Blumenfelder geflogen waren, habe ich wahrscheinlich nicht bemerkt, dass sie dieses Feld gefunden hatten. Dennoch zeigte mein Schatzsuche-Experiment eine beeindruckende Fähig-

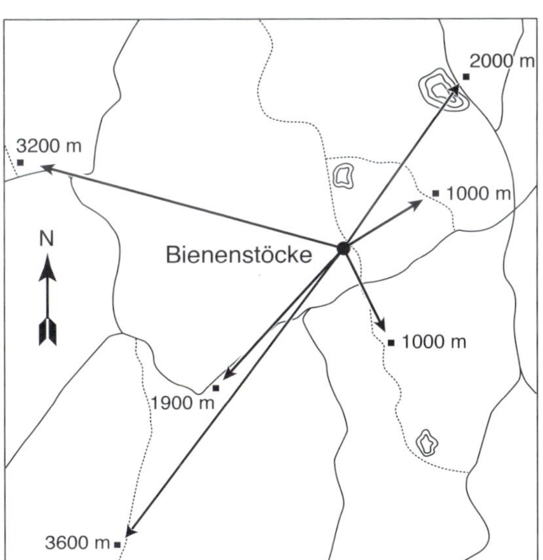

Abb. 8.7. *Oben*: Eines der sechs Buchweizenfelder, die im Yale Myers Forest angelegt wurden, um zu ermitteln, in welchem Umfang ein Bienenvolk nach ergiebigen Trachtquellen sucht. *Unten*: Übersicht über die Anordnung der experimentellen Buchweizenfelder im Wald.

keit der Bienenvölker, ihre Umgebung nach reichhaltigen Nahrungsquellen abzusuchen. Obwohl ein 100 m^2 Quadratmeter großes Blumenfeld – etwa halb so groß wie ein Tennisplatz – sogar weniger als 1/125 000 der Fläche ausmacht, die ein Kreis mit einem Radius von 2 km umfasst, betrug die Wahrscheinlichkeit mindestens 50 %, dass meine vier Bienenvölker eine Trachtquelle dieser Größe im Umkreis von 2 km um ihren Stock entdeckten.

WAHL ZWISCHEN VERSCHIEDENEN TRACHTQUELLEN

Damit ein Bienenvolk in der Lage ist, seine Nahrung aus den zahllosen Blüten in den Wäldern, Sümpfen, Feldern und Gärten rund um seinen Nistplatz zu sammeln, muss es seine beeindruckende Begabung, ertragreiche Blumenfelder zu entdecken, mit der Fähigkeit verknüpfen, seine Sammlerinnen gezielt zu den ergiebigsten Plätzen zu schicken. Mit anderen Worten: Es muss nicht nur in der Lage sein, seine Möglichkeiten auszuloten, sondern auch, sich zwischen ihnen zu entscheiden. Einen ersten Hinweis darauf, dass ein wildes Bienenvolk tatsächlich über eine beeindruckende kollektive Intelligenz bei der Auswahl seiner weit verstreuten Nahrungsquellen verfügt, lieferte uns die bereits in diesem Kapitel beschriebene Studie, bei der Kirk Visscher und ich die Schwänzeltänze eines ausgewachsenen Bienenvolkes beobachteten, das in einem Schau-Bienenkasten tief im Arnot Forest lebte. Wie dort beschrieben, nahmen wir jeden Tag die Daten von zufällig ausgewählten Bienen auf, die in unserem Stock Schwänzeltänze aufführten. Dabei zeichneten wir die Standorte der Futterquellen auf, die diese Bienen mit ihren Tänzen bewarben. Da wir nun wissen, dass nur die Bienen, die qualitativ hochwertige Futterstellen aufsucht hatten, langanhaltende Schwänzeltänze aufführten – also diejenigen, die Kirk und ich wohl am meisten beobachtet hatten –, sind wir überzeugt, dass die täglich angelegte Karte mit den Anwerbezielen des Bienenvolks die Standorte der beliebtesten Futterquellen für diesen Tag wiedergibt.

Diese Karten – vier von ihnen sind in Abbildung 8.8 dargestellt – fördern zutage, dass sich die räumliche Verteilung der reichhaltigsten und interessantesten Trachtquellen eines Bienenvolkes von Tag zu Tag dramatisch verändern kann. Tatsächlich stellten wir an jedem unserer 36 Tage, an denen wir den Informationsaustausch über die Schwänzeltänze beobachteten, fest, dass ihre Tänze eine neue räumliche Verteilung der wichtigsten Anwerbeziele anzeigten. Die folgenden Tagesberichte über den in Abbildung 8.8 dargestellten Viertageszeitraum geben diese Dynamik[199] wieder.

13. Juni 1980. Schönes Wetter. Die Schwerpunkte der Anwerbungen waren deutlich erkennbar: Standorte 0,5 km südsüdöstlich und südsüdwestlich des Stocks, die gelben und gelb-grauen Pollen lieferten, und ein großer Standort 2–4 km südsüdwestlich des Stocks, der hauptsächlich Nektar lieferte. Zwei weitere Standorte, die ergiebig genug waren, um langanhaltende Tänze auszulösen, lagen 1 km (mit orangefarbenem Pollen) und 4 km (mit gelb-grauem Pollen) weiter in nordöstlicher Richtung.

14. Juni 1980. Schönes Wetter. Die 4 km nordöstlich gelegene Quelle mit gelb-grauem Pollen regte kaum noch, wenn überhaupt, zu Tänzen an; bei unseren Aufzeichnungen der Tänze wurde die Quelle nicht erfasst. Eine Nektarquelle 0,5 km nordwestlich wurde sehr ertragreich und regt viele Bienen dazu an, sie mit anhaltenden Tänzen zu bewerben. Die Pollenquellen 0,5 km südsüdöstlich und südsüdwestlich des Stocks und die Nektarquelle 2–4 km südsüdwestlich blieben weiterhin sehr rentabel.

15. Juni 1980. Schönes Wetter. Die große Nektarquelle 2–4 km südsüdwestlich hat an Reiz verloren, ebenso die Nektarquelle 0,5 km nordwestlich. Die beiden Standorte, die hauptsächlich gelben und gelbgrauen Pollen 0,5 km südsüdöstlich und südsüdwestlich lieferten, waren weiterhin sehr begehrt. Eine neue Quelle mit braunem Pollen ca. 0,5 km südwestlich wurde erstmalig beworben.

16. Juni 1980. Kühl und zeitweise regnerisch. Die Sammelbienen suchten relativ wenig und dann nur in der Nähe des Stocks. Die nahe Quelle mit gelbgrauem Pollen 0,5 km südsüdwestlich blieb attraktiv, während die nahegelegene Quelle mit gelbem Pollen südsüdöstlich nicht zu Tänzen anregte. Eine Quelle mit orangefarbenem Pollen 0,5 km nordwestlich fand dagegen Interesse. Die reichhaltigste Nektarquelle an diesem nasskalten Tag war ein neuer Standort 0,5 km südlich des Stocks.

Ein genaueres Bild von der Fähigkeit eines Bienenvolks, aus einem veränderlichen Angebot an Nahrungsgelegenheiten auszuwählen, ergibt sich aus einem Experiment, das einige Jahre später durchgeführt wurde. Anstatt einfach nur die Veränderungen in den Schwänzeltänzen zu beobachten, die verschiedene Weideplätze bewarben, nahm ich die technisch anspruchsvollere Herausforderung an, Verände-

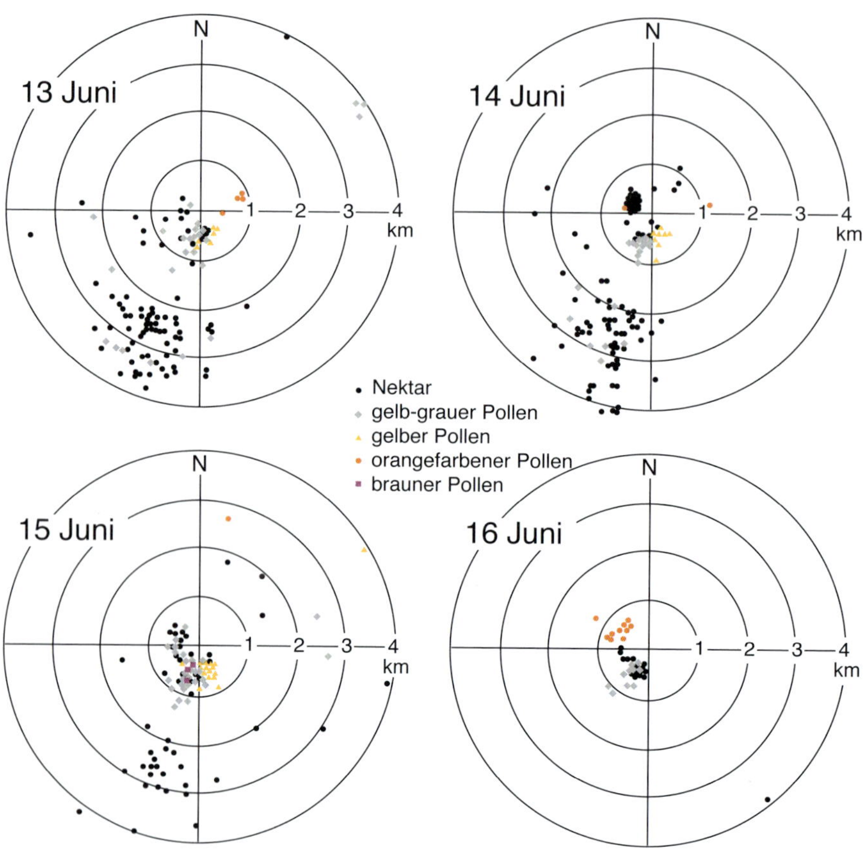

Abb. 8.8. Die täglich neu angelegten Karten der Trachtquellen eines Bienenvolkes in einem Viertageszeitraum, die durch das Entschlüsseln der Schwänzeltänze der Sammelbienen ermittelt wurden. Jeder Punkt steht für einen Ort, der durch den Tanz einer Biene angezeigt wurde. Schwarze Punkte bezeichnen Orte, die Nektar liefern; alle anderen Punkte bezeichnen Orte, die Pollen in der angegebenen Farbe liefern. An den vier Tagen, die hier dargestellt werden, verwies nur ein kleiner Teil (2 %) der Tänze auf Orte, die mehr als 4 km entfernt waren (die meisten davon sind nicht abgebildet).

rungen in der Anzahl der Sammelbienen zu ermitteln, die mit der Ausbeutung der verschiedenen Futterquellen beschäftigt waren.[200] Dazu arbeitete ich mit einem Bienenvolk, bei dem alle 4000 Arbeiterinnen innerhalb von zwei Tagen in meinem Bienenlabor in Ithaca zur individuellen Identifizierung akribisch gekennzeichnet wurden. Danach brachte ich dieses ganz besondere Bienenvolk 240 km nach Norden zu einem meiner bevorzugten Versuchsgelände, der Cranberry Lake Biological Station (CLBS). Diese abgelegene Forschungsstation befindet sich in der nordwestlichen Ecke des 24 400 km² großen Adirondack Parks im nördlichen Teil des Staates New York. Im Umkreis von mindestens 10 km besteht die Landschaft rund um die CLBS aus Wäldern, Teichen, Sümpfen und Seen und bietet den Bienen eigentlich keine ausreichenden Nahrungsquellen. In der Tat ist das Bienenfutter hier so spärlich, dass keine wilden Honigbienenvölker in dieser Gegend leben, wohl hingegen einige Hummelvölker. Daher bestand keine Gefahr, dass Sammelbienen von wilden Völkern mein Experiment stören würden oder dass natürliche Trachtquellen meine sorgfältig gekennzeichneten Bienen von den beiden Zuckerwasserspendern weglocken könnten, auf denen mein Experiment beruhte.

Zu Beginn dieses Experiments trainierten meine Assistenten und ich 10 Bienen darauf, Zuckerwasser an zwei Futterspendern zu sammeln, die sich jeweils 400 m nördlich und südlich des Stocks befanden. Während dieser Trainingsperiode wurden beide Futterplätze mit einer verdünnten (30-prozentigen) Zuckerlösung gefüllt, die zwar attraktiv genug war, dass die Sammelbienen dort auch weiterhin auf Futtersuche gingen, aber nicht ergiebig genug, um sie zum Anwerben ihrer Stockgenossinnen zu motivieren. Die aufmerksame Beobachtung begann am 19. Juni morgens um 7.30 Uhr, nachdem es 10 Tage kühl und regnerisch war und die Bienen ihren Stock nicht verlassen konnten. Wir befüllten die nördlichen und südlichen Futterbehälter mit einer 30- bzw. 65-prozentigen Rohrzucker-Lösung und begannen, die Anzahl der verschiedenen Individuen aufzuzeichnen, die den jeweiligen Futterspender aufsuchten. Bis zum Mittag hatte das Bienenvolk ein ausgeprägtes Muster in der unterschiedlichen Ausbeutung der beiden Futterplätze entwickelt: 91 Bienen brachten Futter von der reichhaltigeren Futterstelle im Süden nach Hause, aber nur 12 Bienen von der weniger ertragreichen Futterstelle im Norden (Abb. 8.9). Nachmittags wechselten wir die Positionen der besseren und schwächeren Futterstelle, und um 16 Uhr hatte die Kolonie den Schwerpunkt ihrer Futtersuche von Süden nach Norden verlegt. Die Fähigkeit des Bienenvolkes, zwischen verschiedenen Futterstellen zu wählen, wurde am darauffolgenden Tag in einem zweiten Versuchsdurchlauf bestätigt. Wenn wir unserem Versuchsvolk die Wahlmöglichkeit zwischen zwei Nahrungsquellen gaben, die sich in ihrer Wirtschaftlichkeit unterschieden, konzentrierte das Bienenvolk seine Sammelbemühungen auf den ergiebigeren Standort. Das Endergebnis war, dass das Bienenvolk bei wechselndem Angebot konsequent die ergiebigste Futterquelle aufspürte. Der vielleicht eindrucksvollste Bestandteil dieser Versuchsergebnisse ist die enorme Geschwindigkeit, mit der das

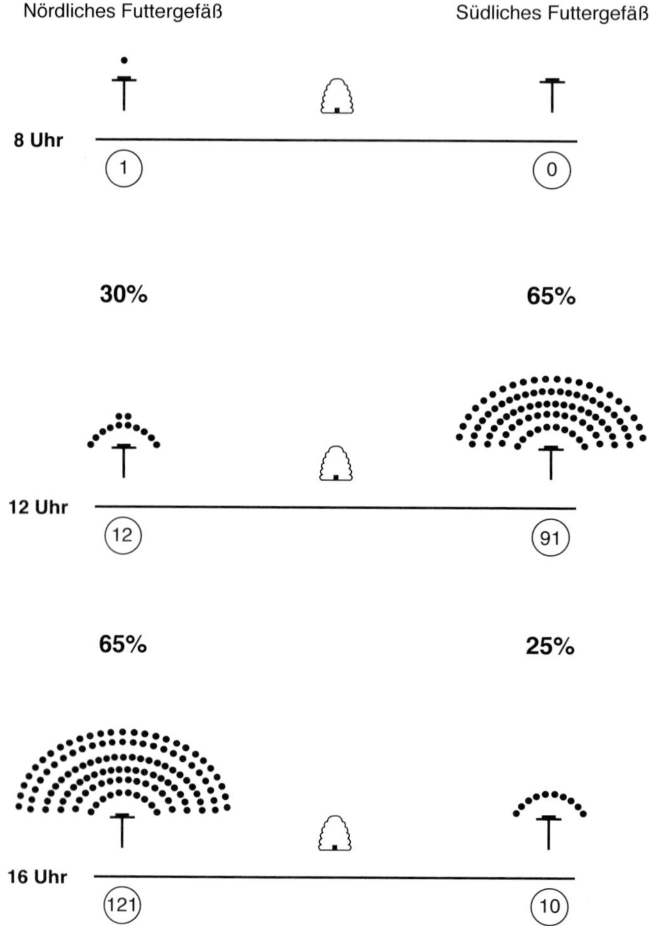

Abb. 8.9. Fähigkeit eines Bienenvolkes, zwischen zwei Futterstellen (Zuckerwasser-Spendern) mit 30-prozentiger und 65-prozentiger Saccharose-Lösung zu wählen. Die Anzahl der Punkte über jedem Futtergefäß gibt die jeweilige Anzahl der Bienen an, die am 19. Juni innerhalb der letzten 30 Minuten vor dem auf der linken Seite angegebenen Zeitpunkt (8 Uhr, 12 Uhr, 16 Uhr) zur Futterstelle kamen. Einige Tage vor Beginn des Experiments wurde eine kleine Gruppe von Bienen darauf trainiert, die beiden Futterstellen anzufliegen (12 Bienen am nördlichen und 15 am südlichen Futterspender), sodass am Morgen des 19. Juni beide genau die gleiche Vorgeschichte hinsichtlich geringer Ausbeute durch das Versuchsvolk hatten. Beide Futterstationen befanden sich 400 m vom Stock entfernt und waren bis auf die Konzentration der Zuckerlösung absolut identisch.

Bienenvolk auf das neue Angebot reagierte. Innerhalb von nur vier Stunden nach dem mittäglichen Wechsel des ergiebigen und des weniger ergiebigen Standortes, hatte das Bienenvolk die Zuweisung seiner Sammelbienen vollständig umgekehrt. Diese Ergebnisse zeigen uns, dass wildlebende Bienenvölker sehr geschickt darin sind, sich der Dynamik des Nahrungserwerbs in der freien Natur anzupassen. Dasselbe haben Kirk Visscher und ich festgestellt, als wir die Schwänzeltänze im Inneren einer Kolonie im Arnot Forest beobachteten.

HONIGRAUB IN DER WILDNIS

Den Imkern ist seit langem bekannt, dass Räuberei unter den Völkern eines Bienenstandes schwerwiegende Schäden verursacht, doch bis vor Kurzem wusste man nichts über ihre Bedeutung bei wildlebenden Bienenvölkern. Wir können sicher sein, dass die Bienen in beiden Fällen einen starken Anreiz zum Räubern haben. Honig hat einen Zuckergehalt[201] von bei etwa 80 %, während Nektar im Durchschnitt nur etwa 40 % Zucker enthält. Diese Zahlen machen deutlich, dass eine Arbeiterin, die mit einem Honigmagen voll mit geraubtem Honig nach Hause fliegt, doppelt so viel Energie für das Bienenvolk mitbringt, als wäre ihr Honigmagen mit Nektar gefüllt. Außerdem bedeutet ein mit Honig gefüllter Kropf weniger Kosten für die Lebenserhaltung als eine Nektarladung. Eine Honigräuberin sucht nur einen Standort zum Auftanken auf (siehe unten), während eine Nektarsammlerin normalerweise Dutzende, wenn nicht gar Hunderte von Blüten anfliegt, um ihren Honigmagen zu füllen. Allerdings geht eine räuberische Biene das Risiko ein, von den Verteidigerinnen des Honigs, den sie zu stehlen versucht, getötet zu werden. Bei einem schwachen oder bereits abgestorbenen Bienenvolk jedoch ist dieses Risiko gering und die energetischen Vorteile des Honigräuberns gegenüber dem Nektarsammeln sprechen sehr für einen Diebstahl.

Die Räuberei[202] ist ein faszinierender Aspekt in der Biologie der Honigbienen, wenn man sie als eine Form des *intra*spezifischen Kleptoparasitismus (Beuteparasitismus innerhalb der Art) oder als Parasitismus durch Diebstahl (gewöhnlich von Nahrung) betrachtet. Meiner Meinung nach liegt die primäre Bedeutung des Honigräuberns in seinem Potenzial, den *inter*spezifischen Parasitismus zu fördern, indem es die Übertragung von Parasiten und Krankheitserregern zwischen Bienenvölkern begünstigt. Wird beispielsweise ein Bienenvolk ausgeraubt, während es an einem Befall von Varroamilben und den damit zusammenhängenden Viren stirbt, dann werden wahrscheinlich auch die Räuber von diesen Milben befallen und verfrachten diese in ihr Nest. Räuberische Bienen können auch bestimmte Krankheitserreger aus abgestorbenen Völkern mitbringen, einschließlich der hochvirulenten Sporen von *Paenibacillus larvae* (Amerikanische Faulbrut) und der weniger gefährlichen Sporen von *Ascosphaera apis* (Kalkbrut). Um die Bedeutung der Räuberei bei der Verbreitung von Parasiten und Krankheitserregern *zwischen* den Bienenvölkern zu verstehen, müssen wir wissen, wie lange diese Krankheitserreger in sterbenden und abgestorbenen Bienenvölkern überleben können und wie schnell solche Völker von Räubern gefunden werden. Bisherige Studien haben sich auf die Räuberei in der künstlichen Umgebung von Bienenvölkern konzentriert, die dicht gedrängt an Bienenständen zusammenleben, sodass die Bedeutung der Räuberei bei weit verstreut lebenden Wildvölker, die in der Natur leben, bis vor kurzem noch weitgehend unerforscht war.

Um diese Wissenslücke in der Naturgeschichte der *Apis mellifera* zu schließen, haben einer meiner Doktoranden, David T. Peck, und ich in zwei unterschiedlichen Lebensräumen untersucht, wie schnell unbewachter Honig von Räubern entdeckt wird:[203] bei den wilden Bienenvölkern im Arnot Forest und bei den bewirtschaftete Bienenvölkern an meinen fünf Bienenständen in Cornell. Wie in schon Kapitel 2 besprochen, haben die Bienenvölker im Arnot Forest eine Bestandsdichte von einem Volk pro Quadratkilometer, sodass hier die durchschnittliche Entfernung zum nächstgelegenen Nachbarvolk etwa 1 km beträgt. Die Völker an meinen Bienenständen stehen paarweise auf Böcken, der nächste Nachbar ist also weniger als 1 m entfernt. In diesen beiden Szenarien (Wald und Bienenstand) boten wir unbewachten Honig an. Dazu stellten wir „Räubertestboxen" (RTBs) auf, die wir aus halbierten alten Langstroth-Brutraumzargen bauten und mit einer Wand, einem Boden und einem Deckel versahen; als Flugloch wurde ein Loch mit einem Durchmesser von 2,5 cm in die Stirnseite gebohrt. Wir bestückten jede RTB mit je einer Wabe mit verdeckeltem Honig und drei Waben mit dunklen, aromatischen Waben. Der aufschlussreichste Versuchsdurchlauf wurde im Oktober 2015 durchgeführt, als die meisten Blüten bereits erfroren waren und die Bienen erpicht darauf waren, Völker zum Räubern zu finden. Wir stellten gleichzeitig je 10 RTBs im Arnot Forest und in meinen Bienenständen in der Nähe von Ithaca, die etwa 25 km vom Arnot Forest entfernt liegen, auf. Die zehn dem Wald zugewiesenen RTBs hängten wir an dicken Ästen bärensicher (siehe Abb. 2.15) in einer Entfernung von etwa 1 km voneinander auf, um den Nestabstand der Wildvölker zu simulieren. Die meinen fünf Bienenständen zugewiesenen zehn RTBs installierten wir auf zwei Arten: entweder hingen sie an einem Ast (wie im Arnot Forest) in der Nähe des Bienenstandes oder sie standen auf einem Zementblock innerhalb des Bienenstandes.

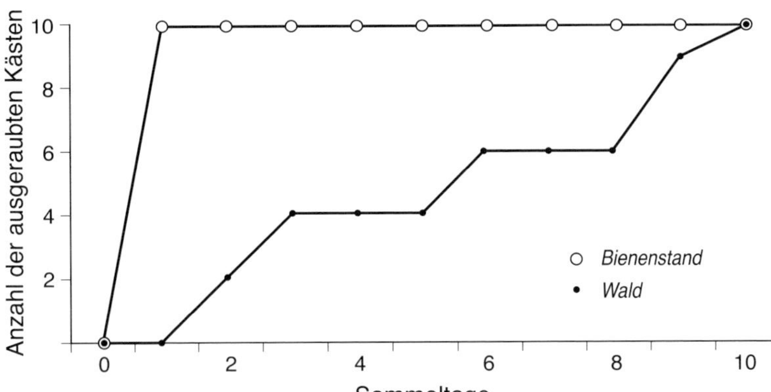

Abb. 8.10. Aufzeichnungen über die Entdeckung von Räubertestboxen im Arnot Forest und an Bienenständen in der Zeit vom 8. bis 12. November 2015. Auf der Zeitskala sind nur Futtersammeltage aufgeführt, also Tage, an denen die Wetterbedingungen gut genug waren, dass die Sammelbienen Flüge durchführen konnten.

Die Ergebnisse unseres Experiments sind in Abbildung 8.10 dargestellt. Jede Räubertestbox, die entweder in der Nähe eines Bienenstandes aufgehängt oder in diesem aufgestellt wurde, wurde am Ende des ersten Schönwettertages entdeckt. Alle RTBs, die im Arnot Forest aufgehängt waren, wurden ebenfalls ausgeraubt, aber diese Boxen wurden nicht so schnell entdeckt. Dafür waren zehn Tage mit schönem Wetter nötig, bis die Räuber sie alle gefunden hatten.

Wir stellten fest, dass im Lebensraum *Bienenstand* während einer Nektarmangelphase alle Boxen mit unbewachtem Honig, wie erwartet, schnell von Räubern entdeckt wurden. Womit wir aber nicht gerechnet hatten: Auch alle im Arnot Forest verteilten Boxen wurden gefunden, auch wenn dies relativ langsam geschah. Vielleicht waren unsere Testboxen auffälliger als natürliche Nisthöhlen und wurden daher von Räubern leichter gefunden. Dennoch zeigt der volle Erfolg der Räuberbienen bei der Entdeckung unserer Testboxen in beiden Szenarien eines ganz klar: Auch in der freien Natur, wo sterbende (oder abgestorbene) Bienenvölker für Räuber relativ schwer zu finden sind, besteht die Möglichkeit der Übertragung von Parasiten und Krankheitserregern zwischen Bienenvölkern durch Räuber, die die Honigvorräte von durch Krankheiten geschwächten (oder getöteten) Völkern nach Hause tragen.

Durch einen Zufall gelang es David Peck und mir, das Verhalten von Räuberbienen genauer zu beobachten, als sie sich in einem unbesetzten Stock mit Honig eindeckten. Das geschah Anfang Juli 2017, nachdem ich bemerkt hatte, dass Bienen eine Schwarmfangkiste[204] ausraubten, die ich auf dem Pultdach eines an meine Scheune angebauten Schuppens zu Hause aufgestellt hatte. Ein Schwarm war dort im Juni 2016 eingezogen, allerdings während des Winters 2016/2017 wieder gestorben. Als ich Anfang Mai 2017 den Kasten öffnete, um die toten Bienen zu entfernen, stellte ich fest, dass er zwei Rähmchen enthielt, die noch fast voll mit Honig waren. Ich ließ sie drin in der Hoffnung, dass sie einen weiteren Schwarm anlocken würde. Als ich am 30. Juni 2017 von der Arbeit nach Hause kam, sah ich voller Begeisterung Bienen, die in diese Beute hineinschwirrten und wieder herauskamen. Waren dies die Scoutbienen eines Schwarms, die diesen Kasten überprüften? Mit einer Leiter kletterte ich hinauf und entfernte vorsichtig die Abdeckung, um einen Blick hinein zu werfen. Was ich sah, waren Räuberbienen, die sich mit Honig vollfraßen. Toll! Diese Gelegenheit, Räuber beim Plündern eines fremden Nests zu beobachten, war zu gut, um sie sich entgehen zu lassen. Schnell holte ich einen Schau-Bienenkasten mit zwei Rähmchen, den ich auf ein Paar Sägeböcke in meinem Schuppen stellte. Ich setzte die beiden Rähmchen mit den honiggefüllten Waben aus der Schwarmfangkiste in den Schau-Bienenkasten und versteckte ihn dann. Fast augenblicklich danach untersuchten die Räuber auch schon den Schau-Bienenkasten.

In den folgenden zwei Tagen beobachteten David Peck und ich die Räuber bei der Arbeit in dem Schau-Bienenkasten. Wir stellten fest, dass eine Räuberbiene in der Regel eine Honigzelle nicht entdeckelt, um sich eine eigene Honigquelle zu sichern. Stattdessen läuft sie über Dutzende oder Hunderte von verdeckelten Honigzellen und reiht sich dann in einen Verbund von Miträuberinnen ein, die den Honig aus ein paar geöffneten Zellen herausholen. Wir sahen auch, dass eine Räuberin beim Öffnen einer verdeckelten Honigzelle mit ihren Mandibeln nur ein stecknadelkopfgroßes Loch in den Deckel der Zelle schneidet. Diese Öffnung war gerade groß genug, um ihre Zunge hineinzustecken. Nach und nach wird sie dann von anderen Bienen vergrößert, die sich ihr anschließen, um ebenfalls aus „ihrer" Zelle zu trinken. Diese ökonomische Vorgehensweise der Räuberbienen beim Entdeckeln der Honigzellen hat zur Folge, dass sie die meiste Zeit im beraubten Nest Kopf an Kopf stehend verbringen, die anderen dabei leicht hin- und herschieben, meist aber erstaunlich ruhig bleiben. Die Zeit vom Eindringen bis zum Verlassen der Beute haben wir bei mehreren Räuberbienen gemessen und ermittelt, dass sie im Durchschnitt 12 Minuten im Stock verbrachten. Als wir die Bienen sahen, die fast bewegungslos und dicht gedrängt um ein paar teilweise unverdeckelte Zellen herumstanden, wurde uns eines klar: Wenn Räuberinnen in ein sterbendes Bienenvolk eindringen, bieten sie den Varroamilben eine ausgezeichnete Gelegenheit, auf die Bienen zu klettern. Eine ältere Studie hat gezeigt, dass Varroamilben außerordentlich flinke Lebewesen sind; sie können innerhalb eines Augenblicks über ein Bein oder die Zunge auf eine fütternde Arbeiterin klettern.[205] Eine weitere Studie hat anhand von Versuchen ergeben, dass Varroamilben, wenn sie in stark befallenen Völkern auftreten, die Nahrungssammlerinnen nicht länger umgehen, wenn sie auf die Arbeiterinnen klettern.

Aus sämtlichen Studien über die Fähigkeit von Räubern, tote oder sterbende Bienenvölker zu finden, zusammen mit unserer kleinen Studie über das Verhalten von Räubern innerhalb des Nestes einer toten oder sterbenden Kolonie, geht eines klar hervor: Die Räuberei bei den Honigbienen bietet Varroamilben eine ausgezeichnete Gelegenheit, von einem sterbenden Bienenvolk zu einem gesunden Bienenvolk umzuziehen, selbst wenn die Bienenvölker weit über eine Landschaft verteilt sind. Vor fünfzehn Jahren musste ich mit Erstaunen feststellen, dass die Varroamilben es geschafft hatten, den gesamten Bestand der wilden Bienenvölker im Arnot Forest zu befallen. Doch nun weiß ich, wie geschickt Räuberbienen die Nester von toten und sterbenden Bienenvölkern auffinden und wie sie mehrere Minuten lang fast regungslos nebeneinander stehen, wenn sie sich in den Nestern der ausgeraubten Völker mit Honig versorgen. Daher würde es mich wundern, wenn ich irgendwann noch in wildlebendes Bienenvolk finden würde, das nicht von Varroamilben befallen ist.[206]

9

DER TEMPERATURHAUSHALT

Keine Wärme, keine Heiterkeit, keine gesunde Leichtigkeit,
Kein Wohlgefühl in irgendeinem Glied,
Kein Schatten, kein Glanz, keine Schmetterlinge, keine Bienen,
Keine Früchte, keine Blumen, keine Blätter, keine Vögel,
November!
Thomas Hood, „November", 1844

Das Gedicht von Thomas Hood[207], das er 1844 in London geschrieben hat, drückt gut die Einsamkeit aus, die wir fühlen können, wenn der Winter einsetzt und die Natur zur Ruhe kommt. An solchen Tagen können wir allerdings Mut schöpfen, dass die Bienen zwar außer Sichtweite, aber nicht verschwunden sind. Im Innern eines Bienenstocks oder Bienenbaums existieren immer noch Tausende von munteren Bienen, die sich bebend zusammendrängen und so eine warme Fluchtburg schaffen, die sie gut mit Brennstoff gefüllt haben – mit ihren Honigvorräten. In dieser Hinsicht ist die Honigbiene einzigartig, denn sie ist das einzige Insekt, das in winterkalten Klimaregionen lebt und das ganze Jahr über ein behagliches Mikroklima schafft, in dem sie aktiv bleibt. Vom Spätherbst bis in den tiefen Winter, der brutfreien Zeit, bleibt die Temperatur der Bienentraube in einem hohlen Baum oder einem von Menschen gebauten Bienenstock deutlich über dem Gefrierpunkt. Die Kerntemperatur einer brutfreien Wintertraube[208] fällt selten unter 18°C und die Temperatur auf ihrer Außenseite (der äußersten Schicht) bleibt gewöhnlich über 7°C, selbst wenn die Umgebungstemperatur auf -20°C fällt oder noch weiter heruntergeht. Vom Spätwinter bis zum Frühherbst, der Brutperiode, wird im Brutkern eines Bienennestes eine Temperatur von 34,5°C bis 35,5°C aufrechterhalten – die Schwankungsbreite im Tagesverlauf liegt unter 0,5°C –, selbst wenn die Außentemperatur im Spätwinter unter dem Gefrierpunkt liegt oder an sehr heißen Sommertagen auf über 40°C klettert.

Ein weiteres Maß für die außerordentliche Thermostabilität in der Brutregion eines Bienenvolkes ist die hohe Empfindlichkeit der Brut gegenüber kleinen Abweichungen vom normalen Temperaturbereich des Brutnestes von 34,5 bis 35,5°C. Als Jürgen Tautz und seine Mitarbeiter verdeckelte Zellen – Puppen und Larven im Spätstadium – im Brutapparat bei 32°C, 34,5°C und 36°C aufzogen, die Jungbienen beim Schlupf mit Farbmarkierungen versahen und in ein Pflegevolk in einem Schau-Bienenkasten einsetzten, stellten die Forscher deutliche Verhaltensabweichungen der wärmebehandelten Bienen nach der Nahrungsaufnahme an einem etwa 300 m vom Stock entfernten Futterspender fest. Im Durchschnitt führt eine Biene, die bei 32°C aufgezogen wurde, bei der Rückkehr in den Stock nur 10 Durchläufe des Schwänzeltanzes durch, während eine bei 34,5 oder 36°C aufgezogene Biene 50 Runden tanzt. Ebenfalls zeigten die 32°C aufgezogenen Bienen die 300 m Entfernung von der Futterstation weniger genau an als ihre Geschwister, die bei den beiden höheren Temperaturen aufgezogen wurden. In Anschlussuntersuchungen suchte man nach temperaturabhängigen Auswirkungen auf das Gehirn der Arbeiterinnen und entdeckte, dass die Verbindungen zwischen den Neuronen in den Pilzkörpern (Corpora pedunculata) – dem Zentrum für integrative Informationen – bei Bienen, die bei der normalen Brutnesttemperatur (34,5°C) heranreiften, am besten ausgebildet waren, während sie bei Bienen, die mit Temperaturabweichungen von nur 1°C oberhalb oder unterhalb der Norm aufwuchsen, erheblich geringer waren.

Die Temperatur jedes lebenden Systems spiegelt die relativen Durchgangsraten der Wärmeabgabe und -aufnahme wider. Um also zu verstehen, wie ein Bienenvolk eine stabile und erhöhte Temperatur in seinem Brutnest aufrechterhält, müssen wir uns anschauen, wie es sowohl die *Wärmeerzeugung* durch den Stoffwechsel als auch den *Wärmeverlust* durch unterschiedliche Faktoren, einschließlich der Stockbelüftung und der Verdunstungskälte, ausgleicht. Diese Prozesse sind für bewirtschaftete Bienenvölker wie auch für wilde Völker, die in Bäumen leben, gleich, aber wie hart die Bienen arbeiten müssen, um ihre Nester zu wärmen und gleichzeitig zu kühlen, ist für beide Lebensformen sehr unterschiedlich. Wie wir noch sehen werden, ist die Thermoregulation, sommers wie winters, allgemein einfacher für Wildvölker, da die dicken Wände[209] ihrer Baumhöhlen besser isolieren als die dünnen Wände der meisten Magazinbeuten und Risse in den Außenwänden mit Propolis gegen Zugluft abgedichtet werden. Die Unterschiede in Wärmedämmung und Zugigkeit sind von Bedeutung, da der starke Einfluss des Mikromilieus innerhalb der Nisthöhle, und nicht etwa die Außentemperatur, das direkte klimatische

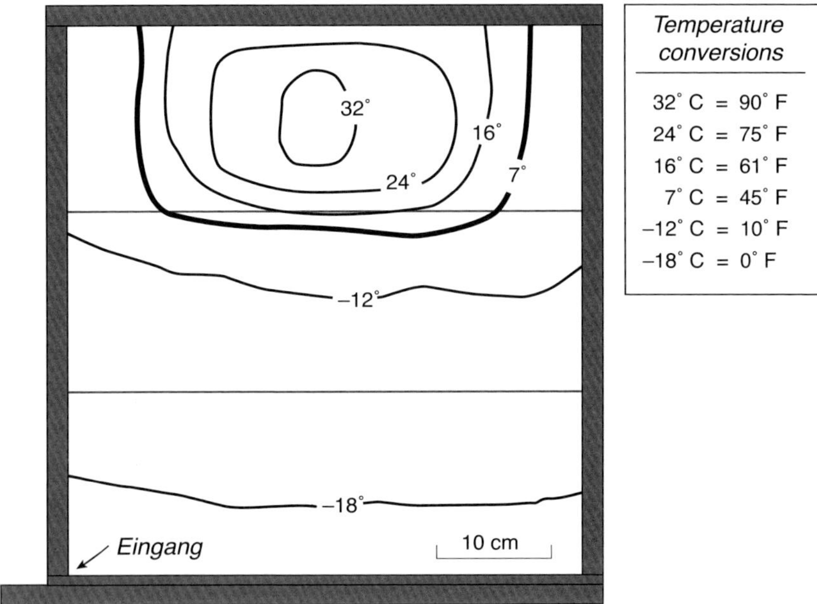

Abb. 9.1. Isothermen in der Wintertraube eines Honigbienenvolks in Madison, Wisconsin. Die Daten wurden am 25. Februar 1951 um 17 Uhr bei einem Bienenvolk gesammelt, das in einem Langstroth-Magazin mit drei halbhohen Brutraumzargen und mobilen Rähmchen untergebracht war. Die 7°C-Isotherme zeigt die Außenfläche der Bienentraube an. Man beachte den Warmlufteinschluss in der oberen Hälfte des Stocks. Die Mikroumgebung um die Traube stellt das direkte thermische Umfeld dar.

Umfeld darstellt (Abb. 9.1). Die Verbesserung der Wärmedämmung und die Vermeidung von Zugluft schwächen den Wärmefluss zwischen dem Mikromilieu im Nest und dem Makroumfeld der Außenwelt ab. Das bedeutet, dass ein wildes Volk, das in einer gut gedämmten und abgedichteten Baumhöhle lebt, an einem Tag mit niedriger Lufttemperatur nur wenig Wärme erzeugen muss, um das Brutnest[210] auf dem Sollwert von 35°C zu halten, weil es gut gegen das kalte Makroumfeld draußen abgeschottet ist. Das gleiche gilt für einen extrem heißen Tag, wenn die Hitze in die Nisthöhle einzudringen versucht: Ein Wildvolk in einer dickwandigen Baumhöhle muss das Nest nur wenig kühlen, um die Brut vor einer Überhitzung zu schützen, weil das Mikromilieu im Nest gut gegen die hohen Außentemperaturen isoliert ist.

DER EVOLUTIONÄRE URSPRUNG DER THERMOREGULATION EINER KOLONIE

Die Fähigkeit eines Bienenvolkes, ein warmes Mikroklima in seinem Inneren aufrechtzuerhalten, ist letztlich auf die Fluganpassung der Honigbienen zurückzuführen. Als Insekten fliegen die Honigbienen mithilfe des Flügelschlags (Ruderflug) – der energetisch anspruchsvollsten Art der tierischen Fortbewegung – und die Flugmuskeln[211] der Insekten gehören zu den metabolisch aktivsten Geweben. Eine Arbeitsbiene hat im Flug einen Energieverbrauch von etwa 500 Watt/kg. Im Vergleich dazu beträgt die maximale Leistung eines olympischen Ruderers nur etwa 20 Watt/kg. Eine Biene verbraucht im Flug nicht nur ungeheure Mengen an Energie, die ja in ihrem Treibstoff enthalten ist, sondern erzeugt auch sehr viel Wärme. Der Wirkungsgrad ihres Flugapparates beträgt bei der Umwandlung von Stoffwechseltreibstoff in mechanische Leistung etwa 10–20 Prozent, sodass mehr als 80 Prozent der während des Fluges verbrauchten Energie als Wärme in den Muskeln erscheint. Die Wärmeabgaberate des behaarten Thorax einer Arbeitsbiene ist relativ gering, sodass ihre Thoraxtemperatur während des Dauerfluges normalerweise 10–15°C über der Umgebungstemperatur liegt.

Wir sehen also, dass bei Honigbienen eine erhöhte Thoraxtemperatur die zwangsläufige *Folge* des Fluges ist. Schwierig zu verstehen ist allerdings, dass der Ursprung der Fähigkeit zur Thermoregulation in der Tatsache begründet liegt, dass eine erhöhte Thoraxtemperatur auch die *Voraussetzung* zum Fliegen ist. Die Arbeiterinnen müssen die Thoraxtemperatur konstant etwa bei 27°C halten, um flugfähig zu sein. Falls die Flugmuskeln kälter sind, können sie einfach nicht die hohe Flügelschlagfrequenz und die Leistung pro Schlag erzeugen, die zum Abheben und Fliegen erforderlich sind. Eine hohe Mindesttemperatur für den Flug fördert zwei „bauliche Mängel" bei den Enzymen für die Flugmuskulatur zutage: 1) sie müssen der hohen Temperatur standhalten, die beim Flug im Thorax erzeugt wird, aber 2) wenn sie mit ausreichend starken intramolekularen Bindungen gebaut werden, um dem Abbau bei hohen Temperaturen zu widerstehen, sind sie zu unbeweglich, um bei niedrigen Temperaturen leistungsfähig zu sein. Als sich bei den Honigbienen Flugmuskeln entwickelten, die an hohe Temperaturen angepasst sind, entwickelte sich gleichzeitig die Fähigkeit, vor dem Flug ein „Warm-Up" dieser Muskeln durchzuführen, ohne dass sie bei einer Betriebstemperatur von weniger als 27°C am Boden bleiben würden. Bienen wärmen ihre Flugmuskulatur[212] durch gleichzeitiges Bewegen der Flügelheber- und Flügelsenkermuskeln im Brustkorb auf, wodurch isometrische

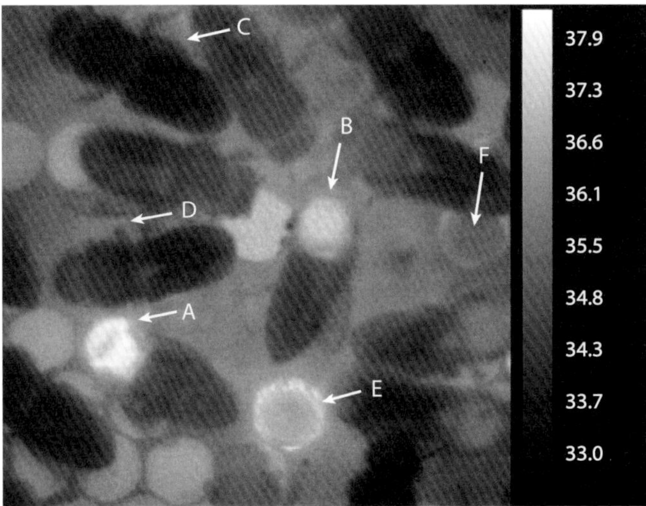

Abb. 9.2. Mit einer Infrarotkamera aufgenommenes Thermogramm von Arbeiterinnen auf einer Wabe mit verdeckelten und leeren Brutzellen. Verdeckelte Zellen erscheinen grau und ohne Umriss; leere Zellen erkennt man an der sechseckigen Form ihrer Ränder. *A*: Arbeiterin mit heißem (ca. 38 °C) Thorax, die gerade in eine leere Zelle neben drei verschlossenen Brutzellen kriecht. *B*: Arbeiterin, die gerade die eine warme (ca. 37 °C) offene Zelle verlassen hat (mitten im Foto). *C* und *D*: Arbeiterinnen, die keine Wärme abgeben; jede hat einen kühlen Thorax. *E* und *F*: Zellen mit Arbeiterinnen, die Wärme abgeben; in jeder Zelle erscheint der Zelleninhalt als heller Rand um die dunkle Silhouette des kühlen Abdomens der Heizbiene.

Kontraktionen ausgelöst werden, die zwar Wärme erzeugen, aber keine oder nur geringe Flügelbewegungen.

Dieses Verhalten – die Aufwärmphase vor dem Flug – bereitete den Weg für die Entwicklung der Wärmeregulation des Nestes, da die Bienen den gleichen Mechanismus[213] der isometrischen Muskelkontraktionen sowohl für das Aufwärmen der Flugmuskeln als auch für das Anwärmen der Brutwaben benutzen. Aufzeichnungen der Thoraxtemperaturen von Arbeiterinnen, die sich auf Sammelflüge vorbereiten, und von Ammenbienen, die verdeckelte Brutzellen erwärmen, zeigen identische Muster bei einem Temperaturanstieg von 2–3 °C pro Minute. Und in beiden Fällen ruhen ihre Flügel beim Aufwärmen bewegungslos zusammengefaltet über ihrem Hinterleib. Manchmal verharren die Bienen beim Wärmen der Brut absolut ruhig, während sie ihren Brustkorb auf die Deckel der Zellen mit den Puppen pressen, ein andermal kriechen sie in leere Zellen zwischen der verdeckelten Brut und halten sich bis zu einer halben Stunde darin auf, während sie ihren Thorax auf 41°C aufheizen, um die Puppen in den angrenzenden Zellen zu wärmen.

Die Fähigkeit zur Thermoregulation von *Apis mellifera* auf Kolonieebene entwickelte sich parallel zur Entwicklung des Soziallebens dieser Biene. Zum Teil erlangten Bienenvölker ihre komplexe Kontrolle über die Nesttemperatur, als sie sich zu umfangreichen Gruppen entwickelten, einfach weil eine Gruppe eine größere Kapazität zur Wärmeproduktion besitzt als ein Einzelwesen. Letztendlich kann ein Bienenvolk mit 15 000 Bienen etwa 15 000 Mal mehr Wärme erzeugen als eine einzelne Biene. Ein zweiter Vorteil der Wärmeregulation, den die Gruppe im Gegensatz zu einem Einzelwesen genießt, ist der verringerte Wärmeverlust pro Individuum, insbesondere wenn sich einzelne Bienen zu einem festen Klumpen zusammendrängen. Die Oberfläche einer einzelnen Arbeiterin – betrachtet man sie als einen Zylinder von 14 mm Länge und 4 mm Durchmesser – beträgt ungefähr 3,8 cm^2, dagegen haben 15 000 Bienen, die sie sich zu einer dichten Traube von 18 cm Durchmesser zusammenziehen, eine Oberfläche von etwa 1000 cm^2. Wenn sich also eine Biene in einen Verbund hineindrängt, verringert sich ihre effektive Oberfläche pro Biene auf nur 0,067 cm^2, das ist etwa 60 Mal weniger, als wenn sie alleine ist.

VORTEILE DER TEMPERATURSTEUERUNG

Ein großer Gewinn für die Honigbienenvölker ist, dass sie sich sowohl kühlen als auch beheizen können. Wenn sich Tausende von Bienen in einer Nisthöhle zusammendrängen, die nur eine ziemlich kleine Eingangsöffnung hat, besteht für ein starkes Bienenvolk die Gefahr einer verheerenden Überhitzung, wenn die Außentemperatur auf über 30°C steigt und den ganzen Tag auf diesem Niveau bleibt. Eine Dauertemperatur von mehr als 37°C im Nestinneren bringt die Metamorphose[214] der Larven zum Erliegen. Steigt die Temperatur dort auf über 40°C an, können die Bienenwachswaben gefährlich weich werden und die Honigwaben können auseinanderfallen. Dazu kommt, dass die erwachsenen Bienen nur wenige Stunden bei Temperaturen von 45–50°C überleben, was gerade mal 10–15°C über ihrer optimalen Betriebstemperatur (35°C) ist. Im Gegensatz dazu können Honigbienen bei 15°C auf unbestimmte Zeit überleben. Dies beweist, dass bei den Arbeitsbienen, wie bei den meisten Organismen, der Bereich der Hitzebeständigkeit oberhalb ihres Optimums geringer ist als unterhalb. Die geringe Toleranz der Honigbienen gegenüber hohen Temperaturen spiegelt die Tatsache wider, dass die Enzyme, die sie entwickelt haben, nur so stabil sind, wie es für die Bienen normalerweise erforderlich ist. Dies ist auch sinnvoll, denn

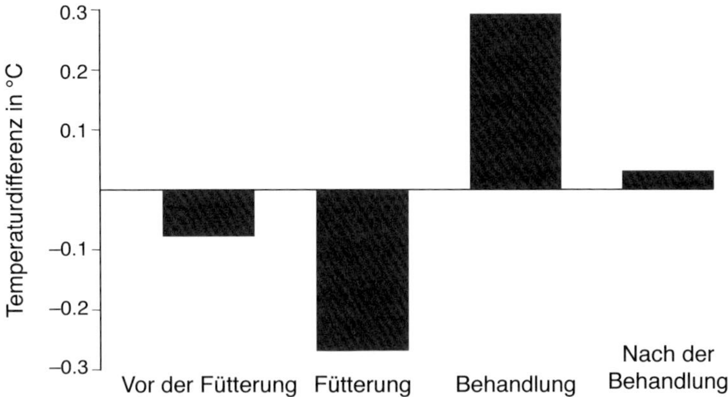

Abb. 9.3. Unterschiede zwischen beobachteten und erwarteten Temperaturen im Zentrum der Brutwaben bei drei kleinen Bienenvölkern, die in Schau-Bienenkästen auf zwei Rahmen leben, an Tagen, an denen sie mit reinem Zuckersirup gefüttert wurden (Fütterungsintervall) und mit Zuckersirup, der Kalkbrutsporen (*Ascosphaera apis*) enthielt (Behandlungsintervall) sowie an Tagen vor (Vor der Fütterung) und nach (Nach der Behandlung) der Fütterung. Die Temperaturen der Brutwaben sanken während der Fütterungsperiode, da einige Bienen die Brutwaben verließen, um den Zuckersirup zu sammeln. Trotz der kühlenden Wirkung der Fütterung erreichten die Bienenvölker relativ hohe Wabentemperaturen, als der Zuckersirup mit Kalkbrutsporen geimpft worden war.

ein Enzym, das bei Temperaturen weit oberhalb des Normalbereichs der Bienen stabil wäre, wäre zu starr, um bei den gewohnten Temperaturen effizient zu funktionieren.

Die adaptive Bedeutung der Vermeidung einer Nestüberhitzung ist offensichtlich, aber durch welchen Antrieb bei der Selektion ist das Erwärmen des Nestes entstanden? Der wichtigste Nutzen während der warmen Monate ist wahrscheinlich die Beschleunigung der Brutentwicklung. Sie ermöglicht ein rasches Wachstum der Bienenvölker, was immer dann von hohem Wert ist, wenn die Population eines Bienenvolkes stark zurückgegangen ist, wie etwa am Ende des Winters, nach einem Schwarmabgang und bei erhöhter Mortalität nach einem Angriff durch Räuber. Eine signifikante Verlangsamung der Brutentwicklung tritt ein, wenn die Brut nur geringfügig abgekühlt wird. Vern G. Milum[215] entdeckte beispielsweise, dass bei der Brut im Außenbereich des Brutnestes, wo die Durchschnittstemperatur bei etwa 31,5°C liegt, 22–24 Tage zwischen der Eiablage und dem Schlupf der erwachsenen Tiere lagen, während die Brut im Zentrum des Nestes, wo es etwa 3°C wärmer war, nur 20–22 Tage bis zur vollständigen Entwicklung brauchte.

Neben der Förderung eines schnellen Wachstums hilft die erhöhte Temperatur des Brutnestes einer Kolonie bei der Bewältigung von Krankheiten. Untersuchungen von Anna Maurizio aus den 1930er-Jahren zeigten, dass die Kalkbrut, eine durch den Pilz *Ascosphaera apis* hervorgerufene Krankheit der Honigbienenlarven, unterbunden wird, wenn ein Bienenvolk seine Larven warm hält (bei 35 °C), aber wenn es die Larven nur für wenige Stunden bis auf 30 °C abkühlen lässt, reicht das für erfolgreiche Infektion. Vor einiger Zeit haben Phil Starks und seine Mitarbeiter nachgewiesen, dass Bienenvölker auf den hitzeempfindlichen Erreger *Ascosphaera apis* mit einer Erhöhung der Temperatur, einer Art „Brutwaben-Fieber[216]“ reagieren, wenn man sie Kalkbrutsporen aussetzt. Besonders Völker, die mit einer 50-prozentigen Zuckerlösung gefüttert wurden, die zerriebene sporenbildende Kalkbrutmumien enthielt – abgestorbene Larven, die mit den Fruchtkörpern des Pilzes bedeckt waren –, erhöhten ihre Brutwabentemperaturen um fast 0,6 °C (Abb. 9.3). Angesichts der Tatsache, dass die übliche Schwankung des Temperaturbereichs bei den Brutwaben nur 2 °C beträgt, nämlich von 34 °C bis 36 °C, ist ein Anstieg um 0,6 °C eine beachtliche Erhöhung, und es ist anzunehmen, dass er eine Infektion wirksam verhindert hat. Kein einziges Bienenvolk, das mit diesen Sporen infiziert wurde, hat die Krankheit bekommen. Honigbienenvölker leiden auch an mindestens 15 viralen und zwei bakteriellen Krankheiten, aber die Auswirkungen der hohen Temperatur in den Brutwaben auf die Anfälligkeit für virale und bakterielle Infektionen sind noch unbekannt. Untersuchungen mit anderen Insektenviren haben ergeben, dass sie keine Infektionen auslösen, wenn ihre Wirte bei Temperaturen aufgezogen werden, wie sie im Brutnest eines Bienenvolkes anzutreffen sind. Deshalb dürften die in Honigbienenvölkern auftretenden erhöhten Temperaturen auch eine Resistenz gegen Viruskrankheiten bewirken.

Ein weiterer wichtiger Vorteil der Fähigkeit eines Bienenvolkes, ein warmes Mikroklima in seinem Nest zu schaffen, ist die größere Widerstandsfähigkeit gegen niedrige Temperaturen draußen in der Umwelt. Durch die hochentwickelten Techniken der sozialen Thermoregulation hat *Apis mellifera* ihre klimatische Nische stark ausgeweitet und lebt heute an geografischen Orten, in denen Bienenvölker sonst im Winter eingehen würden. Wie schon in Kapitel 6 besprochen, ist die Honigbiene im Grunde genommen ein tropisches Insekt, das sein Verbreitungsgebiet durch verschiedene Anpassungen bis in kaltgemäßigte Regionen ausgedehnt hat, insbesondere durch seine Fähigkeit, eine warme Traube über lange, eisige Winter aufrechtzuerhalten.

ERWÄRMUNG DER KOLONIE

Das Hauptproblem bei der Thermoregulation eines Bienenvolkes, das an einem Standort mit langen, kalten Wintern lebt, besteht darin, wärmer als die Umgebung zu bleiben. Wie bereits erwähnt, variiert die Innentemperatur, die ein Bienenvolk aufrechtzuerhalten versucht, je nachdem, ob es Brut aufzieht oder nicht. In diesem Fall wird die Brutnestregion bei 34–36 °C gehalten. Wenn es keine Brut aufzieht, dreht es sein „Thermostat" herunter und hält die Kerntemperatur bei etwas über 18 °C und die Manteltemperatur bei gut 8 °C. Diese beiden Temperaturen sind kritische Untergrenzen. Bienen, die auf unter etwa 18[217]°C abgekühlt sind, können nicht die erforderliche neuronale Aktivität erbringen, um ihre Flugmuskeln zur Erzeugung von mehr Wärme zu aktivieren. Und Bienen, die auf weniger als 8 °C abgekühlt sind, werden bewegungsunfähig und fallen in eine Art Kältekoma. Ob eine Biene eine solche Hypothermie überlebt, hängt von ihrer Dauer ab; eine Temperaturabsenkung auf 10 °C oder darunter tötet die meisten Bienen innerhalb von 48 Stunden.

Ein Bienenvolk sorgt für ein geeignetes warmes Mikroklima in dem Teil seines Nestes, den es besetzt hat – den Waben, auf denen sie sitzen –, indem es die Stärke der Wärmeerzeugung innerhalb und die Wärmeabgabe aus dieser Region kontrolliert. Abbildung 9.4 beschreibt, wie ein Bienenvolk in einer Wintertraube Wärme an die Umgebung in seinem Nisthohlraum abgibt: durch Konduktion[218] oder Wärmediffusion, Konvektion (vertikale Luftbewegung), Evaporation (Verdunstung) und thermische Strahlung (Strahlungswärme). Es gibt Wärme durch Wärmediffusion durch die Decke des Hohlraums nach außen und durch die Waben ab und es verliert Wärme durch Konvektion über den Luftstrom, der durch die lockere, durchlässige Traube und den Innenraum der Nisthöhle zieht. Das Bienenvolk verzeichnet ebenfalls Wärmeverluste durch Verdunstung über das Atemsystem der erwachsenen Bienen, die Oberflächenverdunstung von den feuchten Körpern der Bienenlarven und durch feuchte Waben im Inneren der Traube. Schließlich gibt das Bienenvolk Strahlungswärme an alle Objekte in seiner Umgebung ab: die unbesetzten Waben und die Wände der Nisthöhle. Die Isothermen in dieser Abbildung zeigen uns, dass die Wärmeabgabe der Traube ein Warmluftpolster außerhalb der Traube im oberen Teil der Nisthöhle geschaffen hat. Man beachte, dass die Bodentemperatur der Nisthöhle identisch mit der Außentemperatur ist, nämlich –21 °C, die Temperatur im oberen Teil und rund um das Nest aber wesentlich höher liegt, nämlich bei –1 °C.

Die Wärme, die aus der Traube verloren geht, erwärmt nicht nur die sie umgebende Luft, sondern auch die Decke und die Wände des Nisthöhle, und diese wiederum verlieren durch Wärmediffusion und Abstrahlung Wärme an die Umgebung außerhalb des Stocks. Wenn der Wind außerhalb Zugluft über den Eingang in den Nisthohlraum hinein- und wieder herausströmen lässt, kann es auch zu Wärmeverlusten nach außen durch Konvektion kommen. Wilde Bienenvölker reduzieren den Wärmeverlust, der ihren Nisthöhlen durch Zugluft verloren geht, indem sie Risse und kleine Löcher mit Nähten aus Propolis füllen, wie in Kapitel 5 berichtet. Am Ende des Sommers verkleinern einige Völker auch die Eingangsöffnung ihres Nestes, indem sie den größten Teil mit einer Hülle aus Propolis zubauen, wie in Abbildung 5.7 veranschaulicht.

Die Quintessenz aus Abbildung 9.4 ist, dass ein Bienenvolk zwei Möglichkeiten hat, die Wärmeabgabe an die Umgebung zu minimieren: 1) durch Verringerung des Wärmeabgabe vom Bienenvolk an die Nisthöhle und 2) durch Verringerung des Wärmeabgabe aus der Nisthöhle an die äußere Umgebung der Behausung (im Folgenden als „Nestumfassung" bezeichnet). In beiden Phasen des Wärmeverlustes eines Bienenvolkes – aus der Traube und aus dem Hohlraum – steigt die Wärmeübertragungsrate von innen nach außen ungefähr proportional zur Temperaturdifferenz zwischen innen und außen (T_I minus T_O). Dieser Temperaturunterschied ist die treibende Kraft für den Wärmeverlust. Wenn keine Wärmeübertragung durch Verdunstung stattfindet, gilt das Newton'sche Abkühlungsgesetz des Temperaturausgleichs zwischen einem Körper und seiner Umgebung:

$$\text{Wärmeübertragungsrate} = C \times (T_I - T_O)$$

Der Koeffizient *C*, die spezifische Wärmekapazität eines Materials, ist ein Maß dafür, wie schnell Wärme von der Innenseite zur Außenseite eines Mediums (sei es die Bienentraube oder die Nestumfassung) gelangen kann. Eine Bienentraube oder eine Nestumfassung mit einem niedrigen *C*-Wert hat einen hohen Widerstand gegen Wärmeverlust und damit einen hohen Wärmedämmwert. Schauen wir uns nun an, was darüber bekannt ist, wie ein Bienenvolk den Wert C_{Traube} adaptiv an seine Bienenmasse anpasst und wie ein Bienenvolk einen beeindruckend niedrige $C_{\text{Umfassung}}$ für die Wände seiner Behausung erreicht, indem es einen dickwandigen Hohlraum in einem Baum besetzt.

Ein Bienenvolk kann seinen Wärmeverlust stark reduzieren, indem es seinen Wärmeleitwert (C_{Traube}) verringert. Dass schaffen die Bienen, wenn sie sich fest zu einer kompakten, annähernd kugelförmigen Traube zusammendrängen. Dieser Prozess beginnt, wenn die Temperatur in der Nisthöhle unter etwa 14°C absinkt.

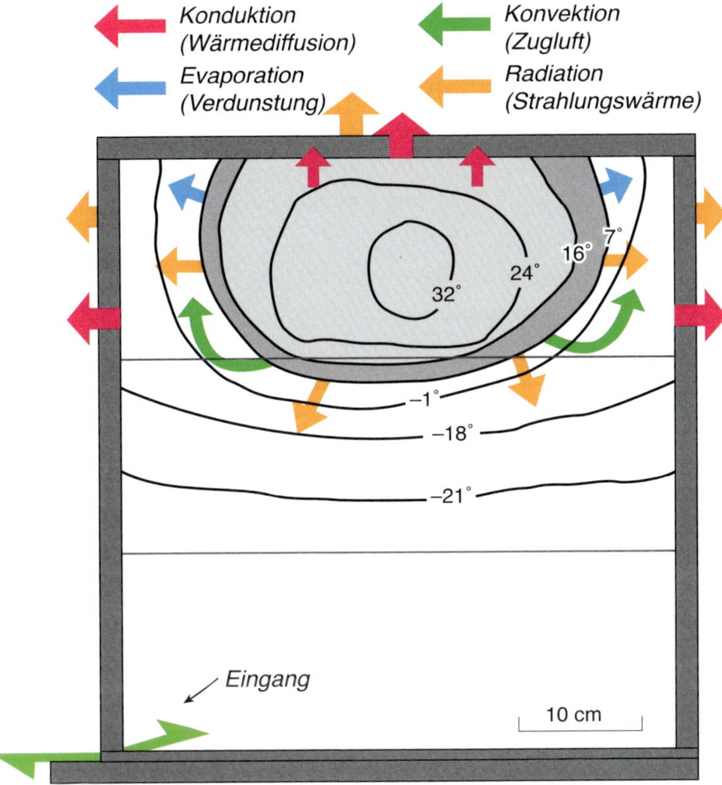

Abb. 9.4. Anatomie der Wintertraube eines Bienenvolkes in einem Langstroth-Magazin bei einer Umgebungstemperatur von −21 °C am 25. Februar 1951 um 7 Uhr morgens. Die Grafik stellt dar, wie eine Bienentraube Wärme an die Luft und die Wände der Nesthöhle verliert: durch Konduktion, Konvektion, Verdunstung und Wärmestrahlung. Sie zeigt auch, wie die Luft und die Wände der Nisthöhle Wärme an die Außenumgebung verlieren: durch Konduktion, Konvektion und Strahlungswärme. Die dunkle Schattierung zeigt den dichten, dämmenden Außenbereich der Traube an. Das kleine Brutnest des Bienenvolkes liegt sich innerhalb der 32 °C-Isotherme.

Fällt die Temperatur außerhalb der Traube noch weiter ab, pressen sich die Bienen immer stärker zusammen, wobei die Größe der Traube weiter schrumpft. Bei etwa −10 °C erreicht die Kontraktionsfähigkeit der Traube jedoch ihre Grenze. Zwischen 14 °C und −10 °C schrumpft das Volumen der Traube um etwa das Fünffache. Die Struktur einer Wintertraube wurde 1951 von Charles D. Owens[219] eingehend untersucht, als er in Madison im Bundesstaat Wisconsin für das amerikanische Landwirtschaftsministerium arbeitete. Akribisch maß er die Temperaturen im gesamten Bereich der Traube eines Bienenvolkes. Dafür wählte er einen Tag aus, an dem die Außentemperatur –14°C betrug, anschließend schwefelte er die Kolonie ab und sezierte sie sorgfältig. Abbildung 9.4 zeigt die von Owens gefundene zweiteilige interne Organisation. Es gab eine *äußere Zone* zwischen den Isothermen mit 7°C und 16°C, die aus mehreren Lagen dicht gepackter Bienen bestand, deren Köpfe zum Zentrum gerichtet waren. Sie füllten alle leeren Zellen in den Waben aus und hatten sich in den Zwischenräumen zwischen den Waben so dicht wie möglich zusammengedrängt, um eine isolierende Außenschicht zu schaffen. In der *inneren Zone* hatten die Bienen jedoch genug Platz, um herumzukriechen, sich von den Honigvorräten zu ernähren, mit ihren Flügeln zu fächeln und die Brut zu pflegen.

Warum bilden Bienen bei niedrigen Umgebungstemperaturen einen dichten Klumpen? Wenn sie sich zu einer Traube zusammenziehen, reduzieren sie den Wärmeverlust teilweise, da eine kleinere Oberfläche weniger Wärme abstrahlt. Auch der Wärmeverlust durch Konvektion (vertikale Luftströmungen) verringert sich, denn wenn die Bienen eng zusammenrücken, nimmt auch die Luftdurchlässigkeit ihrer Traube ab. Am wichtigsten jedoch ist, dass die dichte Außenschicht der Traube einen effektiven isolierenden Mantel bildet, der den Wärmeverlust durch Konduktion reduziert. Anhand von Messungen der Stoffwechselrate eines Bienenvolkes in Abhängigkeit von der Umgebungstemperatur, hat Edward E. Southwick die Wärmeleitfähigkeit[220] einer 17 000 Bienen enthaltenden Wintertraube (mit einem Gewicht von ca. 2,2 kg) auf 0,10 Watt pro Kilogramm pro °C geschätzt. Es ist schon ziemlich erstaunlich, dass dieser niedrige Wärmeleitwert mit dem Wert bei Vögeln und Säugetieren mit gleichem Körpergewicht übereinstimmt oder sogar darunter liegt. Offensichtlich hat die dichte, von Bienen gebildete Außenschicht der Wintertraube eine genauso gute oder sogar bessere Dämmwirkung als das Gefieder der Vögel oder das Fell von Säugetieren.

Den Wärmeverlust reduziert ein wildlebendes Bienenvolk auch, indem es in eine dickwandige Baumhöhle einzieht. Die dicken Holzwände haben eine geringe Wärmeleitfähigkeit (niedriger $C_{\text{Umfassung}}$), sodass sie den Wärmeverlust durch Wärmediffusion von der Nesthöhle in die äußere Umgebung verringern. Bislang hat noch niemand untersucht, ob die Kundschafterinnen die Dicke der Wände einer potenziellen Nisthöhle prüfen und dies in die Beurteilung der Gesamtqualität ihrer zukünftigen Behausung einbeziehen. Ich wette, sie machen es. Dafür wurde jedoch untersucht, wie groß der Unterschied der Gesamtwärmeleitfähigkeit der Nestumfassung eines Bienenvolkes zwischen einer dickwandigen Baumhöhle und einer

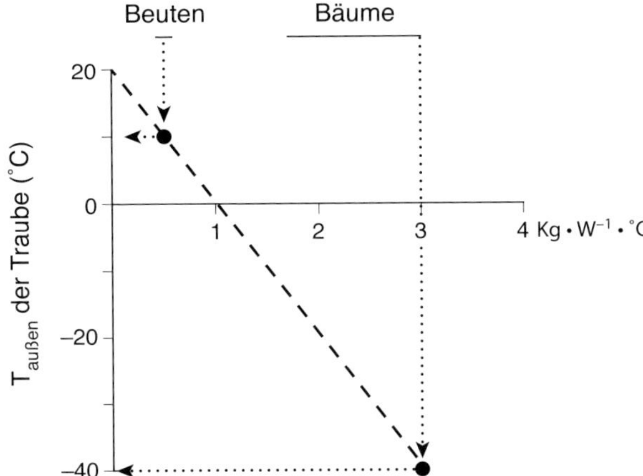

Abb. 9.5. Grafische Analyse der Schwellentemperatur, bei der ein 1,0 kg schweres Bienenvolk in Abhängigkeit von der Gesamtwärmeleitfähigkeit seiner Nestumfassung eine Traube bilden muss, um warm zu bleiben: eine dünnwandige Holzbeute (British National) im Vergleich mit einer dickwandigen Baumhöhle. Baumhöhlen haben eine relativ geringe Gesamtwärmeleitfähigkeit, sodass sie ein hohes Verhältnis zwischen der Masse des Bienenvolks und der Wärmeleitfähigkeit der Nestumhüllung aufweisen (kg × W–1 × °C). Daher wird ein Kilogramm Bienenvolk, das in einer Baumhöhle lebt, ein warmes, 20+ °C-Mikroklima innerhalb seiner Nisthöhle vorfinden, bis die Außentemperatur unter –40 °C fällt, aber ein Kilogramm schweres Bienenvolk, das in einer British National-Beute lebt, wird ein solches warmes Mikroklima nur dann vorfinden, wenn die Außentemperatur über etwa 10 °C liegt.

herkömmlichen, dünnwandigen Holzbeute ist – das Thema einer Untersuchung von Derek Mitchell[221] in England. Die dickwandigen Wände der Baumhöhlen unterscheiden sich sowohl in der *Wärmekapazität* als auch in der *Wärmeleitfähigkeit* von Holzbeuten. Mitchell beschloss, generell die Auswirkungen der Unterschiede in der Wärmeleitfähigkeit zu untersuchen, und so arbeitete er mit Modellen von Baumhöhlen, die er aus Polyisocyanurat-Hartschaum-Platten, einem Material mit sehr geringer Wärmekapazität, baute. Er konstruierte ein Schaumstoffmodell, dessen Wände die gleiche Wärmeleitfähigkeit pro Höheneinheit (Watt pro °C pro Meter) besaßen wie die dickwandigen Hohlräume in den Bäumen, über die Roger Morse und ich in den 1970er-Jahren berichtet hatten, als wir unsere Studie über die Nester von wilden Bienenvölkern durchführten. Größe (40 Liter), Form (ein hoher Zylinder) und Beschaffenheit des Eingangs – ein 15 cm langer Durchgang mit einem Durchmesser von 5 cm– seines Modells korrespondierten mit den Durchschnittswerten dieser Variablen, die wir in dieser Studie herausgefunden hatten. Außerdem arbeitete Mitchell mit verschiedenartigen Holzbeuten, darunter auch British National und Warré. Im Inneren seines Baumhöhlenmodells und in jeder Beute installierte er eine Reihe von Temperaturfühlern und hängte im oberen Bereich ein Heizelement auf, um die Wärmeproduktion eines Bienenvolks zu simulieren. Schließlich schaltete er alles ein und ließ die Heizelemente laufen, während die Temperaturfühler mehrere Stunden lang Daten aufzeichneten, bis die Bedingungen im Inneren jeder Konstruktion ausgeglichen waren. Dabei stellte er fest, dass in seinem Baumhöhlen-Modell die Wärmeleitfähigkeit der gesamten Nestumfassung ($C_{\text{Umfassung}}$) nur etwa 0,5 Watt pro °C betrug, während beispielsweise die British National-Beuten $C_{\text{Umfassung}}$-Werte hatten, die etwa fünfmal so hoch waren, nämlich etwa 2,5 Watt pro °C.

Wie wirkt sich ein solch starker Unterschied in der Wärmeleitfähigkeit der Wände bei natürlichen Baumhöhlen und herkömmlichen Holzbeuten aus? Zum einen kann ein starkes Bienenvolk, das eine gut gedämmte Baumhöhle bewohnt, bis weit in den Winter hinein, möglicherweise sogar den ganzen Winter hindurch, in seinem Nest mobil bleiben. Mitchells Analyse ergab, dass eine 1 kg schwere Kolonie, die bei einer Nisthöhlentemperatur von 20°C eine normale Wärmeleistung von 20 Watt produziert, erst dann eine dichte, gut gedämmte Traube bilden muss, wenn die Temperatur außerhalb der Höhle unter –30 oder –40°C fällt, solange es in einer dickwandigen, gut isolierten Baumhöhle lebt. Im Gegensatz dazu muss ein Bienenvolk derselben Größe, das eine dünnwandige Standard-Holzbeute bewohnt, bald nachdem die Temperatur außerhalb des Bienenstocks unter etwa 10°C gefallen ist, in eine dichte Traube gehen, weil die Nisthöhle so schlecht gedämmt ist (Abb. 9.5). Dieser eklatante Unterschied kann dazu führen, dass Bienenvölker, die in Baumhöhlen leben, besser über den Winter kommen als Kistenvölker, weil die Baumhöhlenvölker länger auf ihren Waben mobil bleiben können und so wahrscheinlich besser mit ihren Honigvorräten in Kontakt bleiben.

Dieses Thema bedarf jedoch noch weiterer Untersuchungen, denn die dicken Wände der Baumhöhlen haben im Vergleich zu den dünnen Wänden herkömmlicher Bienenbeuten eine hohe Wärmekapazität – nicht nur hohe Wärmedämmwerte. Das heißt, wenn die Wände einer Baumhöhle über den Winter auskühlen, verzögern diese kalten Wände die Erwärmung der Luft in der Höhle auf eine Temperatur von ca. 14°C, bei der ein im Inneren der Baumhöhle lebendes Bienenvolk seine Traube auflösen kann. Daher ist es möglich, dass diese Bienenvölker im Vergleich zu Bienenvölkern, die in dünnwandigen Holzbeuten leben, im Frühjahr erst später aktiv werden.

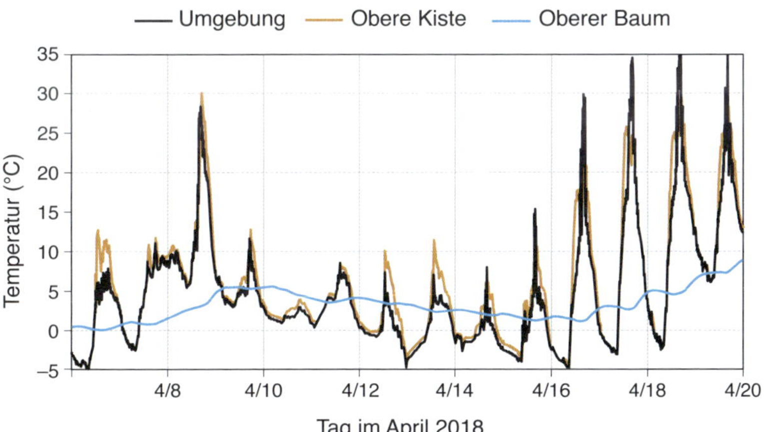

Abb. 9.6. *Oben*: Die beiden künstlichen Nisthöhlen, die zum Vergleich des Mikroklimas in einer dickwandigen Baumhöhle und einer dünnwandigen Holzkiste mit den gleichen Abmessungen und einer gleich großen Eingangsöffnung verwendet wurden. Messzeitraum: 1 Jahr. *Unten*: Beispiel für die Temperaturaufzeichnungen im Inneren der dickwandigen Baumhöhle und der dünnwandigen Holzkiste sowie der Außentemperaturen.

Um die mikroklimatischen Unterschiede zwischen einer dickwandigen Baumhöhle und einer dünnwandigen Bienenbeute weiter zu erforschen, habe ich vor kurzem mit meinen beiden Mitarbeitern Robin Radcliffe und Hailey Scofield eine einjährige Studie begonnen, deren Thema das Mikroklima in beiden Arten von Behausungen ist – ohne Bienen. Wir fertigten zwei Nisthöhlen[222] an, eine aus dem üblichen Kiefernholz und die andere schnitten wir mit einer Kettensäge in einen großen Zuckerahornbaum (Abb. 9.6). Beide Hohlräume waren in Form (hoch und schmal), Volumen (50 Liter) und Größe des Eingangs (5 cm im Durchmesser) identisch, unterschieden sich aber stark in der Wandstärke: einer mit ca. 2 cm und einer mit 36 cm. Beide Hohlräume hatten also die Form und Größe einer natürlichen Bienenhöhle, aber nur einer hatte die entsprechende Wandstärke. Sie standen nebeneinander und enthielten jeweils zwei Temperaturfühler und -schreiber, die in der Mitte des Hohlraums, jeweils 20 cm von seiner Ober- und Unterseite entfernt, positioniert waren. Außerdem war ein zusätzlicher Temperaturfühler/-schreiber zur Messung der Außentemperatur an einer schattigen Stelle dazwischen angebracht. Unser Ziel war es, die Temperaturdynamik in beiden Hohlräumen über zwei Jahre hinweg zu vergleichen, und zwar ein Jahr lang, ohne dass die Hohlräume beheizt waren, und ein Jahr lang, in dem beide mit einem 40-Watt-Heizelement ausgestattet waren, das im Inneren installiert war, um die Erwärmung zu simulieren, die im Hohlraum herrschte, wenn er von einem 2 kg schweren Bienenvolk besetzt wäre.

Die Grafik in Abbildung 9.6 zeigt die Temperaturaufzeichnungen in beiden Hohlräumen und des Außentemperaturfühlers über einen Zeitraum von zwei Wochen im April 2018. Die Messwerte für die Baumhöhle sind während dieser Vorfrühlingsperiode weitaus stabiler als die Messwerte für die Umgebungstemperatur oder für die Bienenbeute. Man erkennt auch, dass die beiden letztgenannten Messwerte nahezu identisch sind, obwohl an sonnigen Tagen das Innere der Beute wärmer wurde als die Luft außerhalb der Kiste (Außentemperatur). Außerdem sehen wir, dass es nachts in der Baumhöhle wärmer war als in der Bienenbeute. Es ist noch zu früh, um zu beurteilen, was uns diese Studie im Großen und Ganzen zeigt, aber sie hat bereits einen erstaunlichen Unterschied, was die Beständigkeit der Temperatur in den Nisthöhlen betrifft, zwischen Wildvölkern, die tief im Inneren mächtiger Bäume hausen, und bewirtschafteten Bienenvölkern in dünnwandigen Beuten zutage gefördert.

Die beste Wärmedämmung der Welt wird jedoch kein lebendes System warm halten, wenn dieses System nicht selbst Wärme erzeugt. Daher überrascht es nicht, dass die Anpassungen der Bienenvölker zur *Wärmespeicherung* durch eine beeindruckende Fähigkeit zur *Wärmeproduktion* ergänzt werden. Eine respektable

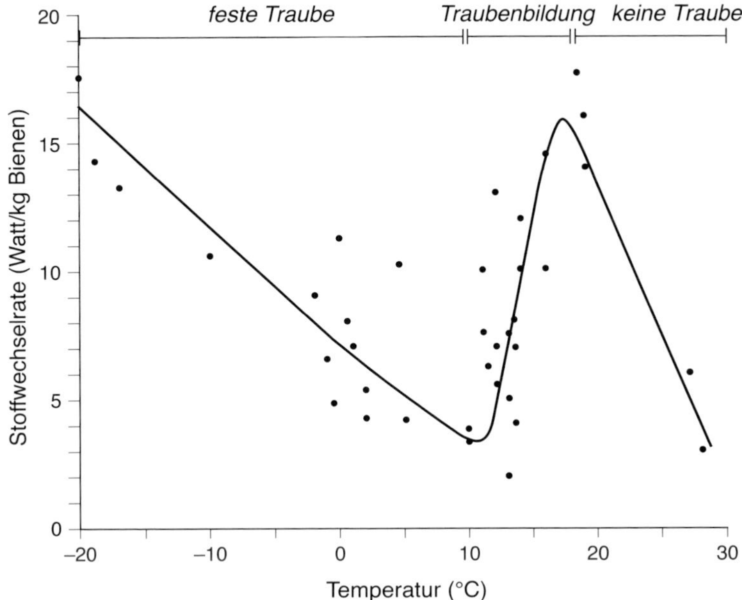

Abb. 9.7. Stoffwechselrate eines Bienenvolkes während der Überwinterung in Abhängigkeit von der Umgebungstemperatur. Das Bienenvolk befand sich in einem temperaturgesteuerten Gehäuse, das als Stoffwechselkammer diente. Jeder Messpunkt zeigt die minimale Stoffwechselrate des Bienenvolkes während eines 24-stündigen Messintervalls bei konstanter Temperatur.

Wärmemenge wird durch den Ruhestoffwechsel[223] der Brut und der adulten Bienen erzeugt: etwa 8 bzw. 20 Watt pro Kilogramm bei einer Brutnesttemperatur von 35°C. Durch die isometrische Kontraktion ihrer Flugmuskeln – sie verbrennen Energie, ohne Flügelbewegungen zu erzeugen – können erwachsene Bienen die Produktion der Wärme aus dem Stoffwechsel jedoch stark steigern, auf bis zu etwa 500 Watt pro Kilogramm! Es handelt sich also die Stoffwechselrate der erwachsenen Arbeiterinnen, die variiert wird, um die Wärmeproduktion eines Bienenvolkes zu regulieren. Arbeiterinnen, die Wärme für das Bienenvolk produzieren, sind fast nicht von Bienen im Ruhemodus zu unterscheiden; beide stehen bewegungslos auf den Waben. Manchmal kann man jedoch beobachten, wie eine Arbeiterin[224] ihren Brustkorb fest auf den Deckel einer Zelle mit einer Puppe darin presst und anschließend einige Minuten lang bewegungslos in dieser Haltung verharrt. Sie erzeugt

Wärme (mit ihrer Flugmuskulatur), um ihre Thoraxtemperatur auf etwa 40°C zu erhöhen. Dadurch wird die Temperatur der Brutzelle um einige Grad erhöht. Außerdem zeigen Messungen an einzelnen Bienen oder kleinen Gruppen von Bienen,[225] die in einem Spirometer (Gerät zur Messung des Sauerstoffverbrauchs und der Atemaktivität) mit Temperatursteuerung untergebracht sind, eindeutig, dass Arbeiterinnen einer Abkühlung durch eine drastische Erhöhung ihrer Stoffwechselrate entgegenwirken. Während z.B. bei einer Grupper von 10 Arbeiterinnen bei 35°C eine geringe Erhöhung der Thoraxtemperatur (36°C) und eine niedrige Stoffwechselrate (29 Watt pro Kilogramm) nachweisbar waren, steigerten die Bienen in einer Gruppe, die bei 5°C gehalten wurde, ihre Stoffwechselrate auf 300 Watt pro Kilogramm und hielten so eine Thoraxtemperatur von 29°C aufrecht, die weit über der Umgebungstemperatur lag.

In der Natur, wo jede Biene mit Tausenden ihrer Stockgenossinnen zusammenarbeitet, um der Kälte zu widerstehen, geht dieser Prozess Hand in Hand mit der Reduzierung des Wärmeverlustes durch die Bildung einer Traube. In Abbildung 9.7[226] wird veranschaulicht, wie die Bienen diese beiden Mechanismen der Temperatursteuerung koordinieren. Die Wärmeproduktion wird gesteigert, wenn die Umgebungstemperatur von 30°C auf etwa 15°C absinkt, und noch weiter erhöht, wenn die Temperatur unter etwa 10°C fällt, aber sie nimmt stark ab, wenn die Umgebungstemperatur von etwa 15° auf 10°C absinkt.

Wie oben erörtert, ist dies der Temperaturbereich, in dem sich ein Bienenvolk zu einer gut isolierten Traube zusammendrängt und der zunehmenden Kälte dadurch widerstehen kann, dass es seinen Wärmeverlust reduziert. Da Trauben sich immer weiter zusammenziehen, bis dieTemperaturen bei etwa –10°C liegen, spielt die Verringerung der Wärmeabgabe bei der Thermoregulation eines Bienenvolks bis hinunter zu dieser Temperatur weiterhin eine Rolle, obwohl sie, wie wir in Abbildung 9.7 sehen können, mit einer steigenden Wärmeproduktion einhergeht. Vermutlich bilden Bienenvölker bei höheren Temperaturen nur deshalb keine Traube zur Senkung der Heizkosten für ihr Nest, weil dadurch andere Arbeitsabläufe im Volk wie die Nahrungssuche und das Anlegen von Vorräten unterbrochen werden.

KÜHLUNG DES NESTS

Manchmal muss ein Bienenvolk seine Behausung kühlen, damit die Temperatur in der Brutnestregion unter 36°C bleibt. Anhaltende Temperaturen, die auch nur um 2–3°C höher liegen, stören die Entwicklung der Bienenbrut, die sich gerade in der

Metamorphose befindet – der Umwandlung vom Larven- zum Adultstadium. Teilweise rührt die Gefahr der Nestüberhitzung von der zwangsläufigen Wärmeproduktion durch den Stoffwechsel des Bienenvolks her. Die Wärmeproduktion im Ruhemodus – der Brut und der nicht brütenden adulten Bienen – ist viel geringer als die der aktiv brütenden Bienen; trotzdem produzieren auch nicht brütende Bienen hinreichend Wärme, sodass ein Bienenvolk Gefahr läuft, sein Brutnest zu überhitzen, wenn die Lufttemperatur außerhalb des Nestes auf über 27°C ansteigt. Diese Gefahr betrifft eher bewirtschaftete Völker in schlecht gedämmten Bienenstöcken, die der prallen Sonne ausgesetzt sind, als Wildvölker, die gut isolierende Baumhöhlen im Schatten benachbarter Bäume bewohnen. Doch immer, wenn es zu einer Überhitzung des Brutnestes kommt, setzen die Bienen Mechanismen zur Kühlung ihrer Nester in Gang, die ebenso wirksam sind wie die, mit denen sie ihre Nester warmhalten.

Als Martin Lindauer[227] zum Beispiel ein Bienenvolk in einer dünnwandigen Holzbeute in der prallen Sonne auf einem Lavafeld in der Nähe von Salerno in Süditalien aufstellte, lag die Höchsttemperatur des Bienenvolkes innerhalb der Beute nie über 36°C, obwohl die Lufttemperatur auf Höhe der Beute im Freien auf 60°C und die Temperatur innerhalb einer unbewohnten Beute in der Nähe auf 41°C anstieg. Um einer Überhitzung des Nestes vorzubeugen, setzen die Bienenvölker eine Reihe von Kühlmechanismen in Gang, die von der Wirkung her gestaffelt sind. Zuerst verteilen sich die adulten Tiere im Nest und verlassen es zum Teil auch (um die interne Wärmeproduktion zu reduzieren und den Wärmeverlust durch Konvektion zu unterstützen), dann folgt das Flügelfächeln (um eine verstärkte Konvektion zu erzeugen) und schließlich wird Wasser auf den Waben verteilt (um die Verdunstungskühlung in Gang zu setzen).

Die Verteilung der erwachsenen Arbeiterinnen in der Nisthöhle bei steigender Temperatur ist die fortgesetzte Ausdehnung der Traube, die bereits beginnt, wenn die Temperatur in der Nesthöhle über etwa –10°C steigt. Die Lufttemperatur außerhalb des Nestes, bei der die Verhaltensweise des Flügelfächelns[228] einsetzt und die Verteilung der Bienen ergänzt, ist variabel und hängt von Faktoren wie der Sonneneinstrahlung auf die Neststruktur (Baum oder Beute), der Wärmedämmung der Wände der Nisthöhle und der Stärke des Bienenvolkes (die die Gesamtrate der Wärmeproduktion beeinflusst) ab. Für das Bienenvolk ist es letztlich wichtig, die Innentemperatur im Nest unter 36°C zu halten, und viele Beobachter haben berichtet, dass die Bienen eine dauerhafte Durchlüftung ihres Nestes einleiten, wenn die Innentemperatur sich dieser kritischen Grenze für die Brutnesttemperatur nähert.

Die fächelnden Bienen verteilen sich im gesamten Nest und richten sich in Reihen aus, um die Luft entlang der bestehenden (in einer Richtung verlaufenden) Strömungen zu lenken. Weitere fächelnde Bienen stehen außerhalb der Eingangsöffnung, wobei ihre Abdomen von der Eingangsöffnung weg zeigen und die Luft aus dem Nest ziehen.

Kürzlich haben Jacob Peters[229] und seine Mitarbeiter von der Harvard University die *Geschwindigkeit* des Luftstroms am Eingang gemessen und berichtet, dass sie bis zu 3 Meter pro Sekunde betragen kann, also 10,8 km pro Stunde. Dies tritt auf, wenn die Temperatur der Luft, die ausgestoßen wird, über 36°C liegt, was darauf hindeutet, dass die Brutnesttemperatur des Bienenvolkes gefährlich hoch ist. Der Forscher Engel H. Hazelhoff aus den Niederlanden, maß schon früher das *Volumen* des Luftstroms im Nest, der von den fächelnden Bienen verursacht wird. Er konstruierte eine Bienenbeute mit zwei Öffnungen, eine an der Oberseite, die mit einem Gerät, das die Luftgeschwindigkeit misst (Anemometer) verbunden war, und eine am Boden der Beute, die dem Bienenvolk als Flugloch diente. Mit dieser Konstruktion konnte er die von den fächelnden Bienen erzeugte Luftströmung genau messen. Einmal, als 12 Bienen, die gleichmäßig über den 25 Zentimeter breiten Eingang seines Bienenstocks verteilt waren, fächelten, maß Hazelhoff die Geschwindigkeit der kühlen, frischen Luft, die durch die obere Öffnung einströmte: bis zu 1,0–1,4 Liter pro Sekunde!

Hazelhoff entdeckte auch, dass ein hoher Kohlendioxidgehalt in der Stockluft, und nicht bloß eine hohe Temperatur, die Ventilationsbienen zu heftigem Fächeln anregt. Das bedeutet, dass die Nestbelüftung durch Honigbienen nicht nur bei der sozialen Thermoregulation, sondern auch bei der sozialen Atmung funktioniert. Bemerkenswerterweise beträgt der Kohlendioxidgehalt der Luft in der Nisthöhle, solange sie nicht aktiv von den Bienen belüftet wird, 0,7%–1,0%, – das liegt 20–30 Mal über dem normalen Prozentsatz des Kohlendioxidgehalts der atmosphärischen Luft (0,03%–0,04%). Die Fähigkeit von Bienenvölkern, unter solchen „stickigen“ Bedingungen zu gedeihen, zeigt uns, wie bemerkenswert diese sozialen Bienen daran angepasst sind, in großer Zahl in Baumhöhlen mit kleinen Öffnungen zu leben.

In Kapitel 5 haben wir gesehen, dass die Baumhöhlennester von wilden Bienenvölkern oft nur eine einzige Eingangsöffnung haben und dass ihre Größe oft recht gering ist, nur 10 bis 20 cm². Dies wirft die Frage auf, wie die Bienen einen ausreichenden Luftstrom durch so eine kleine Eingangsöffnung bewerkstelligen, um eine übermäßige Wärmeentwicklung (und Ansammlung von Kohlendioxid) im Nest zu verhindern. Die Untersuchung von Jacob Peters und seinen Mitarbeitern zeigt uns,

Abb. 9.8. *Oben*: Arbeiterinnen, die für die Luftzirkulation im Stock sorgen, in einer Gruppe auf der linken Seite des Fluglochs. *Unten*: Luftgeschwindigkeit (grün), Bienendichte (schwarz) und Lufttemperatur (rot), über die Breite des Fluglochs gemessen. Die Geschwindigkeit von Zuluft und Abluft wird durch positive bzw. negative Werte angegeben.

wie die Bienen dieses Problem lösen. Die fächelnden Bienen verteilen sich asymmetrisch um die Eingangsöffnung, sodass die Luft kontinuierlich an unterschiedlichen Stellen des Randes ein- und austritt (Abb. 9.8). Die Positionierung der Bienen in kleinen Gruppen hat auch den Vorteil, dass die innere Reibung der Luft reduziert wird, was die Wirksamkeit der Durchlüftung vergrößert. Offensichtlich erreichen die „Ventilationsbienen" diese effiziente Trennung der einströmenden von der ausströmenden Luft, indem sie die Lufttemperatur – die dort am höchsten ist, wo die Luft hinausschießt – messen und sich in der Richtung des heißesten Luftstroms aufstellen. Mit anderen Worten, die Fächelbienen nutzen den Luftstrom selbst, und nicht in direkter Interaktion mit den anderen Fächlerinnen, um die ausströmende warme Abluft von der kühleren einströmenden Frischluft im Eingangsbereich des Nestes effizient zu trennen.

Wenn die Bienen es nicht schaffen, auf diese Weise – durch die Verteilung der Arbeiterinnen und die Durchlüftung – ihr Nest ausreichend zu kühlen, bringen sie die Kraft der Verdunstungskühlung zum Einsatz. Wasser absorbiert viel Wärme (Energie), wenn es vom flüssigen Aggregatzustand in den gasförmigen übergeht, daher ist die Verdunstung des Wassers ein wunderbar wirksames Mittel zur Kühlung von Objekten. Wir selbst haben diese Erfahrung beim Schwitzen gemacht, wenn unsere Körper überhitzt sind. Eine anschauliche Demonstration dafür, welche Bedeutung die Verdunstungskühlung in der Bienenhaltung hat, lieferte P. C. Chadwick[230], ein Imker in Südkalifornien, als er von einer Katastrophe berichtete: Eines Tages im Juni 1916, nachdem die Lufttemperatur mittags auf 48°C gestiegen war, transportierten seine Bienen große Mengen Wasser in ihre Nester und verhinderten damit das Schmelzen ihrer Waben. Bis um 21 Uhr war die Temperatur auf 29,5°C abgesunken, aber gegen Mitternacht wehte ein heißer Wind von der Wüste herüber und ließ die Lufttemperatur wieder auf 38°C ansteigen. Die Wasservorräte in den Stöcken waren bald erschöpft und da die Bienen bis Tagesanbruch kein Wasser mehr sammeln konnten, wurden die Waben bei vielen Völkern weich und brachen in der Nacht endgültig zusammen.

Details wie der Eintrag von Wasser, die weitere Verarbeitung und die Einlagerung im Nest sowie die Regulation des Wassersammelns haben in den letzten Jahren große Beachtung erfahren. So weiß man heute beispielsweise, dass einige von den Arbeiterinnen, die alt genug sind, um außerhalb des Bienenstocks zu arbeiten, sich auf das Sammeln von Wasser spezialisieren. Sie sind in der Lage, Wasserquellen in einer Entfernung von bis zu 2 km anzufliegen, obwohl ihr Kropf (als eine Art Treibstofftank) auf dem Rückflug mit Wasser gefüllt ist. Es ist auch sinnvoll, dass sich einige von den Arbeiterinnen auf das Sammeln von Wasser[231] spezialisiert haben, denn ein Bienenvolk braucht täglich Wasser, manchmal zur Verdunstungskühlung, manchmal zur Verdünnung des gelagerten Honigs und zur Produktion von Drüsensekreten für die Fütterung der Brut oder zur Befeuchtung ihrer Nester, damit die Brut nicht austrocknet. Es gibt auch Zeiten, in denen die erwachsenen Bienen einfach nur Wasser benötigen, um ihren Durst zu stillen, das heißt, um die osmotische Homöostase in ihrem Körper aufrechtzuerhalten.

An einem Januartag in Ithaca, als die Landschaft unter einer tiefen Schneedecke lag, die Sonne die Luft aber schon so stark erwärmt hatte, dass ein paar Bienen aus dem Schau-Bienenkasten in meinem Büro ins Freie flogen, erlebte ich mit, wie Bienen eines brutfreien Volkes auf starke Durstgefühle reagieren. Im ersten Moment dachte ich, dass sie einfach nur Reinigungsflüge durchführten, aber dann bemerkte ich, dass mehrere Bienen im Inneren des Stocks äußerst energische Schwänzeltänze für einen Standort direkt vor dem Gebäude aufführten. Das waren Wassersammlerinnen! Sie hatten auf dem Parkplatz Pfützen aus geschmolzenem Schnee gefunden und wurden bei ihrer Rückkehr von durstigen Bienen belagert. Eine dieser Wassersammlerinnen führte den lebhaftesten und ausdauerndsten Schwänzeltanz vor, den ich je gesehen habe; er dauerte über 339 Tanzrunden ohne Pause. Ich muss „über 339“ schreiben, weil ich den Beginn ihrer auffälligen Darbietung nicht mitbekommen habe.

Damals dachte ich, dass bei diesen Bienen der außergewöhnliche Durst im Winter unnatürlich sei. Ich vermutete, dass es eine Folge ihres Daseins in diesem Schau-Bienenkasten war, der in einem beheizten Raum stand – eine Konfiguration, die verhinderte, dass der Wasseranfall durch ihren Stoffwechsel an den Wänden ihrer Nesthöhle (im Schau-Bienenkasten) kondensierte. Inzwischen habe ich begriffen, dass sogar Bienen, die in kalten Holzbeuten im Freien leben, im Winter extrem durstig werden können. Ann Chilcott[232], eine Imkerin im Norden Schottlands, hat beschrieben, dass Bienen im Januar und Februar, selbst bei bedecktem Himmel, Wasser sammeln, solange die Lufttemperatur über 4°C liegt (Abb. 9.9). In einer ähnlichen Studie haben Helmut Kovac und seine Mitarbeiter von der Universität Graz in Österreich mit einer Infrarotkamera die Thoraxtemperaturen von Wassersammlerinnen im Winter gemessen, während sie aus einer Wasserquelle in der Nähe ihrer Behausungen tranken. Sie entdeckten, dass diese Bienen bei der Wasseraufnahme ihre Flugmuskeln aktivieren (das heißt, sie zittern), um ihre Thoraxtemperatur *immer über* 35°C halten, selbst wenn die Lufttemperatur nur 3°C beträgt! Dies stellt offenbar sicher, dass die Wassersammlerin einen kurzen Heimflug schafft, bevor die Temperatur ihres Brustkorbs – durch den kalten Flugwind – unter die kritische Marke von 25°C fällt, die erforderlich sind, um eine für den Flug ausreichend hohe Flügelschlagfrequenz zu erzeugen.

Diese Berichte über Bienen, die im Winter bei niedrigen Temperaturen verzweifelt Wasser sammeln, werfen allerdings die Frage auf, ob bis zu einem bestimmte Grad Kondensation an den Wänden einer Bienenbeute oder einer Baumhöhle für ein Bienenvolk im Winter nicht von Vorteil sein könnte. Vielleicht erklärt das, warum wildlebende Bienenvölker Nisthöhlen mit hoch liegenden Eingängen meiden, durch die die warme, feuchte Luft entweichen kann. Derek Mitchell[233] führt aus, dass in einer Nisthöhle, die gut gedämmt ist und keine Lüftungsöffnung im oberen Bereich hat, *kein* kaltes Kondenswasser auf die überwinternden Bienen tropft, weil die Wand- und Deckentemperaturen über dem Taupunkt liegen. An den kälteren Wänden unterhalb der Bienentraube wird es Kondensation geben, aber das kann vorteilhaft sein, weil es ihnen eine brauchbare Frischwasserquelle bietet. Dies könnte auch der Grund dafür sein, warum Bienen in natürlichen Nisthöhlen ihre Wände mit Propolis beschichten: Das kondensierte Wasser geht den Bienen nicht verloren, indem es in die Holzwände ihres Nestes eindringt.

Abb. 9.9. Arbeiterinnen trinken an einem kühlen Januarmorgen Wasser aus einer vermoosten Quelle in der Nähe von Inverness in Nordschottland.

Während der warmen Monate haben die meisten Bienenvölker leichten Zugang zu Wasserquellen, sodass sie ihren Wasserbedarf decken können, ohne große Wasserreserven in ihren Nestern anzulegen. Die Abhängigkeit von externen Wasserquellen erfordert jedoch die ständige Aktivierung und Deaktivierung der Wassersammlerinnen in einem Bienenvolk, je nachdem, wie sich die Bedingungen ändern. Vor einiger Zeit untersuchte Madeleine M. Ostwald[234], eine Studentin der Cornell University, zusammen mit mir und einem meiner Doktoranden, Michael L. Smith, wie die Wassersammler eines Bienenvolkes aktiviert und deaktiviert werden. Zu diesem Zweck verlegten wir ein Bienenvolk, das einen Schau-Bienenkasten mit Glaswänden bewohnt, in ein Gewächshaus, wo wir den Zugang zum Wasser kontrollieren konnten. Wir stellten den Bienen nur eine einzige Wasserquelle zur Verfügung, die auf einer Waage stand, und durch die Messung des Gewichtsverlusts konnten wir die Wassermenge des Bienenvolks während unserer Experimente genau messen. Dann trieben wir ihren Wasserverbrauch in die Höhe, indem wir den Schau-Bienenkasten mit einer Glühlampe erhitzten, und als sie dann an der Wasserquelle auftauchten, markierten wir diese Wassersammlerinnen individuell. An solchen Tagen, an denen wir das Volk erneut unter Hitzestress setzten, beobachteten wir das Verhalten der Wassersammlerinnen im Stockinneren genau und sahen, wie

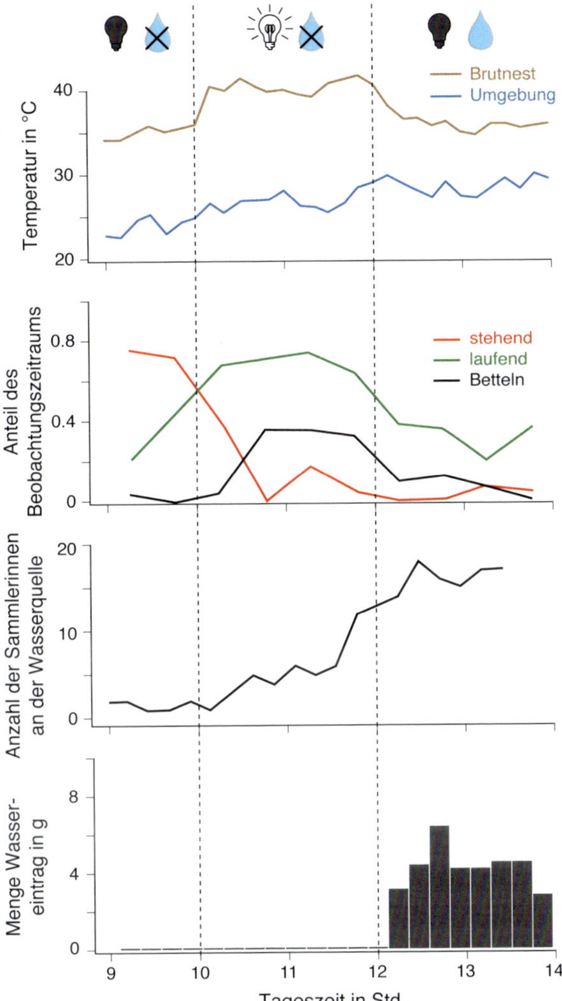

Abb. 9.10. Veränderungen im Verhalten der Wassersammlerinnen bei der Überhitzung des Brutnestes und zeitweiligem Entzug der Wasserquelle. Versuchsablauf: Das Brutnest wurde in der ersten Stunde nicht erwärmt, danach Erwärmung und zwei Stunden lang Wasserentzug, und in der letzten Phase wurde Wasser *nach Belieben* außerhalb des Bienenstocks zur Verfügung gestellt. Schwerpunktmäßig wurden sechs Wassersammlerinnen 5 Stunden lang beobachtet, um den zeitlichen Anteil zu ermitteln, den sie stehend, laufend oder mit Betteln verbracht haben. Alle 15 Minuten wurde kontrolliert, welche Wassersammlerin (mit Farbtupfen individuell markiert) die Wasserquelle aufgesucht hatte. Die Menge des aufgenommenen Wassers wurde ermittelt, indem alle 15 Minuten die Wasserquelle gewogen wurde.

sie aktiv wurden (Abb. 9.10). Das passierte ungefähr eine Stunde nach Einsetzen des Hitzestresses; damit war bewiesen, dass die Wassersammlerinnen nicht auf die hohen Temperaturen in ihrem Nest reagierten. Stattdessen nahmen sie angeregt, ihre Arbeit wieder auf, weil sie entweder größeren Durst bekamen oder häufiger um Wasser betteln mussten oder beides. Eine frühere Studie von Susanne Kühnholz und mir ergab, dass eine Wassersammlerin ihr Volk über den Wasserbedarf auf dem Laufenden hält, denn nach einem Sammelflug achtet sie darauf, was sie erlebt, wenn sie in den Stock zurückkehrt und versucht, ihr Wasser an andere Bienen (Wasserverteiler) abzugeben. Je höher der Wasserbedarf des Bienenvolkes ist, desto weniger Zurückweisungen beim Abladen erfährt sie und desto schneller liefert sie ihre Wasserlast ab.

Es stimmt zwar, dass Honigbienenvölker keine großen Wasservorräte in ihren Nestern anlegen, aber Imker haben berichtet, dass sie bei Dürreperioden in Australien und Südafrika in den Waben der Bienenvölker etwas Wasser (Mengen nicht angegeben) gefunden haben. Eine zweite Möglichkeit der Wasserspeicherung besteht darin, dass die Arbeiterinnen Wasser in ihren Kröpfen (Honigmägen) zurückhalten. O. Wallace Park[235] berichtete, dass er in einem Bienenvolk in Iowa im zeitigen Frühjahr, als es noch kühl war und die Bienen kaum in der Lage waren, Wasser für die Brutaufzucht zu beschaffen, Klumpen von Speicherbienen mit angeschwollenem Kropf gefunden hat, der verdünnten Nektar enthielt. Er beobachtete auch Wassersammlerinnen, die massenweise aus einem Bienenvolk herausflogen, das einen Schau-Bienenkasten bewohnte.

Diese Bienen nahmen Wasser von Grashalmen und aus Pfützen auf, und nach ihrer Rückkehr in den Stock übergaben sie ihre kostbare Fracht anderen Bienen, die als Wasserspeicher dienten. Madeleine M. Ostwald, Michael L. Smith und ich fanden mit Wasser vollgetankte Bienen, die abends, nachdem das Versuchsvolk einen Tag mit Hitzestress und Wasserentzug erlebt hatte, ruhig auf den Waben in unserem Schau-Bienenkasten standen. Außerdem fanden wir Wasser in den Wabenzellen, die sich direkt im Eingangsbereich des Stocks befanden. Die temporäre Wasserspeicherung in Speicherbienen und in Wabenzellen ist wohl eindeutig ein wichtiger Bestandteil der sozialen Physiologie von Bienenvölkern.

10

VERTEIDIGUNG DER KOLONIE

Lebendigkeit und Wildheit entsprechen sich.
Das Lebendigste ist auch das Wildeste.
Henry David Thoreau[236]*: Walking, 1862*

Jedes lebende System steht zahlreichen Räubern, Parasiten und Krankheitserregern gegenüber. Jeder einzelne von ihnen verfügt über ein hochentwickeltes Instrumentarium, um in das Verteidigungssystem seiner Beute oder seines Wirts zu einzudringen. Bei einem Bienenvolk sind es mehrere hundert Arten[237], von Viren bis hin zu Schwarzbären, deren Vertreter immer wieder versuchen, die Abwehr der Bienen zu durchbrechen. Was ein Bienenvolk für *so* viele *so* anziehend macht, liegt auf der Hand: der Vorrat an wohlschmeckendem Honig und Unmengen nahrhafter Brut im Inneren des Nestes. Im Sommer enthalten die Waben in einem Bienenstock oder einem Bienenbaum im Normalfall mindestens 10 kg Honig und dazu noch Tausende von Bienen in verschiedenen Entwicklungsstadien (Eier, Larven und Puppen). Außerdem sind diese Brutelemente in der warmen Mitte des Bienennestes feinsäuberlich zusammengepackt. Das macht sie zu einer perfekten Brutstätte für alle möglichen Viren, Bakterien, Einzeller, Pilze und Milben, die diese Masse von heranwachsenden Bienen erfolgreich infizieren oder befallen können. Zweifelsohne ist ein Bienenvolk ein überaus begehrenswertes Zielobjekt. Außerdem ist es vollkommen standortgebundenes Ziel. Da die Waben eines Bienenvolkes eine gewaltige energetische Investition darstellen und auch häufig mit Brut und Nahrung gefüllt sind, kann es sich so ein Bienenvolk einfach nicht leisten, sich bei drohender Gefahr durch Flucht in Sicherheit zu bringen. Stattdessen muss es vor Ort mit seinen Feinden fertig werden. In der Regel gelingt das auch, da ihm ein komplexes Arsenal biochemischer, morphologischer und verhaltensbezogener Abwehrstrategien zur Verfügung steht.

Geht man davon aus, dass die Honigbienen eine 30 Millionen Jahre alte Geschichte haben, ist es wahrscheinlich, dass die meisten Beziehungen zwischen *Apis mellifera* und ihren Räubern und Krankheitserregern[238] seit langem verfestigt sind. Man kann daher erwarten, dass ungestört in der Wildnis lebende Bienenvölker über Abwehrmechanismen verfügen, die in der Regel Krankheitserreger und Parasiten davon abhalten, sich so weit zu vermehren, dass sie schwere Krankheiten auslösen. Allerdings ist es wahrscheinlich, dass wilde Bienenvölker immer wieder endemischen Infektionen mit Parasiten und Krankheitserregern ausgesetzt sind. Ebenso wahrscheinlich ist es, dass Krankheitssymptome in diesen Völkern nur dann auftreten, wenn sie durch ungünstige Umweltbedingungen, wie Nahrungsmangel oder Schäden an ihren Nestern, geschwächt sind. Wir werden jedoch sehen, dass das Kräfteverhältnis zwischen den Bienen und ihren Krankheitserregern und Parasiten durch menschliches Eingreifen in der Imkerei gestört werden kann und dass diese Methoden zu schweren Völkerverlusten führen können. Ein gemeinsames Merkmal verschiedener Honigbienenkrankheiten – einschließlich der Amerikanischen Faulbrut und der Kalkbrut – ist zum Beispiel, dass die ursächlichen Krankheitserreger den Winter in einem Ruhestadium auf den Waben überdauern. In der Natur werden diese Waben in vitalen Bienenvölkern von den Bienen gereinigt oder bei toten Völkern von den nesteigenen Aasfressern zerstört (z. B. der Großen Wachsmotte, *Galleria mellonella*). Beide Maßnahmen können Infektionen unter Kontrolle bringen. Aber seitdem die Imker von Beuten mit unbeweglichen Waben (Stabilbau, z. B. in Bienenkörben) auf eine Betriebsweise mit beweglichen Rahmen (Mobilbau, z. B. in Langstroth-Beuten) umgestiegen sind, werden die Honigwaben nach dem Ausschleudern des Honigs wiederverwendet. Im Allgemeinen lagern die Imker die leeren Waben während des Winters getrennt von den Bienen, das heißt aber, dass diese Waben von den Bienen nicht auf natürliche Weise gereinigt werden. Wenn die Waben den Bienen im Frühling zurückgegeben werden, können sie die Bienenvölker erneut mit Krankheitserregern anstecken.

Ein trauriges Beispiel dafür, wie die Methoden der Imkerei das einstige Gleichgewicht zwischen den Bienenvölkern und ihren Krankheitserregern zerstört haben, ist der jüngste Anstieg der Virulenz des Flügeldeformationsvirus[239] (Deformed Wing Virus, DWV). Die Geschichte dieser Problematik beginnt Ende des 19. Jahrhunderts, als die Imker im Russischen Reich[240] begannen, Völker der Westlichen Honigbiene (*Apis mellifera*) von Europa nach Ostasien zu exportieren, insbesondere in die Primorskiy-Region im russischen Föderationskreis Fernost. Die interkontinentale Umsiedlung dieser Völker erfolgte zunächst mit Segelschiffen, später dann mit der Transsibirischen Eisenbahn, die Moskau und Wladiwostok verbindet. Irgendwann vollzog irgendwo in der Primorskiy-Region die ektoparasitische Milbe *Varroa jacobsoni* einen Wirtswechsel von den Bienenvölkern der in Ostasien beheimateten Östlichen Honigbiene (*Apis cerana*) hin zu den Völkern der Westlichen Honigbiene (*Apis mellifera*), die nach Ostasien eingeführt wurden. Danach entwickelte sich aus der Population der Varroamilben, die auf den *Apis mellifera*-Kolonien in der Primorskiy-Region lebten, die neue Spezies der *Varroa destructor*. Da sich die Varroamilben vom Fettkörpergewebe adulter (erwachsener) und juveniler (jüngerer) Honigbienen ernähren, sind sie hocheffiziente Virenüberträger für die Bienen. Dies hat zu größeren Gesundheitsproblemen bei den Völkern der *Apis mellifera* geführt, insbesondere für diejenigen, die in dicht nebeneinander stehenden Beuten leben, in denen sich Milben und Viren leicht zwischen den einzelnen Völkern ausbreiten können. Um es kurz zu machen, die Verbreitung der Varroamilben und des Flügeldeformationsvirus zwischen genetisch nicht verwandten Bienenvölkern – die sogenannte horizontale Übertragung[241] – hat die Entwicklung mindestens eines hochvirulenten Stammes des Flügeldeformationsvirus begünstigt. Darauf werden wir später noch eingehen.

Im Folgenden werden wir einen Blick darauf werfen, wie sich das Leben von wildlebenden und bewirtschafteten Völkern der Europäischen Honigbiene im Hinblick auf die endlose Problematik der eigenen Verteidigung unterscheidet. Wir werden sehen, dass wildlebende Völker im Allgemeinen weniger Probleme – und einen geringeren Aufwand – bei ihrer Verteidigung haben als die Völker in Bienenständen, obwohl sie keinen menschlichen Schutz vor Raubtieren, Parasiten und Krankheitserregern genießen.

LEBEN OHNE BZW. MIT BEHANDLUNG GEGEN DIE *VARROA DESTRUCTOR*

Seit den 1970er-Jahren in Europa und den 1990er-Jahren in Nordamerika haben die meisten Imker festgestellt, dass sie ihre Bienenvölker routinemäßig mit Milbenbekämpfungsmitteln (Mitiziden) behandeln müssen, anderenfalls würden sie nach ein oder zwei Jahren an schweren Virusinfektionen sterben, die von den Varroamilben verbreitet werden, vor allem dem Flügeldeformationsvirus. In den letzten zehn Jahren haben jedoch etliche Imker und Biologen, die in der Forschung tätig sind, über Populationen europäischer Bienenvölker berichtet, die ohne eine Behandlung mit Milbenbekämpfungsmitteln gedeihen.

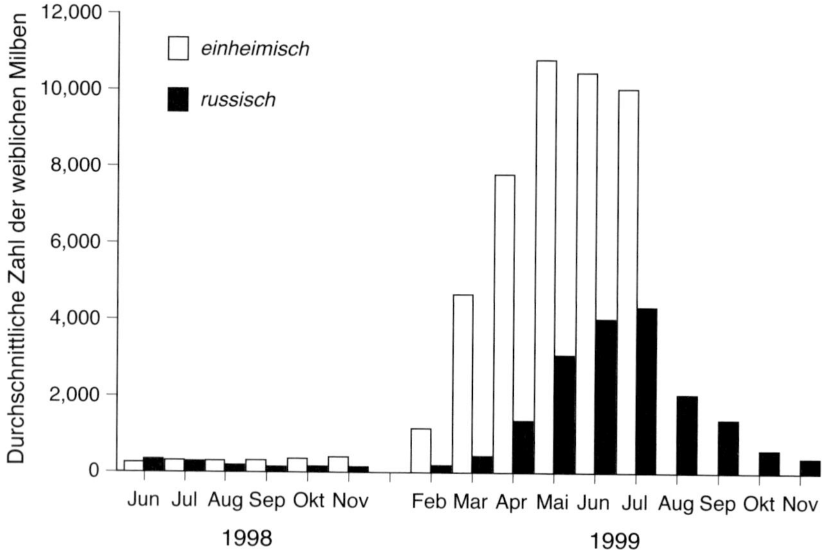

Abb. 10.1. Befallsraten von *Varroa destructor*-Milben über einen längeren Zeitraum bei (russischen) Primorskiy-Bienenvölkern (schwarze Balken) und bei einheimischen Bienenvölkern nordamerikanischer Herkunft (weiße Balken). Beide Arten von Bienenvölkern lebten zusammen in zwei gemeinschaftlichen Bienenständen.

Primorskiy Kray, Russland

Eine dieser Bienenpopulationen ist eine kommerzielle Zuchtlinie, die in den USA erhältlich ist und auf Beständen basiert, die vom amerikanischen Landwirtschaftsministerium aus der Primorskiy Kray (Kray = Region) im Osten Russlands importiert wurden. Wie bereits erwähnt, wurden ab Ende des 19. Jahrhunderts Völker der *Apis mellifera* aus den westlichen Regionen des Russischen Reiches hergebracht und einige Zeit später machte die Milbe *Varroa jacobsoni* einen Wirtswechsel von *Apis cerana* zu *Apis mellifera* durch. Dieser Wirtswechsel hat wohl ziemlich selten (vielleicht auch nur einmal) stattgefunden, denn der Genaustausch zwischen den auf *A. cerana* und den auf *A. mellifera* lebenden Milben war eher ungewöhnlich, weil diese beiden Varroamilbenpopulationen in Morphologie und Verhalten voneinander abwichen und schließlich als zwei verschiedene Arten nebeneinander vorkamen. Das Ergebnis ist *Varroa destructor*, eine Milbe, die bedauerlicherweise hervorragend an das ektoparasitische Leben auf der *Apis mellifera* angepasst ist.

Als die Varroamilben begannen, Völker der europäischen Honigbienen zu parasitieren, die nach Ost-Russland eingeführt worden waren,[242] durchliefen diese Bienen eine natürliche Selektion auf Resistenz gegen diese Milben. Schließlich entwickelten die im Osten Russlands lebenden Bienenvölker von *Apis mellifera* eine stabile Wirt-Parasit-Beziehung mit *Varroa destructor*. Die Resistenzmechanismen[243] dieser Honigbienen wurden von einem Forscherteam unter der Leitung von Thomas E. Rinderer am Honey Bee Breeding, Genetics, and Physiology Research Laboratory in Baton Rouge im amerikanischen Bundesstaat Louisiana eingehend untersucht. Eine Reihe von Studien, die in den späten 1990er-Jahren begonnen wurden, hat ergeben, dass Arbeiterinnen in russischen Bienenvölkern – im Vergleich zu Arbeiterinnen in Bienenvölkern mit in den USA kommerziell genutzten Beständen – bei der Pflege der Varroamilben aus ihrem Körper, bei der Entfernung der von Milben befallenen Puppen aus ihren Zellen und vielleicht auch beim Abbeißen der Beine der Milben überlegen sind. Das Ergebnis ist, dass die Populationen der Varroamilben in russischen Bienenvölkern viel langsamer wachsen als in den Bienenvölkern der amerikanischen Inlandsbestände (Abb. 10.1).

Gotland, Schweden

Das Beispiel der russischen Bienen belegt eindeutig, dass eine Population von *Apis mellifera*-Bienenvölkern europäischen Ursprungs trotz Befall mit *Varroa destructor* in der Lage ist, Überlebensmechanismen zu entwickeln. Leider hat niemand diesen evolutionären Wandel verfolgt, sodass wir nicht wissen, wie schnell sich die Resistenz der Bienen gegen die Varroamilben im Osten Russlands entwickelt hat. Anfang der 2000er-Jahre lieferte jedoch ein bemerkenswertes Experiment eine Antwort auf die Frage, wie schnell sich die Resistenz gegen die Varroamilbe entwickeln kann. Unter Leitung des verstorbenen Wissenschaftlers Ingemar Fries[244], damals Professor an der schwedischen Universität für Agrarwissenschaften, wurde ein Versuch durchgeführt, der klären sollte, ob die Varroamilben „in einem isolierten Gebiet unter nordischen Klima-Bedingungen, in dem keine Maßnahmen zur Milbenbekämpfung oder zur Kontrolle des Schwarmverhaltens der Honigbienenvölker durchgeführt werden, die europäischen Honigbienen ausrotten werden".

Dieser Langzeitversuch begann 1999, als eine Population von 150 genetisch vielfältigen Bienenvölkern – mit *A. m.* mellifera-, *A. m.* ligustica- und *A. m.* carnica-Königinnen unterschiedlicher schwedischer Herkunft an der Spitze – isoliert am südlichen Ende von Gotland, einer 3200 km^2 großen Insel in der Ostsee, etwa 90 km östlich des

Abb. 10.2. Einer von mehreren Bienenständen, die zu Versuchszwecken isoliert am Südende der schwedischen Insel Gotland eingerichtet wurden.

schwedischen Festlandes, angesiedelt wurde. Diese 150 Völker wurden auf sieben Bienenstände verteilt (Abb. 10.2). Alle Völker waren in einer zweizargigen schwedischen Beute untergebracht, die wie ein Langstroth-Magazin konstruiert ist, mit zwei Brutzargen, die jeweils 10 Rähmchen enthielten. Sobald die Bienenvölker an Ort und Stelle waren, wurden sie im Grunde sich selbst überlassen und durften schwärmen. Die einzige Manipulation bestand in der Fütterung einiger Bienenvölker, deren Honigvorräte für das Überleben im Winter nicht ausreichten. Jedes Bienenvolk war anfangs frei von Varroamilben, wurde aber mit etwa 60 Milben infiziert, indem die Wissenschaftler jedem Bienenvolk 1000 Bienen zusetzten, die sie aus stark von Milben befallenen Bienenvölkern auf dem Festland entnommen hatten. Außerdem erhielt die Königin eines jeden Bienenvolkes eine Farbmarkierung, sodass die Forscher bei den Königinnen der Bienenvölker ggf. Umweiselungen feststellen konnten, die in der Regel auf eine Teilung durch Schwärmen zurückzuführen waren. Die Bienenvölker wurden lediglich viermal im Jahr durch Kontrollen gestört, bei denen das Überleben der Völker im Spätwinter, die Größe der Völker im frühen Frühjahr, das Schwärmen der Völker im Sommer und der Grad des Milbenbefalls Ende Oktober überprüft wurden. Die Schwärme der Bienenvölker wurden bei regelmäßigen Kontrollen durch einen örtlichen Imker und durch das Aufstellen von Schwarmfangkisten gesammelt. Anschießend wurden sie in leere Beuten auf den Bienenständen umgesetzt.

Wie erging es den Bienenvölkern in diesem „Leben-und-sterben-lassen"-Experiment? Abbildung 10.3 zeigt, dass der durchschnittliche Milbenbefall (Milben/100 Bienen) sie zu Beginn des ersten Winters (Oktober 1999) nur geringfügig betraf. Ebenfalls niedrig war die Sterblichkeitsrate der Bienen, die im Lauf des ersten Winters (1999/2000) bei etwa 5 % lag. Außerdem ist zu erkennen, dass die Bienenvölker im Sommer 2000 stark genug waren, um Schwärme zu bilden, was ihre Anzahl fast auf dem Ausgangsniveau hielt. Allerdings nahm der Milbenbefall dann bis Oktober 2000 stark zu, worauf im Winter 2000/01 eine relativ hohe Völkersterblichkeit (fast 30 %) folgte. Im Sommer 2001 verschlechterte sich der Zustand der Population weiter, mit weniger Schwärmen im Sommer, stärkerem Milbenbefall im Oktober und sehr hoher Völkersterblichkeit (fast 80 %!) im Winter 2001/02. Im dritten Sommer (2002) waren nur noch wenige Bienenvölker am Leben, wobei diese Überlebenden so stark geschwächt waren, dass kein Schwarm zustandekam. Im Oktober 2002 verblieben nur noch 21 Völker, die im Winter 2002/03 im Durchschnitt starken Milbenbefall und eine hohe Sterblichkeit (57 %) aufwiesen. Im vierten Sommer (2003) gab es schließlich Anzeichen einer Besserung. Obwohl die Zahl der Bienenvölker geringer war als je zuvor – nur acht der 120 Beuten waren im Oktober 2003 noch bewohnt – war eines dieser überlebenden Völker stark genug, um zu schwärmen. Der durchschnittliche Milbenbefall sank wieder, und die Bienenvölker wiesen im Winter 2003/04 eine beeindruckend geringe Sterblichkeit (12 %) auf. Diese Fortschritte gewannen im fünften Sommer (2004) weiter an Dynamik, als mehr als die Hälfte der Bienenvölker Schwärme bildeten, der Milbenbefall weitaus geringer war als in den vier Jahren zuvor und dann auch die Sterblichkeit im Winter 2004/05 erneut recht niedrig ausfiel (lediglich 18 %). Ab dem Frühjahr 2005 wurde diese Population dann sich selbst überlassen, damit die Forscher deren ungestörte Entwicklung im Laufe der Zeit beobachten konnten. In den folgenden 10 Jahren (bis 2015) umfasste sie 20–30 sich selbst versorgende Bienenvölker.

Da die Genetik dieser Versuchspopulation schwedischer Bienen auf Gotland nicht genau untersucht wurde, ist nicht bekannt, welche genetischen Veränderungen in ihr stattgefunden haben. Es kann allerdings kaum ein Zweifel daran bestehen, dass diese Bienen eine starke natürliche Selektion nach Merkmalen erfahren haben, die eine Resistenz gegen Varroamilben und die von ihnen übertragenen Viren bewirken. Welche Merkmale könnten dies sein? Wie eine Kreuzinfektionsstudie zum Wachstum der Milbenpopulation, die an Milben aus der überlebenden Population der Gotlandmilben bzw. an Milben aus anderen Regionen Schwedens sowie an widerstandsfähigen Gotlandbienen und anderen Bienenvölkern durchge-

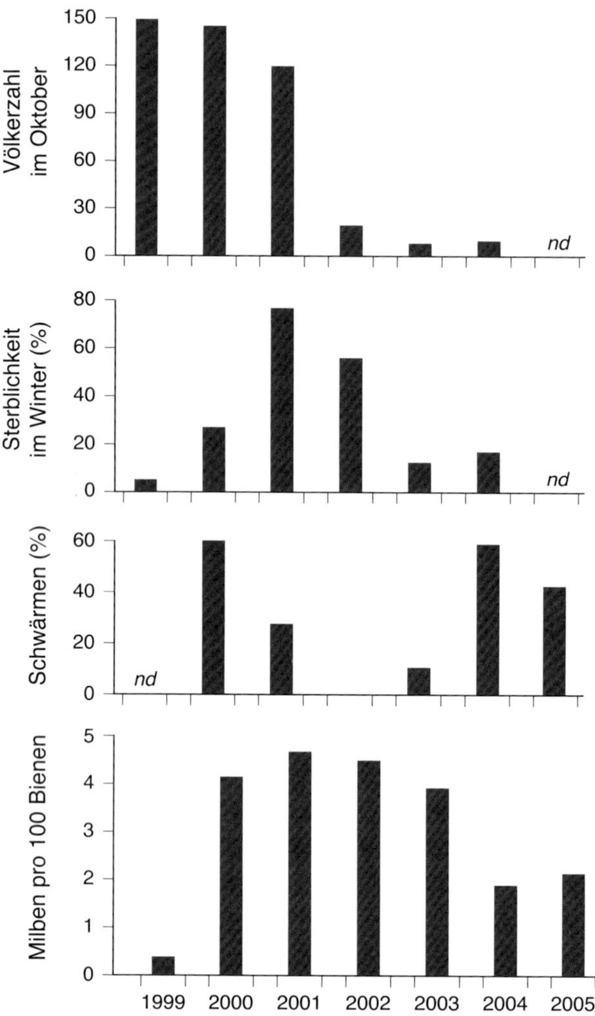

Abb. 10.3. Ergebnisse des siebenjährigen Experiments im südlichen Teil der schwedischen Ostsee-Insel Gotland, bei dem eine isolierte Population von 150 Honigbienenvölkern sich selbst überlassen wurde. Die Bienenvölker waren von *Varroa-destructor*-Milben befallen und wurden weder bewirtschaftet noch gegen Milben behandelt. Es wurden lediglich die Wintersterblichkeit, das Schwarmverhalten über den Sommer sowie der Grad des Varroabefalls im Oktober kontrolliert.

führt wurde ergab, wiesen die überlebenden Völker auf Gotland ein um 82 % geringeres Wachstum der Milbenpopulation auf – und zwar unabhängig von der Herkunft der Milben. Diese Erkenntnis belegt, dass die verbesserte Überlebensrate der Gotlandbienen auf die Entwicklung einer erhöhten Widerstandsfähigkeit der Bienen und nicht etwa auf eine verringerte Virulenz der Milben zurückzuführen ist.

Es gibt zwei Stadien, in denen Honigbienen aktiv die Vermehrung der Varroamilben unterdrücken können: 1) wenn sich die weiblichen Milben phoretisch bewegen und von erwachsenen Bienen ernähren, und 2) wenn sich die weiblichen Milben in verdeckelten Brutzellen mit Puppen befinden. Es gibt keine Beweise dafür, dass die Gotlandbienen in der Lage sind, phoretische Milben durch Abbeißen von Beinen und Fühlern anzugreifen und zu vernichten. Es gibt jedoch zwingende Beweise dafür, dass sie in der Lage sind, die weiblichen Milben zu schädigen, wenn diese in den verdeckelten Brutzellen mit den Puppen sind. Eine Studie der beiden schwedischen Forscher Barbara Locke und Ingemar Fries ergab, dass nur etwa 50 % der Milben in den überlebenden Bienenvölkern Gotlands lebensfähige und begattete Tochtermilben produzierten, während dies bei fast 80 % der Milben in der Kontrollgruppe (mit milbenanfälligen Bienenvölkern) der Fall war. Dies mag zumindest teilweise darauf zurückzuführen sein, dass die Gotlandbienen ein ausgeprägteres Verhalten in Bezug auf die Varroa-Hygiene (VSH, Varroa-sensitive hygienic behavior) entwickelt haben, d. h. ein Verhalten, bei dem die Bienen die Brutzellen mit sich vermehrenden Milben öffnen und die von Milben befallenen Puppen aus diesen Zellen entfernen. Es kann auch, zumindest teilweise, darauf zurückzuführen sein, dass die Gotlandbienen eher dazu neigen, die Brutzellen der Arbeiterinnen – insbesondere die milbenbefallenen – aufzubeißen, um sie dann wieder zu verdeckeln. Im Rahmen einer kürzlich durchgeführten Studie konnte durch den Vergleich der Anteile nicht reproduktiver weiblicher Milben in ungeöffneten bzw. in durch Forscher manipulierten Zellen gezeigt werden, dass bereits das bloße Öffnen und Wiederverschließen der Brutzellen den Reproduktionserfolg der Milben wirksam verringert. Derartige Manipulationen an den verdeckelten Brutzellen sind für die Puppen, die sich darin entwickeln, nicht lebensbedrohlich. Es scheint, dass dieser Mechanismus der Milbenbekämpfung für ein Bienenvolk ökonomisch sinnvoller ist als die VSH-Strategie, die zwar die Milben schwächt, aber gleichzeitig die Bienenpuppen vernichtet.

Die Bienenvölker auf Gotland sind zudem tendenziell kleiner, schwärmen eher und beschränken die Aufzucht von Drohnen im Vergleich zu milbenanfälligen Völkern in anderen Teilen Schwedens. Es ist wahrscheinlich, dass diese spezifischen

Merkmale der Gotlandbienen mit dazu beitragen, das Wachstum der Milbenpopulation in ihren Völkern einzudämmen. Das Schwärmen führt zu einer Unterbrechung in der Brutaufzucht eines Bienenvolkes und erschwert somit die Vermehrung der Milben. Die Aufzucht von nur wenigen Drohnen hemmt wahrscheinlich auch die Reproduktion der Milben, da auf diese Weise das Angebot an bevorzugten Wirtsorganismen eingeschränkt wird.

Waldgebiet Arnot Forest, USA

Die Honigbienen, die im Arnot Forest und anderen umliegenden Waldgebieten unmittelbar südlich von Ithaca leben, sind als drittes Beispiel für eine Population von Bienenvölkern zu nennen, die nicht mit Milbenbekämpfungsmitteln gegen *Varroa destructor* behandelt wurden und über gute Abwehrmechanismen gegen diese Milbe verfügen. Zunächst stellt sich die Frage, zu welchem Zeitpunkt diese wilden Bienenvölker von den Milben befallen wurden. Wie bereits in Kapitel 2 erwähnt, bemerkte ich 1994 zum ersten Mal Anzeichen für einen Varroabefall bei den Bienenvölkern in meinem Labor. Außer dieser Tatsache deuten auch einige der inzwischen bekannten erstaunlichen Fähigkeiten der Varroamilben – sie sind z. B. in der Lage, auf Arbeitsbienen zu klettern,[245] während diese Honig suchen oder in fremden Völkern räubern – darauf hin, dass diese Milben sich wahrscheinlich rasch verbreitet haben, d. h. schon bald, nachdem sie Anfang der 1990er-Jahre das Gebiet von Ithaca erreicht hatten. Ich vermute daher, dass die Bienenvölker im Arnot Forest bereits Mitte der 1990er-Jahre von Varroamilben befallen waren.

Wie ebenfalls in Kapitel 2 dargelegt, lagen bereits 2004 – also nur zehn Jahre nach der Entdeckung der Varroamilben in den von mir betreuten Bienenvölkern – überzeugende Beweise dafür vor, dass die dortigen Wildbienenvölker bereits über Mechanismen zur Kontrolle der in ihnen lebenden Varroamilben-Populationen verfügten. Somit liefern uns die im Arnot Forest beheimateten Bienen ein drittes Beispiel für eine Population unbehandelter Bienenvölker, die durch intensive natürliche Selektion (offensichtlich) sehr rasch erfolgreiche Abwehrmechanismen gegen Varroamilben entwickelt hat. Eine Besonderheit dieses dritten Beispiels ist, dass es Einblicke in die genetischen Veränderungen gewährt, die sich in dieser Population nach Erscheinen der Varroamilben manifestiert haben.

Unsere Studien zu den Auswirkungen von *Varroa* auf die in den Wäldern um Ithaca lebenden Bienenvölker begannen im Sommer 2011, als der Cornell-Student Sean Griffin und ich eine dritte Untersuchung der wilden Bienenvölker im Arnot

Forest durchführten, wobei wir nach den gleichen Methoden der Bienenjagd[246] vorgingen, die ich dort bereits 1978 und 2002 angewandt hatte. Unser vorrangiges Ziel war es, so viele der in diesem Wald lebenden wilden Bienenvölker wie möglich zu lokalisieren, um von jedem Volk eine Probe von mindestens 100 Arbeiterinnen zu sammeln. Unser zweites Ziel bestand darin, die nächstgelegenen Bienenstände außerhalb des Arnot Forest ausfindig zu machen und von den dort lebenden Bienenvölkern ebenfalls Proben von 100 Arbeitsbienen pro Volk einzusammeln. Diese wertvollen Proben sollten dann zur Durchführung genetischer Analysen[247] an zwei Kollegen, Deborah A. Delaney und David R. Tarpy, übergeben werden. Es sollte festgestellt werden, ob die Population der wilden Bienenvölker des Arnot Forest sich selbst erhält oder allein durch einwandernde Schwärme von benachbarten bewirtschafteten (und behandelten) Bienenvölkern überlebt.

Von Ende Juli bis Anfang September suchten Sean und ich gut die Hälfte des Arnot Forest nach Bienen ab. Wir fanden neun Bienenvölker, die in Laubbäumen dieses Waldes lebten, sowie ein weiteres Volk in einer schönen Kiefer in ca. 500 m Entfernung von der nordöstlichen Ecke des Waldes. (Anmerkung: Diese Zahlen geben eine Populationsdichte im Arnot Forest von mindestens 1 pro Quadratkilometer an, was der bereits in den Erhebungen von 1978 und 2002 geschätzten Koloniedichte entspricht). Aus jedem dieser 10 Bienenvölker entnahmen wir jeweils eine Probe mit 100 Arbeiterinnen. Danach fahndeten wir im Umkreis von 6 km außerhalb des Arnot Forest nach bewirtschafteten Völkern. Wir entdeckten genau zwei Bienenstände mit jeweils etwa 20 Völkern. Einer davon war ein neues Bienenhaus, das 1 km von der südwestlichen Grenzlinie des Arnot Forest entfernt lag. Der andere war ein seit langem bestehendes Bienenhaus, das 5,2 km von der nordöstlichen Ecke des Waldes entfernt lag (siehe Abb. 7.11). Beide gehörten demselben kommerziellen Imker. Ich erreichte ihn telefonisch, erläuterte ihm mein Projekt und bat um die Erlaubnis, jeweils 100 Bienen aus 10 Völkern seiner beiden Bienenstände zu entnehmen. Daraufhin blieb es an seinem Ende der Leitung etwa 30 Sekunden lang still. Schließlich bat er mich, noch einmal zu wiederholen, wie viele Bienen ich aus jedem Volk entnehmen wollte, woraufhin ich die Zahl wiederholte. Es folgte eine weitere lange Pause, bis er schließlich ganz langsam sagte: „OK, nehmen Sie, was Sie brauchen.“ Großartig! Kurz darauf konnte ich Arbeiterinnen für die relevanten Proben auch aus diesen beiden Bienenständen entnehmen. Unsere Genetik-Experten analysierten dann 12 verschiedene DNA-Auszüge von Individuen aus jedem Bienenvolk, wobei große genetische Unterschiede zwischen den Wildvölkern im Arnot Forest und den bewirtschafteten Völkern aus den beiden Bienenständen festgestellt wurden. Diese Ergebnisse belegten, dass die in nächster Nachbarschaft außerhalb des Arnot Forest lebenden bewirtschafteten Bienenvölker nur einen geringen Einfluss auf die Genetik der wilden Waldbienenvölker hatten.

Der nächste Schritt in der genetischen Untersuchung der Bienen im Arnot Forest erfolgte im Spätsommer 2011, als ein ehemaliger Cornell-Student und Freund, Alexander (Sasha) Mikheyev, mich besuchte. Sasha ist Professor am Okinawa Institute of Science and Technology (das „MIT von Japan"), wo er die Abteilung für Ökologie und Evolution leitet. Als ich Sasha von der kürzlichen Beprobung von Arbeiterinnen aus den in diesem Wald lebenden wilden Bienenvölkern erzählte, fragte er mich, ob ich bereits *vor* dem Auftreten von *Varroa destructor* Proben von Arbeiterinnen aus den wilden Bienenvölkern dieses Waldes gesammelt hätte. Falls ja, so könne er differenzierte genetische Analysemethoden wie die vollständige Genomsequenzierung[248] einsetzen, um sowohl die alten als auch die neuen Belegexemplare im Hinblick auf genetische Veränderungen zu untersuchen, die durch die Einschleppung der Varroamilben verursacht wurden. Glücklicherweise hatte ich genau die Proben, die ihm vorschwebten. Als ich 1977 mehrere Dutzend wilde Bienenvölker in der Umgebung von Ithaca beobachtete, um etwas über ihre Langlebigkeit zu erfahren (siehe Kapitel 7), hatte ich Proben von Arbeiterinnen aus 32 dieser Völker gesammelt, die Bienen auf Insektennadeln fixiert und in der Insektensammlung der Cornell University archiviert. Jedes Exemplar trug ein Etikett mit Angaben zu Sammelort und Sammeldatum. Einige dieser Belegexemplare stammten von Bienenvölkern, die ich in jenem Sommer mit Schwarmfangkisten im Arnot Forest eingefangen hatte, andere hingegen von Wildvölkern, die in Bäumen, Scheunen und Bauernhäusern südlich von Ithaca lebten. Um also einen sauberen Vergleich zwischen diesen Bienen von 1977 und den Bienen von 2011 anzustellen, musste ich 2011 erneut Proben von Bienen aus wilden Völkern sammeln, die in Bäumen, Scheunen und Bauernhäusern südlich von Ithaca lebten. Das war relativ einfach zu bewerkstelligen, da ich nur die Arbeitsschritte wiederholen musste, die ich bereits in den 1970er-Jahren bei Untersuchungen zur Überlebensfähigkeit und Langlebigkeit von Wildbienenvölkern durchgeführt hatte, wobei ich auf ein Standortverzeichnis der von wilden Völkern besiedelten Gebiete zurückgreifen konnte. So konnte ich innerhalb weniger Tage an 22 dieser Standorte Arbeiterinnen sammeln, um die 10 von Bienenbäumen im Arnot Forest stammenden Proben zu ergänzen (Abb. 10.4). So konnte ich Sasha Anfang Oktober insgesamt 64 Proben von Arbeiterinnen schicken, die ich 64 wilden Bienenvölkern aus der Umgebung von Ithaca entnommen hatte. Diese Völker lebten zumeist an bewaldeten Orten südlich dieser kleinen Stadt. Ich freute

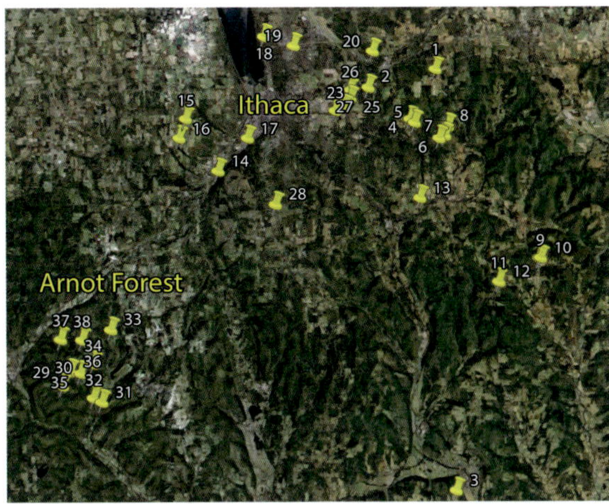

Abb. 10.4. Standorte der wilden Honigbienenvölker, von denen im Jahr 2011 Proben von jeweils 100 Arbeiterinnen gesammelt wurden. Ihre Verteilung in den bewaldeten Hügeln südlich von Ithaca (einschließlich des Arnot Forest) entspricht im Wesentlichen der Verteilung der wilden Honigbienenvölker, aus denen bereits 1977 Arbeiterinnen beprobt wurden.

mich über die zeitliche Symmetrie dieser Proben: 32 von ihnen waren *ca. 20 Jahre vor* Auftreten von *Varroa destructor* in dieser Region des Staates New York gesammelt worden, die anderen 32 *etwa 20 Jahre danach*.

Was hat Sashas Analyse nun ergeben? Als er sich zunächst die mitochondriale DNA der Bienen ansah, stellte er einen auffälligen Verlust an Vielfalt zwischen 1977 und 2011 fest: Fast alle alten mitochondrialen Linien waren ausgestorben (Abb. 10.5). Er fand auch heraus, dass die mitochondrialen Linien, die in den wilden Bienenvölkern fortbestanden, in den kommerziellen Beständen der Honigbienen nicht vorhanden waren. (Ich hatte Sasha auch Proben geschickt, die Arbeiterinnen der Völker aus den beiden Bienenständen in unmittelbarer Nachbarschaft zum Arnot Forest enthielten.) Diese Ergebnisse legen nahe, dass die im Raum Ithaca wild lebenden Bienenvölker irgendwann zwischen 1977 und 2011 einen Engpass durchliefen, aber nicht völlig ausgelöscht wurden. Offensichtlich erlebte diese Wildbienenpopulation nach Ankunft von *Varroa destructor* einen ähnlichen Zusammenbruch[249], wie er für Honigbienenpopulationen in Schweden (Abb. 10.3), Südfrankreich, Norwegen, Louisiana, Texas und Arizona dokumentiert wurde, die vor, während und nach der Ankunft von *V. destructor* beobachtet wurden. Des Weiteren zeigen uns diese Ergebnisse, dass die meisten der heute bei Ithaca lebenden Wildvölker Nachkommen einer geringen Anzahl von Königinnen sind – obwohl die Dichte der wilden Bienenvölker (zumindest im Arnot Forest) in den 2010er-Jahren genau so hoch war wie in den 1970er-Jahren.

Eine weitere Kategorie von Erkenntnissen ergab sich, als Sasha und sein Team dann die nukleäre DNA der alten und neuen Bienen aus den Wäldern um Ithaca untersuchten. Erstens zeigte sich, dass seit 1977 eine gewisse Introgression von Genen aus Afrika stattgefunden hat (siehe Abb. 1.4) – vermutlich über Königinnen und Bienenvölker, die von Imkern aus Florida in die Gegend um Ithaca verbracht wurden. Diese Forschungsarbeit ergab auch einige Hinweise auf die Mechanismen, die es heutigen Bienenvölkern ermöglichen, einem Befall durch *Varroa destructor* standzuhalten. Es handelt sich dabei um Signaturen von selektionssignifikanten Veränderungen in den Genen der Bienen. Diese für die Selektion bedeutsamen Veränderungen sind über 634 Stellen im Genom der Honigbiene verteilt, von denen etwa die Hälfte für die Entwicklung der Bienen relevant zu sein scheint. Offensichtlich verfügen die derzeit in freier Natur überlebenden Bienenvölker über Widerstandsmechanismen, die zumindest teilweise auf programmatische Veränderungen in den Entwicklungsprozessen der einzelnen Individuen zurückzuführen sind. In Übereinstimmung mit den neuen Erkenntnissen zu Veränderungen in den Entwicklungsgenen der Bienen stellte Sasha fest, dass die 2011 gesammelten Arbeiterinnen deutlich kleinere Körpermaße aufweisen als die 1977 gesammelten Exemplare (geringere Kopfbreite, verringerter Abstand zwischen den Flügelansätzen). In welcher Weise diese Veränderungen zur Resistenz gegen *Varroa* beitragen, bleibt vorläufig allerdings ein Rätsel.

Ab 2015 ging David T. Peck[250], einer meiner Doktoranden, der Frage nach, über welche Abwehrmechanismen milbenresistente Arbeiterinnen der Wildbienenvölker im Arnot Forest verfügen. Allgemein bekannt sind zwei Abwehrmöglichkeiten: Entweder werden die weiblichen Milben während der *phoretischen* (von griech. φορεῖν, phorein = „tragen") *Phase* angegriffen (wenn sie sich an erwachsene Bienen klammern) oder der Angriff erfolgt während der *Reproduktionsphase* (wenn sie in den verdeckelten Brutzellen sind). Wenn die Milben sich in der phoretischen Phase befinden, können die Arbeitsbienen Milben von sich selbst oder von ihren Nestgenossinnen abstreifen (beim Grooming) und anschließend durch Abbeißen der Beine, der Fühler und der als Rückenplatte bezeichneten Struktur vernichten. Wenn die Milben sich in der Fortpflanzungsphase befinden, können die Arbeiterinnen die Reproduktion der Milben beeinträchtigen, indem sie entweder die befallenen Zellen öffnen und die Puppen mitsamt den Milben entfernen – Varroa-sensitives hygie-

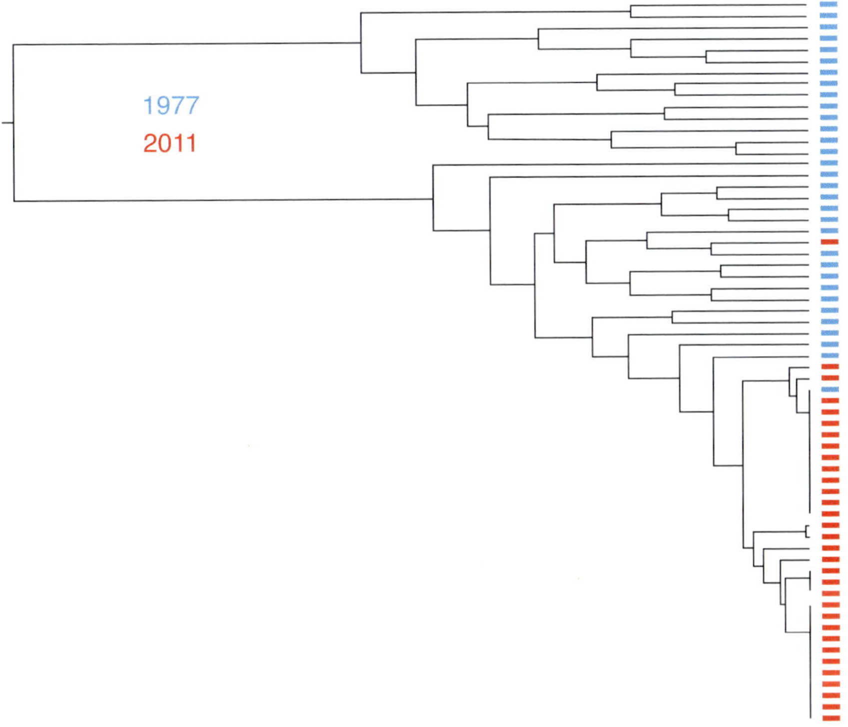

Abb. 10.5. Phylogenie (stammesgeschichtliche Entwicklung) der mitochondrialen Genome der wilden Bienenvölker, die in den Wäldern südlich von Ithaca, New York, leben, in der Population von 1977 (blau) und der Population von 2011 (rot). Der größte Teil der mitochondrialen genetischen Vielfalt der alten Population ist in der modernen Population verloren gegangen. Offensichtlich war die Ankunft von *Varroa destructor* mit einer massiven Sterblichkeit der Bienenvölker und einer intensiven Selektion verbunden, die auf die Bienen einwirkten. Die moderne Population stammt von einer relativ kleinen Anzahl von Königinnen ab.

nisches Verhalten (VSH) – oder indem sie einfach nur die Zellen der sich verpuppenden Bienen kurz öffnen und dann wieder verschließen.

David untersuchte das Verhalten der Waldbienen aus dem Arnot Forest im Hinblick auf diese beiden allgemein üblichen Methoden, mit denen Arbeiterinnen die Population der Varroamilben in einem Bienenvolk in Schach halten können. Zunächst fing er im Wald frei lebende Bienenschwärme ein. Hierzu benutzte er Schwarmfangkisten, die außerhalb der Reichweite von Schwarzbären aufgehängt wurden (siehe Abb. 2.14). Anschließend wurden die aus Schwärmen gebildeten

Gründervölker in einem isolierten Bienenhaus außerhalb des Arnot Forest in Beuten umgesiedelt (zum Schutz vor Bären). Danach untersuchte er das Verhalten der Arnot-Wildvölker im Hinblick auf die Putz- und Bissreaktionen, mit denen die Milben in der phoretischen Phase abgetötet werden, sowie die Störungsreaktionen (VSH-Verhalten und Entdeckeln und Wiederverdeckeln der Zellen)[251], die Milben in der Reproduktionsphase abtöten. Hierbei stellte er fest, dass die Arbeiterinnen seiner Bienenvölker aus dem Arnot Forest im Vergleich zu den Arbeiterinnen der Kontrollvölker (deren Königinnen aus nicht auf Varroaresistenz selektierten Linien stammen) sowohl eine stärkere Pflege-/Bissreaktion als auch eine ausgeprägtere VSH-Reaktion aufweisen. Außerdem fand David T. Peck heraus, dass einige seiner Völker aus dem Arnot Forest einen hohen Prozentsatz (über 40 %) an Brutzellen aufwiesen, die geöffnet und wieder verschlossen worden waren; wie wir bereits erfahren haben, ist dieses Verhalten eine weitere Abwehrstrategie, mit der Bienen die Reproduktion von Milben hemmen können. Das meiner Meinung nach wichtigste Ergebnis von Davids Arbeit ist die gesicherte Erkenntnis, dass die Arbeiterinnen der Wildvölker aus dem Arnot Forest über eine *Vielzahl* von Verhaltensmechanismen zur Bekämpfung der Milbenpopulation in ihren Völkern verfügen. Kurz gesagt, sie können gegen *Varroa destructor* nicht nur eine einzige Abwehrwaffe einsetzen, sondern verfügen über ein ganzes Arsenal verschiedener Varianten des Abwehrverhaltens. Dies ist eine wichtige Erkenntnis für alle Imker und Bienenzüchter!

WEIT VERSTREUT LEBENDE BIENENVÖLKER IM VERGLEICH ZU ENG BEIEINANDERSTEHENDEN KOLONIEN

Durch die Umstellung von der Jagd auf Wildbienenkolonien auf die systematische Bewirtschaftung von Bienenvölkern haben wir Menschen den von Imkern gehaltenen Bienen eine grundlegende Veränderung ihrer Ökologie zugemutet,[252] indem wir die Abstände zwischen den Bienenvölkern drastisch verringert haben. Wie wir bereits gesehen haben, leben Bienenvölker in freier Natur in der Regel weit voneinander entfernt, häufig beträgt der Abstand zwischen ihren Baumhöhlen 1 km oder mehr (siehe Abb. 2.6, 2.12 und 7.11). Im Gegensatz hierzu stehen von Imkern geführte Bienenvölker jedoch fast immer dicht nebeneinander. Für Imker bietet die Zusammenlegung von Bienenvölkern auf engem Raum in einem Bienenstand sicherlich praktische Vorteile, für die Bienen ist diese Form der Haltung allerdings nicht gerade zuträglich. Im Vergleich zu wilden Völkern gibt es bei bewirtschafteten Völkern einen stärkeren Wettbewerb um Futter, ein größeres Risiko, dass ihnen der Honig geraubt wird, und mehr Probleme bei der Fortpflanzung – z. B. wenn eine junge Königin, die von ihrem Hochzeitsflug zurückkehrt, sich verfliegt und in einen falschen Bienenstock gerät, wo sie dann von Arbeiterinnen, die ihr Volk vor Eindringlingen schützen, getötet wird.

Allerdings vermute ich, dass der größte Schaden, den wir den Honigbienenvölkern durch diese erzwungene Haltung auf engstem Raum zufügen, durch die Entwicklung hochvirulenter Stämme ihrer spezifischen Parasiten und Krankheitserreger entstanden ist. Wir leisten dieser Enwicklung Vorschub, indem wir die Ausbreitung von Krankheitserregern zwischen (genetisch) nicht *verwandten* Kolonien erleichtern (sog. horizontale Übertragung). Diese Art der Krankheitsübertragung begünstigt virulente Stämme, da horizontal übertragene Parasiten und Krankheitserreger ihre Wirte nicht brauchen, um zu überleben. Stattdessen begünstigt die natürliche Selektion diejenigen Stämme, die sich schnell in einem Wirt vermehren, denn obwohl dies den Wirt schädigt, erhöht es die Chancen des Parasiten oder Pathogens, weiter auf einen anderen Wirt übertragen zu werden. Diese Strategie funktioniert gut für Parasiten und Krankheitserreger, die sich leicht auf andere potenzielle Wirte ausbreiten können. Unter den zahlreichen Parasiten und Krankheitserregern, die Honigbienen befallen, gibt es drei, die oft horizontal (zwischen nicht verwandten Bienenvölkern) übertragen werden. Alle drei haben hochvirulente Stämme hervorgebracht: die Varroamilbe, die Amerikanische Faulbrut und das Flügeldeformationsvirus. Es ist wenig überraschend, dass diese verhassten Erreger von Bienenkrankheiten von Imkern am meisten gefürchtet werden.

Eine horizontale Übertragung von Bienenkrankheiten kann auftreten, wenn Imker Waben mit infizierten Bienen und Brut zwischen Völkern austauschen oder wenn Bienen beispielsweise Honig von einem anderen durch Krankheit geschwächten Bienenvolk rauben. Ich vermute jedoch, dass die häufigste Form der Krankheitsübertragung zwischen nicht verwandten Bienenvölkern innerhalb eines Bienenstandes darin besteht, dass adulte Honigbienen unabsichtlich in den falschen Bienenstock geraten (Verflug). Wie häufig dieser Fehler auftritt, hängt maßgeblich von der Anordnung der Beuten im Bienenstand ab. Man kann den Verflug vermindern, indem man den Abstand der Bienenkästen untereinander vergrößert, sie verschiedenfarbig anstreicht und nach unterschiedlichen Himmelsrichtungen ausrichtet. Derzeit sieht eine typische Anordnung der imkerlichen Beuten jedoch ganz anders aus – die Kästen stehen in in einem Abstand von maximal 1 m in einer geraden Reihe nebeneinander, sind in der gleichen Farbe gestrichen und die Bienen fliegen alle in der gleichen Richtung aus. In dieser Situation ist es durchaus üblich, dass sich 40[253] % der Bienen oder mehr von ihrem Heimatvolk in ein benachbartes Bienenvolk verfliegen. Ein derart starker Verflug bringt es mit sich, dass Krankheitserreger und Parasiten sich sehr leicht zwischen nicht verwandten Bienenvölkern eines Standes ausbreiten können.

Zu Beginn meiner Untersuchungen über die Auswirkungen dieser extrem unterschiedlichen Abstände bei wildlebenden und bewirtschafteten Bienenvölkern auf die Krankheitsökologie suchte ich zunächst intensiv nach Veröffentlichungen von Biologen und Imkern zum Thema Bienengesundheit bei stark verdichtet in Bienenständen gehaltenen Völkern, fand im Wesentlichen aber nichts. Also beschloss ich, selbst einen Versuch[254] durchzuführen, von dem ich mir Aufschluss darüber erhoffte, wie Bienenvölker der Herausforderung begegnen, Infektionen mit Krankheitserregern und Parasiten durch direkt benachbarte Völker zu vermeiden und welche Rolle hierbei der räumliche Abstand der Bienenvölker zueinander spielt.

Im Juni 2011 begann ich damit, zwei Gruppen von je 12 kleinen Bienenvölkern in einem der ausgewiesenen Naturgebiete der Cornell University anzusiedeln, einem flachen, mit Gestrüpp bestandenen Feld in der Nähe eines großen Biberteichs nördlich von Ithaca (Abb. 10.6). In der einen Gruppe waren die Bienenvölker an einem Bienenstand gruppiert, in dem die Bienenkästen in einer Reihe in Abständen von weniger als 1 m zwischen den Völkern angeordnet waren (Abb. 10.7). In der anderen Gruppe, die sich in einigen hundert Meter Entfernung befand, waren die Kästen verstreut auf einem Geländestreifen mit Lichtungen verteilt.

In beiden Gruppen besetzten die Bienenvölker jeweils ein Magazin, das aus zwei Langstroth-Zargen bestand. Um den Grad des Verfluges zwischen den Völkern zu messen, bestückte ich jeweils 10 der 12 Bienenvölker einer jeden Gruppe mit einer „Goldenen Italienischen Königin“. Dabei handelt es sich um Königinnen, die auf beiden homologen Chromosomen identisch (homozygot) sind, d. h. mit gleichen mütterlichen und väterlichen Erbanlagen versehen waren und eine Abweichung vom Wildtyp darstellen (sog. Cordovan). Dieses Gen liefert Anweisungen für die Herstellung eines Enzyms (Tyrosin), das an der Synthese von Melanin beteiligt ist, also der Substanz, die den Honigbienen ihre übliche schwarze oder lederähnlich braune Farbe verleiht. Durch diese Maßnahme – die Anwesenheit von Goldenen Italienischen Königinnen in 10 der 12 Bienenvölker – konnte ich sicherstellen, dass alle Drohnen, die diese 10 Bienenvölker künftig produzieren, eine leuchtend gelbe Färbung haben würden. Parallel dazu bestückte ich die beiden anderen Bienenkästen in jeder Gruppe mit einer Krainer Bienenkönigin (*Carnica*-Königin), die sicher-

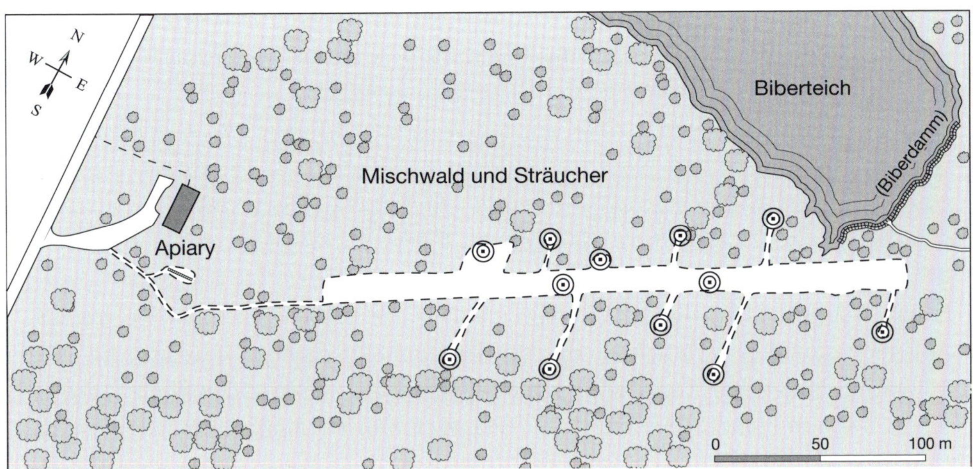

Abb. 10.6. Karte des Geländes, auf dem der Versuch zu den Auswirkungen der Völkerdichte bzw. -abstände auf die Durchmischung der Bienenvölker und die dadurch geförderte Verbreitung von Bienenkrankheiten durchgeführt wurde. Die 12 Bienenvölker, die eng zusammenstanden, sind durch das graue Rechteck (Imkerei) auf der linken Seite gekennzeichnet. Die 12 Bienenvölker, die in größeren Abständen über das nahe gelegene Feld verteilt waren, sind durch doppelt umkreiste schwarze Punkte markiert.

Abb. 10.7. Der Bienenstand mit den 12 dicht nebeneinander aufgestellten Bienenkästen. Die beiden Kästen mit den aufrechtstehenden Ziegelsteinen sind diejenigen, die mit Krainer (*Carnica-*) Königinnen besetzt waren und nur dunkle Drohnen hervorbrachten.

stellte, dass alle von diesen beiden Völkern hervorgebrachten Drohnen eine dunkelbraune oder sogar schwarze Färbung haben würden. Die beiden Carnica-Bienenvölker wurden jeweils in der Mitte ihrer Gruppe aufgestellt.

Die Königinnen waren jeweils mit einem farbigen Punkt gekennzeichnet, sodass ich bei meinen monatlichen Inspektionen der Bienenvölker von Mai bis Oktober eine (in der Regel durch Schwarmbildung und Teilung verursachte) Umweiselung (Austausch der Königin) feststellen konnte. Die Versuchsvölker erhielten während des gesamten zweijährigen Versuchszeitraums von Juni 2011 bis Mai 2013 keinerlei Behandlung zur Kontrolle der Varroamilben. Da alle Bienenvölker als Zwei-Waben-Ableger begannen, verbrachten sie den Sommer 2011 damit, Kräfte zu sammeln, schwärmten jedoch nicht. Sie alle gingen bei guter Gesundheit in den Winter 2011/12.

Im darauffolgenden Sommer 2012 beobachtete ich dann mehrere auffällige Unterschiede bei der Entwicklung der Kolonien, die in Bienenständen mit gering bzw. großzügig bemessenen Abständen untergebracht waren: 1) Als 7 von 12 Bienenvölkern in jeder Gruppe schwärmten, waren die dicht beieinander lebenden Völker weniger erfolgreich als die weit verstreuten Bienenvölker, wenn es darum ging, nach dem Schwärmen eine neue Königin aufzuziehen: dies gelang nur zwei von sieben Altvölkern verglichen mit fünf von sieben aus der zweiten Gruppe. Dieser Unterschied ist meiner Ansicht nach überwiegend darauf zurückzuführen, dass junge Königinnen in der Gruppe mit den dicht nebeneinanderstehenden Kästen sich verirrten und in den falschen Bienenstock gerieten, als sie von ihren Hochzeitsflügen zurückkehrten: zweimal fand ich in der dicht besiedelten Gruppe eine tote Königin vor dem Eingang eines nicht schwärmenden Volkes liegen. 2) Die Drohnen der dicht zusammengedrängten Bienenvölker verflogen sich wesentlich häufiger als die Drohnen der anderen Gruppe. Im September 2011 und im April 2012 wurden die Bienen gezählt. Zum Zeitpunkt dieser Zählungen hatten die Völker noch nicht geschwärmt, d. h. in jedem Volk befand sich noch die ursprünglich von mir dort platzierte Königin (eine Gelbe Italienische bzw. Krainer Königin). Wie ich anhand der Zahlen für die beengt gehaltenen Völker feststellen konnte, handelte es sich bei 46 % der Drohnen (im September) bzw. bei 56 % (im April), die die beiden Bienenvölker mit schwarzen Bienen (Krainer/*Carnica*) anflogen, um hellgelbe (Cordovan-)Drohnen! Die zur gleichen Zeit durchgeführten Zählungen der beiden Völker mit den schwarzen Bienen in der Vergleichsgruppe (mit größeren Abständen zwischen den einzelnen Völkern) ergaben wesentlich niedrigere Quoten, nämlich nur 1 % bzw. 3 %. Es ist wahrscheinlich, dass der Unterschied zwischen den beiden Gruppen in Bezug auf den Grad der Vermischung der Drohnen zwischen den Völkern auch für die Vermischung der Arbeiterinnen zwischen den Völkern gilt. 3) Im Spätsommer 2012, als die Bienenvölker gerade ihren zweiten Sommer hinter sich hatten, kam es in den zwei eng stehenden Kolonien, die schon geschwärmt und eine neue Königin hatten, zu einer auffälligen Zunahme der Varroabelastung. Bei den fünf Völkern der verstreut lebenden Gruppe, die ebenfalls geschwärmt und eine neue Königin hatten, war dies jedoch *nicht* der Fall. Zwar wiesen alle diese sieben Bienenvölker bis Juni und Juli niedrige Befallszahlen auf (vermutlich eine Folge ihres Schwärmens im Juni), doch hielt dieser gesunde, milbenarme Zustand nur bei den fünf verstreuten Bienenvölkern bis in den August hinein an. Zwar kann ich nicht mit Sicherheit sagen, warum die Anzahl der Milben bei den eng zusammenstehenden Bienenvölkern im August so stark anstieg, doch vermute ich, dass heimkehrende Sammelbienen dieser beiden Völker versehentlich viele Milben mitbrachten, als sie bei den zusammenbrechenden Kolonien in der Umgebung Honig raubten. Dieses Experiment endete im Mai 2013. Meine abschließende Untersuchung ergab, dass keines der 12 auf engstem Raum lebenden Bienenvölker überlebt hatte. Insgesamt 5 der 12 vereinzelt stehenden Bienenvölker hatten dagegen bei guter Gesundheit überlebt.

Bei diesem Versuch handelte es sich um ein Experiment in kleinem Maßstab, das nur ein einziges Mal und an nur einem Ort durchgeführt wurde, sodass wir keine umfassenden und belastbaren Schlussfolgerungen daraus ableiten können. Dennoch halte ich es für einen wertvollen Schritt hin zu einem besseren Verständnis der unterschiedlichen Abwehrstrategien, die in freier Natur weit enfernt voneinander lebende wilde Bienenvölker und auf engstem Raum untergebrachte bewirtschaftete Bienenvölker zur Verteidigung gegen Milben einsetzen.

LEBEN IN GROSSEN ODER KLEINEN NISTHÖHLEN

Imker vergrößern die Abwehrprobleme der bewirtschafteten Bienenvölker im Vergleich zu Wildvölkern nicht nur dadurch, dass sie viele Völker in einem Bienenstand dicht zusammenpacken. Sie tun dies auch, indem sie ihre Völker in Bienenkästen halten, die ihnen weitaus mehr Lebensraum bieten, als Bienen in freier Natur üblicherweise in Anspruch nehmen. In Kapitel 5 haben wir gesehen, dass wilde Bienenvölker, die in den Wäldern um Ithaca leben, sich meist in Baumhöhlen mit einem Volumen von 30–60 Litern niederlassen, während die meisten bewirtschafteten Bienenvölker in den USA den Sommer über in Bienenkästen mit einem Rauminhalt von 120–160 Litern untergebracht sind (siehe Abb. 5.3). Die Imker stellen ihren

Völkern deshalb so geräumige Behausungen zur Verfügung, damit die Bienen viel Platz für ihre Honigvorräte haben. Grob gesagt: wenn man einem Bienenvolk etwa 100 Liter zusätzlichen Nistraum zur Verfügung stellt, kann es bis zu 50 Kilogramm Honig zusätzlich einlagern. Auch noch aus einem anderen Grund geben Imker ihren Bienenvölkern gerne ein geräumiges Zuhause – wenn ihre Bienen weniger dicht gedrängt zusammenleben, produzieren sie auch weniger Schwärme. Wie wir in Kapitel 7 erfahren haben, verliert ein Bienenvolk, wenn es zum ersten Mal schwärmt (der Vorschwarm), fast 75 % seiner Arbeiterinnen (siehe Abb. 7.9), was im Hinblick auf die Vermehrung der Bienenvölker zwar gut für die Bienen ist, aber katastrophal für den Imker, der möchte, dass sich seine Bienen auf die Honigproduktion konzentrieren.

Biologen haben schon seit langem erkannt, dass die Unterbringung von Bienenvölkern in Großraum-Beuten zwar für Imker durchaus sinnvoll ist, für Bienen jedoch abolut keinen Sinn macht, da sich dies negativ auf deren Fortpflanzung auswirkt. Infolge der Einschleppung von *Varroa destructor* gestaltet sich diese ohnehin schon schwierige Situation noch komplizierter, da ein großes, starkes Bienenvolk nicht nur eine Mega-Honigernte, sondern wahrscheinlich auch eine große, starke Population tödlicher Varroamilben produzieren dürfte. Dieser Sachverhalt wurde in einem zweijährigen Experiment nachgewiesen, das ich gemeinsam mit zwei Studenten, J. Carter Loftus[255] und Michael L. Smith, durchgeführt habe. Im Rahmen dieses Versuches wurden zwei Gruppen von jeweils 12 Bienenvölkern verglichen, die in zwei nur 60 m voneinander entfernt stehenden Bienenkästen untergebracht waren. In der ersten Gruppe besetzte jedes Bienenvolk ein kleines, 42 Liter fassendes Magazin, das aus einer Langstroth-Brutraumzarge mit 10 Rähmchen bestand. Dies waren unsere „kleinen" Völker: sie simulierten wilde Honigbienenvölker. In der anderen Gruppe, also bei unseren „großen" Völkern, besetzte jedes Bienenvolk eine 168 Liter fassende Beute, die mit dem Ziel „maximale Honigproduktion" bewirtschaftet wurde. Jedes bekam zwei Brutraumzargen und zwei große Zargen (als Honigräume), um Honig einzulagern. Alle zwei Monate untersuchten wir diese Riesenvölker auch auf Königinnenzellen – ein Zeichen dafür, dass sich ein Bienenvolk auf das Schwärmen vorbereitet – und entfernten alle, die wir fanden, wie es jeder Imker tut, der sich eine gute Honigernte von seinen Bienen wünscht.

Wir installierten diese 24 Bienenvölker im Mai 2012 und überwachten ihre Enwicklung dann bis Mai 2014. In den Jahren 2012 und 2013 untersuchten wir von Mai bis Oktober einmal monatlich die Population jedes Bienenvolkes (sowohl Brut als auch adulte Bienen) und erfassten den Grad des Milbenbefalls, auftretende

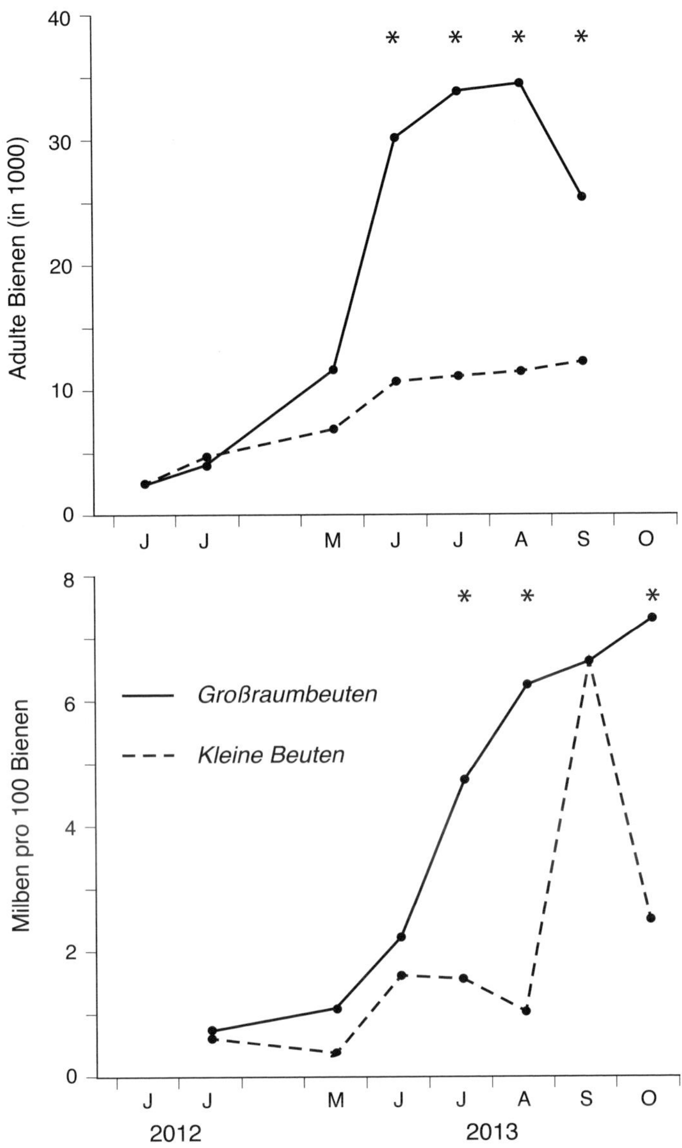

Abb. 10.8. Dynamik der adulten Honigbienenpopulationen (*oben*) und der Befallsraten durch Varroamilben bei adulten Bienen (*unten*) in Bienenvölkern, die in großen und kleinen Bienenstöcken untergebracht sind, von Juni bzw. Juli 2012 bis September bzw. Oktober 2013. Signifikante Unterschiede sind mit Sternchen (*) gekennzeichnet.

Krankheiten sowie eventuelle Anzeichen von Schwärmen (Umweiselung). Des Weiteren erfassten wir die jährliche Honigproduktion und beobachteten das Leben bzw. Überleben dieser 24 Bienenvölker in diesem Zeitraum. Bei Versuchsbeginn im Mai 2012 waren alle Bienenvölker gleich groß. Jedes Bienenvolk bestand aus einem Ableger auf fünf Rähmchen – zwei Rähmchen mit Waben und ansitzenden Bienen (eins mit Brut, das andere teilweise mit Pollen und Honig gefüllt) sowie drei weitere Rähmchen mit Futter, aber ohne Brut. Außerdem ging jedes Bienenvolk mit einer jungen Königin an den Start. Alle diese Königinnen waren bei dem gleichen Königinnenzüchter in Kalifornien gekauft worden. Allerdings gab es doch etwas, was wir nicht für diese Bienenvölker getan haben: wir haben in den zwei Jahren, die dieser Versuch dauerte, allen Bienenvölkern jegliche Behandlung mit Milbenbekämpfungsmitteln vorenthalten.

Wir nahmen an, dass die „kleinen" Bienenvölker[256] in den engeren Behausungen den zweijährigen Versuchszeitraum besser überstehen würden als die Bienenvölker mit großen Magazinen. Da diese kleineren Kolonien häufiger schwärmen würden als die Bienenvölker in den großen Kästen, wären sie vermutlich auch weniger anfällig für einen gefährlich hohen Befall mit Varroamilben, der wiederum zu einem hohen Maß an virusbedingten Erkrankungen der Bienenbrut führt. Wir stützten unsere These auf mehrere Erkenntnisse aus früheren Studien. Eine wichtige Hintergrundinformation hierzu war, dass ein Bienenvolk infolge Schwarmbildung etwa 35 % der adulten Varroamilben abstößt. Dieser Umstand hängt damit zusammen, dass etwa 70 % der adulten Bienen das Muttervolk verlassen, wenn es einen Schwarm bildet (siehe Kapitel 7), wobei sich ca. 50 % der Varroamilben eines befallenen Volkes auf den adulten Bienen befinden (der Rest befindet sich in den verdeckelten Brutzellen). Eine weitere wichtige Hintergrundinformation war, dass ein Muttervolk nach einem Schwarmabgang eine Unterbrechung der Brutaufzucht erlebt. Dazu kommt es, weil die neue Königin noch Zeit braucht, um ihre eigene Entwicklung abzuschließen, ihre Rivalinnen zu töten, sich zu paaren und schließlich mit der Eiablage zu beginnen. Varroamilben können sich in Bienenvölkern ohne Brut nicht fortpflanzen. Wir erwarteten daher, dass eine brutfreie Periode dazu beitragen würde, die Population der Varroamilben in einem Bienenvolk zu verringern – erstens durch die erzwungene Unterbrechung des Reproduktionsprozesses, zweitens durch das Fehlen von Zellen mit verdeckelter Brut, die die wichtigsten Rückzugsorte der Milben sind. Nicht voraussehen konnten wir jedoch, ob durch das intensivere Schwärmen der „kleinen" Bienenvölker eine genügend große Menge an ausgewachsenen Milben aus diesem Volk entfernt werden würde, um so die Reproduktions- und Überlebensfähigkeit der verbliebenen Milben zu schwächen und damit die Überlebenschancen der „kleinen" Bienenvölker gegenüber den „großen" zu erhöhen.

Abbildung 10.8 gibt einen Überblick über die Erkenntnisse, die wir zur Dynamik der adulten Bienenpopulationen und des Varroamilbenbefalls der Bienenvölker in beiden betrachteten Gruppen gewonnen haben. Wie wir sehen, war die durchschnittliche Anzahl erwachsener Bienen pro Volk zu Beginn des Experiments im Jahr 2012 für beide Gruppen gleich hoch. Im Sommer 2013 ergaben Zählungen jedoch einen deutlichen Unterschied zwischen beiden Gruppen. Im Durchschnitt umfasste die Population eines „kleinen" Bienenvolks nicht wesentlich mehr als 10 000 Bienen, während die Populationen der „großen" Bienenvölker in den Großraumbeuten auf über 30 000 Bienen pro Volk anstiegen. Ebenfalls zu erkennen ist, dass der durchschnittliche Befallsgrad mit Varroamilben in beiden Gruppen zunächst gleich hoch war, sich im Sommer 2013 dann aber deutlich auseinanderentwickelte. Im Durchschnitt stagnierte der Befall der „kleinen" Bienenvölker bis September auf einem sicheren, niedrigen Niveau (2 Milben pro 100 Bienen), bevor er dann bei den „großen" Bienenvölkern schnell gefährlich hohe Werte (mehr als 6 Milben pro 100 Bienen) erreichte, um anschließend wieder abzusinken. Es ist anzumerken, dass dieser vorübergehende extreme Anstieg der durchschnittlichen Befallsrate der „kleinen" Völker auf höchst merkwürdige Weise zustande kam. Bei 3 der 12 Völker in den kleinen Bienenkästen erreichte die Milbenbefallsrate im September auffällige Spitzenwerte – hier wurde ein Anstieg auf 15–17 Milben pro 100 Bienen verzeichnet. Dieser Umstand sollte sich später als sehr aufschlussreich erweisen, wie wir noch sehen werden.

Welche Ursachen führten im Sommer 2013 nun zu diesem unterschiedlich starken Milbenbefall in den beiden Versuchsgruppen, und welche Auswirkungen hatte dieser Unterschied? Zunächst ist festzuhalten, dass 2012 kein einziges der beobachteten Bienenvölker schwärmte. Im Jahr darauf (2013) schwärmten dann fast alle (10 von 12) der „kleinen" Völker, aber nur wenige (2 von 12) der „großen" Völker. Ich glaube, dies erklärt, warum im Jahr 2013 die Milbenbefallsraten der „kleinen" Völker so viel niedriger waren als die der in Großraumbeuten gehaltenen Völker (mit Ausnahme des Monats September). Konkret gelang es also 10 der 12 „kleinen" Völker, Milben durch Schwärmen zu entfernen, wobei es auch zu einer Unterbrechung der Brutaufzucht kam. Dies gelang aber nur 2 der 12 „großen" Völker. Es war daher keine große Überraschung, dass die „großen" Völker im Winter 2013/14 eine weitaus höhere Sterblichkeitsrate (10 von 12 Völkern) aufwiesen als die „kleinen" Völker (4 von 12). Das vielleicht interessanteste Ergebnis dieses Experiments ist jedoch etwas völlig

Unerwartetes: Mitte September 2013 stieg der Milbenbefall bei drei „kleinen" Bienenvölkern vorübergehend auf 15–17 Milben pro 100 Bienen an. (Anmerkung: die Zunahme der Milbenzahl in diesen drei Völkern ist die Ursache für den in Abb. 10.8 dargestellten Anstieg der Milbenzahl bei der Gesamtheit aller „kleinen" Völker.) Dieser explosionsartig ansteigende Befall der drei „kleinen" Bienenvölker fiel zeitlich mit dem Zusammenbruch eines der „großen" Bienenvölker zusammen, das in nur 60 m Entfernung in dem anderen Bienenstand untergebracht war. Bei der näheren Untersuchung dieses zusammenbrechenden Volkes fand ich eine große Ansammlung toter Bienen, die vor dem Bienenkasten (und *nur* hier) lagen, aber praktisch keine Bienen, fast keine Brut, keine Honigvorräte und nur sehr wenige tote Milben, die sich im Inneren des Bienenstocks befanden. Sein Boden war mit toten Bienen (die meisten mit verkrüppelten Flügeln) und unregelmäßig geformten Wachsstückchen übersät, wie sie Raubbienen hinterlassen, die hastig verdeckelte Honigzellen öffnen. Offensichtlich war das Bienenvolk infolge des starken Milbenbefalls zusammengebrochen und dann seiner Honigvorräte beraubt worden – es war jedoch nicht klar, was mit den Milben geschehen war. Ich vermute, dass der größte Teil der Varroamilben, die dieses Bienenvolk vernichteten, auf die fremden räubernden Bienen geklettert war, die dann mitsamt den Milben zurückflogen und sie so in ihre Heimatvölker einschleppten. Ich vermute ebenfalls, dass viele dieser Raubbienen aus den erwähnten drei „kleinen" Völkern stammten, deren Befallszahlen Mitte September vorübergehend drastisch in die Höhe schnellten. Bei drei der insgesamt vier „kleinen" Bienenvölker, die im Winter 2013/14 eingingen, handelte es sich übrigens um diejenigen Völker, bei denen die Varroamilben-Populationen im September 2013 so stark angestiegen waren. Das vierte Volk war zwar gesund, aber seine Königin produzierte ab Juli 2013 nur noch Drohnen. Mangels weiblicher Brut konnte das Bienenvolk sie nicht ersetzen, sodass es schließlich nur noch Drohnenbrut enthielt und allmählich ausstarb.

Ich würde dieses Experiment sehr gerne wiederholen, um absolut sicherzugehen, dass dies wirklich bemerkenswerte Versuchsergebnis – bereits durch die Unterbringung in verhältnismäßig kleinen Beuten kann man Bienenvölker nachhaltig bei der Bekämpfung der *Varroa destructor* unterstützen – korrekt ist. In diesem Fall würde ich die in weniger geräumigen Beuten lebenden „kleinen" Bienenvölker in weiterer Entfernung von den Großraumbeuten mit den „großen" Bienenvölkern aufstellen, um so die Übertragung von Milben zwischen den beiden Gruppen zu minimieren, die auftreten kann, wenn Raubbienen die Honigvorräte eines zusammengebrochenen Bienenvolkes plündern.

KLEINERE BZW. GRÖSSERE WABENZELLEN IM VERGLEICH

Eine unter Imkern viel diskutierte und äußerst umstrittene Methode zur Bekämpfung der parasitären Milbe *Varroa destructor* ist die Verkleinerung[257] der Arbeiterinnenzellen im Nest eines Bienenvolkes. Der zugrundeliegende Gedanke ist, dass kleinere Zellen eventuell eine höhere Sterblichkeit der unreifen Milben verursachen könnten. Da die Milbenbrut sich in den Zellen direkt neben den noch nicht voll ausgewachsenen Bienen befindet, könnte ein geringerer Abstand zwischen der sich entwickelnden Biene und der Zellwand die Bewegungen der unreifen Milben einschränken. Insbesondere könnte dies die Fähigkeit der noch nicht ausgereiften Milben verringern, ihren Fressplatz auf dem Hinterleib der noch im Puppenstadium befindlichen Biene innerhalb der Zelle zu erreichen. In Kapitel 5 haben wir gesehen, dass der Wand-zu-Wand-Abstand der Arbeiterinnenzellen von drei wilden Bienenvölkern, die in den Wäldern bei Ithaca lebten, im Mittel 5,12 mm, 5,19 mm und 5,25 mm betrug. Somit betrug ihre durchschnittliche Größe 5,19 mm. Zum Vergleich: Bei den von mir betreuten Bienenvölkern, die ihre Waben auf Standard-Mittelwänden verschiedener Hersteller aufgebaut haben, ist die Größe der Arbeiterinnenzellen mit durchschnittlich 5,38 mm etwas größer. Dies wirft nun die Frage auf, ob kleinere Zellen in den Waben, wie sie in den Nestern der wilden Bienenvölker bei Ithaca vorgefunden wurden, diese Bienen tatsächlich wirksam bei der Verteidigung gegen *Varroa destructor* unterstützen.

Es ist allerdings höchst zweifelhaft, dass dies der Fall ist. Drei neuere Studien, die im Südosten der USA (in Florida und Georgia) sowie in Irland durchgeführt wurden, sind diesem Gedanken experimentell nachgegangen. Im Rahmen dieser Studien wurde die These überprüft, dass die Anfälligkeit europäischer Honigbienenvölker für Varroamilben durch Bereitstellung kleinzelliger Waben verringert werden könnte. Die Studien verglichen das Wachstum von Milbenpopulationen in Bienenvölkern mit kleinzelligen Waben (4,91 mm) bzw. Standard-Waben (5,38 mm), wobei sich aber keine Anzeichen dafür fanden, dass die Ausstattung der Bienenvölker mit kleinzelligen Waben die Vermehrung der Milben hemmt. Zusammen mit Sean R. Griffin, einem meiner Studenten, habe auch ich diese These experimentell überprüft. Für diesen Versuch stellten wir sieben Paare gleich großer Bienenvölker bereit, die anfangs gleich stark von Milben befallen waren. Bei jedem Paar erhielt jeweils ein Bienenvolk ausschließlich Standard-Wabenzellen (mittlere Breite 5,38 mm), das andere Volk dagegen nur kleinzellige Waben (mittlere Breite 4,82 mm). Für die Versuchsgruppe mit den kleinzelligen Waben verwendeten wir vorgefertigte Waben aus Kunststoff.

Außerdem entfernten wir aus allen unseren Bienenstöcken sämtliche Drohnenwaben, die die Bienen gebaut hatten. Auf diese Weise wurde sichergestellt, dass es in der Versuchsgruppe mit den kleinformatigen Zellen ausschließlich Waben mit kleinen Zellen gab und in der Versuchsgruppe mit den Standardformaten ausschließlich Waben mit Standardzellen. Trotz dieses großen und eindeutigen Unterschieds in der Zellgröße zwischen den beiden Versuchsgruppen konnten wir (über einen ganzen Sommer hinweg) keinen Unterschied im Grad des Milbenbefalls (gemessen als Anzahl der Milben pro 100 Arbeiterinnen) zwischen beiden Gruppen feststellen.

Falls die Vermehrung der Varroamilbe bei Europäischen Honigbienen behindert würde, wenn diese Milben Bienen parasitieren, die auf Waben mit kleineren Zellen leben, dann hätten wir im Laufe des Sommers bei den Bienenvölkern mit kleinzelligen Waben einen Rückgang der Milbenzahl im Vergleich zu den Völkern mit den Standard-Zellen feststellen müssen, was aber nicht der Fall war. Ich vermute, der Grund dafür, dass niemand einen klaren Nachweis für eine Auswirkung der Zellgröße auf die Reproduktion der Milben finden konnte, liegt darin, dass die Milben selbst in kleinen Zellen genügend Platz haben, um sich auf der Oberfläche einer Puppe zu bewegen. Als Sean und ich sowie ein Team von Bienenforschern in Irland (John McMullan[258] und Michael Brown) den Füllfaktor – also das Verhältnis von der Breite des Thorax einer Biene zur Breite der Zelle, ausgedrückt in Prozent – sowohl für die Standard- als auch für die in unseren Studien verwendeten kleinzelligen Waben maßen, stellten wir fest, dass Bienen, die in unseren Standard-Waben aufgezogen wurden, einen Füllfaktor von 73 Prozent hatten, während die Bienen, die in unseren kleinzelligen Waben aufgezogen wurden, einen Füllfaktor von 79 Prozent aufwiesen. Da der Füllfaktor bei beiden Bienengruppen niedrig war und bei den Bienen, die auf kleinzelligen Waben lebten, nur geringfügig höher lag, überrascht es mich nicht, dass wir keinen Hinweis darauf fanden, dass kleinzellige Waben die Vermehrung der Varroamilben auf Europäischen Honigbienen behindern.

LAGE BZW. HÖHE DES NESTEINGANGS IM VERGLEICH

Der vielleicht offensichtlichste, aber am wenigsten beachtete Unterschied zwischen wilden Bienenvölkern, die natürliche Hohlräume bewohnen, und bewirtschafteten Bienenvölkern, die künstliche Beuten besetzen, sind die unterschiedlich hoch angelegten Nester. Wir stellen die Bienenkästen zu unserer Bequemlichkeit natürlich gerne in Bodennähe auf, aber wenn die Bienen wählen können, wo sie wohnen wollen, bevorzugen sie Nistplätze, deren Eingänge sich in luftiger Höhe befinden (siehe

Kapitel 5). Warum? Wir wissen es zwar nicht genau, doch gibt es mehrere mögliche Gründe hierfür. Möglicherweise erhöht dies die Sicherheit der Bienen, wenn sie Reinigungsflüge im Winter unternehmen. Bienen, die aus einer hoch über dem Boden befindlichen Nestöffnung aus- und wieder einfliegen, laufen wahrscheinlich weniger Gefahr, eine Bruchlandung auf dem Schnee hinzulegen und danach nicht mehr starten zu können, da ihre Flugmuskeln zu stark abgekühlt sind. Ein weiterer Grund könnte sein, dass ein höher gelegener Nesteingang die Wahrscheinlichkeit verringert, dass der Eingang im Schnee verschüttet wird. Noch eine Möglichkeit wäre, dass die Bienen so eher dem sonnigeren und wärmeren Mikroklima der Waldkrone (Abb. 7.6) ausgesetzt sind anstatt dem schattigeren und kühleren Mikroklima in der Nähe des Waldbodens. In Kapitel 5 haben wir gesehen, dass Bienenvölker mit sonnigen, nach Süden ausgerichteten Nesteingängen größere Erfolge beim Überleben im Winter haben als solche, die nach Norden ausgerichtet und verschattet sind. Außerdem sind sich die Imker der nördlichen Hemisphäre im Allgemeinen einig, dass nach Süden[259] ausgerichtete Bienenvölker im Vergleich zu nach Norden ausgerichteten mehr Honig produzieren.

Vielleicht liegt der Hauptvorteil für wilde Bienenvölker aber auch darin, dass Bienennester, die sich hoch oben in den Bäumen befinden, für Bodenraubtiere (insbesondere Bären) weniger leicht aufzuspüren sind. Dies muss zwar noch experimentell untersucht werden, aber zwei Dinge, die ich bei meiner Arbeit im Arnot Forest gelernt habe, haben mich davon überzeugt, dass wilde Bienenvölker sich erheblich besser vor Schwarzbären schützen können, wenn sie Nisthöhlen wählen, deren Eingangsöffnungen hoch über dem Boden liegen. Die erste Lektion lernte ich, als ich 2002 auf Bärenspuren im Arnot Forest stieß (Abb. 10.9, links): Schwarzbären durchstreiften diesen Wald. Die zweite Lektion ist eine Erfahrung, die ich durch die Beobachtung einer Reihe von Bienenbäumen im Arnot Forest machte. Im Jahr 2002 entdeckte ich zunächst acht Bienenbäume im Arnot Forest, bevor ich 2011 dann zehn weitere fand. Seitdem ich diese insgesamt 18 Bienenbäume entdeckt habe, kontrolliere ich sie dreimal im Jahr, wie in Kapitel 7 beschrieben. Diese Bienenbäume waren zeitweise – mit Unterbrechungen – von wilden Bienenvölkern bewohnt, da im Lauf der Zeit alte Bienenvölker aussterben und neue einziehen. In den letzten 16 Jahren habe ich im Arnot Forest also viele Bäume überwacht, in denen sich wilde Bienenschwärme niedergelassen hatten. Diese Beobachtungen summieren sich auf insgesamt 51 Bienenvölkerjahre. Das bedeutet, dass ich sehr, sehr oft Gelegenheit hatte, in diesem Wald Spuren eventueller Bärenangriffe auf Nester von Wildvölkern zu entdecken. Erstaunlicherweise konnte ich aber nur

Abb. 10.9. *Oben*: Pfotenabdruck eines Schwarzbären (*Ursus americanus*) im Arnot Forest. *Unten*: Krallenspuren eines Schwarzbären in der Rinde einer Eiche im Arnot Forest.

ein einziges Mal Spuren eines solchen Angriffs feststellen. der wohl außerdem unter besonderen Umständen stattgefunden hatte. Bei dem betreffenden Baum handelte es sich um eine Rot-Eiche auf dem Irish Hill, die während eines Wintersturms umgestürzt war, wodurch die Höhe des Nesteingangs von 10,9 m auf 1,2 m absackte.

Im Mai 2009 entdeckte ich bei einem meiner Kontrollgänge diesen Bienenbaum, der umgestürzt war und nun am Boden lag. Das Bienenvolk, das diesen Baum bewohnte, war noch am Leben und befand sich offensichtlich sogar in gutem Zustand, da die Bienen Unmengen von Pollen hineintrugen. Außerdem stellte ich fest, dass die Rinde rund um das Astloch, das den Eingang zum Bienennest bildete, entfernt worden war und dass das blanke Holz um den Eingang herum Krallenspuren aufwies. Mindestens ein Schwarzbär hatte dieses Bienenvolk gefunden und sich erfolglos bemüht, in das Nest zu gelangen. Das Wichtigste an dieser Begebenheit ist jedoch, dass die Schwarzbären *in all diesen Jahren keines der Bienenvölker in „meinen“ anderen 17 Bienenbäumen im Arnot Forest gefunden haben.* Wenn sie eins gefunden hätten, hätte ich das jedenfalls sicherlich bemerkt, denn jedes Mal, wenn ein Schwarzbär im Arnot Forest bisher ein Bienenvolk in einer meiner Schwarmfangkisten gefunden (und angegriffen) hat (Abb. 2.13), hinterließ er nicht nur die zerstörte Kiste am Boden, sondern auch Kratzspuren in der Rinde des Baumes, an dem die Schwarmfangkiste befestigt gewesen war (Abb. 10.9, rechts).

Da ich jedoch noch nie Kratzspuren in der Rinde der anderen 17 Bienenbäume gefunden habe, bin ich überzeugt, dass die Bären die Bienenvölker in diesen Bäumen nie entdeckt haben. Mein Nachschlagewerk über die Säugetiere[260] im Osten der USA sagt mir, dass Schwarzbären zwar über einen scharfen Geruchs- und Gehörsinn verfügen, aber nur über einen „ausreichenden Sehsinn“.

NESTER MIT BZW. OHNE PROPOLISHÜLLE IM VERGLEICH

Wir haben bereits in Kapitel 5 gesehen, dass wilde Honigbienenvölker, die in Baumhöhlen leben, antimikrobiell wirkende Pflanzenharze sammeln und diese zur Beschichtung der Decken, Wände und Böden ihrer Nisthöhlen verwenden, um so ihre Nester mit einer schützenden Propolishülle zu versehen. Es ist daher aufschlussreich, dass Honigbienenvölker die Innenflächen industriell hergestellter Bienenstöcke nicht mit einer dicken Schicht Propolis überziehen, obwohl sie die Spalten zwischen den Rähmchen sowie Zwischenräume um den Deckel mit Propolis ausfüllen. Offensichtlich sind die auslösenden Faktoren, die Propolisablagerungen bewirken, kleine Spalten und Risse (siehe Abb. 5.4). Rauhe und poröse Oberflächen ermöglichen Bakterien ideale Wachstumsbedingungen, da sie in reichem Maße Nährböden, Versorgung mit Nährstoffen und Feuchtigkeit bieten. Bei ungestörtem Wachstum bilden Bakterien dort einen Biofilm, der sie davor schützen kann, sich zu abzulösen.

Die Wirksamkeit von Propolis gegen das Wachstum der Erreger von zwei Bienenkrankheiten wurde bereits in vielen laborgestützten Studien untersucht. Dabei handelt es sich um die Brutkrankheiten Amerikanische Faulbrut (eine durch *Paenibacillus*-Larven verursachte bakterielle Krankheit) und Kalkbrut (eine durch *Ascosphaera apis* verursachte Pilzkrankheit). Alle diese Studien berichten über eine stark hemmende Wirkung von Propolis auf diese Krankheitserreger. Es ist jedoch nicht ganz klar, was die Ergebnisse dieser unter Laborbedingungen durchgeführten In-vitro-Studien[261] konkret für die Krankheitsbekämpfung in Bienenvölkern bedeuten – insbesondere, weil nicht geklärt ist, ob Honigbienen Propolis verzehren und dadurch bestimmte Verbindungen in die Nahrung aufnehmen, die sie an ihre Brut verfüttern.

Marla Spivak[262] und ihre Kollegen an der Universität von Minnesota haben untersucht, welche gesundheitlichen Vorteile sich für Honigbienen ergeben, deren Nest mit einer Propolishülle umgeben ist – und zwar, indem sie ganz genau auf die Bienen hörten. In einem ihrer Versuche verglichen sie das Transkriptionsniveau von immun-relevanten Genen bei Arbeitsbienen, die zwei unterschiedliche Arten von Bienenstöcken bewohnten. Bei den Bienenstöcken der Versuchsgruppe wurden die Innenseiten mit Ethanolextrakten aus Propolis beschichtet. Bei der Kontrollgruppe dagegen wurde reines Ethanol auf die Innenseiten aufgetragen. Nach sieben Tagen zeigten einzelne Bienen, die in den mit Propolis angereicherten Bienenstöcken lebten, im Vergleich zu den Bienen der Kontrollgruppe eine geringere bakterielle Belastung und ein geringeres Aktivitätsniveau von Genen, die an der Immunreaktion der Insekten beteiligt sind. Offensichtlich reduzierte die Beschichtung mit Propolisextrakten die Anzahl der Immunauslöser (d. h. die Anzahl der Bakterien und Pilze) in den Behandlungsbeuten im Vergleich zu den Kontrollbeuten.

Ein anderes Experiment, das ebenfalls von der Gruppe aus Minnesota durchgeführt wurde, demonstriert noch eindrucksvoller, welche Vorteile eine Propolishülle im Hinblick auf die Gesundheit eines Bienenvolkes bietet. Im Rahmen dieser *zweijährigen* Studie verglich das Forschungsteam Bienenvölker in Nestern mit und ohne *echte* Propolishülle. Jedes Jahr wurde anhand von mehreren Indikatoren der Gesundheitszustand von 24 Bienenvölkern überprüft, jeweils 12 davon mit und 12 ohne Propolishülle. Die Forscher regten die Hälfte der Bienenvölker zur Produktion von Propolishüllen an, indem sie an den glatten Innenwänden der Bienenstöcke Kunststofffolien befestigten und so eine „Propolisfalle" bauten. Die Bienen reagierten auf diese

Abb. 10.10. Ansicht von Propolis, die sich an den Innenwänden eines Bienenstocks abgelagert hat. Nachdem gegen Ende des Versuchs die Kunststofffolien der Propolisfalle entfernt wurde, die die Forscher an den Innenwänden des Bienenstocks angebracht hatten, blieben kleine Klumpen brauner Propolis zurück, mit denen die Schlitze in den Folien ausgefüllt waren.

„Falle", indem sie die Kunststofffolien mit Propolis beschichteten (Abb. 10.10). In der Vergleichsgruppe mit den anderen 12 Völkern blieben die Innenwände der Bienenstöcke unverkleidet, und diese Bienenvölker produzierten keine Propolishüllen.

Dieses Experiment erbrachte zwei Hauptergebnisse: Erstens ergab es für die Sommer- und Herbstmonate einen deutlichen Unterschied bei der Ausprägung der Expression (Aktivität) mehrerer Gene, die bei der Immunreaktion von Insekten eine Rolle spielen. Diese Aktivität war bei den Arbeitsbienen, die in Bienenstöcken mit einer Propolishülle lebten, durchweg niedriger und stabiler als bei den Arbeitsbienen in Bienenstöcken ohne Propolishülle. Dieser unterschiedlich ausgeprägte Grad der Expression von immun-relevanten Genen ist funktionell bedeutsam, denn wenn das Immunsystem einer Biene intensiv mit der Abwehr von Infektionen beschäftigt ist, kann dies physiologisch gesehen den größten Teil ihrer Energie beanspruchen. Eine geringere Aktivität des Immunsystems ermöglicht es den Bienen daher, mehr Energie für andere Aufgaben (wie z. B. Brutaufzucht, Wachsproduktion/Wabenbau und Nahrungserwerb) aufzuwenden. Das zweite Hauptergebnis ist sogar noch aussagekräftiger: Bienenvölker mit Propolishülle hatten in einem von zwei Jahren eine bessere Überlebensstatistik (Abb. 10.11), produzierten in beiden Jahren mehr Brut (im Mai) und erreichten *in beiden Jahren einen besseren Ernährungszustand ihrer Arbeiterinnen,* der durch Messungen des Aktivitätsniveaus des Vg-Gens bestimmt

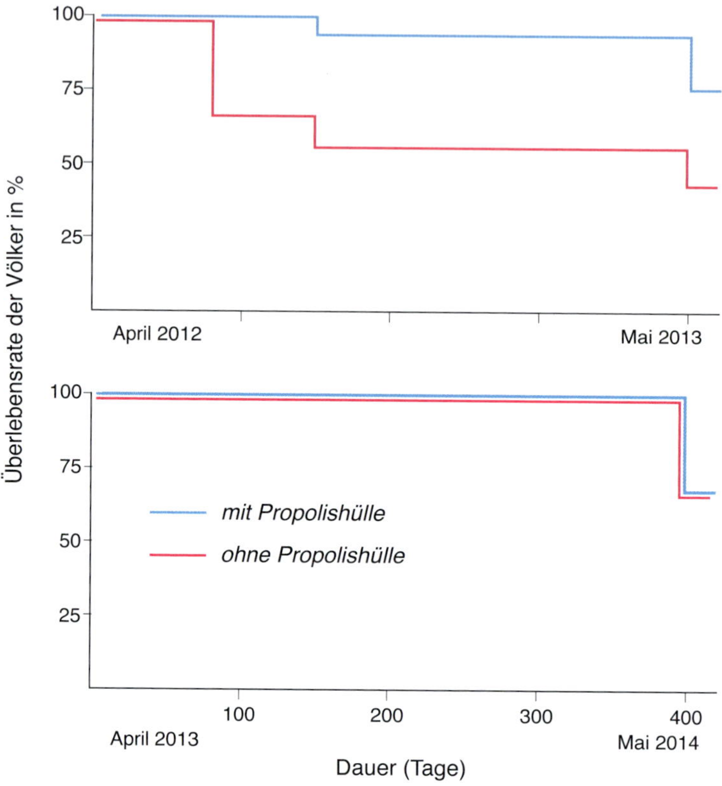

Abb. 10.11. Überlebensstatistik von Bienenvölkern mit einer Propolishülle (blaue Linie) bzw. ohne Propolishülle (rote Linie) in zwei Versuchsdurchgängen, von denen jeder jeweils 12 Bienenvölker pro Versuchsgruppe umfasste. Am Ende des ersten Versuchs ergab sich ein signifikanter Unterschied in der Überlebensrate der Bienenvölker, nicht jedoch im zweiten Versuch.

wurde. Dies ist das Gen, das junge Arbeiterinnen aktivieren, um Vitellogenin (ihr primäres Speicherprotein) zu produzieren. In der Tat macht Vitellogenin bei gesunden jungen Ammenbienen etwa 40 Prozent des Proteins in ihren Körperflüssigkeiten aus, da sie auf diese Substanz zurückgreifen, um proteinreiches Gelée royale für die Fütterung junger Larven zu produzieren. Gesunde, gut ernährte Ammenbienen sind die Grundlage für die Brutproduktion und das Wachstum eines Bienenvolkes. Dieses geniale Experiment hat also gezeigt, dass ein Bienenvolk durch den Aufbau einer schützenden Propolishülle eine weitreichende Investition in sein zukünftiges Wachstum tätigt und somit letztendlich seine erfolgreiche Entwicklung sichert.

11

DARWINISTISCHE BIENENHALTUNG

Die heutige Bienenhaltung ist noch genauso wie früher:
die Ausbeutung von wildlebenden Insektenvölkern.
Die beste Art der Bienenhaltung ist die Kunst,
sie zu nutzen und dabei möglichst wenig in ihr
natürliches Leben einzugreifen.
Leslie Bailey[263]*, Honey Bee Pathology, 1981*

In den ersten zehn Kapiteln dieses Buches haben wir einen Überblick über die biologischen Themenkomplexe der *Apis mellifera* bekommen: Jahreszyklus eines Bienenvolkes, Fortpflanzung, Nestbau, Nahrungserwerb, Thermoregulation und Abwehrverhalten. Wir haben uns ebenfalls mit den kulturgeschichtlichen Aspekten der Bienenhaltung beschäftigt, und damit, wie diese einzigartige Form der Tierhaltung auf der natürlichen Lebensweise dieser wundervollen Insekten aufgebaut ist, sie gleichzeitig aber auch beeinträchtigt. Das Bestreben des letzten Kapitels ist die Verbindung dieser beiden Hauptthemen, indem wir das in den letzten Jahrzehnten neu gewonnene Wissen über wildlebende Bienenvölker dazu benutzen, die Methoden der Imkerei zu verbessern, sodass sie beiden Seiten gleichermaßen gerecht wird – den Bienen *und* den Imkern. Unsere Zielsetzung[264] dabei ist es, die natürliche Lebensweise der Honigbienen zu respektieren und zugleich ihre Leistungen als Honigproduzenten und Bestäuber von Kulturpflanzen zu nutzen. Dabei werden wir in zwei Schritten vorgehen: Zuerst werden wir die wichtigsten Unterschiede in den Lebensbedingungen zwischen wildlebenden und bewirtschafteten Völkern validieren und betrachten, wie die herkömmliche Form der Imkerei das Leben der Honigbienen verändert und sie oft unter Stress setzt. Zweitens werden wir nach Möglichkeiten suchen, wie Imker ihre Betriebsweise verändern können, um das Leben ihrer sechsbeinigen Gefährten weniger beschwerlich und damit gesünder zu gestalten. Wir werden erkennen, dass es im Wesentlichen darum geht, die Honigbienenvölker so zu führen, dass sie so weit wie möglich unter ihren ursprünglichen Lebensbedingungen, an die sie angepasst sind, leben können. Wir werden auch einsehen müssen, dass dazu oft die Bedürfnisse der Bienen *vor* denen des Imkers Vorrang haben müssen.

WILDLEBENDE BIENENVÖLKER IM VERGLEICH MIT BEWIRTSCHAFTETEN BIENENVÖLKERN

In diesem Buch haben wir immer wieder festgestellt, dass es große Unterschiede zwischen der ursprünglichen Umgebung gibt, die die Biologie der wilden Honigbienenvölker geprägt hat – der „Umgebung der evolutionären Angepasstheit" (EEA – environment of evolutionary adaptation) – und den gegenwärtigen Lebensbedingungen der bewirtschafteten Bienenvölker. Wilde und bewirtschaftete Völker leben unter unterschiedlichen Bedingungen, weil die Imker wie auch die Landwirte das Umfeld ihres Tierbestands verändern, um dessen Produktivität zu steigern. Leider erhöhen diese ständig veränderten Lebensbedingungen bei den landwirtschaftlichen Nutztieren oft die Anfälligkeit für Parasiten und Krankheitserreger. Tabelle 11.1 listet 21 Unterschiede zwischen den Lebensbedingungen auf, unter denen wilde Bienenvölker gelebt haben (und oft noch leben), und den heutigen Lebensbedingungen von bewirtschaftete Honigbienenvölkern.

Unterschied 1: Genetisch angepasste im Vergleich mit genetisch nicht an den Standort angepassten Völkern.

Der Anpassungsprozess durch die natürliche Selektion führte bei den Arbeiterinnen zu Unterschieden in Farbe, Morphologie und Verhalten. Darin unterscheiden sich die 30 Unterarten (geografische Rassen) von *Apis mellifera*, die im ursprünglichen Verbreitungsgebiet der jeweiligen Art in Europa, Westasien und Afrika leben. Die verschiedenen Unterarten sind gut an das Klima, die Jahreszeiten, die Flora, Raubtiere und Krankheiten in ihrem jeweiligen Ursprungsgebiet angepasst. Mehr noch, innerhalb des geografischen Verbreitungsgebiets einer jeden Unterart entwickelten sich durch die natürliche Auslese Ökotypen – genau an die Standortbedingungen angepasste Populationen. Das vielleicht am besten dokumentierte Beispiel für diese Form der geografischen Anpassung ist der Ökotypus von *A. m. mellifera*, der Dunklen Europäischen Honigbiene, die an das Leben in der Heidelandschaft der Region „Les Landes" im Südwesten Frankreichs angepasst ist. Der jahreszeitliche Rhythmus des Koloniewachstums folgt der zweigipfeligen Haupttrachtzeit der

Tab. 11.1. Vergleich des Lebensumfeldes, in dem Honigbienenvölker in der freien Natur gelebt haben und bewirtschaftete Völker in der heutigen Zeit leben.

Lebensumfeld der evolutionären Anpassung	*Lebensumfeld heute*
1. Kolonie ist genetisch an ihren Standort angepasst.	Kolonie ist genetisch nicht an ihren Standort angepasst.
2. Kolonie lebt weit verteilt in der Landschaft.	Kolonie lebt dicht gedrängt an einem Bienenstand.
3. Kolonie besetzt kleine Nisthöhle.	Kolonie bewohnt große Beuten.
4. Wände der Nisthöhle haben eine Propolisbeschichtung.	Wände der Nisthöhle haben keine Propolisbeschichtung.
5. Wände der Nisthöhle sind dick.	Wände der Bienenbeute sind dünn.
6. Nesteingang liegt hoch und ist schmal.	Nesteingang liegt tief und ist breit.
7. Nest enthält 10–25 % Drohnenwaben.	Nest enthält wenig (< 5 %) Drohnenwaben.
8. Feste Nestordnung	Nestordnung wird oft gestört bzw. verändert
9. Seltener Wechsel des Nistplatzes.	Standortwechsel der Bienenstöcke können häufig vorkommen.
10. Die Völker werden selten gestört.	Die Völker werden häufig gestört.
11. Die Völker stehen altvertrauten Krankheiten gegenüber.	Die Völker haben es mit neuen Krankheiten zu tun.
12. Die Völker haben vielfältige Trachtquellen.	Die Völker haben homogene Trachtquellen.
13. Die Völker haben eine natürliche Ernährung.	Die Völker bekommen künstliche Nahrung (Ersatzfutter).
14. Die Völker sind keinen neuartigen Giftstoffen ausgesetzt.	Die Völker sind neuartigen Giftstoffen ausgesetzt.
15. Die Völker wurden nicht gegen Krankheiten behandelt.	Die Völker werden gegen Krankheiten behandelt.
16. Keine Entnahme von Honig oder Pollen.	Der Honig wird entnommen, gelegentlich auch der Pollen.
17. Die Waben werden nicht zwischen den Völkern gewechselt.	Die Waben (Rähmchen) werden zwischen den Völkern ausgetauscht.
18. Die Zelldeckel der Honigwaben werden von den Bienen recycelt.	Die Deckel der Honigwaben werden von den Imker weiterverarbeitet (Entdeckelungswachs).
19. Die Bienen wählen die Larven für die Königinnenaufzucht selbst aus.	Die Imker wählen die Larven für die Königinnenzucht aus.
20. Die Drohnen stehen bei der Paarung in intensivem Wettbewerb.	Königinnenzüchter selektieren die Drohnen für die Paarung.
21. Die Drohnenbrut wird nicht zur Milbenbekämpfung entfernt.	Die Drohnenbrut wird oft entfernt und eingefroren.

Besenheide (*Calluna vulgaris*) im August und September. Die hier heimischen Honigbienenvölker erleben einen untypischen, zweiten Höhepunkt der Brutaufzucht im August. Daraus folgt ein nochmaliger starker Anstieg der Population, durch den sie diese spätsommerliche Heidekrautblüte optimal nutzen können. Es wurden Versuche[265] durchgeführt, bei denen Bienenvölker aus der Region um Paris (in der es keine Heideblüte gibt) in die Region „Les Landes" verpflanzt wurden und umgekehrt. Bei der Aufzeichnung der jeweiligen Brutaufzuchtmuster zeigte sich, dass der Unterschied im jährlichen Brutzyklus zwischen diesen beiden Ökotypen genetisch angelegt ist. Dieses Beispiel verdeutlicht, dass der Versand begatteter Königinnen und der Transport ganzer Völker an Orte, die Hunderte oder Tausende von Kilometern entfernt sind, für die Bienenvölker wahrscheinlich eine aufgezwungene Haltungsweise in einer für sie kaum geeigneten Umgebung bedeutet.

Unterschied 2: Bienenvölker, die weit verteilt in der Landschaft leben, im Vergleich mit Völkern, die eng beieinander in Bienenständen aufgestellt werden.

Die Zusammenlegung von vielen Bienenvölkern erleichtert zwar dem Imker die Arbeit, führt aber auch zu einer grundlegenden Veränderung in der Ökologie der Honigbienen. Bei einem geringeren Abstand zwischen den Völkern herrscht eine größere Nahrungskonkurrenz, das Risiko der Räuberei ist größer und die Fortpflanzung wird erschwert – einzelne Schwärme können sich beim Verlassen ihrer Bienenstöcke zu einem Sammelschwarm vereinigen oder Königinnen bei der Rückkehr von ihren Paarungsflügen in den falschen Bienenstock (Verflug) geraten. Die wohl gravierendste Folge einer hohen Völkerdichte ist jedoch die erhöhte Übertragungsrate von Krankheitserregern und Parasiten zwischen den einzelnen Völkern.[266] Die erleichterte (horizontale) Übertragung von Krankheiten steigert den Befall und begünstigt die virulenten Stämme der Erreger und Parasiten der Bienen.

Unterschied 3: Kleine Nisthöhlen im Vergleich mit Großraumbeuten.

Der Wechsel zu großen Bienenkästen verändert auch die Ökologie der Honigbienen tiefgreifend. Bienenvölker in großen Beuten haben genug Platz zur Einlagerung großer Honigvorräte. Deshalb schwärmen sie auch seltener, weil sie nicht so unter Platzmangel leiden. Dies beeinträchtigt die natürliche Selektion im Hinblick auf die Entwicklung starker, gesunder Völker, da sich weniger Völker fortpflanzen. Daraus resultieren erhebliche Probleme mit Brutparasiten[267] wie der *Varroa*, da große, nicht schwärmende Bienenvölker diesem Parasiten einen unermesslichen und dauerhaften Bestand an Wirten bieten: die Larven und Puppen der Honigbienen.

Unterschied 4: Kolonien mit und ohne Nestumhüllung aus antimikrobiellen Pflanzenharzen.

Ein Leben ohne schützende Propolishülle[268] im Nest erhöht den physiologischen Aufwand bei der Verteidigung eines Bienenvolkes gegen Krankheitserreger. Beispielsweise weiß man heute, dass die Arbeiterinnen in einer nicht propolisierten Behausung mehr Energie in aufwändige Maßnahmen des Immunsystems investieren – wie die Synthese antimikrobieller Peptide – als Arbeiterinnen in Völkern mit einer Propolishülle.

Unterschied 5: Dickwandige Nisthöhlen im Vergleich mit dünnwandigen Nisthöhlen.

Unterschiedliche Wandstärken ergeben unterschiedliche Grade der Wärmedämmung im Nest, die sich stark auf den energetischen Aufwand bei der Thermoregulation der Bienenvölker auswirkt.[269] Besonders groß ist ihr Einfluss während der Brutperiode, weil das Brutnest geheizt bzw. gekühlt werden muss, um die Innentemperatur innerhalb des eng begrenzten Optimalbereichs zwischen 34,5 und 35,5°C konstant zu halten. Die Wärmeübertragungsrate bei der typischen, dickwandigen Baumhöhle eines wilden Volkes ist vier- bis siebenmal niedriger als bei der konventionellen Haltung in dünnwandigen Holzkisten.

Unterschied 6: Völker mit kleinen und hoch gelegenen Fluglöchern im Vergleich mit Völkern, deren Nesteingänge groß sind und in Bodennähe liegen.

Da größere Eingänge schwieriger zu bewachen sind, sind bewirtschaftete Völker erheblich mehr der Gefährdung durch Räuberei und Fressfeinde ausgesetzt. Auch die Überlebenswahrscheinlichkeit im Winter sinkt, da in Bodennähe liegende Eingänge oft durch Schnee versperrt sind, der die Bienen an der Durchführung von Reinigungsflügen[270] hindert. Beim Start könnten sie abstürzen oder auf dem Schnee landen. Wenn die Bienen sich erst einmal auf dem Schnee niedergelassen haben, sind sie meistens dem Untergang geweiht, denn durch die Kälte sind sie nicht mehr in der Lage, ihre Flugmuskeln ausreichend für den Rückflug zum Nest zu erwärmen.

Unterschied 7: Völker mit und ohne genügend Drohnenwaben im Vergleich.

Wird ein Bienenvolk seiner Drohnenwaben beraubt, kann es keine Drohnen mehr aufziehen.[271] Diese Maßnahme erhöht zwar die Honigproduktion und verlangsamt die Vermehrung der Varroamilben im Volk, aber durch die Beeinträchtigung der natürlichen Selektion auf Völkergesundheit wird verhindert, dass die gesündesten Kolonien ihr Erbgut weitergeben – nämlich über die Drohnen.

Unterschied 8: Völker mit beständiger Nestordnung im Vergleich mit Völkern, deren Nestordnung gestört wird.

Störungen der Nestordnung[272], die durch die imkerliche Betriebsweise entstehen, können die Funktionsweise eines Bienenvolkes beeinträchtigen. Unter natürlichen Lebensbedingungen (Naturwabenbau) organisieren Honigbienenvölker ihre Nester mit einer gleichbleibenden dreidimensionalen Raumstruktur: der Brutbereich ist von einem Pollenkranz umgeben, an den sich in der Peripherie der Honigkranz anschließt, meist im oberen Teil des Nestes. Diese räumliche Anordnung gewährleistet die richtige Temperatur im Brutnest. Durch die Einlagerung des Pollenvorrats in Brutnähe steigert sich auch die Arbeitseffizienz der Ammenbienen – sie sind die Hauptkonsumenten des Pollens. Imkerliche Eingriffe in ein Volk, die diese Nestordnung verändern, wie etwa das Einsetzen von Leerwaben zur Brutraumerweiterung, erschweren die Thermoregulation im Brutnest und können auch noch weitere Aspekte der Funktionsweise im Bienenvolk stören, wie z. B. die Eiablage der Königin, die Produktion von Futtersaft durch die Ammenbienen und die Einlagerung von Nektar durch die (mittelalten) Baubienen.

Unterschied 9: Völker, die selten umziehen, im Vergleich mit Völkern, die ihren Standort häufig wechseln

Wenn ein Bienenvolk an einen neuen Standort umgesiedelt wird, wie es in der Wanderimkerei üblich ist, müssen sich die Sammelbienen neue Orientierungspunkte in der Umgebung ihres Stocks einprägen und neue Nektar-, Pollen- und Wasserquellen ausspähen. In einer Studie wurde sogar festgestellt, dass Bienenvölker, die über Nacht an einem neuen Standort aufgestellt wurden, in der darauffolgenden Woche deutlich geringere Gewichtszunahmen aufwiesen als die Kontrollvölker, die bereits an diesem Standort lebten.[273]

Unterschied 10: Völker, die ungestört leben, im Vergleich mit Völkern, die häufig gestört werden.

Wir wissen nicht, wie oft wildlebende Völker schwerwiegende Störungen erfahren (z. B. Angriffe von Bären, Stinktieren oder Wespen), aber es passiert wahrscheinlich seltener als bei bewirtschafteten Kolonien, deren Nester vom Imker oft geöffnet, in die mit dem Smoker Rauch hineingeblasen wird und und die manipuliert werden. In einem Versuch, der während der Haupttrachtzeit durchgeführt wurde, wurden die Gewichtszunahmen von Bienenvölkern verglichen, die vom Imker mehrfach inspiziert wurden und solchen, die nicht gestört wurden. Es stellte sich heraus, dass Bienenvölker, die inspiziert wurden, je nach Grad der Störung, zwischen 20 und 30 Prozent weniger an Gewicht zugenommen hatten als Kontrollvölker am Tag der Inspektion.[274]

Unterschied 11: Völker, die mit altbekannten Krankheiten fertig werden, im Vergleich mit Völkern, die mit neuartigen Krankheiten konfrontiert werden.

Historisch gesehen konnten Honigbienenvölker mit den Parasiten und Krankheitserregern umgehen, mit denen sie sich über lange Zeit hinweg auseinandersetzten. Daher haben sie Techniken entwickelt, wie sie mit ihren Krankheitserregern überleben. Der Mensch veränderte alles, als er die ektoparasitische Milbe *Varroa destructor* aus Ostasien, den kleinen Beutenkäfer (*Aethina tumida*) aus Subsahara-Afrika, also dem südlich der Sahara gelegenen Teil des afrikanischen Kontinents, die durch einen Pilz verursachte Kalkbrut (*Ascosphaera apis*) und die Tracheenmilbe (*Acarapis woodi*) aus Europa verbreitete. Allein die nahezu weltweite Ausbreitung von *Varroa destructor* führte zum Tod von Millionen sowohl wildlebender als auch bewirtschafteter Honigbienenvölker.[275]

Unterschied 12: Völker mit vielfältigen Pollenquellen im Vergleich mit Völkern, deren Pollenquellen homogen und einseitig sind.

Viele bewirtschaftete Kolonien haben ihren Standort in landwirtschaftlichen Ökosystemen, z. B. in ausgedehnten Mandelplantagen (*Prunus amygdalus*) oder riesigen Rapsfeldern (*Brassica napus*), wo sie nur eine geringe Pollenvielfalt vorfinden und mit einer verhältnismäßig einseitigen Ernährung zurechtkommen müssen (Monokulturen). Welche Rolle die Pollenvielfalt spielt, ergab eine Studie mit Ammenbienen – eine Gruppe wurde mit monofloralen Pollen gefüttert, die andere mit polyfloralen Pollen. Bei den Tests infizierte man Ammenbienen mit dem Parasiten *Nosema ceranae* aus der Gruppe der Mikrosporidien und fand heraus, dass Bienen, die mit der polyfloralen Pollenmischung ernährt wurden, länger lebten als Bienen, die monofloralen Pollen bekamen.[276]

Unterschied 13: Völker, die natürliche Nahrungsquellen aufsuchen, im Vergleich mit Völkern, die mit industriell hergestellter Nahrung gefüttert werden.

Einige Imker füttern ihre Bienenvölker, schon bevor Pollen aus der Natur verfügbar sind, mit Proteinzusätzen (Pollenersatzstoffe[277]) an, um das Wachstum des Bienenvolks anzuregen, bevor in der Natur Pollen zu finden ist. Dies geschieht, damit die Bienenvölker die erforderliche Größe bekommen, um den Anforderungen der

Bestäubungsdfienstleistungen gewachsen zu sein und um größere Honigmengen zu produzieren. Die besten Pollenzusätze/-ersatzmittel regen die Brutaufzucht an, wenn auch oft nicht so gut wie echter Pollen. Ernährungsbedingt gestresste Bienenvölker –durch Pollenmangel bzw. eine schlechte künstliche Ersatzfütterung – bringen Arbeiterinnen mit verminderter Lebenserwartung hervor, die früh mit der Futtersuche beginnen und einer verkürzte Funktionsperiode als Sammelbienen haben.

Unterschied 14: Völker mit bzw. ohne Konfrontation mit neuartigen Giftstoffen.

Zu den wichtigsten neuartigen Toxinen[278], denen Honigbienen ausgesetzt sind, gehören Insektizide und Fungizide, Substanzen, für die die Bienen bis jetzt noch keine Entgiftungsmechanismen entwickeln konnten. Honigbienen sind heute einem immer größeren Spektrum dieser Gifte ausgesetzt, deren Wechselwirkung die Bienen in vielfacher Hinsicht schädigen können.

Unterschied 15: Völker mit einer behandlungsfreien Lebensweise im Vergleich mit Völkern, die gegen Krankheiten behandelt werden.

Wenn wir unsere Bienenvölker gegen Krankheiten behandeln, greifen wir in die Interaktion zwischen Wirt und Parasiten ein – zwischen *Apis mellifera* und ihren Krankheitserregern und Parasiten. Insbesondere verhindern wir die natürliche Selektion auf Krankheitsresistenz. Es überrascht daher nicht, dass die meisten *bewirtschafteten* Kolonien in Nordamerika und Europa nur eine geringe Resistenz gegen Varroamilben besitzen, während in beiden Kontinenten *wildlebende* Bienenvölker existieren, die eine starke Resistenz[279] entwickelt haben, wie in Kapitel 10 erläutert wurde. Die Behandlung mit Milbenbekämpfungsmitteln und Antibiotika könnte auch Auswirkungen auf das Mikrobiom eines Bienenvolkes haben.

Unterschied 16: Völker, die nicht bewirtschaftet werden, im Vergleich mit Völkern, die für den Gewinn von Honig und Pollen bewirtschaftet werden.

Bienenvölker, die zur Honigproduktion gehalten werden, werden in großen Bienenkästen untergebracht, weil sie dann produktiver sind.[280] Da sie weniger schwarmfreudig sind, sind sie seltener in der Lage, sich durch Schwarmbildung fortzupflanzen. Dies bedeutet, dass die natürliche Selektion weniger Spielraum zur Entwicklung von gesunden Völkern hat, denn nur die gesündesten Bienenvölker geben ihre Gene am erfolgreichsten weiter. Außerdem macht die immense Menge an Brut die in Großraumbeuten untergebrachten Bienenvölker anfälliger für eine explosionsartige Vermehrung von Varroamilben und anderen Erregern der Honigbienenkrankheiten, die sich in der Brut vermehren. Die Entnahme von Pollen erschwert es den Völkern, eine vollwertige Ernährung zu erhalten.

Unterschied 17: Unveränderliche Wabenposition im Vergleich mit Waben, die unter den Völkern ausgetauscht werden.

Das Umhängen von Waben, insbesondere von Brutwaben, in ein anderes Volk, ist ein äußerst wirksames Verfahren zur Verbreitung von Krankheiten unter den Völkern, und dennoch wird es häufig praktiziert – manchmal, um die Stärke der Bienenvölker zu regulieren, manchmal, um den Völkern zusätzliche Waben zur Einlagerung von Honig zu geben. Was auch immer der Zweck sein mag, er erhöht die Verbreitung von Krankheiten zwischen den Völkern erheblich.

Unterschied 18: Wiederverwendung des Verdeckelungswachses der Honigzellen durch die Bienen oder Entnahme durch den Imker.

Die Entnahme des Bienenwachses aus einem Bienenvolk beim Entdeckeln der Waben für die Honigernte stellt eine ernsthafte energetische Belastung dar. Die Gewichtsbilanz bei der Synthese von Bienenwachs aus Zucker liegt bestenfalls bei etwa 20 % – jedes Kilogramm Wachs, das von einem Bienenvolk entnommen wird, kostet dieses etwa 5 kg Honig, der für andere Verwendungszwecke, wie die Brutaufzucht und das Überleben im Winter, nicht zur Verfügung steht.[281] Zu den energetischen Kosten der Bienenwachsproduktion kommen noch die Abnutzungs- und Verschleißkosten für die an der Wachsgewinnung beteiligten Arbeiterinnen hinzu; die Bienen müssen einen Teil ihrer Lebensarbeitskapazität für die Wachsproduktion statt für die Durchführung anderer Aufgaben verwenden. Diese Situation kann man mit einer Fabrikanlage bei den Menschen vergleichen, in der die Gesamtkosten für die Herstellung eines Produktes auch die Verschleißkosten (Abschreibung) der Maschinen und nicht nur die Energiekosten für den Betrieb der Maschinen umfassen. Die Entnahme ganzer mit Honig gefüllter Waben (geschnittener Wabenhonig oder zerkleinerter Wabenhonig) bei der Honigernte belastet die Bienen energetisch am stärksten. Energieschonender ist die Produktion von Schleuderhonig, da hier nur das Verdeckelungswachs entfernt wird.

Unterschied 19: Völker, die die Larven für die Königinnenaufzucht selbst bzw. nicht selbst auswählen dürfen.

Wenn wir Menschen einen Tag alte Larven in künstliche Königinnennäpfchen zur Aufzucht von Königinnen verpflanzen (umlarven), verhindern wir, dass die

Bienen auswählen können, welche Larven sich zu Königinnen entwickeln. Eine Studie hat ergeben, dass die Bienen bei der Aufzucht von Nachschaffungsköniginnen die Larven nicht nach dem Zufallsprinzip auswählen, sondern stattdessen die Larven bestimmter Vaterlinien bevorzugen.[282] Es könnte aber auch sein, das die Bienen die Auswahl der Larven aufgrund gesundheitlicher Aspekte treffen – ein Zeichen für die allgemeine Vitalität der sich entwickelnden Weisel (Königin).

Unterschied 20: Drohnen dürfen Kämpfe bei der Paarung ausführen bzw. es wird ihnen nicht gestattet.

In Bienenzuchtprogrammen mit instrumenteller Besamung der Königinnen müssen die Drohnen, die das Sperma liefern, ihre Vitalität nicht dadurch beweisen, dass sie mit Dutzenden oder Hunderten von anderen Drohnen darum wetteifern, sich im Flug mit der Königin zu paaren und ihr Sperma in die Eileiter zu injizieren. Der fehlende Konkurrenzkampf unter den Drohnen vermindert ihre sexuelle Selektion, denn aus diesem natürlichen Auswahlverfahren gehen nur die gesündesten und besten Flieger hervor.

Unterschied 21: Die Drohnenbrut bleibt im Volk bzw. wird zur Milbenkontrolle entfernt.

Die gängige Praxis des Ausschneidens der Drohnenbrut kommt einer teilweisen Kastration gleich und verhindert so die natürliche Auslese hin zu gesunden Völkern, die Kraft für die Aufzucht und Ernährung von Drohnen haben.

ANREGUNGEN ZU EINER DARWINISTISCHEN BIENENHALTUNG

Aus evolutionärer Sicht sieht die Bienenhaltung etwas anders aus. Wir haben gelernt, dass Honigbienen seit Jahrmillionen unabhängig von den Menschen leben und dass während dieser unermesslichen Zeitspanne ihre Biologie bzw. die Gesetzmäßigkeiten ihres Lebens bestimmt wurden durch die natürliche Auslese, für die zwei Aspekte wichtig sind: das Überleben der Bienenvölker und ihre Fortpflanzung. Wir haben auch erkannt, dass wir die frühere enge Verbindung zwischen den Bienen und ihrer Umgebung gestört haben, seit die Menschen vor einigen Tausend Jahren begann, Bienen in Bienenstöcken zu halten. Wir haben dies hauptsächlich auf zwei Arten getan: 1) indem wir Honigbienenvölker an geografische Standorte verlegen, die für ihr Leben oft ungeeignet sind, und 2) ihr Leben im Hinblick auf menschliche Nutzungskriterien manipulieren: die Produktion von Honig, Bienenwachs, Pollen, Gelée royale und die Bestäubung.

Welche Möglichkeiten hat ein Imker für eine naturorientierte Haltung, die für die Bienen mit weniger Stress und besseren gesundheitlichen Bedingungen verbunden ist? Die Antwort ist abhängig von den Zielen des einzelnen Imkers. Ein Freizeitimker, der in erster Linie Freude daran hat, seine Bienen zu beobachten und dem die Bedürfnisse der Bienen wichtiger sind als seine eigenen Interessen, hat viele Möglichkeiten, eine bienenfreundliche Art der Imkerei zu betreiben. Ein Berufsimker, der Hunderte oder Tausende von Bienenvölkern betreut, um seinen Lebensunterhalt mit dem Ertrag der Honigernte und der Erfüllung von Bestäubungsverträgen zu bestreiten, hat weniger Alternativen für eine freundlichere und behutsamere Vorgehensweise im Imkerhandwerk. Nun folgt eine Liste mit Vorschlägen. Sie können die einzelnen Punkte als Zutaten für ein individuelles Rezept der darwinistischen Bienenhaltung betrachten, das angesichts Ihrer Ziele und Möglichkeiten als Imker realistisch ist.

1. Arbeiten Sie mit Bienen, die an Ihren Standort angepasst sind.

Wenn Sie beispielsweise im Nordosten der USA leben, dann ziehen Sie entweder Königinnen aus Ihren widerstandfähigsten Völkern auf oder erwerben Königinnen (oder Ableger) aus einem Bestand, der sich trotz der langen, oft harten Winter in dieser Region bewährt hat. Wenn Sie keine eigenen Königinnen züchten wollen und auch kein Imker in Ihrer Gegend Königinnenzucht betreibt, aber wilde Bienenvölker in Ihrer Region leben, dann können Sie leicht einen den klimatischen Verhältnisse angepassten Bestand erhalten, indem Sie die von den wilden Völkern produzierten Schwärme fangen. Der effizienteste Weg dafür ist das Aufstellen von Schwarmfangkisten[283]. Dieser Ansatz funktioniert am besten, wenn Sie an einem Ort leben, an dem es nicht so viele Imkerkollegen gibt – es könnte sein, dass einige von ihnen vielleicht Königinnen gekauft haben, die von weit her eingeführt wurden.

2. Stellen Sie Ihre Bienenvölker so weit wie möglich entfernt voneinander auf.

An meinem Wohnort mitten im Bundesstaat New York leben die wilden Bienenvölker in den Wäldern in einem Abstand[284] von etwa 800 m. Aus Kapitel 10 wissen wir bereits, dass wilde Völker von diesen großen Abständen profitieren, aber natürlich ist für die meisten Imker ein so großer Abstand zwischen ihren Völkern nicht umsetzbar. Glücklicherweise haben wir in Kapitel 10 (Abb. 10.6) auch erfahren, dass ein schon Abstand von nur 30 bis 50 m zwischen den Völkern die Wahrscheinlichkeit des Verflugs von Drohnen – und wahrscheinlich auch von Arbeiterinnen – zwischen den Völkern stark reduziert – und damit die Ausbreitung von Krankheiten.

3. Halten Sie Ihre Bienenvölker in kleinen Beuten.

Sie sollten daran denken, nur eine große Zarge für das Brutnest bereitzustellen und eine nur etwa halb so große Honigzarge über dem Königinnen-Absperrgitter aufzusetzen, um eine bescheidene Honigernte sicherzustellen. Ihr Honigertrag wird mit Sicherheit geringer ausfallen als bei einer Überdimensionierung der Kolonie, wenn man zwei große Brutzargen verwendet und einen großen Stapel von Honigzargen daraufsetzt. Damit verringern Sie aber auch die Probleme des Volkes mit Parasiten[285] und Pathogenen, insbesondere den Befall mit *Varroa destructor* und den von ihr übertragenen Viren, wie in Kapitel 10 (Abb. 10.8) beschrieben – besonders, wenn das Volk schwärmen darf. Durch das Schwärmen werden viele Milben aus einem Bienenvolk entfernt und durch die anschließende Brutpause im Muttervolk fehlen den Milben die Zellen mit verdeckelter Brut, die sie für ihre Fortpflanzung benötigen.

4. Rauen Sie die Innenwandflächen Ihrer Bienenbeuten auf oder bauen Sie sie aus sägerauem Holz.

Dies wird Ihre Völker anregen, die Innenwände mit Propolis[286] zu überziehen und so eine antimikrobielle Schutzhülle um ihre Waben zu bilden.

5. Verwenden Sie Behausungen mit gut gedämmten Wänden.

Es können Bienenkästen aus dickem Holz oder auch aus Kunststoff-Schaum sein. Ein wichtiges Thema für künftige Forschungsarbeiten wäre die Frage, wie viel Wärmedämmung[287] für Bienenvölker in verschiedenen Klimazonen optimal ist und wie man das am besten bewerkstelligt.

6. Stellen Sie Ihre Bienenkästen möglichst hoch über dem Boden auf.

Dies ist nicht immer leicht umsetzbar, doch auch eine Veranda oder ein Flachdach können geeignete Standorte für Ihre Bienen sein. Ein weiteres wichtiges Forschungsthema wäre die Frage, wie genau die Höhe des Eingangs den Erfolg eines Volks bei verschiedenen Standortbedingungen und Klimazonen beeinflusst. Könnten in schneereichen Wintern hoch über dem Boden liegende Eingänge vielleicht hilfreich sein, weil sie ihre Arbeiterinnen bei den winterlichen Reinigungsflügen vor einer Bruchlandung im Schnee bewahren?

7. Erlauben Sie den Bienenvölkern, 10–20 Prozent der gesamten Wabenmenge im Volk als Drohnenwaben anzulegen.

Dadurch erhalten Ihre Bienenvölker die Möglichkeit, massenhaft Drohnen zu aufzuziehen, was zur Verbesserung der genetischen Vielfalt in Ihrer Region beitragen kann (falls Sie Ihre Bienenvölker nicht behandeln). Drohnen sind für das Volk aufwändig, sodass nur die gesündesten und stärksten Bienenvölker viele Drohnen produzieren können. Bitte beachten Sie: Reichlich vorhandene Drohnenbrut in einem Volk ist der ideale Wirt für Varroamilben und fördert deren Fortpflanzung.[288] Daher ist auch eine sorgfältige Überwachung der Milbenbelastung in Ihren Kolonien erforderlich und das Ergreifen geeigneter Maßnahmen für jedes Volk, in dem der Milbendruck gefährlich hoch wird (siehe Punkt 14, weiter hinten).

8. Minimieren Sie Störungen der Neststruktur, damit die funktionellen Organisationsebenen des Nestes in jedem Bienenvolk erhalten bleiben.

In der Praxis bedeutet dies, dass jede Wabe in ihrer ursprünglichen Position und Ausrichtung im Bienenstock wieder eingesetzt wird, nachdem sie zur Inspektion herausgenommen wurde. Das heißt auch, dass keine Leerwaben zwischen die mit Brut gefüllten Waben eingesetzt werden, um das Schwärmen des Bienenvolkes zu verhindern.

9. Minimieren Sie Standortwechsel von Bienenvölkern.

Verändern Sie den Standort des Volkes so selten wie möglich, da dies viele Bereiche in der Funktionsweise eines Bienenvolkes stört, einschließlich der Brutpflege, der Wärmeregulierung des Nestes und der Nahrungsbeschaffung. Neben dem Stress, den der Umzug selbst mit sich bringt, müssen sich die Flugbienen neue Orientierungspunkte rund um ihren Bienenstock neu einprägen, damit sie den Weg wieder nach Hause finden. Außerdem müssen sie von Grund auf neu lernen, wo sich gute Futterquellen und nutzbare Wasserquellen befinden.

10. Stellen Sie Ihre Bienenvölker in möglichst großer Entfernung von mit Insektiziden und Fungiziden verseuchten Pflanzen auf.

Je größer der Abstand der Bienenvölker zu diesen Quellen schädlicher Chemikalien ist, desto weniger werden die Sammelbienen sie mit dem gesammelten Nektar, Pollen und Wasser in den Stock eintragen.

11. Stellen Sie Ihre Bienenvölker an Orten auf, die möglichst von Naturlandschaften umgeben sind: Feuchtgebiete, Wälder, Brachflächen, Heidemoore und dergleichen.

Dadurch haben Ihre Bienenvölker Zugang zu vielfältigen Pollen[289]- und Nektarquellen, die nicht mit Insektiziden und Fungiziden verunreinigt sind, sowie zu Quellen mit sauberem, frischem Wasser und Propolis.

12. Ihren Bedarf an zusätzlichen Bienenvölkern decken Sie am besten durch das Einfangen von Schwärmen mithilfe von Schwarmfangkisten oder durch Ableger von starken Völkern, denen Sie die Aufzucht der Nachschaffungskönigin und deren natürliche Paarung überlassen.

Mit diesen beiden Methoden bekommen Sie Bienenvölker mit Königinnen, die aus von den Bienen selbst ausgewählten Larven aufgezogen und von Drohnen begattet wurden, die sich im Konkurrenzkampf bei der Paarung durchsetzen konnten.

13. Entnehmen sie möglichst wenig Pollen und Honig aus Ihren Bienenvölkern.

Sie rauben Ihrem Volk Ressourcen, die die Bienen für ihren eigenen Bedarf hart erarbeitet haben. Sein Erfolg als lebendes System wird, direkt oder indirekt, verringert, da die Überlebensfähigkeit oder Fortpflanzung oder beides beeinträchtigt werden.

14. Verzichten Sie auf die Varroa-Behandlung.

Ihre Bienen werden durch natürliche Selektion eine Milbenresistenz erreichen. Dass dies irgendwann geschieht, wahrscheinlich innerhalb von fünf Jahren, ist voraussehbar, wenn in Ihrer Umgebung die meisten Bienenvölker entweder wild leben oder von Imkern bewirtschaftet werden, die weder *Varroa*-Behandlungen durchführen noch Königinnen aus milbenverdächtigen Beständen einführen. Die in Kapitel 10 beschriebene Studie aus Gotland in Schweden, zeigt uns, dass nach anfänglichen starken Völkerverlusten ein kleiner Prozentsatz eine natürliche Milbenresistenz entwickelt hat und überleben wird. Ich rate Ihnen jedoch dringend, diesen Vorschlag, auf die *Varroa*-Behandlung zu verzichten, nur dann anzunehmen, wenn Sie dies im Rahmen einer äußerst sorgfältigen Bienenhaltung verwirklichen können. Wenn Sie behandlungsfrei imkern, ohne die Milbenbelastung im Fokus zu haben, dann begünstigt die natürliche Selektion an Ihrem Bienenstand wahrscheinlich virulente Varroamilben und nicht die varroaresistenten Bienen. Deshalb müssen Sie die Milbenkonzentration überwachen und die Völker mit explosionsartig angestiegenen Milbenpopulationen präventiv vernichten, und zwar lange bevor sie an den schweren, von den Milben verbreiteten Virusinfektionen kollabieren.

Damit erreichen Sie zwei wichtige Dinge. Erstens: Sie eliminieren Ihre Bienenvölker ohne *Varroa*-Resistenz. Zweitens verhindern Sie das Phänomen der „Milbenbombe": die massenhafte Übertragung der Milben auf Ihre anderen Bienenvölker – und alle anderen Bienenvölker in der Gegend –, wenn Sammelbienen aus benachbarten Völkern den Honig von zusammenbrechenden Bienenvölkern rauben und deren Varroamilben mit nach Hause bringen. So können selbst die widerstandsfähigsten Bienenvölker von Milben überschwemmt werden und sterben. In diesem Fall findet keine natürliche Auslese zu milbenresistenten Völkern in Ihrem Bienenstand statt. Wenn Sie dazu nicht bereit sind, Ihre Völker mit einer gefährlichen Milbenlast zu vernichten, müssen Sie diese Völker gründlich mit einem Milbenbekämpfungsmittel behandeln und ihre Königinnen durch solche aus einem milbenresistenten Bestand ersetzen.

SCHLUSSWORTE

Ich hoffe, Ihnen hat dieser Überblick über unsere Kenntnisse vom Leben der Honigbienen in der Natur gefallen. Wir haben gesehen, dass *Apis mellifera* ein ungezähmtes Lebewesen bleiben wird und dass der Schritt aus der Imkerkiste zurück in die Baumhöhle für diese kleinen Wesen nur klein ist. Wir haben auch gesehen, dass ein Bienenvolk ein durch die natürliche Selektion geformtes, wunderbar integriertes lebendes System ist, dass es schafft, sich in einem sorgfältig ausgewählten Lebensraum zu verwurzeln und dort mehrere Jahre lang zu überleben und sich fortzupflanzen. Wenn wir uns ansehen, wie ein wildes Bienenvolk sein Nest baut, seine Nahrung aufnimmt, sich warmhält, seine Jungbienen aufzieht, sich gegen Eindringlinge verteidigt und seine Gene weitergibt, indem es Schwärme bildet und Drohnen aufzieht, erkennen wir, dass ein Bienenvolk noch zahllose Geheimnisse für uns bereithält: Wie reguliert es den Wabenbau – zuerst sind es nur Arbeiterinnenwaben, später vielleicht auch Drohnenwaben? Wie entscheidet es, wann die Drohnenzellen leergefressen und wieder zum Eintrag von Honig genutzt werden in Abhängigkeit von den Jahreszeiten? Woher weiß es, wann es seine Brutaufzucht zur Wintersonnenwende beginnen und im Frühherbst wieder beenden muss? Wie bestimmt es den Schwarmzeitpunkt? Und wie kontrolliert es dann den Anteil der Bienen, die im Schwarm davonfliegen, die Schwarmfraktion? Und warum verschließt ein Bienenvolk am Ende des Sommers seine Nisthöhle so dicht mit Propolis? Stimmt es, dass Feuchtigkeit an den Wänden der Nisthöhle kondensiert und so seine Mitglieder den ganzen Winter über mit Trinkwasser versorgt? Diese und zahllose andere Fragen über das Leben von wildlebenden Bienenvölkern erinnern uns daran, dass das Verhalten und das Sozialleben der Honigbienen noch viele Geheimnisse bergen.

Wenn Sie Imker sind, dann hoffe ich ebenfalls, dass dieser Rundgang durch die erstaunliche Naturgeschichte der Honigbienen Sie dazu inspiriert hat, Bienen als eine erstaunliche Lebensform zu bewundern und weniger als Honigfabrik oder Bestäuber zu behandeln. Mehr als jedes andere Insekt hat die Honigbiene die Gabe, unsere Herzen zu erobern und uns emotional mit den Wundern und Geheimnissen der Natur zu verbinden. Wir lieben diese wunderbar geselligen Bienen und wollen sie in unseren Gärten haben, und viele von uns können den Gedanken nicht ertragen, ohne sie zu leben.

Jeder, der die Honigbienen bewundert, sucht nach Möglichkeiten, ihr Leben zu verbessern. Dies ist von entscheidender Bedeutung, denn da die menschliche Bevölkerung langsam die Grenze von 8 Milliarden erreicht, sind wir mehr denn je auf die

Bestäubungsleistungen der Honigbienen angewiesen. Eine kürzlich durchgeführte, verlässliche Studie über die Bedeutung der einzelnen Bienenarten beim Nutzpflanzenanbau kam zu dem Schluss, dass die Honigbiene fast die Hälfte aller Bestäubungsleistungen der Pflanzen weltweit erbringt. Das bedeutet, dass *Apis mellifera* fast genauso viel zur Landwirtschaft beiträgt wie die hundert anderen Bienenarten, die ebenfalls Kulturpflanzen bestäuben, zusammengenommen. Das heißt auch, dass die Honigbiene besondere Pflege verdient. Eine Möglichkeit, *Apis mellifera* zu erhalten, ist der Schutz von Waldgebieten, denn diese bieten Lebensraum für wilde Bienenvölker. Das Fortbestehen der Bienenvölker, die in den Wäldern in Nord- und Südamerika, in Afrika und Europa leben, obwohl die tödliche Milbe *Varroa destructor* sich verbreitet hat, beweist uns, dass Honigbienen bemerkenswert widerstandsfähig sind. Wir wissen jetzt, dass wir, wenn wir Wälder und andere wilde Orte erhalten, zuversichtlich sein können, dass wilde Bienenvölker gedeihen und ein wichtiges Reservoir für die genetische Vielfalt dieser Art bilden werden.

Eine zweite Möglichkeit, das Leben der Honigbienen zu verbessern, besteht darin, unseren Umgang mit den Millionen von Bienenvölkern zu überdenken, die nicht in der Wildnis, sondern in unseren Bienenkästen leben. Dies ist das Ziel dessen, was ich als Darwinistische Bienenhaltung bezeichne. Andere nennen dies die natürliche Bienenhaltung[290], artgerechte Bienenhaltung oder bienenfreundliche Imkerei. Wie man es auch nennen mag, das Ziel ist immer dasselbe: *die Bedürfnisse der Bienen vor die des Imkers zu stellen*. Dies ist immer der Fall, wenn der Imker die Bienen mit bienenfreundlichen Absichten und in einer Weise versorgt, die mit der Naturgeschichte der Bienen im Einklang steht. Die konventionelle Bienenhaltung[291] entwickelt sich jedoch weiter auf einem Weg, der das Leben der Bienenvölker stört und gefährdet. Um den Bienen wirklich zu helfen, müssen wir daher mehr tun, als nur die Welt für die Bienen gesund zu erhalten; wir müssen auch eine neue Beziehung zwischen Menschen und Honigbienen aufbauen, eine Beziehung, die das Wohlergehen der Millionen von bewirtschafteten Bienenvölkern fördert, auf das wir bei der Herstellung unserer Nahrung angewiesen sind. Die darwinistische Bienenhaltung, bei der die Bienen respektiert *und* praktisch genutzt werden, scheint mir eine gute Möglichkeit zu sein, die Honigbiene, *Apis mellifera*, unseren größten Freund unter den Insekten, verantwortungsvoll zu betreuen.

SERVICE

ANMERKUNGEN

1 Die Anzahl von etwa 4000 Büchern über Honigbienen, die in den USA veröffentlicht wurden, ist aus „*American bee books : an annotated bibliography of books on bees and beekeeping 1492 to 2010*" entnommen.

2 Die Geschichte, wie Karl von Frisch die Bedeutung der Verständigungstänze der Honigbienen entdeckte, ist am besten in dem Buch von Munz (2016) beschrieben.

3 Die Angabe der jährlichen Sterberate von 40 % beruht auf Umfragewerten der Organisation Bee Informed Partnership, die jedes Jahr von über 5000 Bienenhaltern Berichte über ihre Völkersterblichkeit im Sommer und Winter erhält. Siehe *Colony loss 2014–2015: Preliminary results, Bee Informed Partnership*, 13 May 2015, https://beeinformed.org/results/colony-loss-2014-2015-preliminary-results/ (accessed 17 March 2017).

4 Die Regel „Kenne dein Tier in seiner natürlichen Umgebung" beruht auf dem Titel von Tinbergens Buch (1974).

5 Das Zitat von Wendell Berry stammt aus seinem Essay „Preserving Wildness". Siehe Berry (1987), S. 147.

6 Die hier erwähnten Studien, die darüber berichten, dass nur die älteren Bienen (die Nahrungssammlerinnen) hauptsächlich nachts schlafen, und zwar in längeren Runden, wurden von Klein, Olzsowy et al. (2008) und Klein, Stiegler et al. (2014) duchgeführt. Die Studie, die Methoden des Schlafentzugs benutzte, um die Bedeutung des Schlafs für Honigbienen zu untersuchen, stammt von Klein, Klein et. al. (2010).

7 Die Angabe der jährlichen Sterberate von 40 % beruht auf Umfragewerten der Organisation *Bee Informed Partnership*, die jedes Jahr von über 5000 Bienenhaltern Berichte über ihre Völkersterblichkeit im Sommer und Winter erhält. Siehe *Colony loss 2014–2015: Preliminary results, Bee Informed Partnership*, 13 May 2015, https://beeinformed.org/results/colony-loss-2014-2015-preliminary-results/ (accessed 17 March 2017).

8 Den Beweis dafür, dass enges Zusammenstellen der Honigbienenvölker die Ausbreitung von Krankheiten fördert, findet man bei Seeley und Smith (2015). Der Nachweis, dass die Unterbringung in großen Beuten zwar die Honigproduktion steigert, aber auch ihre Anfälligkeit für Parasiten, steht bei Loftus et al. (2016). Dieses Thema wird ausführlich in Kapitel 10 „Abwehrverhalten der Kolonie" behandelt.

9 Eine ausführliche Beschreibung der Charakteristika der Dunklen Europäischen Honigbiene findet man bei Ruttner (1987) und Ruttner et al. (1990).

10 Über die archäologischen Untersuchungen, bei denen der chemische Fingerabdruck von reinem Bienenwachs in organischen Rückständen auf Fragmenten von Keramikgefäßen gefunden wurden, die von Fundstellen aus Deutschland und Österreich stammen und auf 5200 bis 5500 v. Chr. datiert werden, wird bei Roffet-Salque et al. (2015) berichtet.

11 Für ausführliche Informationen, basierend auf genetischen Analysen, über die evolutionäre und demografische Geschichte von *Apis mellifera*, seit sie sich von anderen Mitgliedern der Gattung *Apis* abgespalten hat, vor allem in Westasien, siehe Han et al. (2012) and Wallberg et al. (2014).

12 Die beste Quelle für ausführliche Informationen über die Baumbienenhaltung (Zeidlerei) im mittelalterlichen Russland ist Galton (1971). Weitere Informationen über die Baumbienenhaltung im Gebiet von Baschkortostan im südlichen Ural findet man bei Ilyasov et al. (2015).

13 Die Verbreitung der Honigbienen in Nordamerika nach ihrer Einführung im 17. Jhr. wird bei Kritsky (1991) beschrieben. Der Bericht, wie die Neuengländer herausfinden, wo sich „Bienenstöcke in den Wäldern" befanden, stammt von Dudley (1720). Die Zitate von William Clark über die Honigbienen westlich des Mississippi im Jahr 1804 sind von Moulton (2002.

14 Die Afrikanisierung der wilden Honigbienen im südlichen Texas zwischen 1991 und 2013 ist sehr schön durch genetische Analysen dokumentiert, über die bei Pinto et al. (2004, 2005) und Rangel, Giresi et al. (2016) berichtet wird.

15 Einen detaillierten Überblick über die Einführung der Unterarten der *Apis mellifera* in Nordamerika bietet Sheppard (1989). Ebenso berichten Schiff et al. (1994) über eine Analyse der mitochondrialen DNA bei Bienen, die von 692 wilden Völkern in den südlichen USA (von North Carolina bis nach Arizona) vor der Ankunft der Afrikanisierten Honigbienen gesammelt wurden. Sie ergab, dass die meisten Wildvölker dort mitochondriale DNA-Haplotypen aufwiesen, die die europäischen Unterarten repräsentierten: 61,6 % hatten den Haplotyp, der bei *A. m. carnica* und *A. m. ligustica* vorkommt, 36,7 % hatten den Haplotyp von *A. m. mellifera* und 1,7 % den von *A. m. lamarckii*.

16 Für eine vollständige Beschreibung der Gesamtgenomsequenzierungs-Analyse der Vorfahren der wilden Honigbienenvölker, die in der Landschaft um Ithaca vertreten sind, siehe Mikheyev et al. (2015).

17 Die rasche Entwicklung des sanftmütigen Verhaltens der Afrikanisierten Honigbienen nach ihrer Einführung in Puerto Rico 1994 wird bei Rivera-Marchand et. al. (2012) beschrieben und von Avalos et al. (2017) genetisch analysiert. Bei Zuk et al. (2006) kann man mehr über das adaptive Verschwinden der männlichen Feldgrillen auf der hawaiianischen Insel Kauai innerhalb von weniger als 5 Jahren erfahren. Die Genetik, die dieser schnellen Verhaltensänderung bei den männlichen Grillen zugrunde lag, wird beschrieben bei Tinghitella (2008).

18 Weitere Beispiele für eine schnelle Evolution der Änderungen in der Physiologie und im Verhalten von Tieren in natürlichen Populationen werden bei Able and Belthoff (1998) – Veränderungen im Zugverhalten der Hausgimpel (*Haemorhous mexicanus*) im östlichen Nordamerika – und bei Campbell-Stanton et al. – ein auffälliger, genetisch basierter Wechsel in der Niedrigtemperatur-Toleranz im Winter 2013/2014 bei Eidechsen in Süd-Texas – beschrieben. Siehe auch Grant und Grant (2014), man findet hier eine detaillierte Betrachtung über evolutionäre Veränderungen in Schnabelgröße und -form bei Populationen von Galapagos- oder Darwinfinken auf einer Insel des Galapagosarchipels über einen Beobachtungszeitraum von 40 Jahren.

19 Das Zitat von Mark Twain ist der Inhalt seines Telegramms an die Associated Press anlässlich der Pressemeldung, er sei verstorben. Es erschien in der Tageszeitung New York Journal in der Ausgabe vom 2. Juni 1987.

20 Die geologische Geschichte der Region der Finger Lakes wird in von Engeln (1961) beschrieben, das Klima von Ithaca wird in Dethier and Pack (1963) dokumentiert.

21 Die gesellschaftliche und ökologische Entwicklung von Ithaca und seiner Umgebung werden von Kammen (1985) und Allmon et al. (2017) beschrieben. Smith, Marks et al. (1993) und Thompson et al. (2013) berichten über Untersuchungen über die Rückkehr zu einer überwiegend bewaldeten Landschaft um Ithaca insbesondere und in den nordöstlichen USA im Allgemeinen.

22 Meine Untersuchungen über die Nistplatz-Vorlieben werden erläutert in Seeley and Morse (1978a).

23 Die Geschichte des Arnot Forest wird beschrieben in Hamilton und Fischer (1970) und Odell et al. (1980).

24 Das faszinierende Handwerk der Bienenjagd wird in allen Einzelheiten in Seeley (2016) erläutert. Siehe auch Edgell (1949).

25 Über die Ergebnisse der Bienenjagd im Arnot Forest 1978 wird in Visscher and Seeley (1982) berichtet.

26 Von der Studie über die Wildvölker in Oswego im US-Bundesstaat New York wird in Morse et al. (1990) berichtet.

27 Die außergewöhnliche Studie über die wilden Völker im Welder Wildlife Refuge in Süd-Texas wird in Pinto et al. (2004) erläutert.
28 Über die Untersuchung der wilden Kolonien in Alleebäumen in Nordpolen wird in Oleksa et al. (2013) berichtet. Informationen über die Bestandsdichte der bewirtschafteten Kolonien in derselben Region in Polen kommen von Semkiw and Skubida (2010).
29 Die Studie über die Völkerdichte in zwei Nationalparks und einem dritten ländlichen Gebiet in Deutschland, die mit einer indirekten (genetischen) Methode durchgeführt wurde, stammt von Moritz, Kraus et al. (2007). Eine neuere Studie über die Völkerdichte in natürlichen Buchenwäldern in Deutschland, die mit der Methode der Bienenjagd („bee lining“) und dem Besichtigen der Nisthöhlen von Schwarzspechten durchgeführt wurde, ist von Kohl und Rutschmann (2018).
30 Die Untersuchung der drei Nationalparks in Australien wurde von Hinson et al. (2015) durchgeführt.
31 Über die Bestandsaufnahme der Wildvölker in einem Teil des Shindagin Hollow State Forest im Bundesstaat New York, mit der Technik der Bienenjagd, berichten Radcliffe und Seeley (2018). Zu einer Studie über die Bestandsdichte der Honigbienenvölker an verschiedenen Standorten quer durch das natürliche Verbreitungsgebiet der Apis mellifera (Europe, Afrika, und Zentralasien) siehe Jaffe et al. (2009). Es wird angemerkt, dass die Schätzwerte der Völkerdichte, über die Jaffe et al. (2009) berichten, sowohl bewirtschaftete und wilde Völker einschließen.
32 Die Biologie der *Varroa destructor* wird untersucht von De Jong (1997). Siehe auch Varroa mite, Featured Creatures, University of Florida, http://entnemdept.ufl.edu/creatures/misc/bees / varroa_mite.htm (accessed 10 July 2017). Für ausführliche Informationen über die natürliche Verbreitung auf *Apis cerana* in Ostasien, die Geschichte ihres Wirtswechsels zu *Apis mellifera* im Osten Russlands und ihre anschließende Verbreitung durch Bienenzüchter nach Europa, Afrika und Südamerika siehe De Jong et al. (1982). Anderson und Trueman (2000) erkannten, dass die Varroamilben, die *Apis cerana* befallen hatten, aus zwei Arten bestanden – *V. jacobsoni* und *V. destructor* –, und dass die Milben, die *Apis mellifera* befielen, fast weltweit zu der Art *V. destructor* gehören. Die ursprüngliche Wirtsart von *V. destructor* war *A. cerana* auf dem asiatischen Festland; die Wirtsart der *V. jacobsoni* bleibt *A. cerana* auf den Inseln des Gebietes Malaysien – Indonesien – Neuginea.
33 Einen Überblick über die Einführung von *Varroa destructor* in Nordamerika und ihre schnelle Ausbreitung auf dem ganzen Kontinent geben Wenner und Bushing (1996) und Sanford (2001). Die Information über die afrikanisierten Honigbienenschwärme, die auf acht Schiffen aus Mittel- und Südamerika zwischen 1983 und 1989 entdeckt wurden, stammt aus Berichten „Florida Africanized Bee Interceptions“, die mir Dave Westervelt, Mitarbeiter des *Bureau of Plant and Apiary Inspection for the state of Florida* zur Verfügung stellte.
34 Die Abhandlung von Bernhard Kraus und Robert E. Page Jr. über die äußerst schlimmen Nachrichten über die Wildvölker in Kalifornien findet man bei Kraus and Page (1995).
35 Gerald Loper beschreibt seine Untersuchungen einer Wildvölker-Population, die nördlich von Tucson lebte, in Loper (1995, 1997 und 2002). Er stellte ebenfalls eine Folgestudie in Loper et al. (2006) zur Verfügung.
36 Vollständige Berichte über die Kartierung der wilden Bienenvölker im Arnot Forest im Herbst 2002 und über die Versuche, in deren Verlauf diese Völker mit *Varroa destructor* infiziert wurden, findet man in Seeley (2007). Der erste Bericht über diese Arbeit steht in Seeley (2003).
37 Das Zitat von Euell Gibbons stammt aus seinem Buch *Stalking the Wild Asparagus*: siehe Gibbons (1962), S. 235.
38 Die erste genaue Überlieferung einer fossilen Honigbiene der Gattung *Apis* stammt von Cockerell (1907). Weitere Informationen über fossile Honigbienen, siehe Zeuner und Manning (1976), eine Monografie der fossilen Bienen der ganzen Welt; neuere Berichte über fossile Honigbienen liefert Engel (1998), das Standardwerk über die Evolution der Insekten ist von Grimaldi und Engel (2005).
39 Die Ansicht, dass unsere vormenschlichen Vorfahren (andere Vertreter der Gattung Homo und ihre direkten Vorfahren, einschließlich der Australopithecinen) Honig konsumierten und

genossen, wird von der Tatsache untermauert, dass nicht-menschliche Primaten – einschließlich Pavianen, Makaken, Schimpansen, Gorillas und Orang-Utans – ebenfalls erfolgreiche Honigjäger sind. Dieses Thema wird bei Crittenden (2011) besprochen. Schimpansen in Gabun sind so gierig auf Honig. dass sie sich ein dreiteiliges Werkzeugset hergestellt haben, um ein Bienennest zu plündern. Es besteht aus einem Stößel, mit dem sie das Nest aufbrechen, einem Gerät, mit dem sie den Nesteingang vergrößern, und einer Art Schöpflöffel, einem Stock mit einem zerfransten Ende, mit dem sie in den Honigwaben herumstochern und es dann in ihr Maul schieben, um den Honig herauszuschlürfen. Siehe Bosch et al. (2009).

40 Der älteste belegte Nachweis des *Homo sapiens* ist ein Schädel, der bei Ausgrabungen im Jebel Irhoud-Massiv in der Nähe der Westküste von Marokko gefunden wurde. Sein Alter wurde mithilfe der Thermoluminiszenz-Datierungsmethode auf 315 000 ± 34.000 Jahre geschätzt. Neuere Analysen dieses Schädels findet man in Hublin et al. (2017).

41 Die komplexe Geschichte der Ursprünge des *Homo sapiens* in Afrika und die anschließende Völkerwanderung nach Asien und Europa, und vielleicht in die ganze Welt, wird beschrieben in Wenke (1999). Zu neueren Forschungsergebnissen, siehe Gibbons (2017) und Hublin et al. (2017).

42 Zu Analysen des Kaloriengehalts, siehe White et al. (1962) oder Murray et al. (2001). Letzterer liefert Ergebnisse über die Honig sammelnden Hadza in Tansania; der Honig, den sie aßen, versorgte sie mit Proteinen und Fetten aus den zerdrückten Bienenlarven.

43 Detailliertere Beschreibungen über die Honigjagd bei den Hadza in Tanzania, siehe Marlowe et al. (2014) und Wood et al. (2014). Eine neue Abhandlung (Smits et al. 2017) gibt Aufschluss über das Mikrobiom des Darms der Jäger-Sammler-Gesellschaft der Hadza während der Regen- und Trockenzeit. Sie hielten ihren Darm gesund, indem sie zwischen ausschließlichem Fleischkonsum während der Regenzeit und der Ernährung mit Honig, Beeren und verschiedenen Früchten in der Regenzeit wechselten. Ausführliche Informationen über die Honigjagd bei den Efe (und ihren näheren Verwandten, den Mbuti) im Ituri-Wald in der Demokratischen Republik Kongo, siehe Turnbull (1976), Ichikawa (1981) und Terashima (1998). Wer sich an einem kleinen Roman über die Honigjagd und die Felsmalereien der Frühmenschen in Südafrika erfreuen möchte, wird bei Dixon (2015) fündig.

44 Einen genauen Überblick über die Felskunst der Menschen, die Honig von den wilden Bienenvölkern sammelten, gibt Crane (1999). Die Monografie von Hernandez-Pacheco (1924) ist der eindeutige Nachweis der prähistorischen Malereien, die im Arana-Höhlenkomplex in Spanien gefunden wurden. Dams and Dams (1977) berichten über ihre Entdeckung von weiteren Felsmalereien, die die Honigjagd während des Mesolithikums in Spanien darstellen.

45 Das Steinrelief in einem Tempel, den Pharao Niuserre zu Ehren des Sonnengottes Re erbaute, wird detailliert in Kapitel 20 in Crane (1999) beschrieben und in Kapitel 2 bei Kritsky (2015). Eine weitere reichhaltige Quelle für gut erhaltene Szenen der Bienenhaltung und anderer Tätigkeiten des täglichen Lebens im alten Ägypten bietet das verschwenderisch ausgestattete Grab des Rechmire in Theben, einem Wesir unter der Herrschaft von zwei Pharaonen in der Zeit von etwa 1470 und 1445 v. Chr., siehe Garis Davies (1944).

46 Weitere Informationen über Bienenstände aus der Eisenzeit in Tel Rehov in Israel, siehe Mazar and Panitz-Cohen (2007) und Bloch et al. (2010).

47 Das letzte Kapitel von Kritsky (2015), mit dem pfiffigen Titel „The Afterlife of Ancient Egyptian Beekeeping" (dt.: Das Leben nach der altägyptischen Bienenhaltung) enthält exzellente Fotos und genaue Beschreibungen der Werkzeuge und Methoden der traditionellen Bienenhaltung im heutigen Ägypten. Sie sind denen, die die Imker in der pharaonischen Zeit vor etwa 2000 Jahren benutzten, wahrscheinlich sehr ähnlich.

48 Eine Übersetzung von Columellas Schriften über die Bienenhaltung in Buch 9 in seinem Werk De re rustica (Über die Landwirtschaft) findet man in Columella (1968).

49 Allgemeine Informationen über die Bienenhaltung in Nordeuropa, siehe Kapitel 16 in Crane (1999). Die beste Quelle mit genauen Informationen über die Baumbienenhaltung in Russland bietet Galton (1971). Die Schätzung von Prokopovitsch, wie viel Honigwaben in jedem Bienenbaum von den Zeidlern geerntet werden, wird in Galton (1971), S. 27 wiedergegeben.

50 Zusätzliche Informationen über die Zeidlererei im südlichen Ural in der Gegend von Baschkortostan findet man in Ilyasov et al. (2015).

51 Ein exzellenter Überblick über die traditionelle Bienenhaltung im nordwestlichen Europa, wo der umgedrehte Korb, der Stülper, am weitesten verbreitet war, ist in Kapitel 27 in Crane (1999) und in den Kapiteln 3 und 4 bei Kritsky (2010) zu finden. Der Holzschnitt, der zwei Stülper in einem Unterstand darstellt, stammt von Munster (1628), S. 1415.

52 Die Geschichte von Lorenzo L. Langstroths Entdeckung des „Beespace" und seiner Umsetzung, als er die funktionellen Magazinkästen mit beweglichen Rähmchen entwarf, wird mit bewundernswerter Genauigkeit in der Langstroth-Biografie von Naile (1976). Weitere Informationen über den Kontext von Langstroths Entdeckung, besonders die parallel stattfindenden Bemühungen in Europa, eine Beute mit beweglichen Rähmchen zu entwickeln, siehe Kritsky (2010).

53 Zu Langstroths Tagebucheintrag vom 30. Oktober 1851, siehe Naile (1976), S. 75. Langstroths Zitat „... gibt dem Imker die vollständige Kontrolle über seine Bienen" entstammt dem Eintrag vom 26. November 1851, siehe Naile (1976), S. 79.

54 Einen Überblick über den Einfluss, den Langstroths Magazinbeuten mit den beweglichen Rähmchen auf die Bienenhaltung und die nachfolgende Entwicklung von Hilfsmitteln und Betriebsweisen, die die Bienenhaltung mit diesen Beuten so wirtschaftlich machte, weltweit ausübte, geben die Kapitel 41 und 43 in Crane (1999).

55 Das Zitat von Lorenzo L. Langstroth ist von der Überschrift von Kapitel 2 seines Buches *Langstroth on the Hive and the Honey-Bee* abgeleitet; siehe Langstroth (1853).

56 Allgemeine Informationen über die Domestikation in Roberts (2017) und DeMello (2012).

57 Die faszinierende Geschichte der Domestikation der industriellen Hefen (*Saccharomyces cerevisiae*), die zum Brauen von Bier, Wein, Spirituosen, Sake und Bioethanol verwendet werden, wird erzählt in Gallone et al. (2016).

58 Weitere Informationen zu den Belegen für die Ausbeutung von Honigbienen durch frühe Farmer des Nahen Ostens, siehe Roffet-Salque et al. (2015).

59 Das Bibelzitat „ein Land, in dem Milch und Honig fließen" stammt aus dem 2. Buch Mose, Kapitel 3, Verse 8 und 17.

60 Der Nachweis, dass wilde Honigbienenvölker europäischer Abstammung bevorzugt Nisthöhlen von eher bescheidener Größe, im Bereich von 20 bis 40 Litern, besetzen, findet sich in Arbeiten von Seeley und Morse (1976, 1978a), Jaycox und Parise (1980, 1981) und Rinderer, Tucker et al. (1982).

61 Soweit ich weiß, ist Eva Crane die erste Person, die die Hypothese aufstellt, dass die Bienenhaltung in Bienenstöcken mit Schwärmen der Honigbienen begann, die leere Töpfe und Körbe der neolithischen Bauern besetzten; siehe Crane (1999), S. 161.

62 Das Enge bei den Arbeiterinnen vor dem Schwärmen wird von Combs (1972) detailliert beschrieben. Free (1968) beschreibt das Schwärmen von Arbeiterinnen, deren Bienenvolk mit dem Raucher behandelt wurde.

63 Dass Kolonien, die als größere Schwärme begonnen haben, eine höhere Wahrscheinlichkeit haben, den ersten Winter zu überleben, zeigen Rangel und Seeley (2012).

64 Die verringerte Abwehrbereitschaft als Reaktion auf Rauch entsteht wahrscheinlich hauptsächlich durch die Auswirkungen auf das zentrale Nervensystem der Bienen, aber die Auswirkungen des Rauchs auf das sensorische (olfaktorische) System der Bienen spielt ebenfalls eine Rolle. Arbeiterinnen haben eine verminderte Empfindlichkeit für den Duft ihrer Alarmpheromone, wenn sie mit dem Raucher (Smoker) behandelt werden. Wahrscheinlich stört Rauch allgemein den Geruchssinn der Bienen und nicht nur beim Wahrnehmen von Alarmpheromonen. Siehe Visscher, Vetter et al. (1995).

65 Weitere Informationen über wilde Honigbienenvölker, die im Cape Point Nature Reserve in Südafrika leben und dort einen Flächenbrand überlebt haben, siehe Tribe et al. (2017).

66 Die archäologischen Belege dafür, wann Menschen lernten, das Feuer zu kontrollieren und nach Belieben zu nutzen, werden beschrieben in Gowlett (2016).

67 Weitere Informationen zur industriellen Milchviehhaltung im Bundesstaat New York in Kurlansky (2014).

68 Biologen verwenden das Konzept der Erblichkeit, um zu beschreiben, wie weit ein bestimmtes Merkmal eines Organismus (oder bei Honigbienen eines Bienenvolkes) genetisch beeinflusst ist. Sie schwankt zwischen 0 und 1 und wird verwendet, um die Zuverlässigkeit zu beurteilen, mit der ein bestimmtes Merkmal als Richtwert für die Beurteilung des Zuchtwerts eines Individuums fungiert. In Tabelle 1 in Collins (1986) werden die Schätzungen der Heritabilität für Merkmale sowohl von einzelnen Honigbienen (z. B. Langlebigkeit der Arbeiterinnen) als auch von ganzen Honigbienenvölkern (z. B. Honigproduktion) aufgezählt. Siehe auch Bienefeld und Pirchner (1990) und Oxley und Oldroyd (2010) zu den Schätzungen der Heritabilität für mehrere Völkermerkmale (Wachstumsrate im Frühjahr, Wachsproduktion, Sanftmütigkeit etc.); die Schätzungen der Heritabilität der Honigproduktion zum Beispiel liegen in einem Bereich von 0,15 bis 0,54.

69 Für die ursprüngliche Beschreibung der instrumentellen Insemination siehe Watson (1928). Die nachfolgenden Verbesserungen, die erforderlich waren, um die instrumentelle Besamung zu einer zuverlässigen Technik zu machen, werden in Laidlaw (1944) beschrieben. Eine aktuelle Beschreibung findet man in Harbo (1986). Ein Video über die Durchführung der instrumentellen Besamung ist erhältlich; siehe: *Instrumental insemination of honey bee queens* – Susan Cobey, YouTube Video, 5:23, veröffentlicht von „tlawrence53“ am 6. Januar 2009, https://www.youtube.com/watch?v=Csjyo2ofpyI (abgerufen am 22. Dezember 2017).

70 Die Amerikanische Faulbrut (AFB) ist die einzige von Pathogenen ausgelöste Bienenkrankheit, die virulent ist – d. h., sie kann schnell die Abwehrmechanismen eines Bienenvolkes überwinden und es töten. Fries und Camazine (2001) erklären, dass sich diese Virulenz entwickelt hat, weil die Sporen der AFB leicht von einem Bienenvolk auf ein nicht verwandtes Volk übertragen werden (horizontale Übertragung), wenn ein geschwächtes, infiziertes Volk von Bienen, die aus anderen Völkern stammen, ausgeraubt wird oder wenn ein Schwarm einen Nistplatz besetzt, in dem das vorherige Volk an der AFB zugrunde gegangen ist. Ewald (1994) gibt eine klare evolutionäre Erklärung dafür, warum einige Krankheitserreger – einschließlich der Erreger von Malaria, Pocken, Tuberkulose, AIDS bei den Menschen und der AFB bei Bienen – extrem tödlich sind und andere nicht.

71 Rothenbuhler (1958) liefert einen genauen und gut belegten Überblick über das erfolgreiche Zuchtprogramm zur Resistenz gegen die Amerikanische Faulbrut, das von O. Wallace Park und seinen Mitarbeitern in den 1930er- und 1940er-Jahren durchgeführt wurde. Ebenso kurzgefasste Beschreibungen anderer Zuchtprogramme, wie z. B. das von Bruder Adam in England zur Resistenz gegen die Tracheenmilben (mutmaßlicher Erreger *Acarapis woodi*). Eine weitere hervorragende und neuere Übersicht über die Züchtung auf Resistenz gegen AFB findet man in Spivak und Gilliam (1998a).

72 Spivak und Gilliam (1998b) liefern einen detaillierten und gut belegten Überblick über die exzellenten Studien zum Hygieneverhalten – hauptsächlich als Abwehrmechanismus gegen Kalkbrut, Europäische Faulbrut und *Varroa* – nach der Ära von O. Wallace Park und Walter C. Rothenbuhler.

73 Um mehr über die bemerkenswerte Geschichte der Luzerne-Biene zu erfahren, siehe Mackensen und Nye (1966) und Nye und Mackensen (1968, 1970). Zur Zucht dieser Bienen durch kommerzielle Produzenten von Luzerne-Saatgut berichtet Cale (1971).

74 Oxley und Oldroyd (2010) und Oldroyd (2012) erörtern sehr ausführlich das Fehlen verschiedener Honigbienenrassen und die Tatsache, dass Honigbienen nie wirklich domestiziert wurden.

75 Roberts (2017) gibt einen Überblick über die tiefgreifende Geschichte der Domestizierung von Hunden und Rindern, nebst acht anderen Tieren (Hühner, Pferde und Menschen) und Pflanzen (Weizen, Äpfel, Kartoffeln, Reis und Mais), die früher als Wildform vorkamen.

76 Einige sind der Meinung, dass die Menschen die Genetik von *Apis mellifera* grundlegend verändert haben, weil die Honigbienenpopulationen, die sich in Nordamerika, Neuseeland und Australien etabliert haben, Mischungen aus den meisten Unterarten von Honigbienen aus Europa sind (für Kanada von Harpur et al. 2012 nachgewiesen) und weil Wanderimkerei und Versand von Königinnen zwischen verschiedenen Ländern die Unterarten der Honigbienen innerhalb von Europa langsam homogenisieren (De la Rua et al. 2009). Trotzdem halte ich diese geneti-

schen Veränderungen nicht für grundlegend, da sie keine unterschiedlichen Unterarten (Rassen) von Honigbienen durch Inzucht hervorgebracht haben.

77 Weitere Informationen über die Wanderung von Honigbienenvölkern in die schottischen Heidemoore, siehe Manley (1985) und (Badger 2016).

78 Für einen allgemeinen Überblick über die Wanderimkerei, die erforderlich ist, um den Bedarf an Bestäubungsleistungen während der Mandelblüte in Kalifornien zu decken, siehe Ferris Jabr: The mind-boggling math of migratory beekeeping, *Scientific American*, 1. September 2013, https://www.scientificamerican.com/article/migratory-beekeeping-mind-boggling-math/ (abgerufen am 23. Dezember 2017). Jacobsen (2008) und Nordhaus (2011) liefern ausführlichere Darstellungen der jährlich stattfindenden Transporte von Millionen von Bienenvölkern zu den Landwirten in den USA, die Bestäuberinsekten brauchen.

79 Das Zitat von Charles Darwin stammt aus seinem Buch *On the Origin of Species*; siehe Darwin (1964), S. 224.

80 Das Denkmodell, die Nester von Tieren als Teil ihrer Überlebensausrüstung zu betrachten, wird am besten von Richard Dawkins beschrieben, wenn er erörtert, wie die von Lebewesen gebauten Strukturen Teil ihres „erweiterten Phänotyps" sind; siehe das letzte Kapitel in Dawkins (1982) oder inDawkins (1989).

81 Der ausführliche Bericht über die Untersuchung der natürlichen Nester von Honigbienen, die in den Wäldern um Ithaca heimisch sind, findet sich in Seeley und Morse (1976). Er beschreibt die Vorgehensweise bei der Zerlegung der Nester, einschließlich der Art und Weise, wie wir die Nisthöhlen vermaßen, indem wir sie mit Sand füllten, nachdem wir die Waben entfernt hatten. Avitabile et al. (1978) berichten über eine entsprechende Studie, die in Connecticut durchgeführt wurde und bei der für 108 in Bäumen lebende Kolonien die Daten über Höhe, Größe und Orientierung der Nesteingänge gesammelt wurden. Auch diese Forscher beobachteten überwiegend Nesteingänge, die niedrig (< 5 m), klein (< 60 cm2) und nach Süden orientiert waren.

82 Um jedes Nest sorgfältig zu zerlegen und eine exakte Zählung der darin befindlichen Bienen vorzunehmen, tötete ich jedes Bienenvolk am selben Tag, an dem der Baum gefällt wurde. Dabei bemühte ich mich, das Leiden der Bienen so gering wie möglich zu halten. Ich ging so vor, dass ich am frühen Morgen am Bienenbaum ankam, als es noch kühl war und gerade anfing hell zu werden, sodass die Bienen noch nicht ausflogen. Dann kletterte ich auf den Baum, verstopfte alle Nesteingänge bis auf einen mit Lappen, löffelte mehrere Esslöffel Cyanogas-Pulver (Kalziumcyanid) in den einzigen noch offenen Eingang und verstopfte diesen ebenfalls. Jedes Mal hörte ich, wie das summende Geräusch aus dem Inneren des verschlossenen Nestes immer lauter wurde, aber innerhalb von zwei Minuten war es still. Es war eine schreckliche Arbeit, und ich glaube nicht, dass ich sie heute wieder so machen könnte, aber der Nutzen der aus dieser Studie gewonnenen Informationen hat meiner Meinung nach das Sterben der 21 untersuchten Kolonien gerechtfertigt.

83 Die Analyse der Verteilung der Orientierung der Eingänge in den Bienenbäumen mithilfe der zirkulären Statistik ergab folgende Ergebnisse: mittlere Vektorpeilung, 192° (ca. SSW); mittlerer Orientierungsvektor, 0,39. Daraus geht hervor, dass ihre Verteilung in südlicher Richtung unabsichtlich voreingenommen und zweifellos nicht zufällig ist; $p < 0{,}01$, Rayleigh-Test für Nicht-Zufälligkeit. Siehe Batschelet (1981).

84 Die drei Erhebungen über Wildvölker im Arnot Forest werden in Visscher und Seeley (1982), Seeley (2007) und Seeley, Tarpy et al. (2015) beschrieben. Über die Bestandsaufnahme der Wildvölker im Shindagin Hollow State Forest wird in Radcliffe und Seeley (2018) berichtet.

85 Eines der Baumnester fiel aus dem Rahmen, denn es hatte sowohl einen riesigen Nesteingang (204 cm2) als auch eine riesige Nesthöhle (448 Liter) hatte. Der Eingang war eine klaffende Öffnung am Fuß einer großen Buche (*Fagus grandifolia*) und der Hohlraum innen ging von dort ca. 5 m nach oben. Das Volk hatte sein Nest ziemlich im oberen Teil dieser Höhle gebaut. Obwohl also der Eingang und auch die Höhle ungewöhnlich groß waren, hatte das Volk hier einen guten, geräumigen Nistplatz.

86 Leider hatten wir keine systematischeren Messungen der Dicke der Holzwände bei diesen Baumhöhlen gemacht, es stellte sich heraus, dass sie sehr wichtig war, um zu verstehen, wie die

Thermoregulation eines Volkes in diesen natürlichen Höhlen funktioniert. Siehe Mitchell (2016).

87 Der hohe Prozentsatz an Drohnenwaben, den wir in diesen Nestern gefunden haben (10 %–24 %, durchschnittlich 17 %), wurde in einer anderen Studie bestätigt, die die Nester von Kolonien beschrieb, in deren Wabenbau nicht eingegriffen wurde. Der in dieser zweiten Studie berichtete Bandbreite liegt bei 11 % und 23 %, mit einem Durchschnitt von 20 %. Siehe Smith, Ostwald et al. (2016).

88 Meine Untersuchungen von kleinzelligen Waben als Mittel zur Kontrolle des *Varroa*-Befalls, die auch Daten über die auf kleinzellige Mittelwänden gebauten Zellen enthält, wird in Seeley und Griffin (2011) berichtet.

89 Edgell (1949) berichtet über einen geschätzten Durchschnitt von 8,5 kg Honig, der von 56 Bienenvölkern mitten in New Hampshire gesammelt wurde. Ihre Nester wurden mehrere Mal im Verlauf des Sommers kontrolliert.

90 Das jahreszeitliche Muster der Schwarmabgänge für Ithaca wurde über sechs Jahre hinweg gemessen, in denen 126 Schwärme gesammelt wurden; siehe Fell et al. (1977).

91 Rangel, Griffin et al. (2010) dokumentieren, wie Spurbienen (Kundschafterinnen) möglicherweise schon vor dem Abschwärmen ihres Volkes mit der Suche nach potenziellen Wohnorten beginnen. In dieser Abhandlung wird berichtet, dass die „Scouts“ zwei bis drei Tage, bevor das Volk schwärmt, mit der Inspektion potenzieller Neststandorte beginnen.

92 Für eine ausführliche Beschreibung des Verhaltens einer Kundschafterin, die eine potenzielle Nisthöhle inspiziert, um deren Größe und andere Eigenschaften gründlich zu untersuchen, siehe Seeley (1977). Detaillierte Informationen darüber, wie die Scoutbienen eines Schwarms in einem Prozess der kollektiven Entscheidungsfindung zusammenarbeiten, um einen neuen Standort auszuwählen, siehe in Lindauer (1955) und Seeley (2010).

93 Es handelt sich um einen Artikel eines französischen Imkers über den Bau von Köderbeuten, die für Bienenschwärme attraktiv sind, er stammt von Marchand (1967). Die lange Geschichte, wie Imker nach einem perfekten Bienenstock suchten, wird schön von Kritsky (2010) beschrieben.

94 Für Details zu den Methoden und Ergebnissen meiner Studie über die Nistplatz-Vorlieben der wilden Honigbienen in der Gegend von Ithaca, siehe Seeley und Morse (1978a).

95 Die Arbeit von Tibor I. Szabo beschreibt die Vorteile eines nach Süden ausgerichteten Nesteingangs für Bienen, die in Gebieten mit kalten und schneereichen Winter leben, siehe Szabo (1983a).

96 Zur Arbeit von Derek M. Mitchell über die Vorteile für die Bienen, wenn sie *keinen* im obersten Bereich liegenden Eingang haben, siehe Mitchell (2017).

97 Meine Studien darüber, wie Scoutbienen oder Kundschafterinnen das Volumen einer potenziellen Nisthöhle messen und was sie hinsichtlich des Höhlenvolumens bevorzugen, sind in Seeley (1977) beschrieben. Die entsprechenden Studien von Elbert R. Jaycox und Stephen G. Parise sind in Jaycox und Parise (1980, 1981) nachzulesen. Der Bericht über die groß angelegte Untersuchung von Thomas E. Rinderer und Kollegen findet sich in Rinderer, Tucker et al. (1982). Den Bericht über eine ähnliche Arbeit von Justin O. Schmidt findet man in Schmidt und Hurley (1995).

98 Für den vollständigen Bericht der Studie von Tibor I. Szabo über die Vorteile des Einquartierens von Schwärmen in Bienenkästen, deren Rähmchen mit Waben gefüllt sind, siehe Szabo (1983b). Dass Zeidler in Russland einen hohen Wert auf Baumhöhlen legen, die bereits von Bienenvölkern besetzt sind, wird in Galton (1971) beschrieben. Drei gute Nachweise über Schwarmfangkisten für Honigbienen findet man in Marchand (1967), Guy (1971) und Seeley (2017a).

99 Die Abmessungen der Eingangsöffnungen, die im Versuch „vertikaler Schlitz oder Kreis“ verwendet wurden, betrugen 1 × 7 cm für den Schlitz und 3 cm im Durchmesser für den Kreis. Beim Test hinsichtlich der Trockenheit eines Hohlraums erhielt jeder Nistkasten seine 2 Liter Sägemehl (nass oder trocken), kurz bevor er an seinem Baum oder Strommast befestigt wurde. Das nasse Sägemehl wurde durch Mischen von 2 Litern Sägemehl mit 1 Liter Wasser hergestellt. Bei jeder Inspektion der Nistkästen, die etwa alle 10 Tage stattfand, wurde ein weiterer Liter Wasser in jeden Kasten der Testgruppe mit den nassen Sägespänen gegossen. Für weitere Ein-

zelheiten zu den Methoden, die bei der Untersuchung der Vorlieben bei den Behausungen der Bienen verwendet wurden, siehe Seeley und Morse (1978a).

100 Eine Übersicht darüber, wie sich das Wachsdrüsenepithel (und damit die Wachsproduktion) mit dem Alter bei den Arbeiterinnen verändert, findet man in Kapitel 4 in Hepburn (1986). In diesem Kapitel werden auch die Studien erläutert, die die darauf hingewiesen haben, dass die älteren Bienen in einem Bienenvolk, die normalerweise als Sammlerinnen arbeiten und nur ein dünnes Wachsdrüsenepithel haben, ihre Wachsdrüsen verjüngen können, wenn sie Mitglieder eines Schwarms sind.

101 Die Formel zur Flächenberechnung eines Sechsecks lautet a2 x 6 tan (30°) oder a2 × 0,8655, wobei a die Wand-zu-Wand-Abmessung (der Apothem) des Sechsecks ist. Mit dieser Formel kann man berechnen, dass es ungefähr 82 051 Arbeiterinnenzellen in 1,92 m^2 Arbeiterinnenwaben gibt (Apothem = 5,20 mm, also beträgt die Fläche einer Arbeiterinnenzelle 23,40 mm^2) und ungefähr 13 125 Drohnenzellen in 0,48 m2 Drohnenwaben (Apothem = 6,50 mm, daher beträgt die Fläche einer Drohnenzelle 36,57 mm^2). Diese Flächen der Arbeiterinnen- und Drohnenwaben wurden als 80 % bzw. 20 % von 2,4 m^2 der gesamten Wabenoberfläche berechnet (d. h., es wurden Vorder- und Rückseite einer Wabe berechnet). Dies ist die durchschnittliche Größe der gesamten Wabenoberfläche, die ich in Nestern von Wildvölkern gefunden habe.

102 Wojciech Skowronek (zitiert von Hepburn 1986, S. 39) fand heraus, dass eine Arbeiterin ungefähr 20 mg Bienenwachs produzieren kann; 60 000 Bienen × 20 mg Bienenwachs/Biene = 1 200 000 mg oder 1,2 kg Bienenwachs. Die Schätzung, dass Bienen etwa 1 g Bienenwachs benötigen, um 20 cm2 Wabenoberfläche (d. h. 10 cm^2 doppelseitige Wabe) zu bauen, stammt von Wojciech Skowronek (zitiert von Hepburn 1986, S. 64).

103 Die Zahlenangabe, dass eine Schwarmbiene diese Menge Zucker transportieren kann, stammt von Combs (1972). Die durchschnittliche Anzahl der Arbeitsbienen in einem Schwarm stammt von Fell et al. (1977). Die Schätzung der Effizienz der Synthese von Bienenwachs aus Zucker ist von Horstmann (1965) und Weiss (1965).

104 Für ausführliche Informationen über die Überlebenswahrscheinlichkeit von Bienenvölkern im Winter, die im vorangegangenen Sommer durch Schwärme gegründet wurden (Gründerkolonien), siehe Seeley (1978) und Seeley (2017b).

105 Für Informationen über den kreisförmigen Zellengrundriss in den Nestern von Solitärbienen und sozialen Bienen, die nicht zu den Honigbienen gehören (z. B. Hummeln, stachellose Bienen), siehe Michener (1974) oder Michener (2000). In den Nestern all dieser Nicht-*Apis*-Arten dienen die Zellen nur als Brutzellen. Soziale Bienen, die keine Honigbienen sind, bauen spezielle Honigspeicherzellen zur Aufbewahrung ihrer Honigvorräte.

106 Für weitere Informationen darüber, wie Arbeitsbienen ihre Fühler benutzen, um die Dicke der Zellwände während der Bauphase zu beurteilen, siehe Martin und Lindauer (1966).

107 Ein vollständiger Bericht über die Muster des Nestbaus und die Populationsdynamik des Bienenvolkes nach dem Einzug eines Schwarms in eine leere Nisthöhle findet sich in Smith, Ostwald et al. (2016). In dieser Arbeit wird auch dargestellt, wie sich die Wabenfläche vergrößert, die Anzahl von Arbeiterinnen und Drohnen schwankt und die Honig- und Pollenvorräte in den 14 Monaten nach dem Einzug des Bienenvolkes in eine neue Nisthöhle zu- und abnehmen. Die Abmessungen der großen Schau-Bienenkästen, die in dieser Studie verwendet wurden, betragen 4,3 cm Tiefe, 88 cm Breite und 100 cm Höhe.

108 Wie die Arbeiterinnen eines Schwarms sich mit Honig volltanken, wird bei Combs (1972) ausgeführt.

109 Ein Maß für die Bedeutung der ersten Bauphase ist ihr hoher prozentualer Anteil am Wabenbau eines Volkes im ersten Jahr, der innerhalb der ersten vier bis sechs Lebenswochen in einer neuen Nisthöhle gebaut wird. Smith, Ostwald et al. (2016) berichten von 57 % innerhalb der ersten vier Wochen, Lee und Winston (1985) von 90 % innerhalb der ersten sechs Wochen.

110 Die theoretischen und experimentellen Studien von Stephen C. Pratt über den optimalen Zeitpunkt des Wabenbaus werden besprochen in Pratt (2004).

111 Rosch (1927) und Seeley (1982) haben über die übereinstimmende Altersspanne der Bienen, die für den Wabenbau zuständig sind, und der Bienen, die für das Abnehmen des Nektars von den

ankommenden Nahrungssammlerinnen und dessen Einlagerung in die Zellen verantwortlich sind, berichtet.

112 Zu der Studie mit farbig markierten Bienen, die nachwies, dass die mit der Nektaraufnahme beschäftigten Arbeitsbienen keinen großen Anteil bei den mit dem Wabenbau beschäftigten Bienen ausmachen, siehe Pratt (1998a).

113 Dass Schwärme, die gerade erst in ihr Nest eingezogen sind, in den ersten Wochen der Bautätigkeit nur Arbeiterinnenzellen bauen, wurde von Free (1967), Taber und Owens (1970) und Lee und Winston (1985) sowie von Smith, Ostwald et al. (2016) berichtet.

114 Zur Untersuchung der Informationswege, die Bienen nutzen, um zu entscheiden, welche Art von Waben (Arbeiterinnen oder Drohnen) sie bauen, siehe Pratt (1998b). Siehe auch Pratt (2004), zu einer Übersicht über Arbeiten zu diesem Thema und zur Frage, wann Waben gebaut werden sollen.

115 Siehe Tabelle 12.5 in Crane (1990), hier findet man eine ausgezeichnete Zusammenfassung der Pflanzen, die als Quellen für Propolis gelten, das von der Honigbiene *Apis mellifera* gesammelt wird. Siehe auch Simone-Finstrom und Spivak (2010) zu Hinweisen auf neuere Arbeiten zu diesem Thema.

116 Zu detaillierten Beschreibungen des Vorgangs, wie eine Harzsammlerin ihre Pollenkörbchen mit Harz beläd, siehe Meyer (1954) und Meyer (1956).

117 Detaillierte Informationen zu den genauen Beobachtungen von Harzsammlerinnen und Harzabnehmerinnen, die von Jun Nakamura durchgeführt wurden, siehe Nakamura und Seeley (2006).

118 Siehe Simone-Finstrom, Gardner et al. (2010) zu einer Studie, die bei den Harzsammlerinnen ein besseres assoziatives Erlernen von taktilen Reizen als bei den Pollensammlerinnen entdeckte.

119 Das Zitat von Robert Frost stammt aus seinem Gedicht „A Prayer in Spring“, siehe Latham (1969).

120 Siehe Southwick (1982) zu Informationen über die Stoffwechselrate eines typischen überwinternden Volkes in Abhängigkeit von der Umgebungstemperatur.

121 Siehe Avitabile (1978) zu Informationen über das Gewicht von Honigbienenvölkern, die mitten in Connecticut vom Spätherbst bis zum frühen Frühjahr leben. Das Klima im zentralen Connecticut ist dem des zentralen New York State sehr ähnlich.

122 Siehe McLellan (1977) zu einer kritischen, ob man die Gewichtsveränderung eines Bienenvolkes als Indikator für den Erwerb (oder Verlust) von Energie verwenden kann.

123 Siehe Milum (1956), Mitchener (1955) und Koch (1967) zu Übersichten über die Aufzeichnungen der Gewichtsveränderungen bei Honigbienenvölkern im Verlauf eines Sommers bzw. eines ganzen Jahr für die Vereinigten Staaten, Kanada bzw. Deutschland.

124 Siehe Seeley und Visscher (1985) zu Informationen über eine Studie, in der die wöchentlichen Gewichtsveränderungen von zwei unbewirtschafteten Kolonien (simulierte Wildvölker) von November 1980 bis Juni 1983 aufgezeichnet wurden.

125 Siehe Farrar (1936) zu den Details seiner Studie über den Einfluss der Pollenreserven auf die Brutaufzucht und die Gewichtsverluste von Honigbienenvölkern im Winter.

126 Siehe Simpson (1957a) und Gary und Morse (1962) zu Informationen über das Auftreten von Fehlstarts bei der Königinnenaufzucht in Vorbereitung auf das Schwärmen.

127 Die Daten über die geringe Brutaufzucht von Mitte November bis Ende Februar in Abb. 6.4 stammen von Avitabile (1978). Die Daten zu den Schwärmen stellen eine Erweiterung der in Fell et al. (1977) berichteten Ergebnisse dar. Die Daten zur Lufttemperatur stammen von Brumbach (1965).

128 Der Nachweis, dass Kolonien mit der Brutaufzucht im Winter als Reaktion auf die zunehmende Tageslänge beginnen, ist einer Studie von Kefuss (1978) entnommen.

129 Weitere Informationen über die jährlichen Muster der Brutaufzucht in gemäßigten Klimazonen findet man in Nolan (1925) und Jeffree (1955, 1956).

130 Siehe Nolan (1925), Allen und Jeffree (1956), Jeffree (1956) und Winston (1981) zu Beispielen, in denen die Wachstumsmuster von Bienenvölkern durch Messung der Anzahl von Brutzellen

im Nest beschrieben werden. Siehe Jeffree (1955) und Loftus et al. (2016) zu Beispielen mit wiederholten Zählungen der Population erwachsener Bienen eines Volkes.

131 Siehe Louveaux (1973) und Strange et al. (2007) zu weiteren Informationen über die in Frankreich durchgeführten Experimente mit der Verpflanzung von Völkern, aus denen hervorging, dass die jährlichen Zyklen der Brutaufzucht teilweise genetisch angelegt sind.

132 Zu weiteren Informationen über den Zeitpunkt der Drohnenproduktion in Völkern des Rothamsted Research, siehe Free und Williams (1975).

133 Zu weiteren Berichten über den saisonalen Zeitpunkt des Schwärmens siehe Mitchener (1948) für Manitoba; Murray und Jeffree (1955) für Schottland; Simpson (1957b) für Südengland; Fell et al. (1977) und Caron (1980) für den Nordosten der USA; und Page (1982) für Mittelkalifornien.

134 Um den Beginn der Brutaufzucht von Mitte Winter auf Mitte Frühling zu verschieben, sperrten wir in 6 der 12 Versuchsvölker dieser Studie die Königin zwischen zwei Königinnen-Absperrgittern aus Plastik ein, die durch Holzleisten in einem Abstand von 8 mm auseinandergehalten wurden und zwischen der oberen und unteren Zarge des Bienenkastens eingesetzt wurden. Diese Anordnung ermöglichte es jeder Königin, sich während des Winters seitlich zu bewegen und dadurch den Kontakt mit der Wintertraube aufrechtzuerhalten, verhinderte aber auch, dass sie Zugang zu Waben erhielt, in denen sie Eier legen konnte. In den anderen sechs Versuchsvölkern dieser Studie schränkten wir die Bewegungen der Königin nicht ein, sodass wir die Aufzucht der Winterbrut nicht drosselten.

135 Die hier dargestellten Wahrscheinlichkeiten für das Überleben der Völker im Sommer und im Winter sowie für neue und etablierte Kolonien stammen aus zwei Langzeitstudien über das Überleben von Wildvölkern, die ich in den 1970er- und in den 2010er-Jahren durchgeführt habe. Siehe Seeley (1978) und Seeley (2017b).

136 Die hier erläuterten Studien über den entscheidenden Zeitpunkt für Wachstum und Fortpflanzung der Kolonien findet man in Seeley und Visscher (1985).

137 Weitere Informationen über den Lebenszyklus von Hummelvölkern siehe Heinrich (1979) und Goulson (2010).

138 Weitere Informationen über die Hummel, Bombus polaris, die die Tundra besiedelt, in Richards (1973).

139 Weitere Informationen über das Überwintern von Insekten in gemäßigten, subarktischen und sogar arktischen Regionen, wo sie einen Teil des Jahres Temperaturen unter dem Gefrierpunkt ausgesetzt sind, siehe Chapman (1998), S. 518–520.

140 Michener (1974) hat eine ausgezeichnete Zusammenfassung der Naturgeschichte und Biogeografie der stachellosen Bienen und auch der Honigbienen verfasst.

141 Über Untersuchungen, wie die unterschiedlichen Breitengrade sich auf die Rate der Angriffe von räuberischen Ameisen auf wehrlose Wespenlarven auswirken, wird bei Jeanne (1979) berichtet.

142 Das Zitat von George C. Williams stammt aus seinem Buch *Adaptation and Natural Selection*. Siehe den ersten Satz in Kapitel 6 („Reproduktionsphysiologie und Verhalten“) in Williams (1966).

143 Ein fortpflanzungsfähiger Organismus (Pflanze oder Tier) ist ein simultaner Hermaphrodit, wenn er in jeder Fortpflanzungsperiodesowohl weibliche als auch männliche Gameten (Eier und Sperma) produziert. Siehe Kapitel 2 in Charnov (1982) mit einer ausführlichen Erörterung. Die Gameten eines Honigbienenvolkes sind seine jungfräulichen Königinnen und Drohnen.

144 Detaillierte Informationen zu der Entwicklungsdauer von Königinnen und Drohnen (16 bzw. 24 Tage) in Honigbienenvölkern und zur Dauer bis zur Geschlechtsreife bei Königinnen und Drohnen nach dem Schlupf (Mindestwerte: 6 bzw. 10 Tage) in den Kapiteln 4 und 5 bei Koeniger, Koeniger, Ellis et al. (2014) und Koeniger, Koeniger und Tiesler (2014).

145 Um die Fläche der verdeckelten Drohnenwaben (in Page 1981) oder die Fläche der mit Brut gefüllten Drohnenwaben (in Smith, Ostwald et al. 2016) in die Anzahl der Zellen mit Drohnenbrut umzurechnen, habe ich die angegebenen Werte der Drohnenwaben (in cm^2) mit 2,73 Zellen/cm^2 multipliziert. Dies ist die Dichte der sechseckigen Zellen, die ein Apothem (Wand-zu-

Wand-Abmessung) von 6,5 mm haben – das ist das durchschnittliche Maß der Drohnenzellen bei Europäische Honigbienen. Um die Gesamtzahl der Tage mit Drohnenbrut in den Zellen für ein Bienenvolk zu berechnen, berechnete ich die Flächen unter den Kurven, über die in Page (1981) und Smith, Ostwald et al. (2016) hinsichtlich der Anzahl der verdeckelten (oder mit Brut gefüllten) Drohnenzellen im Nest eines Bienenvolkes über den gesamten Sommer berichtet wurde. Um die Gesamtzahl der von einem Volk über den Sommer aufgezogenen Drohnen zu berechnen, teilte ich die Gesamtzahl der Tage mit Drohnenbrut in den Zellen für eine Kolonie durch die Anzahl der Tage mit Drohnenbrut in den Zellen pro Drohne (entweder 14 Tage für verdeckelte Zellen mit Drohnenbrut oder 21 Tage für alle Zellen mit Drohnenbrut). Dies setzt voraus, dass jede Zelle, in der sich eine Drohne entwickelt, auch eine lebensfähige Drohne hervorbringt.

146 Weitere Informationen über die Studie, in der untersucht wurde, ob Honigbienenvölker den Wabentyp (Drohnen- oder Arbeiterinnenwaben), den sie bevorzugt für die Honigspeicherung verwenden, je nach Jahreszeit wechseln, damit ihre Drohnenwaben im Frühjahr leer und bereit für die Brutaufzucht sind, siehe Smith, Ostwald et al. (2015).

147 Für weitere Informationen über das Verhalten von Arbeitsbienen, die die Königin schütteln, und wie sie (unter anderem) Königinnen auf das Ausfliegen aus dem Bienenstock vorbereiten, entweder mit einem Schwarm oder auf einem Hochzeitsflug, siehe Allen (1956, 1958, 1959a), Hammann (1957) und Schneider (1989, 1991).

148 Die Zahl zur Gewichtsreduzierung der Königin um 25 % zur Vorbereitung auf das Schwärmen stammt von Fell et al. (1977).

149 Dass nur etwa ein Viertel der Arbeiterinnen eines Volkes zurückbleibt, wenn der Schwarm mit der alten Königin davonfliegt, wird später in diesem Kapitel ausführlich besprochen.

150 Es fragt sich, wie eine Arbeitsbiene in einem schwärmenden Bienenvolk entscheidet, ob sie zu Hause bleibt und eine junge (Schwester-)Königin unterstützt oder mit dem Vorschwarm wegfliegt und die alte (Mutter-)Königin unterstützt. Bevorzugt sie die erste Option, wenn die neue Königin eine Vollschwester sein könnte, oder aber die zweite Option, wenn alle jungen Königinnen nur Halbschwestern sind? In einer Studie (Rangel, Mattila et al. 2009) wurde überprüft, ob die Arbeiterinnen eher geneigt sind, im elterlichen Nest zu bleiben, wenn einige der heranwachsenden Königinnen ihre Vollschwestern sind, es wurde jedoch kein Hinweis darauf gefunden. Es scheint also klar zu sein, dass es keine intrakoloniale Vetternwirtschaft (Nepotismus) während der Schwarmzeit bei *Apis mellifera* gibt.

151 Der erstaunliche Prozess, bei dem die Kundschafterinnen eines Schwarms ihren neuen Heimatort auswählen, wird in Seeley (2010) ausführlich beschrieben.

152 Informationen über die großen Entfernungen bei der Verstreuung von Honigbienenschwärmen finden sich in Seeley und Morse (1978b) und Kohl und Rutschmann (2018).

153 Der Wert von 0,87 für die Wahrscheinlichkeit des Ausschwärmens eines unbewirtschafteten Volkes während eines Sommers stammt aus meiner Studie mit simulierten wilden Völkern, die in den Wäldern um Ithaca heimisch sind, berichtet in Seeley (2017b).

154 Für eine beeindruckend detaillierte Beschreibung der Mechanismen, durch die alle Jungköniginnen, die während des Schwarmvorgangs aufgezogen werden, bis auf eine aus dem elterlichen Nest entfernt werden, siehe Gilley und Tarpy (2005). Siehe auch Winston (1980) für detaillierte Informationen über das Auftreten von Schwärmen und Nachschwärmen in unbewirtschafteten Honigbienenvölkern, die in Lawrence, Kansas, leben.

155 Die Wahrscheinlichkeitswerte, dass eine Kolonie einen ersten Nachschwarm (0,70) und einen zweiten Nachschwarm (0,60) produziert, wurden auf der Basis der Berichte von Winston (1980) und Gilley und Tarpy (2005) berechnet. Jede Studie beschreibt das Muster von Schwärmen und Nachschwärmen für fünf Kolonien.

156 Die Werte der Überlebenswahrscheinlichkeiten bis zum folgenden Sommer für die Mutterkönigin, die in einem Primärschwarm abfliegt ($p = 0{,}23$) und der Tochterkönigin, die das ursprüngliche Nest erbt ($p = 0{,}81$), stammt von Seeley (2017b, siehe Abb. 5).

157 Die hier erwähnte Arbeit von M. Delia Allen findet man in Allen (1956).

158 Die Methoden und Ergebnisse der beiden hier erwähnten Langzeitstudien zur Demografie von Wildvölkern sind ausführlich beschrieben in Seeley (1978) und Seeley (2017b).

159 In Seeley (2012, 2017a) beschreibe ich, wie ich Schwarmfangkisten zum Einfangen von Schwärmen verwende.

160 Das bimodale jahreszeitliche Muster des Schwärmens in der Gegend von Ithaca ist in Fell et al. (1977) beschrieben.

161 Bei den Nachschwärmen ist der Nestbau im Vergleich zum Vorschwarm verzögert, weil sie das elterliche Nest erst lange nach dem Abflug des Vorschwarms verlassen. Detaillierte Informationen über den verzögerten Abflug von Nachschwärmen findet man in Tabelle I in Gilley und Tarpy (2005). Sie berichten von Nachschwärmen, die 5–7 Tage nach dem Vorschwarm abfliegen, und dann von Nachschwärmen, die 12–18 Tage nach dem Hauptschwarm abfliegen.

162 Die Formel für die Berechnung, wie lange ein Standort im Durchschnitt ununterbrochen von einem Bienenvolk besetzt sein wird, wird im Folgenden dargestellt, wobei A das Standortalter in Jahren darstellt.

$$0{,}5 + \sum_{A=0}^{20} A[(0{,}23)(0{,}81)^{A-1}][0{,}19] = \text{Alter in Jahren}$$

163 Für weitere Informationen über die Evolution der elterlichen Zuteilung von Ressourcen an männliche und weibliche Nachkommen, siehe Charnov (1982).

164 Die hier verwendeten Werte für die durchschnittlichen Trockengewichte einer Drohne und einer Arbeiterin stammen aus der Studie von Henderson (1992).

165 Ich habe die Kosten untersucht, die einem Bienenvolk durch die Produktion und Aufrechterhaltung einer Population von Drohnen entstehen (Seeley 2002). Dazu habe ich die Honigerträge von Bienenvölkern verglichen, die für die Honigproduktion bewirtschaftet wurden und entweder mit oder ohne Drohnenwaben waren, und fand heraus, dass Bienenvölker mit Drohnenproduktion in vollem Umfang im Durchschnitt etwa 20 kg weniger Honig produzierten als Bienenvölker mit stark eingeschränkter Drohnenproduktion.

166 Wie groß ist der Nahrungsvorrat, den die Arbeitsbienen in einem Schwarm mitnehmen, wenn sie ihr Zuhause verlassen? Combs (1972) berichtet, dass eine Arbeitsbiene in einem Schwarm im Durchschnitt 37 mg einer 67%igen Zuckerlösung in ihrem Kropf (Honigmagen) speichern kann. (Zum Vergleich: eine Arbeitsbiene in einem nicht schwärmenden Bienenvolk nimmt im Durchschnitt nur 10 mg einer 39%igen Zuckerlösung auf). Daher kann ein durchschnittlicher Schwarm mit 12000 Arbeiterinnen etwa 300 g Zuckervorrat mitnehmen (12000 Bienen × 37 mg Zuckerlösung pro Biene × 67% Zucker = 297,5 g Zucker).

167 Die zweiteilige Untersuchung, die hier erwähnt wird, ist in Rangel, Reeve et al. (2013) zu finden.

168 Zu weiteren Informationen darüber, wie wir die Überlebenswahrscheinlichkeiten für Mutterkönigin- und Schwesterkönigin-Völker im Winter in Abhängigkeit vom Schwarmanteil gemessen haben, siehe Rangel und Seeley (2012).

169 Zu den die drei Studien, die über Messungen des Schwarmanteils berichten, siehe Martin (1963), Getz et al. (1982) und Rangel und Seeley (2012).

170 Wie viele Paarungsflüge macht eine Drohne im Laufe ihres Lebens? Eine Drohne lebt nach Erreichen der Geschlechtsreife etwa 20 Tage lang und macht an einem Tag mit schönem Wetter zwei bis vier Paarungsflüge (Winston 1987, S. 56 und 202). Wenn wir davon ausgehen, dass an der Hälfte der Tage im Sommer das Wetter gut genug ist, damit Drohnen und Königinnen Paarungsflüge durchführen können, dann können wir schätzen, dass eine normale Drohne in ihrem kurzen (und wahrscheinlich sexuell unerfüllten) Leben 20–40 Paarungsflüge macht.

171 Über die Entdeckung, dass 9-Oxo-2-Decensäure das Sexuallockstoff-Pheromon der Honigbienen ist, wird in Gary (1962) berichtet.

172 Die faszinierende Biologie der Paarung von Honigbienen gibt nun in zwei Büchern als gründliche Überarbeitung: Koeniger, Koeniger und Tiesler (2014), auf Deutsch, und Koeniger, Koeniger, Ellis et al. (2014), auf Englisch.

173 Die Angaben für die durchschnittliche Entfernung zum Paarungsplatz einer Königin (2–3 km) und für die maximalen Entfernungen, die Drohnen auf der Suche nach einer Paarungsmöglichkeit zurücklegen (5–7 km), stammen von Ruttner und Ruttner (1972).

174 Die schöne experimentelle Studie über den maximalen Paarungsbereich von Honigbienen, durchgeführt in Ontario, Kanada, wird in Peer (1957) beschrieben.

175 Die Evolution der Polyandrie (Mehrfachbegattung der Königinnen) in der Gattung *Apis* wurde von Palmer und Oldroyd (2000) untersucht. Einen Bericht über die durchschnittlichen Zahlen der Vaterschaften aller acht *Apis*-Arten siehe Tarpy et al. (2004). Für *Apis mellifera* nennen sie 12,0 ± 6,3 (Mittelwert ± eine Standardabweichung) für die beobachtete Befruchtungsrate und 12,1 ± 8,6 bzw. 11,6 ± 7,9 für die effektive Häufigkeit der Vaterschaften. Es gibt zwei Schätzungen für die effektive Vaterschaft, weil es zwei Möglichkeiten gibt, diese Zahl zu schätzen.

176 Der mehrstufige Prozess, bei dem Drohnen ihre Spermien in die Eileiter der Königin injizieren und von denen nur ein kleiner Teil davon zur langfristigen Speicherung in die Spermathek der Königin wandert, wird in Kapitel 10 in Koeniger, Koeniger, Ellis et al. (2014) sehr gut beschrieben.

177 Es gibt viele Studien, die zeigen, wie ein Honigbienenvolk davon profitiert, dass die Königin Sperma von zahlreichen Drohnen erwirbt und dann eine genetisch vielfältige Population produziert. Informationen über eine verbesserte Krankheitsresistenz findet man in Tarpy (2003), Seeley und Tarpy (2007) und Simone-Finstrom, Walz et al. (2016); zu einer größeren Stabilität des Mikroklimas im Nest siehe Jones et al. (2004); zu einer erhöhten Produktivität durch einen verbesserten Erwerb von Nahrungsquellen siehe Mattila und Seeley (2007) und Mattila et al. (2008).

178 Heather Mattilas Entdeckung, dass die Promiskuität der Königinnen dazu beiträgt, dass ein Volk eine maßgebliche Minderheit von Arbeiterinnen besitzt, die „social facilitation" („soziale Erleichterung") hinsichtlich der Futtersuche betreiben, wird in Mattila und Seeley (2010) erläutert.

179 Weitergehende Informationen zu der Studie, in der die Paarungshäufigkeit von Königinnen, die in freier Wildbahn in weit verstreuten Kolonien leben, und von Königinnen, die in Bienenstöcken mit eng zusammenstehenden Völkern leben, verglichen wurden, finden sich in Tarpy, Delaney et al. (2015).

180 Das Zitat von Thomas Smibert ist seinem Gedicht „The Wild Earth Bee" entnommen, siehe Smibert (1851).

181 Der Beweis, dass Arbeitsbienen zur Nahrungssuche 14 km weit fliegen, wurde in einer Studie erbracht, die in einer Halbwüstenregion in Wyoming durchgeführt wurde. Die Bienenvölker wurden in verschiedenen Entfernungen (bis zu 14 km) von bewässerten Feldern mit Luzerne und gelbem Süßklee aufgestellt, und man stellte fest, dass selbst die am weitesten entfernten Bienenvölker Nektar und Pollen von diesen Feldern sammelten. Siehe Eckert (1933).

182 Die Aussage, dass eine Kolonie etwa ein Drittel ihrer Mitglieder als Futtersammlerinnen einsetzt, basiert auf den in Thom et al. (2000) veröffentlichten Ergebnissen.

183 Dass Pollensammlerinnen bevorzugt Pollen in der Nähe der Brutzellen (insbesondere Zellen mit Eiern und Larven) abladen, wurde von Dreller und Tarpy (2000) gezeigt. Für umfassendere Analysen der Verhaltensmuster der Honigbienen, die das beständige Muster von Brut, Pollen und Honig in ihren Waben erzeugen – Brut im unteren Bereich, umgeben von Pollen und Honig oben – siehe Camazine (1991), Johnson (2009) und Montovan et al. (2013).

184 Selbst während eines starken Honigflusses – einer Zeit des intensiven Nektarsammelns – machen die Wassersammlerinnen nur einen geringen Anteil der Bienen aus, die mit einer Ladung flüssiger Fracht in einen Bienenstock kommen. Siehe z. B. Abb. 2 in Seeley (1986).

185 Weitere Informationen über die Altersverteilung der Nektar und Wasserabnehmerinnen in einem Volk, siehe Seeley (1989) und Kuhnholz und Seeley (1997).

186 Die Einzelheiten zu der Untersuchung an diesen ungestörten Kolonien in Connecticut sind in Seeley und Visscher (1985) beschrieben.

187 Es sind ungefähr 7700 Bienen/kg, siehe Otis (1982).

188 Die Angabe von 130 mg Pollen, die von einer Arbeiterin eingetragen werden, stammt von Haydak (1935).

189 Die Aussage, dass eine Arbeiterin im Durchschnitt etwa einen Monat im Sommer lebt, stützt sich auf Sekiguchi und Sakagami (1966) und Sakagami und Fukuda (1968).

190 Die Schätzwerte für die gesamte Brutaufzucht und den Nahrungsverbrauch von Bienenvölkern, die für die Honigproduktion bewirtschaftet werden, stammen von Brunnich (1923) und Nolan (1925) bezüglich der Brutaufzucht; Eckert (1942), Hirschfelder (1951) und Louveaux (1958) bezüglich des Pollenverbrauchs; und Weipple (1928) und Rosov (1944) bezüglich des Honigverbrauchs.

191 Das Durchschnittsgewicht einer Pollenladung stammt aus Parker (1926) und Fukuda et al. (1969). Die durchschnittliche Flugdistanz (= das Doppelte der durchschnittlichen Entfernung zwischen den Blumenfeldern) stammt von Visscher und Seeley (1982). Die Schätzung der Flugkosten stammt von Scholze et al. (1964) und Heinrich (1980). Der Brennwert für Pollen stammt aus Southwick und Pimentel (1981). Die durchschnittliche Zuckerkonzentration des Nektars stammt aus Park (1949), Southwick et al. (1981) und Seeley (1986). Die durchschnittliche Zuckerkonzentration von Honig stammt von White (1975). Das durchschnittliche Gewicht einer Nektarladung stammt von Park (1949) und Wells und Giacchino (1968).

192 Die Angabe von 6 km für das Sammelrevier eines Volkes basiert auf der Arbeit von Visscher und Seeley (1982), die die räumlichen Muster der Nahrungssuche einer ausgewachsenen Kolonie im Arnot Forest beschrieben. Sie stellten fest, dass ein Kreis, der groß genug war, um 95 % der durch die Schwänzeltänze der Nahrungssammlerinnen eines Volkes beworbenen Orte einzuschließen, einen Radius von 6 km hatte.

193 Die angegebene Fluggeschwindigkeit einer Sammlerin – 30 km/h – ist der ungefähre Durchschnitt der Reisefluggeschwindigkeit von Nektarsammlerinnen auf ihren leeren Hinflügen (34,2 km/h) und ihren Rückflügen mit Ladung (24,2 km/h). Details zur Messung dieser Fluggeschwindigkeiten siehe Seeley (1986) oder Biology Box 5 in Seeley (2016).

194 Beispiele für Untersuchungen der Reichweite im Sammelrevier mithilfe der üblichen Rückfang-Methode („mark-and-recapture") finden sich bei Berlepsch (1860, S. 176), Levin et al. (1960), Levin (1961) und Robinson (1966). Die in der Halbwüstenregion von Wyoming durchgeführte Studie ist von Eckert (1933). Die Methode der magnetischen Rückgewinnung von Stahletiketten mit einem Rückfang-System für Honigbienen wird in Gary (1971) beschrieben. Ein schönes Beispiel für eine Studie, in der die Methode der magnetischen Rückgewinnung von Stahletiketten verwendet wurde, um die Verteilung der Sammlerinnen eines Bienenvolkes zu bestimmen, findet man in Gary et al. (1978).

195 Für eine ausführliche Beschreibung der mit Kirk Visscher durchgeführten Studie über die räumlichen und zeitlichen Muster bei der Futtersuche einer ausgewachsenen Kolonie im Arnot Forest siehe Visscher und Seeley (1982).

196 Die Pionierarbeit von Herta Knaffl über die räumliche Reichweite bei der Futtersuche eines Honigbienenvolkes, die auf der Entschlüsselung der Schwänzeltänze der Bienen basiert,ist in Knaffl (1953) ausführlich beschrieben.

197 Die bemerkenswerte Studie über die weiträumige Futtersuche von Bienen, die die Besenheide in den Hochmooren außerhalb von Sheffield, England, anflogen, stammt von Beekman und Ratnieks (2000). Weitere bemerkenswerte Studien, die in England durchgeführt wurden und die Technik des Entschlüsselns der Schwänzeltänze verwendet haben, um die Auswirkungen von Völkergröße und Jahreszeit auf die Reichweite und Dynamik bei der Futtersuche zu untersuchen, in Beekman et al. (2004) und Couvillon et al. (2014, 2015).

198 Diese Studie, die Schatzsuche nach den Fähigkeiten von Völkern, weit entfernt von ihren Nestern Erkundungen nach profitablen Nahrungsquellen durchzuführen, ist in Seeley (1987) beschrieben.

199 Weitere Beispiele von Karten, die die tageszeitliche Dynamik der Rekrutierungsziele der im Arnot Forest lebenden Kolonie darstellen: siehe Abb. 3 in Visscher und Seeley (1982).

200 Die experimentelle Untersuchung der Fähigkeit einer Kolonie, unter einer veränderlichen Anordnung potenzieller Nahrungsquellen zu wählen, indem sie die Anzahl der an diesen Quellen beschäftigten Futtersucher geschickt anpasst, wird ausführlich in Seeley, Camazine et al. (1991) beschrieben. Zur Übersicht über alle Studien zu diesem Thema, siehe Kapitel 3 und 5 in Seeley (1995).

201 Ein Beispiel für die Verteilung der Zuckerkonzentrationen in den Flüssigkeitsladungen, die von den Arbeitsbienen in Connecticut gesammelt wurden, findet man in Abb. 2.12 in Seeley (1995). Die in dieser Abbildung gezeigte Bandbreite der Zuckerkonzentrationen reicht von etwa 15 % bis 65 % und liegt im Durchschnitt bei etwa 40 %. Park (1949) und Southwick et al. (1981) berichten über die gleiche durchschnittliche Zuckerkonzentration im Nektar, der von Arbeitsbienen in Iowa bzw. New York gesammelt wurde.

202 Beispiele von Studien, die sich mit der Frage beschäftigt haben, was das Räubern unter Bienenvölkern auslöst, siehe Butler und Free (1952) und Ribbands (1954).

203 Über die Untersuchung von Schnelligkeit und Auftreten von Räuberei in weit voneinander entfernten wilden Kolonien wird in Peck und Seeley (in Vorbereitung) berichtet.

204 Die Schwarmfangkiste in dem an meine Scheune angebauten Schuppen ist ein kleines Langstroth-Magazin mit 5 Rähmchen. Um meine Schwarmfangkisten für die Scoutbienen gut sichtbar und attraktiv zu gestalten, setze ich fünf Rähmchen ein, die mit dunklen, aromatischen Waben gefüllt sind. Siehe Seeley (2012) und Seeley (2017a).

205 Die Abhandlung, die die atemberaubende Geschicklichkeit der Varroamilben beschreibt, wie sie auf Arbeiterinnen klettern, stammt von Peck et al. (2016). Die Arbeit von Cervo et al. (2014) zeigt auf, dass Varroamilben in Bienenvölkern, die durch die von den Milben übertragenen Krankheiten geschwächt sind, ohne Unterschied auf die Arbeiterinnen (einschließlich der Räuberinnen) kletterten.

206 Ich glaube, dass inzwischen alle Bienenvölker im Arnot Forest von Varroamilben befallen sind, weil jeder Schwarm, den ich dort einfange, von Milben befallen ist, wie schon in Kapitel 2 erörtert.

207 Das Zitat von Thomas Hood stammt aus seinem Gedicht „November", siehe Hood (1873), S. 332.

208 Es gibt mehrere gute Informationsquellen über die Temperaturen in brutfreien Wintertrauben. Siehe Hess (1926), Owens (1971), Fahrenholz et al. (1989) und Stabentheiner et al. (2003). Zu detaillierten Informationen über die Brutnesttemperaturen von Honigbienenvölkern, siehe Himmer (1927), Owens (1971), Levin und Collison (1990), und Kraus et al. (1998).

209 Gegenwärtig fehlen uns zuverlässige Daten über die Dicke der Wände in natürlichen Baumhöhlen, die von Honigbienen bewohnt werden, und wir wissen nicht, ob die Wandstärke von den Kundschafterinnen geprüft wird, wenn sie potenzielle Nisthöhlen inspizieren. Abb. 5.1 zeigt die Wandstärke einer natürlichen Nisthöhle; die Wände variieren in der Dicke von ca. 8 cm bis 13 cm.

210 Zwei Studien, die nachgewiesen haben, dass das richtige Verhalten von Arbeitsbienen davon abhängt, dass sie während der gesamten Entwicklungzeit der Puppen bei 34,5–35,5 °C gehalten werden, stammen von Tautz et al. (2003) und Groh et al. (2004). Ihre Befunde zeigen, dass dieser enge Temperaturbereich typisch für die Brutnester von Honigbienenvölkern ist.

211 Dass die Flugmuskeln der Insekten einige der höchsten bekannten Grade der Stoffwechselaktivität haben, wird in Bartholomew (1981) erörtert. Die gewichtsspezifischen Raten der Leistungsabgabe für eine Honigbiene stammen von Heinrich (1980) und für einen olympischen Ruderer von Neville (1965). Die Effizienz des Flugapparates der Insekten bei der Umwandlung von Brennstoff in mechanische Leistung wird in Kammer und Heinrich (1978) diskutiert.

212 Zu weiteren Informationen darüber, wie stark Bienen ihre Thoraxtemperatur über die Umgebungstemperatur anheben können, siehe Esch (1960) und Heinrich (1979b). Die Notwendigkeit der Arbeiterinnen, die Thoraxtemperatur über etwa 27 °C zu halten, wird in Esch (1976) und Heinrich (1979b) beschrieben und von Josephson (1981) und Heinrich (1977) erklärt. Die Fähigkeit der Arbeiterinnen, ihre Flugmuskeln durch isometrische Kontraktionen zu erwärmen, wird von Esch (1964) analysiert.

213 Dass Honigbienen denselben Mechanismus zur Erwärmung ihrer Flugmuskulatur und zur Erwärmung ihres Nestes verwenden, wird in Esch (1960) gezeigt. Bujok et al. (2002) und Kleinhenz et al. (2003) beschreiben, wie eine Ammenbiene eine Puppe erwärmen kann, indem sie ihren Thorax auf einen Zelldeckel drückt oder indem sie in eine leere Zelle hineinklettert, die an eine Zelle mit einer Puppe angrenzt, und dann mit ihren Flugmuskeln Wärme produziert.

214 Dass anhaltende Brutnesttemperaturen über 37°C die Metamorphose der Larven stören, wurde von Himmer (1927) gezeigt. Chadwick (1931) berichtet, daß honiggefüllte Waben bei 40°C anfangen zu kollabieren. Die obere tödliche Temperatur für erwachsene Honigbienen wird von Allen (1959b) und Free und Spencer-Booth (1962) angegeben. Dass Honigbienen mehrere Tage bei 15°C überleben können, wurde von Free und Spencer-Booth (1960) gezeigt.

215 Vern G. Milums Studie über den Einfluss der Brutnesttemperatur auf die Entwicklungszeit der Arbeiterinnen, siehe in Arbeit Milum (1930). Die Studie von Anna Maurizio, die herausfand, dass eine Absenkung der Temperatur auf 30°C für nur wenige Stunden ausreicht, um eine erfolgreiche Infektion der Larven mit dem Kalkbrutpilz zu erreichen, wird in ihrer richtungweisenden Arbeit Maurizio (1934) beschrieben.

216 Die Studie, die über eine erhöhte Brutnesttemperatur (Fieber) als Reaktion auf eine Infektion mit dem Kalkbrutpilz *Ascosphaera apis* berichtet, findet man in Starks et al. (2000).

217 Allen (1959b) und Esch und Bastian (1968) fanden heraus, dass Bienen, die unter 18°C abkühlen, ihre Flugmuskeln nicht aktivieren können. Die Studie, die zeigte, dass Arbeitsbienen in ein Kältekoma fallen, wenn sie unter etwa 10°C abgekühlt werden, stammt von Free und Spencer-Booth (1960).

218 Konduktion ist die Übertragung von Wärme durch einen Stoff, der unbewegt ist. Konvektion ist die Übertragung von Wärme durch eine Substanz mittels Bewegung der Substanz; sie erfordert eine Strömung von Luft oder Wasser. Evaporation (Verdunstung) von Wasser führt Wärme ab, da Wasser viel Wärme aufnimmt, wenn es von einem flüssigen in einen gasförmigen Zustand übergeht. Wärmestrahlung (Radiation) ist die Wärmeübertragung, die stattfindet, wenn ein Objekt elektromagnetische Strahlung, wie z. B. Infrarotstrahlung, aussendet.

219 Detaillierte Informationen über die Temperatur, bei der die Traubenbildung beginnt, siehe in Free und Spencer-Booth (1958), Kronenberg und Heller (1982) und Southwick (1982, 1985). Charles D. Owens Studien über die Struktur-Temperatur-Beziehungen von Kolonien im Winter werden in Owens (1971) erläutert. Die Aussage, dass das Volumen der Bienentraube um das Fünffache schrumpft, wenn die Temperatur von 14°C auf–10°C fällt – wo die Bienen ihre untere Grenze der Traubenkontraktion erreichen – basiert auf Abb. 22 in Owens (1971).

220 Zur Messung der Wärmeleitfähigkeit eines 17 000 Bienen (ca. 2,2 kg) umfassenden Winterschwarms von Honigbienen, der in einem Langstroth-Magazin lebte, siehe Southwick und Mugaas (1971). Die ähnliche Wärmeleitfähigkeit eines überwinternden Bienenvolkes, von Vögeln und Säugetieren ist in Abb. 5 dieser Arbeit dargestellt.

221 Die Pionierstudien zu den Unterschieden in der Wärmeleitfähigkeit zwischen den Wänden natürlicher Baumhöhlen und verschiedener handwerklich hergestellter Beuten sowie zu den Folgen dieser Unterschiede werden in Mitchell (2016, 2017) erläutert.

222 Die beiden Hohlräume haben die gleichen Abmessungen in Bezug auf Breite, Tiefe und Höhe: 24 cm × 24 cm × 87 cm. Die Baumhöhle wurde durch Schneiden in einen Zuckerahorn mit einem Durchmesser von 96 cm über die Höhe der Höhle, Entfernen von Holzstückchen und Glätten der Innenflächen mit einer Axt hergestellt. Die Wände rund um die Höhle sind unterschiedlich dick. Die dünnste ist die abnehmbare Vorderwand (mit dem Eingang): 15 cm. Die dickste ist die Rückwand: 57 cm. Die Seitenwände sind 36 cm dick. Die Temperaturdaten werden von einer Reihe von Raspberry Pi-Mikrocontroller-Temperatursensoren/-schreibern erfasst, die in jeder Box montiert sind und von einem Solarpanel im Baum mit Strom versorgt werden.

223 Die Zahlen für den Ruhestoffwechsel von Brut und erwachsenen Bienen bei 35°C stammen von Allen (1959b), Cahill und Lustick (1976) und Kronenberg und Heller (1982). Die Zahl von 500 Watt/kg für die maximale Stoffwechselrate der Flugmuskulatur der Honigbienen stammt von Jongbloed und Wiersma (1934), Bastian und Esch (1970) und Heinrich (1980).

224 Die Studie, die nachwies, dass eine Ammenbiene die Puppenbrut ausbrütet, indem sie ihren Thorax erwärmt und ihn an den Deckel einer Brutzelle drückt, stammt von Bujok et al. (2002).

225 Der starke Anstieg der Stoffwechselrate kleiner Bienengruppen – von ca. 30 Watt/kg bei 36°C auf ca. 300 Watt/kg bei 5°C – um der Kältestarre zu widerstehen, wurde von Cahill und Lustick (1976) nachgewiesen.

226 Das Diagramm stellt die Stoffwechselrate eines Bienenvolkes als Funktion von Umgebungstemperatur und von Clusterbildung (Abb 9.7)dar, es stammt aus Southwick (1982).
227 Das Experiment von Lindauer in Italien ist in seiner 1954 erschienenen Arbeit über die Temperaturregulierung und den Wasserhaushalt von Honigbienenvölkern beschrieben; siehe Lindauer (1954).
228 Zwei frühe Berichte, dass Bienen mit dem Fächeln (zur Kühlung) beginnen, wenn die Temperatur im Brutnest 36°C erreicht, stammen von Hess (1926) und Wohlgemuth (1957).
229 Die Arbeit von Jacob Peters und seinen Kollegen wird in Peters et al. (2017) erläutert. Berichte von Engel H. Hazelhoff über die Belüftung von Bienennestern zur Temperaturkontrolle und Kohlendioxidabfuhr, siehe Hazelhoff (1941) und Hazelhoff (1954). Eine experimentelle Studie zur Nestbelüftung als Reaktion auf hohe Kohlendioxidkonzentrationen, siehe Seeley (1974).
230 Das natürliche Experiment in Südkalifornien, das die Bedeutung von Wasser für die Kühlung von Honigbienenvölkern demonstrierte, wird in Chadwick (1931) beschrieben.
231 Der Nachweis, dass sich einige Bienen im Alter der Nahrungssammlerinnen tagelang, wenn nicht wochenlang, auf das Wassersammeln spezialisieren, stammt von Lindauer (1954), Robinson et al. (1984), Kuhnholz und Seeley (1997) und Ostwald et al. (2016). Die Analyse, wie sich die Wassersammlerinnen für ihren Heimflug mit Treibstoff versorgen, findet man in Visscher, Crailsheim et al. (1996). Die verschiedenen Zwecke, für die Honigbienen Wasser sammeln, werden in Park (1949), Nicolson (2009) und Human et al. (2006) beschrieben
232 Über die Beobachtungen des Wassersammelns im Winter durch Bienen in Nordschottland wird in Chilcott und Seeley (2018) berichtet. Die Analyse der Techniken zur Thermoregulation von Wassersammlerinnen im Winter mithilfe einer Infrarotkamera ist in Kovac et al. (2010) beschrieben. Zu einem ausführlichen Bericht über die Thermoregulation durch Wassersammlerinnen – ebenfalls mit einer Infrarotkamera untersucht – siehe Schmaranzer (2000).
233 Um die Analyse von Derek Mitchell zu den Auswirkungen der oben liegenden Eingänge auf Temperatur und Luftfeuchtigkeit von Bienenvölkern, die in gut isolierten Bienenstöcken leben, zu lesen, siehe Mitchell (2017).
234 Über die Studien zur Aktivierung und Deaktivierung der Wassersammlerinnen in einem Honigbienenvolk, wenn es einem vorübergehenden Hitzestress ausgesetzt ist, wird in Ostwald et al. (2016) und Kuhnholz und Seeley (1997) berichtet.
235 Die Berichte von Imkern in Australien und Südafrika über Wassereinlagerung in den Waben stammen von Rayment (1923) und Eksteen und Johannsmeier (1991). Der Bericht von O. Wallace Park über Trauben von mit Wasser vollgetankten Speicherbienen ist Park (1923).
236 Das Zitat von Henry David Thoreau stammt aus seinem Essay „Walking“, siehe Thorea (1862), S. 665.
237 Für eine ausführliche Übersicht über die mehreren hundert Organismen, die sich einen Teil oder das ganze Bienenvolk einverleiben wollen, wenn sie es schaffen, die Abwehr der Bienen zu durchdringen, siehe Morse und Flottum (1997).
238 Die Ansicht, dass die Honigbienen mit den meisten ihrer Infektionskrankheiten eine lange Evolutionsgeschichte haben und dass die Imker manchmal ernsthaft in die natürlichen Mechanismen der Bienen eingreifen, um deren Krankheitserreger zu kontrollieren, wird in den verbindlichen Büchern über die Pathologie der Honigbienen von Bailey (1963, 1981) und Bailey und Ball (1991) diskutiert.
239 Die Studien von Martin (1998), Martin (2001) und Martin et al. (2012) haben gezeigt, dass die Hauptursache für die Sterblichkeit von Honigbienenvölkern (*Apis mellifera*) Koinfektionen der Bienen durch *Varroa destructor* und Viren, insbesondere das Flügeldeformationsvirus, sind.
240 Die Geschichte des Transports von Kolonien der europäischen Apis mellifera aus der Ukraine in die fernöstliche Region Russlands ist in Crane (1999, S. 366-367) zusammengefasst.
241 Es wird erwartet, dass sich eine hohe Virulenz bei Pathogenen und Parasiten entwickelt, die sich leicht zwischen genetisch nicht verwandten Wirten (horizontal) und nicht von Eltern zu Nachkommen (vertikal) ausbreiten. Dies liegt daran, dass die horizontale Übertragung von Pathogenen/Parasiten Stämme begünstigt, die sich *stark* vermehren, und diese hohe Repro-

duktionsrate schadet im Allgemeinen dem Wirt. Im Gegensatz dazu begünstigt die vertikale Übertragung Erreger/Parasiten, die sich sehr langsam vermehren, damit der Wirt gesund genug bleibt, um die Nachkommen zu produzieren, die der Erreger oder Parasit für seine nächsten Wirte benötigt. Für eine ausführlichere Erklärung, wie die Evolution der Virulenz von der Ökologie des Pathogens/Parasiten abhängt, siehe Ewald (1994, 1995). Bei Honigbienen kann die horizontale Übertragung (zwischen nicht verwandten Völkern) des Flügeldeformationsvirus (DWV) auf zwei Arten erfolgen: 1) wenn Arbeiterinnen, die mit DWV-infizierten Varroamilben befallen sind, in nicht befallene Bienenvölker abdriften, und 2) wenn Arbeiterinnen ein Bienenvolk mit DWV-infizierten Varroamilben ausrauben und diese Milben dann nach Hause bringen.

242 Ich konnte keine verlässlichen Informationen darüber finden, wann der Befall von *Apis-mellifera*-Bienenvölkern durch Varroamilben in der Primorskiy-Region in Russland begann, aber ein Bericht von Crane (1978) deutet darauf hin, dass dies bald nach der Ansiedlung von Bauern aus der Ukraine, die *Apis-mellifera*-Bienenvölker mitbrachten, in der Region im Jahr 1883 passierte (siehe Ihor Samokysh, Ukrainians in Zeleny Klyn, Day Kyiv, 17. November 2011, https://day.kyiv.ua/en/article/day-after-day/ukrainians-zeleny-klyn; abgerufen am 28. Juni 2018).

243 Die Resistenzmechanismen gegen *Varroa destructor* bei Honigbienen aus dem fernöstlichen Russland wurden von einem Forscherteam des Honey Bee Breeding, Genetics, and Physiology Research Laboratory des U.S. Department of Agriculture in Louisiana aufgeklärt. Ihre detaillierten und vielschichtigen Studien sind in Rinderer, Harris et al. (2010) nachzulesen. Der ausführliche Bericht der kontrollierten Feldstudie, die die genetisch begründete Resistenz gegen *Varroa destructor* der aus dem fernöstlichen Russland importierten Bienen schlüssig nachwies, stammt von Rinderer, Guzman et al. (2001).

244 Ausführliche Informationen über den Aufbau und die Ergebnisse des Experiments, das eine isolierte, von *Varroa* befallene Population von Honigbienen auf der Insel Gotland, Schweden, verfolgte, finden Sie in Fries, Hansen et al. (2003), Fries, Imdorf et al. (2006) und Locke (2016). Für Informationen über die Resistenzmechanismen gegen die *Varroa* der Gotland-Bienen siehe Fries und Bommarco (2007), Locke und Fries (2011), Locke (2015, 2016) und Oddie, Buchler et al. (2018).

245 Die erstaunliche Fähigkeit der Varroamilben, auf Arbeitsbienen zu klettern, während diese auf Blüten auf Nahrungssuche sind, wird in Peck et al. (2016) beschrieben. Dieser Artikel enthält einen Link zu einem schönen Video, das die unglaubliche Flinkheit dieser Milben zeigt.

246 Die Methoden der Bienenjagd, auf die ich hier hinweise, sind in Seeley (2016) ausführlich beschrieben.

247 Zu weiteren Informationen über die Untersuchung, ob sich die im Arnot Forest lebenden Honigbienen genetisch von den Bienen unterscheiden, die in den Bienenständen in der Nähe dieses Waldes leben, siehe Seeley, Tarpy et al. (2015).

248 Über die genetische Untersuchung der alten (Museums-) und neuen (modernen) Proben von wildenVölkern mithilfe der Gesamtgenomsequenzierung wird in Mikheyev et al. (2015) berichtet.

249 Die Berichte über andere Zusammenbrüche (aber nicht Auslöschungen) von Populationen wilder oder aufgegebener Honigbienenvölker nach der Ankunft von *Varroa destructor* stammen aus Texas, Arizona, Louisiana, Schweden, Norwegen und Frankreich. Siehe, Texas: Pinto et al. (2004); Arizona: Loper et al. (2006); Louisiana: Villa et al. (2008); Schweden: Fries, Imdorf et al. (2006), Norwegen: Oddie, Dahle et al. (2017), und Frankreich: Le Conte et al. (2007) und Kefuss et al. (2016).

250 Die Arbeit von David Peck ist noch nicht veröffentlicht, wird aber in Kürze in einer Abhandlung mit dem Titel „Multiple mechanisms of behavioral resistance to an introduced parasite, Varroa destructor, in a survivor population of European honey bees“ erscheinen.

251 In Oddie, Buchler et al. (2018) wird der Nachweis erbracht, dass das einfache Entdeckeln und Wiederverdeckeln von milbenbefallenen Zellen der Arbeiterinnenbrut eine wirksame Methode für die Arbeiterinnen ist, um den Reproduktionserfolg der Varroamilbe zu reduzieren (und dies ohne Tötung der Arbeiterinnenbrut).

252 Die Geschichte des Übergangs von der Bienenjagd zur Bienenzucht wird am ausführlichsten von Crane (1999) beschrieben. Für Informationen darüber, wie Bienenvölker, die in Bienenständen zusammengepfercht sind, im Vergleich zu Bienenvölkern, die in weit verstreuten Nestern leben, einem größeren Wettbewerb um Futter ausgesetzt sind, siehe Crane (1990, S. 194); ein höheres Risiko haben, dass der Honig während schlechter Trachtzeit gestohlen wird, siehe Free (1954) und Downs und Ratnieks (2000); mehr Probleme bei der Fortpflanzung haben (besonders der Verlust von Königinnen), siehe Crane (1990, S. 196); und ein größeres Risiko haben, Krankheiten zu bekommen, siehe Free (1958) und Goodwin und Van Eaton (1999).

253 Die Zahl von 40 % oder mehr Bienen, die sich zu einem fremden Bienenvolk verfliegen, stammt von Jay (1965, 1966a, 1966b). Studien über die Wirksamkeit verschiedener Methoden zur Verringerung des Verflugs zwischen Bienenvölkern in Bienenständen werden in Jay (1965, 1966a, 1966b) und Pfeiffer und Crailsheim (1998) berichtet.

254 Die hier beschriebene experimentelle Studie über die Auswirkungen, wenn man Honigbienenvölker in Bienenständen zusammenpfercht, stammt von Seeley und Smith (2015). Eine verwandte Studie, Frey und Rosenkranz (2014), hat untersucht, wie Unterschiede in den Abständen zwischen den Bienenvölkern auf der Landschaftsebene (d. h. in Regionen mit niedrigen vs. hohen Völkerdichten) auch die Rate, mit der Bienenvölker im Herbst *Varroa destructor*-Milben von ihren Nachbarn erwerben, stark beeinflussen können.

255 Die experimentelle Studie über die Bedeutung von kleinen Nestern und häufigem Schwärmen für das Überleben von Wildvölkern trotz eines Befalls mit *Varroa destructor* stammt von Loftus et al. (2016).

256 Eine Studie, die zeigt, dass Bienenvölker, die in kleinen Beuten leben, häufiger schwärmen als solche, die in großen Beuten leben, stammt von Simpson und Riedel (1963). Eine Studie, die zeigt, dass etwa 50 % der Milben in einem Bienenvolk auf den erwachsenen Bienen und 50 % in der verschlossenen Brut sind, siehe Fuchs (1990).

257 Donze und Guerin (1997) liefern eine hervorragende Beschreibung, wo und wie unreife *Varroa destructor*-Milben ihre Zeit in den verdeckelten Brutzellen von Honigbienen verbringen. Für eine umfassende Beschreibung des Lebenszyklus von *Varroa destructor* siehe Rosenkranz et al. (2010). Zu den ersten, die darauf hinwiesen, dass kleinere Wabenzellen eine höhere Sterblichkeit unreifer Varroamilben verursachen könnten, gehörten Erickson et al. (1990) und Medina und Martin (1999).

258 Die Studie von John McMullan und Michael Brown über den Füllfaktor von Brutwaben mit großen und kleinen Zellen stammt von McMullan und Brown (2006).

259 Die Studie, die die Vorteile von nach Süden ausgerichteten Eingängen für Kolonien zeigt, stammt von Szabo (1983a).

260 Mein Nachschlagebuch über die Säugetiere des östlichen Nordamerikas ist Whitaker und Hamilton (1998).

261 Mehrere wichtige In-vitro-Studien über die hemmende Wirkung von Propolis auf das Wachstum verschiedener bakterieller und pilzlicher Krankheitserreger bei Honigbienen stammen von Antunez et al. (2008), Bastos et al. (2008), Bilikova et al. (2013), Lindenfelser (1968) und Wilson et al. (2015).

262 Die Arbeit aus dem Labor von Marla Spivak, die hier zusammengefasst ist, wird in zwei Arbeiten erläutert: Simone et al. (2009) und Borba et al. (2015). Eine weitere Studie, die starke Beweise für die gesundheitlichen Vorteile von Propolis in den Nestern von Honigbienen präsentiert – eine starke Korrelation zwischen der Intensität der Propolis-Sammlung eines Bienenvolkes und seiner Lebensspanne und Brutvitalität stammt von Nicodemo et al. (2014).

263 Das Zitat von Leslie Bailey stammt aus seinem Buch *Honey Bee Pathology*; siehe Bailey (1981), S. 7.

264 Das Konzept der Darwinistischen Bienenzucht ist eine Anwendung der Ideen der Darwinistischen Medizin, wie sie von Williams und Nesse (1991) und Nesse und Williams (1994) diskutiert wurden, auf das Thema Bienenzucht. Die grundlegende Einsicht sowohl der Darwinistischen Medizin als auch der Darwinistischen Bienenzucht ist, dass lebende Systeme Unterschiede zwischen ihrer modernen Umwelt (aktuelle Umwelt) und der Umwelt, für die sie sich entwickelt

haben (Umwelt der evolutionären Anpassung), erfahren und dass diese Unterschiede viele Probleme verursachen, weil lebende Systeme oft schlecht ausgerüstet sind, um mit den Neuerungen ihrer modernen Umwelt umzugehen.

265 Die Experimente, die gezeigt haben, dass der ungewöhnliche jährliche Brutzyklus der Kolonien in der Region Landes im Südwesten Frankreichs ein adaptives, genetisch begründetes Merkmal ist, werden in Louveaux (1973) und Strange et al. (2007) besprochen. Hatjina et al. (2014) beschreiben eine groß angelegte Studie, die lokal adaptive Unterschiede im Timing der Kolonieentwicklung untersuchte. Sie beschreiben eine experimentelle Analyse, die fünf europäische Unterarten von *Apis mellifera* verwendete: *carnica*, *ligustica*, *macedonica*, *mellifera* und *siciliana*.

266 Eine Studie, die sich speziell mit den Auswirkungen des Gedränges von Bienenvölkern in Bienenstöcken auf die Probleme der Völkervermehrung und der Krankheitsübertragung beschäftigt hat, stammt von Seeley und Smith (2015). Brosi et al. (2017) stellen ein Modell der Epidemiologie von Infektionskrankheiten vor, das die Schlüsselrolle der Bienenstock-/Nestdichte bei der Ausbreitung von Infektionskrankheiten zeigt.

267 Eine Studie, die explizit die Auswirkungen der Bienenstockgröße sowohl auf die Honigproduktion als auch auf die Probleme mit Brutkrankheiten betrachtet, stammt von Loftus et al. (2016).

268 Eine experimentelle Untersuchung der Auswirkungen einer Propolisbeschichtung an den Wänden der Nisthöhle (oder des Bienenstocks) ihres Volkes auf das Immunsystem von Arbeiterinnen ist Borba et al. (2015).

269 Die beste Informationsquelle für die Unterschiede in der Wärmedämmung zwischen Wänden von Baumhöhlen und Standard-Holzbeuten und über die Auswirkungen dieser Unterschiede auf die Energetik der Thermoregulation von Bienenvölkern findet man in Mitchell (2016).

270 Soweit ich weiß, gibt es keine veröffentlichten Studien über die Auswirkung der Höhe des Nesteingangs auf die Gefährlichkeit von Reinigungsflügen im Winter, wenn der Boden schneebedeckt ist. Ich habe jedoch eine Pilotstudie durchgeführt, bei der ich zwei Bienenvölker auf dem leicht geneigten Dach des Lagerschuppens an meinem Labor aufgestellt habe und zwei weitere Bienenvölker in der Nähe in Bienenstöcken in Bodenhöhe. Als der Schnee ca. 20 cm hoch lag, flogen die Bienen beim Verlassen der höher aufgestellten Bienenstöcke in einer Höhe von ca. 200 cm über dem Schnee, während die Bienen beim Ausfliegen aus den niedrigeren Bienenstöcken sich nur wenige cm über dem Schnee befanden. An drei sonnigen Tagen im Winter, als die Luft für die Bienen warm genug war, um Reinigungsflüge zu machen, zählte ich die Anzahl der Bienen, die von jedem dieser vier Bienenstöcke ausflogen und dann im Schnee außerhalb des Stocks abstürzten. Der Durchschnitt bei den beiden hohen Bienenstöcken lag bei 8 Bienen pro warmem Tag, während es bei den niedrigen Bienenstöcken 113 Bienen waren.

271 Der Nachweis, dass das Eindämmen der Drohnenproduktion die Honigproduktion eines Bienenvolkes steigert, wird in Seeley (2002) berichtet und überprüft, und dass es die Vermehrung der *Varroa destructor* verlangsamt, wird in Martin (1998) beschrieben.

272 Diverse Forscher haben die Gesetzmäßigkeiten im Verhalten der Arbeiterinnen untersucht, die das Verteilungsmuster der Wabenzellen erzeugen. Die bahnbrechenden Studien werden in Camazine (1991) und Camazine et al. (1990) erläutert. Bienen können diese Muster durch das Befolgen einfacher Regeln erzeugen, die nicht voraussetzen, dass die Bienen ein globales Wissen (einen „Bauplan") über den endgültigen Aufbau ihres Nestes haben. Johnson (2009) fügte eine auf der Schwerkraft basierende Regel hinzu, die die Bewegung der Nektarabnehmerinnen in Richtung der Oberseite des Nests verzerrt, um das Muster der Nektareinlagerung hauptsächlich oben im Nest zu erzeugen. Eine relativ neue Arbeit, sie ist von Montovan et al. (2013), fügt zwei weitere Verhaltensregeln hinzu: 1) der Verbrauch von Nektar und Pollen ist abhängig von der Brutdichte (am größten direkt neben der Brut) und 2) die Bewegungen der Königin sind zum zentralen Brutnest hin verzerrt, das sie auf das Temperaturgefälle reagieren. Der Vielfältigkeit der Mechanismen für den Aufbau und die Aufrechterhaltung des Zellverteilungsmusters in Honigbienennestern ist ein starker Indikator für den adaptiven Wert, den dieses Muster für die Bienen hat.

273 Zum Nachweis dieser Studie, siehe Moeller (1975).

274 Die Studie, in der die Auswirkungen der Störung von Bienenvölkern auf die Gewichtszunahme der Bienenvölker (Honigproduktion) für den Tag erfasst wurden, stammt von Taber (1963).

275 Die Aussage, dass *Varroa destructor* (und die von ihr verbreiteten Viren) Millionen von Honigbienenvölkern getötet hat, stammt von Martin et al. (2012).

276 Die Untersuchung der Auswirkungen der Pollenvielfalt in der Ernährung von Ammenbienen führten Di Pasquale et al. (2013) durch.

277 Eine Studie, die die Wirksamkeit verschiedener Pollenersatzstoffe mit der von echtem Pollen vergleicht, stammt von Oliver (2014). Siehe auch Randy Oliver, A comparative test of the pollen subs, ScientificBeekeeping.com (n.d.), http://scientificbeekeeping.com/a-comparative-test-of-the-pollen-sub/. Oliver ist der Meinung, dass „natürlicher Pollen uneingeschränkt herrscht". Die Studie, die vorgeführt hat, dass Arbeiterinnen, die in pollengestressten Kolonien aufgezogen wurden, schlechte Sammlerinnen werden, ist von Scofield und Mattila (2015).

278 Eine Studie, die die hohen Werte von Agrochemikalien in Honigbienenvölkern in Nordamerika dokumentiert hat, ist von Mullin et al. (2010). Traynor et al. (2016) berichteten, dass die Bienenvölker einem höheren Risiko ausgesetzt waren, dass die Brut während der Entwicklung durch Insektizide und Fungizide vergiftet wurde, wenn die Völker Bestäubungsleistungen erbrachten (für Äpfel, Blaubeeren, Preiselbeeren, Zitrusfrüchte und Gurken), anders als wenn sie Honig produzierten oder auf einer Wiese abgestellt waren. Andere Studien haben gezeigt, dass in Gebieten mit kommerzieller Bestäubung bewirtschaftete Bienenvölker fast ausnahmslos höheren Mengen an Pestizidrückständen ausgesetzt sind, da die Pestizide auf nicht kultivierte Pflanzen übertragen werden und den ganzen Sommer eine hohe Belastung darstellen (Botias et al. 2015).

279 Einen Überblick über die bekannten Populationen von wilden Honigbienenvölkern, die ohne Behandlung gegen Varroamilben überleben gibt Locke (2016). Zu einer Untersuchung über Veränderungen im Mikrobiom bei Behandlung von Honigbienenvölkern mit Mitiziden und Antibiotika, siehe Engel et al. (2016).

280 Eine Studie von Loftus et al. (2016) verglich Bienenvölker, die in großen Bienenstöcken leben, mit solchen, die in kleinen Bienenstöcken leben, in Bezug auf ihre Anfälligkeit für eine Explosion der Varroamilben-Population und Brutkrankheiten, wie z. B. Kalkbrut (Erreger ist der Pilz *Ascosphaera apis*) und die Amerikanische Faulbrut (Erreger ist das Bakterium *Paenibacillus larvae*).

281 Die Angabe von 5 Gewichtseinheiten Honig, die zur Herstellung von 1 Gewichtseinheit Bienenwachs verbraucht werden, stammt aus Daten von Weiss (1965), die von Hepburn (1986) analysiert wurden.

282 In einer Studie von Moritz, Lattorff et al. (2005) wurde entdeckt, dass Arbeiterinnen bei der Königinnenaufzucht Larven bestimmter Vaterlinien bevorzugen können. Manchmal sind dies sogar Unterfamilien, die unter den Arbeiterinnen wenig vertreten sind.

283 Bau und Verwendung von Schwarmfangkisten werden in den Artikeln von Seeley (2012) und Seeley (2017a) sowie im Buch von Magnini (2015) beschrieben.

284 Der Nachweis für die Effektivität von Abständen zwischen den Völkern, um die Verbreitung von Parasiten und Krankheitserregern zu verringern, wird in Seeley und Smith (2015) und den darin zitierten Verweisen geführt.

285 Die Wirksamkeit einer Reduzierung der Beutengröße zur Senkung der Krankheitslast eines Bienenvolkes wird in Loftus et al. (2016) beschrieben.

286 Die Beweise dafür, dass eine dicke Propolisschicht auf den Innenwandflächen der Bienenstöcke vorhanden ist, werden in Simone-Finstrom und Spivak (2010) zusammengestellt.

287 Der Einfluss einer guten Wärmedämmung an der Decke und den Wänden eines Bienenstocks hinsichtlich der Kosten der Thermoregulation eines Bienenvolkes wird in Mitchell (2016, 2017) diskutiert.

288 Die Verhaltensweisen der Bienen, die das „Milbenbomben"-Phänomen verursachen, wurden kürzlich analysiert (Peck und Seeley, 2019). Der Hauptmechanismus, durch den die Bienenvölker in der Umgebung eines kollabierenden Volkes plötzlich einen höheren Befall mit Varroamilben aufweisen, ist der Raub von Honig aus einem sterbenden Volk durch die Sammlerinnen aus

gesunden Völkern in der Nähe. Die Milben sind recht geschickt darin, auf die Arbeiterinnen zu klettern, wenn diese stillstehen und sich mit dem Honig des sterbenden Volkes vollfüllen.

289 Die herausragende Bedeutung der *Apis mellifera* als Bestäuber von Nutzpflanzenwird in der detaillierten Studie von Kleijn et al. (2015) über weltweite Bestäubungsdienstleistungen bei Nutzpflanzen beschrieben. In dieser Studie wurde der Wert verschiedener Bienenarten bei der Nutzpflanzenproduktion auf der Grundlage von Daten aus 90 Studien berechnet, die auf 1394 Feldern auf fünf Kontinenten durchgeführt wurden. In jeder Studie maßen die Forscher die Abundanz und Dichte der Bienen, die die Blüten von Kulturpflanze besuchen, die für einen maximalen Ertrag auf die Bestäubungsleistung angewiesen sind. Zwanzig verschiedene Nutzpflanzen wurden untersucht. Im Durchschnitt trugen die Honigbienen $2913 pro ha zur Produktion der Kulturpflanzen bei, während die Gemeinschaft der „Wildbienen" (= Nicht-*Apis*-Bienen) $3251 pro ha beitrug. Dies zeigt, dass die Honigbienen an Wert fast genauso viel zur Produktion dieser Pflanzen beigetragen haben wie alle anderen Bienenarten zusammen.

290 Zu einer Diskussion der verschiedenen Bezeichnungen, die verwendet wurden, um eine Art der Bienenhaltung zu beschreiben, die sich von konventionellen Formen der Bewirtschaftung der Honigbienenvölker unterscheidet, siehe Phipps (2016). Er weist darauf hin, dass sie sich trotz der unterschiedlichen Bezeichnungen alle auf die Methoden von Imkern beziehen, die ihre Bienen in Behausungen aus natürlichen Materialien leben, ihre Waben frei bauen, nach eigenem Ermessen schwärmen und Krankheiten selbst behandeln lassen möchten.

291 Ein Buch von Heaf (2010) lieferte die erste detaillierte Diskussion über die gesundheitlichen Folgen der konventionellen Bienenhaltung und über die Bandbreite der Einstellungen von Imkern zu ihren Bienen. Neumann und Blacquiere (2016) und Seeley (2017c) waren die ersten, die systematisch die verschiedenen Methoden untersuchten, mit denen die Praktiken der konventionellen Imkerei – wie Behandlungen gegen Krankheiten, künstliche Selektion gegen die Verwendung von Propolis und das Zusammenpferchen von Bienenvölkern in Bienenständen – die natürliche Selektion zu gesunden Honigbienenvölkern beeinträchtigen, und die vorschlugen, dass dauerhafte Lösungen für die Probleme der Imkerei am ehesten durch die volle Nutzung der Kraft der natürlichen Selektion zu erreichen sind. Blacquiere und Panziera (2018) plädieren ausdrücklich dafür, die natürliche Auslese und nicht die künstliche Auslese zum Hauptweg zu machen, um Bienen zu erwerben, die eine natürliche Resistenz gegen die Milbe *Varroa destructor* und andere Umweltbedrohungen haben.

292 Der Originalbericht der beeindruckenden „Mark-and-Recapture"-Studie (Rückfangmethode) über die Entfernung bei den Begattungsflügen der Drohnen stammt von Ruttner und Ruttner (1966).

DANKSAGUNG

In den letzten 40 Jahren haben wir sukzessiv viel darüber gelernt, wie die Honigbienenvölker in freier Natur leben. Ein Großteil dieses Wissens, dass ich in diesem Buch überschaulich zusammengestellt habe, stammt aus den Studien meiner Studentinnen und Studenten und von mir, vieles in Zusammenarbeit mit Biologen von verschiedenen Universitäten. Ich bin allen Beteiligten zu Dank verpflichtet. In zeitlicher Aufeinanderfolge sind meine Mitarbeiter Roger A. Morse, Richard D. Fell, John T. Ambrose, D. Michael Burgett, David De Jong, Daniel H. Seeley, P. Kirk Visscher, Paul W. Sherman, H. Kern Reeve, Scott Camazine, Susanne Kühnholz, Anja Weidenmüller, Susanne C. Buhrmann, Philip T. Starks, Caroline A. Blackie, Alexander S. Mikheyev, Stephen C. Pratt, Jürgen Tautz, David C. Gilley, David R. Tarpy, Brian R. Johnson, Adrian M. Reich, Kevin M. Passino, Jun Nakamura, Heather R. Mattila, Katherine M. Burke, Madeleine B. Girard, Barrett A. Klein, Juliana Rangel, Sean R. Griffin, Kathryn J. Montovan, Nathaniel Karst, Laura E. Jones, Michael L. Smith, Madeleine M. Ostwald, J. Carter Loftus, Deborah A. Delaney, Ann B. Chilcott, David T. Peck, Hailey N. Scofield und Robin W. Radcliffe. Viele von ihnen führen ihre Arbeit mit den Bienen fort und ich bin mir sicher, dass ihnen niemals das Material für ihre Untersuchungen ausgehen wird.

Bei dieser Gelegenheit – bedauerlicherweise viele Jahre zu spät — möchte ich auch dem inzwischen verstorbenen Professor Roger A. Morse, dem ersten Leiter des Dyce Laboratory for Honey Bee Studies an der Cornell University, meinen unermesslichen Dank dafür ausdrücken, dass er mir half, meinen Weg im Leben zu finden. Er beschäftigte mich jeden Sommer in seinem Laboratorium, als ich noch Student war, und er stellte mir alles, was ich brauchte, zur Verfügung – einen Kleinlastwagen, eine Kettensäge, einen Arbeitsplatz in seinem Labor und die Unterstützung von Herb Nelson, einem ehemaligen Holzfäller aus Maine –, als ich die natürlichen Nisthöhlen der Honigbienen erforschte. Roger ließ seinen Studenten freie Hand, zu sein oder ihr eigenes Projekt zu finden. Er half uns, die nötigen Mittel für unsere Studien zu bekommen, und ließ uns dann selbstständig arbeiten. Ich bedaure es sehr, dass er dieses Buch nicht mehr lesen kann und sieht, was seine Unterstützung bewirkt hat.

Als meine Promotion näher rückte, hießen mich die beiden berühmten „Ameisen-Männer“ der Harvard University, Bert Hölldobler and Edward O. Wilson, in ihrem Programm willkommen. Ich schulde beiden großen Dank und weil ich mich ihrer Forschungsgruppe anschließen durfte, kam ich in Kontakt mit Menschen, die sich mit Verhaltens- und Evolutionsforschung bei allen Arten von sozialen Insekten befassten, was mein Betätigungsfeld als Biologe erweiterte. Im Herbst 1976 teilte ich das Büro mit Bernd Heinrich im Museum der Vergleichenden Zoologie in Harvard, der das wundervolle Buch *Bumblebee Economics* schrieb. Auch ihm danke ich als einem weiteren bedeutenden Lehrer und Vorbild.

Viele andere haben mir geholfen, dieses Buch zu verwirklichen, und ich möchte mich auch bei ihnen bedanken. Herb Nelson brachte mir bei, wie man mit einer Kettensäge umgeht, große Bäume fällt und mit einem Kleinlaster tief in den Wald hineinfährt und wie man wieder herauskommt... Das alles sind unschätzbare Fähigkeiten, wenn man die Nester von wilden Honigvölkern untersuchen will. Alfred Fontana und Donald Schaufler sowie die Professoren Aaron Moen und Peter Smallidge, die Manager bzw. Leiter des Arnot Forest der Cornell University, gestatteten mir die ungestörte Arbeit in diesem großartigen Waldgebiet während der letzten 40 Jahre. Barbara Locke Grandér an der Schwedischen Universität für Agrarwissenschaften hielt mich immer auf dem Laufenden über das Langzeitexperiment mit den Honigbienenkolonien, die sich auf den Gotlandinseln alleine durchschlagen mussten. Bonnie und Gary Morse, die Organisatoren der Bee Audacious Conference 2016, haben mich angeregt, meine Gedanken zur Darwinistischen Bienenhaltung zu sammeln. Ann Chilcott, David Peck, Leo Sharashkin, Michael Smith, Francis Ratnieks und Mark Winston lasen die Entwürfe vieler Kapitel und unterbreiteten mir zahlreiche Verbesserungsvorschläge.

Andere unterstützten meine Arbeit in indirekter, aber entscheidender Weise. Ich bin dankbar für die Unterstützung der Yale University und Cornell University und für die finanzielle Unterstützung der U. S. National Science Foundation, des amerikanischen Landwirtschaftsministeriums, der Alexander von Humboldt-Stiftung in Deutschland, der North American Pollinator Protection Campaign, der Eastern Apicultural Society und der Honeybee Capital Foundation. In all den Jahren hat ihre Unterstützung viele finanzielle Hindernisse beseitigt und ich bedanke mich sehr bei allen Forschungseinrichtungen und Organisationen.

Dankbar bin ich auch Margaret C. Nelson, die alle Abbildungen für dieses Buch erstellte. Margy und ich arbeiteten mehr als 30 Jahre zusammen und ich vertraue vorbehaltlos ihren Ratschlägen zur visuellen Darstellung quantitativer Informationen. Ich danke ebenfalls den vielen Personen, die Fotos für dieses Buch zur Verfügung gestellt haben: Renata S. Borba, Laurie Burnham, Scott Camazine, Ann B. Chilcott, Linton Chilcott, Jenny Cullinan, Megan Denver, Mary Holland, Zachary Huang, Rustyem Ilyasov, Gene Kritsky, Kenneth Lorenzen, Åke Lyberg, Andrzej

Oleksa, Robin W. Radcliffe, Juliana Rangel, Michael Smith, Armin Spürgin, Jürgen Tautz, Eric Tourneret und Alexander Wild. Ihre Fotos haben mir geholfen, einen lebendigen Bericht über das Leben der wilden Bienen zu präsentieren.

Mit Vergnügen danke ich Alison Kalett, Cheflektorin für Biologie und Geowissenschaften bei der Princeton University Press, dass sie mich ermutigt hat, dieses Buch zu schreiben, und mir beratend zur Seite stand, als ich die Herausforderung annahm. Ich danke auch Amy K. Hughes für ihre sorgfältige Überarbeitung des Textes und Brigitte Pelner, die das Manuskript mit Geschick durch den Produktionsprozess begleitete.

Zum Schluss möchte ich meiner Frau Robin Hadlock Seeley, einer Feldbiologin, die meine Leidenschaft für die Untersuchung der Bienen in den Wäldern versteht, und unseren beiden Töchtern, Saren and Maira, für ihre Unterstützung und für ihre Mithilfe, den richtigen Titel für dieses Buch zu finden, danken.

LITERATUR

Able, K. P. und J. R. Belthoff (1998): Rapid „evolution" of migratory behavior in the introduced house finch of eastern North America. *Proceedings of the Royal Society of London B* 265: S. 2063–2071.

Allen, M. D. (1956): The behavior of honeybees preparing to swarm. *Animal Behavior* 4: S. 14–22.

Allen, M. D. (1958): Shaking of honeybee queens prior to flight. *Nature* 181: S. 68.

Allen, M. D. (1959a): The occurrence and possible significance of the „shaking" of honeybee queens by the workers. *Animal Behavior* 7: S. 66–69.

Allen, M. D. (1959b): Respiration rates of worker honeybees at different ages and at different temperatures. *Journal of Experimental Biology* 36: S. 92–101.

Allen, M. D. und E. P. Jeffree (1956): The influence of stored pollen and of colony size on the brood rearing of honeybees. *Annals of Applied Biology* 44: S. 649–656.

Allmon, W. D. und M. P. Pritts, P. L. Marks, B. P. Epstein, D. A. Bullis und K. A. Jordan (2017): *Smith Woods: The Environmental History of an Old Growth Forest Remnant in Central NewYork State*. Paleontological Research Institution, Ithaca, NewYork.

Anderson, D. L. und J. W. H. Trueman (2000): *Varroa jacobsoni* (Acari: Varroidae) is more than one species. *Experimental and Applied Acarology* 24: S. 165–189.

Antúnez, K., J. Harriet, L. Gende, M. Maggi, M. Eguaras und and P. Zunino (2008): Efficacy of natural propolis extract in the control of American Foulbrood. *Veterinary Microbiology* 131: S. 324–331.

Avalos, A., H. Pan, C. Li, J. P. Acevedo-Gonzalez, G. Rendon, C. J. Fields, P. J. Brown, T. Giray, G. E. Robinson, M. E. Hudson und G. Zhang (2017): A soft selective sweep during rapid evolution of gentle behavior in an Africanized honeybee. *Nature Communications* 8: S. 1550, DOI: 10.1038/s41467-017-01800-0.

Avitabile, A. (1978): Brood rearing in honey bee colonies from late autumn to early spring. *Journal of Apicultural Research* 17: S. 69–73.

Avitabile, A., D. P. Stafstrom und K. J. Donovan (1978): Natural nest sites of honeybee colonies in trees in Connecticut, USA. *Journal of Apicultural Research* 17: S. 222–226.

Badger, M. (2016): *Heather Honey: A Comprehensive Guide*. Beecraft, Stoneleigh, England.

Bailey, L. (1963): *Infectious Diseases of the Honey-Bee*. Land Books, London.

Bailey, L. (1981): *Honey Bee Pathology*. Academic Press, London.

Bailey, L. und B. Ball (1991): *Honey Bee Pathology*. 2. Auflage. Academic Press, London.

Bartholomew, G. A. (1981): A matter of size: An examination of endothermy in insects and terrestrial vertebrates. In: *Insect Thermoregulation*, B. Heinrich, Hrsg., S. 45–78. Wiley, New York.

Bastian, J. und H. Esch (1970): The nervous control of the indirect flight muscles of the honey bee. *Zeitschrift für vergleichende Physiologie* 67: S. 307–324.

Bastos, E. M. A. F., M. Simone, D. M. Jorge, A. E.E. Soares und M. Spivak (2008): *In vitro* study of the antimicrobial activity of Brazilian propolis against *Paenibacillus larvae*. *Journal of Invertebrate Pathology* 97: S. 273–281.

Batschelet, E. (1981): *Circular Statistics in Biology*. Academic Press, London, NewYork.

Beekman, M., F. L. W. Ratnieks (2000): Long-range foraging by the honey-bee, *Apis mellifera* L. *Functional Ecology* 14: S. 490–496.

Beekman, M., D. J. T. Sumpter, N. Seraphides und F. L. W. Ratnieks (2004): Comparing foraging behavior of small and large honey-bee colonies by decoding waggle dances made by foragers. *Functional Ecology* 18: S. 829–835.

Berlepsch, A. von (1860): *Die Biene und die Bienenzucht in honigarmen Gegenden.* Heinrichshofen, Mühlhausen, Germany.

Berry, J. A., W. B. Owens und K. S. Delaplane (2010): Small-cell comb foundation does not impede Varroa mite population growth in honey bee colonies. *Apidologie* 41: S. 40–44.

Berry, W. (1987): *Home Economics*. North Point Press, New York.

Bienefeld, K. und F. Pirchner (1990): Heritabilities for several colony traits in the honeybee (*Apis mellifera carnica*). *Apidologie* 21: S. 175–183.

Bilikova, K. und M. Popova, B. Trusheva und V. Bankova (2013): New anti-*Paenibacillus larvae* substances purified from propolis. *Apidologie* 44: S. 278–285.

Blacquière, T. und D. Panziera (2018): A plea for use of honey bee's natural resilience in beekeeping. *Bee World* 95: S. 34–38.

Bloch, G., T. M. Francoy, I. Wachtel, N. Panitz-Cohen, S. Fuchs und A. Mazar (2010): Industrial apiculture in the Jordan valley during Biblical times with Anatolian honeybees. *Proceedings of the National Academy of Sciences of the United States of America* 107: S. 11240–11244.

Boesch, C. und J. Head und M. M. Robbins (2009): Complex tool sets for honey extraction among chimpanzees in Loango National Park, Gabon. *Journal of Human Evolution* 56: S. 560–590.

Borba, R. S., K. K. Klyczek, K. L. Mogen und M. Spivak (2015): Seasonal benefits of a natural propolis envelope to honey bee immunity and colony health. *Journal of Experimental Biology* 218: S. 3689–3699.

Botías, C. und A. David, J. Horwood, A. Abdul-Sada, E. Nicholls, E. Hill und D. Goulson (2015): Neonicotinoid residues in wildflowers: A potential route of chronic exposure to bees. *Environmental Science and Technology* 49: S. 12731–12740.

Brosi, B. J., K. Delaplane, M. Boots und J. C. de Roode (2017): Ecological and evolutionary approaches to managing honey bee disease. *Nature Ecology and Evolution* 1: S. 1250–1262.

Brumbach, J. J. (1965): The climate of Connecticut. *Bulletin of the Connecticut Geological and Natural History Survey* 99: S. 1–215.

Brünnich, K. (1923): A graphic representation of the oviposition of a queen bee. *Bee World* 4: S. 208–210, 223–224.

Bujok, B., M. Kleinhenz, S. Fuchs, J. Tautz (2002): Hot spots in the bee hive. *Naturwissenschaften* 89: S. 299–301.

Butler, C. G. und J. B. Free (1952): The behavior of worker honeybees at the hive entrance. *Behavior* 4: S. 263–292.

Cahill, K. und S. Lustick (1976): Oxygen consumption and thermoregulation in Apis mellifera workers and drones. *Comparative Biochemistry and Physiology, Part A: Physiology* 55: S. 355–357.

Cale, G. H. und Jr. (1971): The Hy-Queen story. Pt. 1: Breeding bees for alfalfa pollination. *American Bee Journal* 111: S. 48–49.

Camazine, S. (1991): Self-organizing pattern formation on the combs of honey bee colonies. *Behavioral Ecology and Sociobiology* 28: S. 61–76.

Camazine, S., J. Sneyd, M. J. Jenkins und J. D. Murray (1990): A mathematical model of self-organized pattern formation on the combs of honeybee colonies. *Journal of Theoretical Biology* 147: S. 553–571.
Campbell-Stanton, S. C., Z. A. Cheviron, N. Rochette, J. Catchen, J. B. Losos und S. V. Edwards (2017): Winter storms drive rapid phenotypic, regulatory, and genomic shifts in the green anole lizard. *Science* 357: S. 495–498.
Caron, D. M. (1980): Swarm emergence date and cluster location in honeybees. *American Bee Journal* 119: S. 24–25.
Cervo, R., C. Bruschini, F. Cappa, S. Meconcelli, G. Pieraccini, D. Pradella und S. Turillazzi (2014): High Varroa mite abundance influences chemical profiles of worker bees and mite-host preferences. *Journal of Experimental Biology* 217: S. 2998–3001.
Chadwick, P. C. (1931): Ventilation of the hive. *Gleanings in Bee Culture* 59: S. 356–358.
Chapman, R. F. (1998): *The Insects. Structure and Function*. Cambridge University Press, Cambridge.
Charnov, E. L. (1982): *The Theory of Sex Allocation*. Princeton University Press, Princeton, New Jersey.
Cheshire, F. R. (1888): *Bees and Bee-Keeping; Scientific and Practical*. Bd. 2: *Practical*. L. Upcott Gill, London.
Chilcott, A. B., T. D. Seeley (2018): Cold flying foragers: honey bees in Scotland seek water in winter. *American Bee Journal* 158: S. 75–77.
Cockerell, T. D. A. (1907): A fossil honey-bee. *Entomologist* 40: S. 227–229.
Coffey, M. F., J. Breen, M. J. F. Brown und J. B. McMullan (2010): Brood-cell size has no influence on the population dynamics of Varroa destructor mites in the native western honey bee, *Apis mellifera mellifera*. *Apidologie* 41: S. 522–530.
Collins, A. M. (1986): Quantitative genetics. In: *Bee Genetics and Breeding*, T. E. Rinderer, Hrsg., Academic Press, Orlando, Florida, S. 283–303.
Columella, L. J. M. (1954): *On Agriculture*. Übersetzt von Edward H. Heffner. Bd. 2, Buch 5–9. Harvard University Press, Cambridge, Massachusetts.
Combs, G. F. (1972): The engorgement of swarming worker honeybees. *Journal of Apicultural Research* 11: S. 121–128.
Couvillon, M. J. und F. C. Riddell Pearce, C. Accleton, K. A. Fensome, S. K.L. Quah, E. L. Taylor und F. L.W. Ratnieks (2015): Honey bee foraging distance depends on month and forage type. *Apidologie* 46: S. 61–70.
Couvillon, M. J. und R. Schürch, F. L. W. Ratnieks (2014): Waggle dance distances as integrative indicators of seasonal foraging challenges. *PLoS ONE* 9 (4): e93495.
Crane, E. (1978): The Varroa mite. *Bee World* 59: S. 164-167
Crane, E. (1990): *Bees and Beekeeping: Science, Practice and World Resources*. Cornell University Press, Ithaca, New York.
Crane, E. (1999): *The World History of Beekeeping and Honey Hunting*. Routledge, New York.
Crittenden, A. N. (2011): The importance of honey consumption in human evolution. *Food and Foodways* 219: S. 257–273.
Dams, M. und L. Dams (1977): Spanish rock art depicting honey gathering during the Mesolithic. *Nature* 268: S. 228–230.
Darwin, C. R. (1964): *On the Origin of Species: A Facsimile of the First Edition*. Harvard University Press, Cambridge, Massachusetts.
Dawkins, R. (1982): *The Extended Phenotype*. W. H. Freeman, Oxford.
Dawkins, R. (1989): *The Selfish Gene*. Neue Auflage, Oxford University Press, Oxford.
De Jong, D. (1997): Mites: *Varroa* and other parasites of brood. In: *Honey Bee Pests, Predators, and Diseases*, R. A. Morse und K. Flottum, Hrsg., S. 279–327. A. I. Root, Medina, Ohio.
De Jong, D., R. A. Morse und G. C. Eickwort (1982): Mite pests of honey bees. *Annual Review of Entomology* 27: S. 229–252.
De la Rúa, P., R. Jaffé, R. Dall'Olio, I. Muñoz und J. Serrano (2009): Biodiversity, conservation and current threats to European honeybees. *Apidologie* 40: S. 263–284.

DeMello, M. (2012): *Animals and Society: An Introduction to Human-Animal Studies*. Columbia University Press, New York.

Dethier, B. E. und A. Boyd Pack (1963): *The Climate of Ithaca, New York*. New York State College of Agriculture, Ithaca, New York.

Di Pasquale, G., M. Salignon, Y. Le Conte, L. P. Belzunces, A. Decourtye, A. Kretzschmar, S. Suchail, J.-L., Brunet, and C. Alaux. (2013): Influence of pollen nutrition on honey bee health: Do pollen quality and diversity matter? *PLoS ONE* 8: e72016.

Dixon, L. (2015*): A Time There Was: A Story of Rock Art, Bees and Bushmen*. Northern Bee Books, Hebden Bridge, England.

Donzé, G. und P. M. Guerin (1997): Time-activity budgets and space structuring by the different life stages of Varroa jacobsoni in capped brood of the honey bee, *Apis mellifera. Journal of Insect Behavior* 10: S. 371–393.

Doolittle, G. M. (1889): *Scientific Queen-Rearing as Practically Applied; Being A Method by Which the Best of Queen-Bees Are Reared in Perfect Accord with Nature's Ways. For the Amateur and Veteran in Bee-Keeping*. Newman and Son, Chicago.

Downs, S. G. und F. L. W. Ratnieks (2000): Adaptive shifts in honey bee (*Apis mellifera* L.) guarding behavior support predictions of the acceptance threshold model. *Behavioral Ecology* 11: S. 233–240.

Dreller, C. und D. R. Tarpy (2000): Perception of the pollen need by foragers in a honeybee colony. *Animal Behavior* 59: S. 91–96.

Dudley, P. (1720): An account of a method lately found out in New-England, for discovering where the bees hive in the woods, in order to get their honey. *Philosophical Transactions of the Royal Society of London* 31: S. 148–150.

Eckert, J. E. (1933): The flight range of the honey bee. *Journal of Agricultural Research* 47: S. 257–285.

Eckert, J. E. (1942): The pollen required by a colony of honeybees. *Journal of Economic Entomology* 35: S. 309–311.

Edgell, G. H. (1949): *The Bee Hunter*. Harvard University Press, Cambridge, Massachusetts.

Eksteen, J. K. und M. F. Johannsmeier (1991): Oor bye en bye plante van die Noord-Kaap. *South African Bee Journal* 63: S. 128–136.

Ellis, A. M., G. W. Hayes und J. D. Ellis (2009): The efficacy of small cell foundation as a varroa mite (*Varroa destructor*) control. *Experimental and Applied Acarology* 47: S. 311–316.

Engel, M. S. (1998): Fossil honey bees and evolution in the genus Apis (Hymenoptera: Apidae). *Apidologie* 29: S. 265–281.

Engel, P., W. K. Kwong, Q. McFrederick, K. E. Anderson, . M Barribeau, J. A. Chandler, R. S. Cornman, J. Dainat, J. R. de Miranda, V. Doublet, O. Emery, J. D. Evans und 21 weitere Autoren. (2016): The bee microbiome: impact on bee health and model for evolution and ecology of host-microbe interactions. *mBio* 7: e02164-15.

Erickson, E. H., D. A. Lusby, G. D. Hoffman und E. W. Lusby (1990): On the size of cells: Speculations on foundation as a colony management tool. *Gleanings in Bee Culture* 118: S. 98–101, 173–174

Esch, H. (1960): Über die Körpertemperaturen und den Wärmehaushalt von Apis mellifica. *Zeitschrift für Vergleichende Physiologie* 43: S. 305–335.

Esch, H. (1964): Über den Zusammenhang zwischen Temperatur, Aktionspotentialen, und Thoraxbewegungen bei der Honigbiene (*Apis mellifica* L.). *Zeitschrift für vergleichende Physiologie* 48: S. 547– 551.

Esch, H. (1976): Body temperature and flight performance of honey bees in a servo-mechanically controlled wind tunnel. *Journal of Comparative Physiology* 109: S. 265–277.

Esch, H. und J. A. Bastian (1968): Mechanical and electrical activity in the indirect flight muscles of thc honey bee. *Zeitschrift für vergleichende Physiologie* 58: S. 429–440.

Ewald, P. W. (1994): *Evolution of Infectious Disease*. Oxford University Press, New York.

Ewald, P. W. (1995): The evolution of virulence: A unifying link between parasitology and ecology. *Journal of Parasitology* 81: S. 659–669.

Fahrenholz, L., I. Lamprecht und B. Schricker (1989): Thermal investigations of a honey bee colony: Thermoregulation of the hive during summer and winter and heat production of members of different bee castes. *Journal of Comparative Physiology B* 159: S. 551–560.

Farrar, C. L. (1936): Influence of pollen reserves on the surviving population of overwintered colonies. *American Bee Journal* 76: S. 452–454.

Fell, R. D., J. T. Ambrose, D. M. Burgett, D. De Jong, R. A. Morse und T. D. Seeley (1977): The seasonal cycle of swarming in honeybees. *Journal of Apicultural Research* 16: S. 170–173.

Flottum, K. (2014): *The Backyard Beekeeper*. Quarry Books, Beverly, Massachusetts.

Free, J. B. (1954): The behaviour of robber honeybees. *Behavior 76*: S. 233–240.

Free, J. B. (1958): The drifting of honey-bees. *Journal of Agricultural Science* 51: S. 294–306.

Free, J. B. (1967): The production of drone comb by honeybee colonies. *Journal of Apicultural Research* 6: S. 29–36.

Free, J. B. (1968): Engorging of honey by worker honeybees when their colony is smoked. *Journal of Apicultural Research* 7: S. 135–138.

Free, J. B. und Y. Spencer-Booth (1958): Observations on the temperature regulation and food consumption of honeybees (*Apis mellifera*). *Journal of Experimental Biology* 35: S. 930–937.

Free, J. B. und Y. Spencer-Booth (1960): Chill-coma and cold death temperatures of *Apis mellifera*. *Entomologia Experimentalis et Applicata* 3: S. 222–230.

Free, J. B. und Y. Spencer-Booth (1962): The upper lethal temperatures of honeybees. *Entomologia Experimentalis et Applicata* 5: S. 249–254.

Free, J. B. und I. H. Williams (1975): Factors determining the rearing and rejection of drones by the honeybee colony. *Animal Behavior* 23: S. 650–675.

Frey, E., P. Rosenkranz (2014): Autumn invasion rates of Varroa destructor (Mesostigmata: Varroidae) into honey bee (Hymenoptera: Apidae) colonies and the resulting increase in mite populations. *Journal of Economic Entomology* 107: S. 508–515.

Fries, I. und R. Bommarco (2007): Possible host-parasite adaptations in honey bees infested by *Varroa destructor* mites. *Apidologie* 38: S. 525–533.

Fries, I., S. Camazine (2001): Implications of horizontal and vertical pathogen transmission for honey bee epidemiology. *Apidologie* 32: S. 199–214.

Fries, I., H. Hansen, A. Imdorf, P. Rosenkranz (2003): Swarming in honey bees (*Apis mellifera*) and *Varroa destructor* population development in Sweden. *Apidologie* 34: S. 389–397.

Fries, I., A. Imdorf und P. Rosenkranz (2006): Survival of mite infested (*Varroa destructor*) honey bee (*Apis mellifera*) colonies in a Nordic climate. *Apidologie* 37: S. 564–570.

Frost, R. (1969): *The Poetry of Robert Frost*. Henry Holt, New York.

Fuchs, S. (1990): Preference for drone brood cells by *Varroa jacobsoni* Oud in colonies of *Apis mellifera carnica*. *Apidologie* 21: S. 193–199.

Fukuda, H., K. Moriya und K. Sekiguchi (1969): The weight of crop contents in foraging honeybee workers. *Annotationes Zoologicae Japonenses* 42: S. 80–90.

Gallone, B., J. Steensels, T. Prahl, L. Soriaga und 15 weitere Autoren. (2016): Domestication and divergence of *Saccharomyces cerevisiae* beer yeasts. *Cell* 166: S. 1397–1410.

Galton, D. (1971): *Survey of a Thousand Years of Beekeeping in Russia*. Bee Research Association, London.

Garis Davies, N. de. (1944): *The Tomb of Rekh-mi-Rē' at Thebes*. Metropolitan Museum of Art, New York.

Gary, N. E. 1962. Chemical mating attractants in the queen honey bee. *Science* 136: S. 773–774.

Gary, N. E. 1971. Magnetic retrieval of ferrous labels in a capture-recapture system for honey bees and other insects. *Journal of Economic Entomology* 64: S. 961–965.

Gary, N. E., R. A. Morse (1962): The events following queen cell construction in honeybee colonies. *Journal of Apicultural Research* 1: S. 3–5.

Gary, N. E., P. C. Witherell, K. Lorenzen (1978): The distribution and foraging activities of common Italian and „Hy-Queen“ honey bees during alfalfa pollination. *Environmental Entomology* 7: S. 228– 232.

Getz, W. M., D. Brückner und T. R. Parisian (1982): Kin structure and the swarming behavior of the honey bee Apis mellifera. *Behavioral Ecology and Sociobiology* 10: S. 265–270.
Gibbons, A. (2017): Oldest members of our species discovered in Morocco. *Science* 356: S. 993–994.
Gibbons, E. (1962): *Stalking the Wild Asparagus*. David McKay Co., New York.
Gilley, D. G. und D. R. Tarpy (2005): Three mechanisms of queen elimination in swarming honey bee colonies. *Apidologie* 36: S. 461–474.
Goodwin, M., C. Van Eaton (1999): *Elimination of American Foulbrood Without the Use of Drugs*. National Beekeepers' Association of New Zealand, Napier.
Goulson, D. (2010): *Bumblebees: Behavior, Ecology, and Conservation*. Oxford University Press, London.
Gowlett, J. A. J. (2016): The discovery of fire by humans: A long and convoluted process. *Philosophical Transactions of the Royal Society B* 371: 20150164, DOI:10.1098/rstb.2015.0164.
Grant, P. R. und B. R. Grant (2014): 40 Years of Evolution: *Darwin's Finches on Daphne Major Island*. Princeton University Press, Princeton, New Jersey.
Grimaldi, D. und M. S. Engel (2005): *Evolution of the Insects*. Cambridge University Press, NewYork.
Groh, C., J. Tautz und W. Rössler (2004): Synaptic organization in the adult honey bee brain is influenced by brood-temperature control during pupal development. *Proceedings of the National Academy of Sciences* (USA): 101: S. 4268–4273.
Guy, R. D. (1971): A commercial beekeeper's approach to the use of primitive hives. *Bee World* 52: S. 18–24.
Hamilton, L. S. und M. M. Fischer (1970): *The Arnot Forest: Natural Resources Research and Teaching Area*. Extension Bulletin 1207. New York State College of Agriculture, Cornell University, Ithaca, New York. https://cpb-us-1.wpmucdn.com/blogs.cornell.edu/dist/3/6154/files/2015/07/history -of-the-Arnot-1970-2agzopw.pdf (abgerufen 10 August 2018).
Hammann, E. (1957): Wer hat die Initiative bei den Ausflügen der Jungkönigin, die Königin oder die Arbeitsbienen? *Insectes Sociaux* 4: S. 91–106.
Han, F. und A. Wallberg, M. T. Webster (2012): From where did the Western honeybee (*Apis mellifera*) originate? *Ecology and Evolution* 2: S. 1949–1957.
Harbo, J. R. (1986): Propagation and instrumental insemination. In: *Bee Genetics and Breeding*, T. E. Rinderer, Hrsg., Academic Press, Orlando, Florida, S. 361–389.
Harpur, B. A., S. Minaei, C. F. Kent und A. Zayed (2012): Management increases genetic diversity of honey bees via admixture. *Molecular Ecology* 21: S. 4414–4421.
Hatjina, F., C. Costa, R. Büchler, A. Uzunov, M. Drazic, J. Filipi, L. Charistos, L. Ruottinen, S. Andonov, M. D. Meixner, M. Bienkowska, G. Dariusz, and 13 weitere Autoren. (2014): Population dynamics of European honey bee genotypes under different environmental conditions. *Journal of Apicultural Research* 53: S. 233–247.
Haydak, M. H. (1935): Brood rearing by honeybees confined to a pure carbohydrate diet. *Journal of Economic Entomology* 28: S. 657–660.
Hazelhoff, E. H. (1941): De luchtverversching van een bijenkast gedurende den zomer. *Maandscrift voor Bijenteelt* 44: S. 10–14, S. 27–30, S. 45–48, S. 65–68.
Hazelhoff, E. H. (1954): Ventilation in a bee-hive during summer. *Physiologia Comparata et Oecologia* 3: S. 343– 364.
Heaf, D. (2010): *The Bee-Friendly Beekeeper: A Sustainable Approach*. Northern Bee Books, Mytholmroyd, England.
Heinrich, B. (1977): Why have some animals evolved to regulate a high body temperature? *American Naturalist* 111: S. 623–640.
Heinrich, B. (1979a): *Bumblebee Economics*. Harvard University Press, Cambridge, Massachusetts.
Heinrich, B. (1979b): Thermoregulation of African and European honeybees during foraging, attack, and hive exits and returns. *Journal of Experimental Biology* 80: S. 217–229.
Heinrich, B. (1980): Mechanisms of body-temperature regulation in honeybees, *Apis mellifera*. *Journal of Experimental Biology* 85: S. 73–87.
Henderson, C. E. 1992. Variability in the size of emerging drones and of drone and worker eggs in honey bee (*Apis mellifera* L.) colonies. *Journal of Apicultural Research* 31: S. 114–118.

Hepburn, H. R. (1986): *Honeybees and Wax*. Springer Verlag, Berlin.
Hernández-Pacheco, E. (1924): *Las Pinturas Prehistóricas de Las Cuevas de la Araña (Valencia)*. Museo Nacional de Ciencas Naturales, Madrid.
Hess, W. R. (1926): Die Temperaturregulierung im Bienenvolk. *Zeitschrift für vergleichende Physiologie* 4: S. 465–487.
Himmer, A. (1927): Ein Beitrag zur Kenntnis des Wärmehaushalts im Nestbau sozialer Hautflügler. *Zeitschrift für vergleichende Physiologie* 5: S. 375–389.
Hinson, E. M., M. Duncan, J. Lim, J. Arundel, B. P. Oldroyd (2015): The density of feral honey bee (*Apis mellifera*) colonies in South East Australia is greater in undisturbed than in disturbed habitats. *Apidologie* 46: S. 403–413.
Hirschfelder, H. (1951): Quantitative Untersuchungen zum Polleneintragen der Bienenvölker. *Zeitschrift für Bienenforschung* 1: S. 67–77.
Hood, Thomas (1873): *The Complete Poetical Works*. Bd. 1. G. P. Putnam's Sons, NewYork.
Horstmann, H.-J. (1965): Einige biochemischen Überlegungen zur Bildung von Bienenwachs aus Zucker. *Zeitschrift für Bienenforschung* 8: S. 125–128.
Hublin, J.-J., A. Ben-Ncer, S. E. Bailey, S. E. Freidline, S. Neubauer, M. M. Skinner, I. Bergmann, A. Le Cabec, S. Benazzi, K. Harvati und P. Gunz. (2017): New fossils from Jebel Irhoud, Morocco and the pan-African origin of *Homo sapiens*. *Nature* 546: S. 289–292.
Human, H., S. W. Nicolson und V. Dietemann (2006): Do honeybees, *Apis mellifera scutellata*, regulate humidity in their nest? *Naturwissenschaften* 93: S. 397–401.
Ichikawa, M. (1981): Ecological and sociological importance of honey to the Mbuti net hunters, Eastern Zaire. *African Study Monographs* 1: S. 55–68.
Ilyasov, R. A., M. N. Kosarev, A. Neal und F. G.Yumaguzhin (2015): Burzyan wild-hive honeybee *A. m. mellifera* in South Ural. *Bee World* 92: S. 7–11.
Jacobsen, R. (2008): *Fruitless Fall: The Collapse of the Honey Bee and the Coming Agricultural Crisis*. Bloomsbury, New York.
Jaffé, R., V. Dietemann, M. H. Allsopp, C. Costa, R. M. Crewe, R. Dall'Olio, P. de la Rúa, M. A. A., El-Niweiri, I. Fries, N. Kezic, M. S. Meusel, R. J. Paxton und 3 weitere Autoren. (2009): Estimating the density of honeybee colonies across their natural range to fill the gap in pollinator decline censuses. *Conservation Biology* 24: S. 583–593.
Jay, S. C. (1965): Drifting of honeybees in commercial apiaries. Pkt. 1: Effect of various environmental factors. *Journal of Apicultural Research* 4: S. 167–175.
Jay, S. C. (1966a): Drifting of honeybees in commercial apiaries. Pkt. 2: Effect of various factors when hives are arranged in rows. *Journal of Apicultural Research* 5: S. 103–112.
Jay, S. C. (1966b): Drifting of honeybees in commercial apiaries. Pkt. 3: Effect of apiary layout. *Journal of Apicultural Research* 5: S. 137–148.
Jaycox, E. R., S. G. Parise (1980): Homesite selection by Italian honey bee swarms, *Apis mellifera ligustica* (Hymenoptera: Apidae). *Journal of the Kansas Entomological Society* 53: S. 171–178.
Jaycox, E. R., S. G. Parise (1981): Homesite selection by swarms of black-bodied honey bees, *Apis mellifera caucasica* and *A. m carnica* (Hymenoptera: Apidae). *Journal of the Kansas Entomological Society* 54: S. 697–703.
Jeanne, R. L. (1979): A latitudinal gradient of rates of ant predation. *Ecology* 60: S. 1211–1224.
Jeffree, E. P. (1955): Observations on the decline and growth of honey bee colonies. *Journal of Economic Entomology* 48: S. 723–726.
Jeffree, E. P. (1956): Winter brood and pollen in honey bee colonies. *Insectes Sociaux* 3: S. 417–422.
Johnson, B. R. (2009): Pattern formation on the combs of honeybees: Increasing fitness by coupling selforganization with templates. *Proceedings of the Royal Society of London B* 276: S. 255–261.
Jones, J. C., M. R. Myerscough, S. Graham, B. P. Oldroyd (2004): Honey bee nest thermoregulation: Diversity promotes stability. *Science* 305: S. 402–404.
Jongbloed, J. und C. A. G. Wiersma (1934): Der Stoffwechsel der Honigbiene während des Fliegens. *Zeitschrift für vergleichende Physiologie* 21: S. 519–533.
Josephson, R. K. (1981): Temperature and the mechanical performance of insect muscle. In: *Insect Thermoregulation*, B. Heinrich, Hrsg., Wiley, New York, S. 20–44.

Kammen, C. (1985): *The Peopling of Tompkins County: A Social History*. Heart of the Lakes Publishing, Interlaken, New York.

Kammer, A.E. und B. Heinrich (1978): Insect flight metabolism. *Advances in Insect Physiology* 13: S. 133–228.

Kefuss, J.A. (1978): Influence of photoperiod on the behaviour and brood-rearing activities of honeybees in a flight room. *Journal of Apicultural Research* 17: S. 137–151.

Kefuss, J. und J. Vanpoucke, M. Bolt, C. Kefuss (2016): Selection for resistance to *Varroa destructor* under commercial beekeeping conditions. *Journal of Apicultural Research* 54: S. 563–576.

Kleijn, D., R. Winfree, I. Bartomeus, L.G. Carvalheiro und 56 weitere Autoren. (2015): Delivery of crop pollination services is an insufficient argument for wild pollinator conservation. *Nature Communications* 6: 7414, DOI:10.1038/ncomms8414.

Klein, B.A., A. Klein, M.K. Wray, U.G. Mueller, T.D. Seeley (2010): Sleep deprivation impairs precision of waggle dance signaling in honey bees. *Proceedings of the National Academy of Sciences (USA)* 107: S. 22705–22709.

Klein, B.A., K.M. Olzsowy, A. Klein, K.M. Saunders und T.D. Seeley (2008): Caste-dependent sleep of worker honey bees. *Journal of Experimental Biology* 211: S. 3028–3040.

Klein, B.A., M. Stiegler, A. Klein, J. Tautz (2014): Mapping sleeping bees within their nest: Spatial and temporal analysis of worker honey bee sleep. *PLoS ONE* 9 (7): e102316, DOI:10.1371/ journal.pone.0102316.

Kleinhenz, M., B. Bujok, S. Fuchs, J.Tautz (2003): Hot bees in empty broodnest cells: Heating from within. *Journal of Experimental Biology* 206: S. 4217–4231.

Knaffl, H. (1953): Über die Flugweite und Entfernungsmeldung der Bienen. *Zeitschrift für Bienenforschung* 2: S. 131–140.

Koch, H.G. (1967): Der Jahresgang der Nektartracht von Bienenvölkern als Ausdruck der Witterungssingularitäten und Trachtverhältnisse. *Zeitschrift für Angewandte Meteorologie* 5: S. 206–216.

Koeniger, G., N. Koeniger, J. Ellis, L. Connor (2014): *Mating Biology of Honey Bees (Apis mellifera)*. Wicwas Press, Kalamazoo, Michigan.

Koeniger, G., N. Koeniger und F.-T. Tiesler (2014): *Paarungsbiologie und Paarungskontrolle bei der Honigbiene*. Buschhausen Druck und Verlagshaus, Herten, Germany.

Kohl, P.L. und B. Rutschmann (2018): The neglected bee trees: European beech forests as a home for feral honey bee colonies. *PeerJ* 6: e4602, DOI:10.7717/peerj.4602.

Kovac, H., A. Stabentheiner und S. Schmaranzer (2010): Thermoregulation of water foraging honey – bees-balancing of endothermic activity with radiative heat gain and functional requirements. *Journal of Insect Physiology* 56: S. 1834–1845.

Kraus, B. und R.E. Page (1995): Effect of *Varroa jacobsoni* (Mesostigmata:Varroidae) on feral *Apis mellifera* (Hymenoptera: Apidae) in California. *Environmental Entomology* 24: S. 1473–1480.

Kraus, B., H.H.W. Velthuis und S. Tingek (1998): Temperature profiles of the brood nests of *Apis cerana* and *Apis mellifera* colonies and their relation to varroosis. *Journal of Apicultural Research* 37: S. 175–181.

Kritsky, G. (1991): Lessons from history: The spread of the honey bee in North America. *American Bee Journal* 131: S. 367–370.

Kritsky, G. (2010): *The Quest for the Perfect Hive: A History of Innovation in Bee Culture*. Oxford University Press, New York.

Kritsky, G. (2015): *The Tears of Re: Beekeeping in Ancient Egypt*. Oxford University Press, New York.

Kronenberg, F.C. und H.C. Heller (1982): Colonial thermoregulation in honey bees (*Apis mellifera*). *Journal of Comparative Physiology* 148: S. 65–76.

Kühnholz, S., T.D. Seeley (1997): The control of water collection in honey bee colonies. *Behavioral Ecology and Sociobiology* 41: S. 407–422.

Kurlansky, M. (2014): Inside the milk machine: How modern dairy works. *Modern Farmer*. https://modernfarmer.com/2014/03/real-talk-milk/ (aufgerufen 15. Dezember 2017).

Laidlaw, H.H. (1944): Artificial insemination of the queen bee (*Apis mellifera* L.): Morphological basis and results. *Journal of Morphology* 74: S. 429–465.

Langstroth, L. L. (1853): *Langstroth on the Hive and the Honey-Bee: A Bee Keeper's Manual*. Hopkins, Bridgman, and Co., Northampton, Massachusetts.

Latham, E. C. (1969): *The Poetry of Robert Frost*. Henry Holt, NewYork.

Le Conte,Y., G. de Vaublanc, D. Crauser, F. Jeanne, J.-C. Rousselle und J. J. Bécard (2007): Honey bee colonies that have survived *Varroa destructor*. *Apidologie* 38: S. 566–572.

Lee, P. C. und M. L. Winston (1985): The effect of swarm size and date of issue on comb construction in newly founded colonies of honeybees (*Apis mellifera* L.). *Canadian Journal of Zoology* 63: S. 524–527.

Levin, C. G., C. H. Collison (1990): Broodnest temperature differences and their possible effect on drone brood production and distribution in honeybee colonies. *Journal of Apicultural Research* 29: S. 35–45.

Levin, M. D. (1961): Distribution of foragers from honey bee colonies placed in the middle of a large field of alfalfa. *Journal of Economic Entomology* 54: S. 431–434.

Levin, M. D., G. E. Bohart und W. P. Nye (1960): Distance from the apiary as a factor in alfalfa pollination. *Journal of Economic Entomology* 53: S. 56–60.

Lindauer, M. (1954): Temperaturregulierung und Wasserhaushalt im Bienenstaat. *Zeitschrift für vergleichende Physiologie* 36: S. 391–432.

Lindauer, M. (1955): Schwarmbienen auf Wohnungssuche. *Zeitschrift für vergleichende Physiologie* 37: S. 263-324.

Lindenfelser, L. A. (1968): In vivo activity of propolis against *Bacillus larvae*. *Journal of Invertebrate Pathology* 12: S. 129–131.

Locke, B. (2015): Inheritance of reduced Varroa mite reproductive success in reciprocal crosses of mite resistant and mite-susceptible honey bees (*Apis mellifera*). *Apidologie* 47: S. 583–588.

Locke, B. (2016): Natural Varroa mite-surviving *Apis mellifera* honeybee populations. *Apidologie* 47: S. 467–482.

Locke, B., I. Fries (2011): Characteristics of honey bee colonies (*Apis mellifera*) in Sweden surviving Varroa destructor infestation. *Apidologie* 42: S. 533–542.

Loftus, J. C., M. L. Smith und T. D. Seeley (2016): How honey bee colonies survive in the wild: Testing the importance of small nests and frequent swarming. *PLoS ONE* 11 (3): e0150362, DOI:10.1371/journal.pone.0150362.

Loper, G. M. (1995): A documented loss of feral bees due to mite infestations in S. Arizona. *American Bee Journal* 135: S. 823–824.

Loper, G. M. (1997): Over-winter losses of feral honey bee colonies in southern Arizona, 1992–1997. *American Bee Journal* 137: S. 446.

Loper, G. M. (2002): Nesting sites, characterization and longevity of feral honey bee colonies in the Sonoran Desert of Arizona: 1991–2000. In: *Proceedings of the 2nd International Conference on Africanized Honey Bees and Bee Mites*, E. H. Erickson, Jr., Robert E. Page, Jr., und A. A. Hanna, Hrsg., A. I. Root, Medina, Ohio, S. 86–96.

Loper, G. M., D. Sammataro, J. Finley und J. Cole (2006): Feral honey bees in southern Arizona 10 years after Varroa infestation. *American Bee Journal* 134: S. 521–524.

Louveaux, J. (1958): Recherches sur la récolte du pollen par les abeilles (*Apis mellifica* L.). *Annales de l'Abeille* 1: S. 113–188, 197–221.

Louveaux, J. (1973): The acclimatization of bees to a heather region. *Bee World* 54: S. 105–111.

Mackensen, O. und W. P. Nye (1966): Selecting and breeding honeybees for collecting alfalfa pollen. *Journal of Apicultural Research* 5: S. 79–86.

Magnini, R. M. (2015): *Swarm Traps: Principles and Design*. Sweet Clover, Scotch Lake, Nova Scotia.

Manley, R. O. B. 1985. *Honey Farming*. Northern Bee Books, Hebden Bridge, England.

Marchand, C. (1967): Préparons le piégeage des essaims. *L'Abeille de France* 46 (490): S. 59–61.

Marlowe, F. W., J. C. Berbesque, B. Wood, A. Crittenden, C. Porter und A. Mabulla (2014): Honey, Hadza, hunter-gatherers, and human evolution. *Journal of Human Evolution* 71: S. 119–128.

Martin, H., M. Lindauer (1966): Sinnesphysiologische Leistungen beim Wabenbau der Honigbiene. *Zeitschrift für vergleichende Physiologie* 53: S. 372–404.

Martin, P. (1963): Die Steuerung der Volksteilung beim Schwärmen der Bienen. Zugleich ein Beitrag zum Problem der Wanderschwärme. *Insectes Sociaux* 10: S. 13–42.

Martin, S. (1998): A population model for the ectoparasitic mite *Varroa jacobsoni* in honey bee (*Apis mellifera*) colonies. *Ecological Modelling* 109: S. 267–281.

Martin, S.J. (2001): The role of Varroa and viral pathogens in the collapse of honeybee colonies: A modelling approach. *Journal of Applied Ecology* 38: S. 1082–1093.

Martin, S.J., A.C. Highfield, L. Brettell, E.M.Villalobos, G.E. Budge, M. Powell, S. Nikaido und D.C. Schroeder (2012): Global honey bee viral landscape altered by a parasitic mite. *Science* 336: S. 1304–1306.

Mason, P.A. (2016): *American Bee Books: An Annotated Bibliography of Books on Bees and Beekeeping* S. 1492–2010. Club of Odd Volumes, Boston.

Mattila, H.R. und T.D. Seeley (2007): Genetic diversity in honey bee colonies enhances productivity and fitness. *Science* 317: S. 362–364.

Mattila, H.R. und T.D. Seeley (2010): Promiscuous honeybee queens generate colonies with a critical minority of waggle dancing foragers. *Behavioral Ecology and Sociobiology* 64: S. 875–889.

Mattila, H.R., K.M. Burke und T.D. Seeley (2008): Genetic diversity within honeybee colonies increases signal production by waggle-dancing foragers. *Proceedings of the Royal Society of London B* 275: S. 809–816.

Maurizio, A. (1934): Über die Kalkbrut (Perisystis-Mykose) der Bienen. *Archiv für Bienenkunde* 15: S. 165–193.

Mazar, A., N. Panitz-Cohen (2007): It is the land of honey: Beekeeping at Tel Rehov. *Near Eastern Archaeology* 70: S. 202–219.

McLellan, A.R. (1977): Honeybee colony weight as an index of honey production and nectar flow: A critical evaluation. *Journal of Applied Ecology* 14: S. 401–408.

McMullan, J.B. und M.J.F. Brown (2006): The influence of small-cell brood combs on the morphometry of honeybees (Apis mellifera). Apidologie 37: S. 665–672.

Medina, L.M., S.J. Martin (1999): A comparative study of Varroa jacobsoni reproduction in worker cells of honey bees (*Apis mellifera*) in England and Africanized bees in Yucatan, Mexico. *Experimental and Applied Acarology* 23: S. 659–667.

Meyer, W. (1954): Die „Kittharzbienen“ und ihre Tätigkeiten. *Zeitschrift für Bienenforschung* 2: S. 185–200.

Meyer, W. (1956): „Propolis bees“ and their activities. *Bee World* 37: S. 25–36.

Michener, C.D. (1974): *The Social Behavior of the Bees*. Harvard University Press, Cambridge, Massachusetts.

Michener, C.D. (2000): *The Bees of the World*. Johns Hopkins University Press, Baltimore, Maryland.

Mikheyev, A.S., M.M.Y. Tin und J. Arora, T.D. Seeley (2015): Museum samples reveal rapid evolution by wild honey bees exposed to a novel parasite. *Nature Communications* 6: 7991, DOI: 10.1038/ncomms8991.

Milum, V.G. (1930): Variations in time of development of the honey bee. *Journal of Economic Entomology* 23: S. 441–446.

Milum, V.G. (1956): An analysis of twenty years of honey bee colony weight changes. *Journal of Economic Entomology* 49: S. 735–738.

Mitchell, D. (2016): Ratios of colony mass to thermal conductance of tree and man-made nest enclosures of *Apis mellifera*: Implications for survival, clustering, humidity regulation and Varroa destructor. *International Journal of Biometeorology* 60: S. 629–638.

Mitchell, D. (2017): Honey bee engineering: Top ventilation and top entrances. *American Bee Journal* 157: S. 887–889.

Mitchener, A.V. (1948): The swarming season for honey bees in Manitoba. *Journal of Economic Entomology* 41: S. 646.

Mitchener, A.V. (1955): Manitoba nectar flows 1924–1954, mit besonderem Verweis auf 1947–1954. *Journal of Economic Entomology* 48: S. 514–518.

Moeller, F.E. (1975): Effect of moving honeybee colonies on their subsequent production and consumption of honey. *Journal of Apicultural Research* 14: S. 127–130.

Montovan, K. J., N. Karst, L. E. Jones und T. D. Seeley (2013): Local behavioral rules sustain the cell allocation pattern in the combs of honey bee colonies (*Apis mellifera*). Journal of Theoretical Biology 336: S. 75–86.

Moritz, R. F. A., F. B. Kraus, P. Kryger, R. M. Crewe (2007): The size of wild honeybee populations (*Apis mellifera*) and its implications for the conservation of honeybees. *Journal of Insect Conservation* 11: S. 391–397.

Moritz, R. F. A., H. M. G. Lattorff, P. Neumann, F. B. Kraus, S. E. Radloff und H. R. Hepburn (2005): Rare royal families in honeybees, *Apis mellifera*. *Naturwissenschaften* 92: S. 488–491.

Morse, R. A., S. Camazine, M. Ferracane, P. Minacci, R. Nowogrodzki, F. L.W. Ratnieks, J. Spielholz, und B. A. Underwood. (1990).The population density of feral colonies of honey bees (Hymenoptera: Apidae) in a city in upstate New York. *Journal of Economic Entomology* 83: S. 81–83.

Morse, R. A., K. Flottum (1997): *Honey Bee Pests, Predators, and Diseases*. 3. Auflage. A. I. Root Company, Medina, Ohio.

Moulton, G. E. (2002): *The Definitive Journals of Lewis and Clark*. University of Nebraska Press, Lincoln, Nebraska.

Mullin, C. A., M. Frazier, J. L. Frazier, S. Ashcraft, R. Simonds, D. van Englesdorp und J. S. Pettis (2010): High levels of miticides and agrochemicals in North American apiaries: Implications for honey bee health. *PLoS ONE* 5: e9754, DOI.org/10.1371/journal.pone.0009754.

Münster, S. (1628): *Cosmographia*. Heinrich Petri, Basel.

Munz, T. (2016): *The Dancing Bees. Karl von Frisch and the Discovery of the Honeybee Language*. University of Chicago Press, Chicago, Illinois.

Murray, L., E. P. Jeffree (1955): Swarming in Scotland. *Scottish Beekeeper* 31: S. 96–98.

Murray, S. S., M. J. Schoeninger, H. T. Bunn, T. R. Pickering und J. A. Marlett (2001): Nutritional composition of some wild plant foods and honey used by Hadza foragers of Tanzania. *Journal of Food Composition and Analysis* 14: S. 3–13.

Naile, F. (1976): *America's Master of Bee Culture: The Life of L. L. Langstroth*. Cornell University Press, Ithaca, New York.

Nakamura, J. und T. D. Seeley (2006): The functional organization of resin work in honeybee colonies. *Behavioral Ecology and Sociobiology* 60: S. 339–349.

Nesse, R. M. und G. C. Williams (1994): *Why We Get Sick: The New Science of Darwinian Medicine*. Times Books, New York.

Neumann, P. und T. Blacquière (2016): The Darwin cure for apiculture? Natural selection and managed honeybee health. *Evolutionary Applications* 2016: S. 1–5, DOI:10.1111/eva.12448.

Neville, A. C. (1965): Energy economy in insect flight. *Science Progress* 53: S. 203–219.

Nicodemo, D., E. B. Malheiros, D. De Jong, R. H.N. Couto (2014): Increased brood viability and longer lifespan of honeybees selected for propolis production. *Apidologie* 45: S. 269–275.

Nicolson, S. W. (2009): Water homeostasis in bees, with the emphasis on sociality. *Journal of Experimental Biology* 212: S. 429–434.

Nolan, W. J. (1925): The brood-rearing cycle of the honeybee. *Bulletin of the United States Department of Agriculture* 1349: S. 1–56.

Nordhaus, H. (2011): *The Beekeeper's Lament: How One Man and Half a Billion Honey Bees Help Feed America*. HarperCollins, New York.

Nye, W. P. und O. Mackensen (1968): Selective breeding of honeybees for alfalfa pollen: Fifth generation and backcrosses. *Journal of Apicultural Research* 7: S. 21–27.

Nye, W. P. und O. Mackensen (1970): Selective breeding of honeybees for alfalfa pollen collection: With tests in high and low alfalfa pollen collection regions. *Journal of Apicultural Research* 9: S. 61–64.

Oddie, M., R. Büchler, B. Dahle, M. Kovacic, Y. Le Conte, B. Locke, J. R. de Miranda, F. Mondet, P. Neumann (2018): Rapid parallel evolution overcomes global honey bee parasite. *Scientific Reports* 8: S. 7704, DOI:10.1038/s41598-018-26001-7.

Oddie, M. A. Y., B. Dahle, P. Neumann (2017): Norwegian honey bees surviving *Varroa destructor* mite infestations by means of natural selection. *PeerJ* 5: e3956, DOI:10.7717/peerj.3956.

Odell, A. L., J. P. Lassoie und R. R. Morrow (1980): *A History of Cornell University's Arnot Forest*. Dept. of Natural Resources Research and Extension Ser. Nr. 14. Cornell University, Ithaca, New York. https://blogs.cornell.edu/arnotforest/files/2015/07/history-of-the-Arnot-1980-yoa9tl.pdf (abgerufen 10 August 2018).

Oldroyd, B. P. (2012): Domestication of honey bees was associated with expansion of genetic diversity. *Molecular Ecology* 21: S. 4409–4411.

Oleksa, A., R. Gawroński und A. Tofilski (2013): Rural avenues as a refuge for feral honey bee population. *Journal of Insect Conservation* 17: S. 465–472.

Oliver, R. (2014): A comparative test of the pollen subs. *American Bee Journal* 154: S. 795-801.

Ostwald, M. M., M. L. Smith, T. D. Seeley (2016): The behavioral regulation of thirst, water collection and water storage in honey bee colonies. *Journal of Experimental Biology* 219: S. 2156–2165.

Otis, G. (1982): Weights of worker honeybees in swarms. *Journal of Apicultural Research* 21: S. 88–92.

Owens, C. D. (1971): The thermology of wintering honey bee colonies. *Technical Bulletin, United States Department of Agriculture* 1429: S. 1–32.

Oxley, P. R. und B. P. Oldroyd (2010): The genetic architecture of honeybee breeding. *Advances in Insect Physiology* 39: S. 83–118.

Page, R. E. und Jr. (1981): Protandrous reproduction in honey bees. Environmental Entomology 10: S. 359–362.

Page, R. E. und Jr. (1982): The seasonal occurrence of honey bee swarms in north-central California. *American Bee Journal* 121: S. 266–272.

Palmer, K. A., B. P. Oldroyd (2000): Evolution of multiple mating in the genus Apis. *Apidologie* 31: S. 235–248.

Park, O. W. (1923): Water stored by bees. *American Bee Journal* 63: S. 348–349.

Park, O. W. (1949): Activities of honey bees. In: *The Hive and the Honey Bee*, R. A. Grout, Hrsg., Dadant and Sons, Hamilton, Illinois, S. 79–152.

Parker, R. L. (1926): The collection and utilization of pollen by the honeybee. *Cornell University Agricultural Experiment Station Memoir* 98: S. 1–55.

Peck, D. T. und T. D. Seeley (2019): Mite bombs or robber lures? The roles of drifting and robbing in *Varroa destructor* transmission from collapsing colonies to their neighbours. *PLoS ONE* 14(6): e0218392, DOI:10.1371/journal.pone.0218392.

Peck, D. T. und T. D. Seeley (Erscheint demnächst): Multiple mechanisms of behavioral resistance to an introduced parasite, *Varroa destructor*, in a survivor population of European honey bees.

Peck, D. T. und T. D. Seeley (Erscheint demnächst): Robbing by honey bees (*Apis mellifera*): assessing its importance for disease spread in the wild.

Peck, D. T., M. L. Smith und T. D. Seeley (2016): *Varroa destructor* mites can nimbly climb from flowers onto foraging honey bees. *PLoS ONE* 11: e0167798, DOI.org/10.1371/journal.pone.0167798.

Peer, D. F. (1957): Further studies on the mating range of the honey bee, *Apis mellifera* L. *Canadian Entomologist* 89: S. 108–110.

Peters, J. M., O. Peleg, L. Mahadevan (2019): Collective ventilation in honeybee nests. *Journal of the Royal Society Interface* 16: e20180561, DOI: 10.1098/rsif.2018.0561.

Pfeiffer, K. J. und J. Crailsheim (1998): Drifting of honeybees. *Insectes Sociaux* 45: S. 151–167.

Phillips, M. G. (1956): *The Makers of Honey*. Crowell, NewYork.

Phipps, J. (2016): Editorial. *Natural Bee Husbandry* 1: S. 3.

Pinto, M. A., W. L. Rubink, R. N. Coulson, J. C. Patton und S. Johnston (2004): Temporal pattern of Africanization in a feral honeybee population from Texas inferred from mitochondrial DNA. *Evolution* 58: S. 1047–1055.

Pinto, M. A., W. L. Rubink, J. C. Patton, R. N. Coulson und J. S. Johnston (2005): Africanization in the United States: Replacement of feral European honeybees (*Apis mellifera* L.) by an African hybrid swarm. *Genetics* 170: S. 1653–1665.

Pratt, S. C. (1998a): Condition-dependent timing of comb construction by honeybee colonies: How do workers know when to start building? *Animal Behavior* 56: S. 603–610.

Pratt, S. C. (1998b): Decentralized control of drone comb construction in honey bee colonies. *Behavioral Ecology and Sociobiology* 42: S. 193–205.

Pratt, S. C. (1999): Optimal timing of comb construction by honeybee (*Apis mellifera*) colonies: A dynamic programming model and experimental tests. *Behavioral Ecology and Sociobiology* 46: S. 30–42.

Pratt, S. C. (2004): Collective control of the timing and type of comb construction by honey bees (*Apis mellifera*). *Apidologie* 35: S. 193–205.

Radcliffe, R. W. und T. D. Seeley (2018): Deep forest bee hunting: A novel method for finding wild colonies of honey bees in old-growth forests. *American Bee Journal* 158: S. 871–877.

Rangel, J., M. Giresi, M. A. Pinto, K. A. Baum, W. L. Rubink und R. N. Coulson, J. S. Johnston (2016): Africanization of a feral honey bee (*Apis mellifera*) population in South Texas: Does a decade make a difference? *Ecology and Evolution* 6: S. 2158–2169.

Rangel, J., S. R. Griffin und T. D. Seeley (2010): An oligarchy of nest-site scouts triggers a honeybee swarm's departure from the hive. *Behavioral Ecology and Sociobiology* 64: S. 979–987.

Rangel, J., H. R. Mattila und T. D. Seeley (2009): No intracolonial nepotism during colony fissioning in honey bees. *Proceedings of the Royal Society of London B* 276: S. 3895–3900.

Rangel, J., H. K. Reeve und T. D. Seeley (2013): Optimal colony fissioning in social insects: Testing an inclusive fitness model with honey bees. *Insectes Sociaux* 60: S. 445–452.

Rangel, J. und T. D. Seeley (2012): Colony fissioning in honey bees: Size and significance of the swarm fraction. *Insectes Sociaux* 59: S. 453–462.

Rayment, T. (1923): Through Australian eyes: Water in cells. *American Bee Journal* 63: S. 135–136.

Ribbands, C. R. (1954): The defence of the honeybee community. *Proceedings of the Royal Society of London B* 142: S. 514–524.

Richards, K. W. (1973): Biology of *Bombus polaris* Curtis and *B. hyperboreus* Schönherr at Lake Hazen, Northwest Territories (Hymenoptera: Bombini). *Quaestiones Entomologicae* 9: 115–157.

Rinderer, T. E., L. I. de Guzman, G. T. Delatte, J. A. Stelzer, V. A. Lancaster, V. Kuznetsov, L. Beaman, R.Watts und J. W. Harris (2001): Resistance to the parasitic mite Varroa destructor in honey bees from far-eastern Russia. *Apidologie* 32: S. 381–394.

Rinderer, T. E., J. W. Harris, G. J. Hunt und L. I. de Guzman (2010): Breeding for resistance to *Varroa destructor* in North America. *Apidologie* 41: S. 409–424.

Rinderer, T. E., K. W. Tucker und A. M. Collins (1982): Nest cavity selection by swarms of European and Africanized honeybees. *Journal of Apicultural Research* 21: S. 98–103.

Rivera-Marchand, B., D. Oskay und T. Giray (2012): Gentle Africanized bees on an oceanic island. *Evolutionary Applications* 5: S. 746–756.

Roberts, A. (2017): *Tamed*. Hutchinson, London.

Robinson, F. A. (1966): Foraging range of honey bees in citrus groves. *Florida Entomologist* 49: S. 219-223.

Robinson, G. E., B. A. Underwood und C. E. Henderson (1984): A highly specialized water-collecting honey bee. *Apidologie* 15: S. 355–358.

Roffet-Salque, M., M. Regert, R. P. Evershed, A. K. Outram, L. J.E. Cramp, O. Decavallas, J. Dunne, P. Gerbault, S. Mileto, S. Mirabaud, M. Pääkkönen, J. Smyth, and 53 weitere Autoren. (2015): Widespread exploitation of the honeybee by early Neolithic farmers. *Nature* 527: S. 226–231.

Rösch, G. A. (1927): Über die Bautätigkeit im Bienenvolk und das Alter der Baubienen. Weiterer Beitrag zur Frage nach der Arbeitsteilung im Bienenstaat. *Zeitschrift für vergleichende Physiologie* 6: S. 264-298.

Rosenkranz, P., P. Aumeier und B. Ziegelmann (2010): Biology and control of *Varroa destructor*. *Journal of Invertebrate Pathology* 103: S. 96–119.

Rosov, S. A. (1944): Food consumption by bees. *Bee World* 25: S. 94–95.

Rothenbuhler, W. C. (1958): Genetics and breeding of the honey bee. *Annual Review of Entomology* 3: S. 161–180.

Ruttner, F. (1987): *Biogeography and Taxonomy of Honeybees*. Springer Verlag, Berlin.

Ruttner, F., E. Milner, J. E. Dews (1990): *The Dark European Honeybee: Apis mellifera mellifera* Linnaeus 1758. British Isles Bee Breeders Association / Beard and Son, Brighton.

Ruttner, F., H. Ruttner (1966): Untersuchungen über die Flugaktivität und das Paarungsverhalten der Drohnen. 3. Flugweite and Flugrichtung der Drohnen. *Zeitschrift für Bienenforschung* 8: S. 332–354.

Ruttner, F., H. Ruttner (1972): Untersuchungen über die Flugaktivität und das Paarungsverhalten der Drohnen. 5. Drohnensammelplätze und Paarungsdistanz. *Apidologie* 3: S. 203–232.

Sakagami, S. F., H. Fukuda (1968): Life tables for worker honeybees. *Researches on Population-Ecology* 10: S. 127–139.

Sammataro, D., A. Avitabile (2011): *The Beekeeper's Handbook*. Cornell University Press, Ithaca, New York.

Sanford, M. T. (2001): Introduction, spread and economic impact of *Varroa* mites in North America. In: *Mites of the Honey Bee*, T. C. Webster und K. S. Delaplane, Hrsg., S. 149–162. Dadant and Sons, Hamilton, Illinois.

Schiff, N. M., W. S. Sheppard, G. M. Loper, H. Shimanuki (1994): Genetic diversity of feral honey bee (Hymenoptera: Apidae) populations in the southern United States. *Annals of the Entomological Society of America* 87: S. 842–848.

Schmaranzer, S. (2000): Thermoregulation of water collecting honey bees (*Apis mellifera*). *Journal of Insect Physiology* 46: S. 1187–1194.

Schmidt, J. O., R. Hurley (1995): Selection of nest cavities by Africanized and European honey bees. *Apidologie* 26: S. 467–475.

Schneider, S. S. (1989): Queen behavior and worker-queen interactions in absconding and swarming colonies of the African honey bee, *Apis mellifera scutellata* (Hymenoptera: Apidae). *Journal of the Kansas Entomological Society* 63: S. 179–186.

Schneider, S. S. (1991): Modulation of queen activity by the vibration dance in swarming colonies of the African honey bee, *Apis mellifera scutellata* (Hymenoptera: Apidae). *Journal of the Kansas Entomological Society* 64: S. 269–278.

Scholze, E., H. Pichler und H. Heran (1964): Zur Entfernungsschätzung der Bienen nach dem Kraftaufwand. *Naturwissenschaften* 51: S. 69–90.

Scofield, H. N. und H. R. Mattila (2015): Honey bee workers that are pollen stressed as larvae become poor foragers and waggle dancers as adults. *PLoS ONE* 10(4):e0121731, DOI.org/10.1371/journal.pone.0121731.

Seeley, T. D. (1974): Atmospheric carbon dioxide regulation in honey bee (*Apis mellifera*) colonies. *Journal of Insect Physiology* 20: S. 2301–2305.

Seeley, T. D. (1977): Measurement of nest cavity volume by the honey bee (*Apis mellifera*). *Behavioral Ecology and Sociobiology* 2: S. 201–227.

Seeley, T. D. (1978): Life history strategy of the honey bee, *Apis mellifera*. Oecologia 32: S. 109–118.

Seeley, T. D. (1982): Adaptive significance of the age polyethism schedule in honeybee colonies. *Behavioral Ecology and Sociobiology* 11: S. 287–293.

Seeley, T. D. (1986): Social foraging by honeybees: How colonies allocate foragers among patches of flowers. *Behavioral Ecology and Sociobiology* 19: S. 343–356.

Seeley, T. D. (1987): The effectiveness of information collection about food sources by honey bee colonies. *Animal Behavior* 35: S. 1572–1575.

Seeley, T. D. (1989): Social foraging in honey bees: how nectar foragers assess their colony's nutritional status. *Behavioral Ecology and Sociobiology* 24: S. 181–199.

Seeley, T. D. (1995): *The Wisdom of the Hive*. Harvard University Press, Cambridge, Massachusetts.

Seeley, T. D. (2002): The effect of drone comb on a honey bee colony's production of honey. *Apidologie* 33: S. 75–86.

Seeley, T. D. (2003): Bees in the forest, still. *Bee Culture* 131 (January): S. 24–27.

Seeley, T. D. (2007): Honey bees of the Arnot Forest: A population of feral colonies persisting with Varroa destructor in the northeastern United States. *Apidologie* 38: S. 19–29.

Seeley, T. D. (2010): *Honeybee Democracy*. Princeton University Press, Princeton, New Jersey.

Seeley, T. D. (2012): Using bait hives. *Bee Culture* 140 (April): S. 73–75.

Seeley, T. D. (2016): *Following the Wild Bees: The Craft and Science of Bee Hunting*. Princeton University Press, Princeton, New Jersey.

Seeley, T. D. (2017a): Bait hives: A valuable tool for natural beekeeping. *Natural Bee Husbandry* 2 (February): S. 15–18.
Seeley, T. D. (2017b): Life-history traits of honey bee colonies living in forests around Ithaca, NY, USA. *Apidologie* 48: S. 743–754.
Seeley, T. D. (2017c): Darwinian beekeeping: An evolutionary approach to apiculture. *American Bee Journal* 157: S. 277–282.
Seeley, T. D. und S. Camazine, J. Sneyd (1991): Collective decision-making in honey bees: How colonies choose among nectar sources. *Behavioral Ecology and Sociobiology* 28: S. 277–290.
Seeley, T. D. und S. R. Griffin (2011): Small-cell comb does not control Varroa mites in colonies of honeybees of European origin. *Apidologie* 42: S. 526–532.
Seeley, T. D. und R. A. Morse (1976): The nest of the honey bee (*Apis mellifera* L.). *Insectes Sociaux* 23: S. 495–512.
Seeley, T. D. und R. A. Morse (1978a): Nest site selection by the honey bee. *Insectes Sociaux* 25: S. 323–337.
Seeley, T. D. und R. A. Morse (1978b): Dispersal behavior of honey bee swarms. *Psyche* 84: S. 199–209.
Seeley, T. D. und M. L. Smith (2015): Crowding honeybee colonies in apiaries can increase their vulnerability to the deadly ectoparasitic mite *Varroa destructor*. *Apidologie* 46: S. 716–727.
Seeley, T. D. und D. R. Tarpy (2007): Queen promiscuity lowers disease within honeybee colonies. *Proceedings of the Royal Society of London B* 274: S. 67–72.
Seeley, T. D. und D. R. Tarpy, S. R. Griffin, A. Carcione und D. A. Delaney (2015): A survivor population of wild colonies of European honeybees in the northeastern United States: Investigating its genetic structure. *Apidologie* 46: S. 654–666.
Seeley, T. D.und P. K. Visscher (1985): Survival of honey bees in cold climates: The critical timing of colony growth and reproduction. *Ecological Entomology* 10: S. 81–88.
Sekiguchi, K., S. F. Sakagami (1966): Structure of foraging population and related problems in the honeybee, with considerations on the division of labor in bee colonies. *Hokkaido National Agricultural Experiment Station Report* 69: S. 1–65.
Semkiw, P. und P. Skubida (2010): Evaluation of the economical aspects of Polish beekeeping. *Journal of Apicultural Science* 54: S. 5–15.
Sheppard, W. S. (1989): A history of the introduction of honey bee races into the United States. *American Bee Journal* 129: S. 617–619, 664–666.
Simone, M., J. D. Evans und M. Spivak (2009): Resin collection and social immunity in honey bees. *Evolution* 63: S. 3016–3022.
Simone-Finstrom, M., J. Gardner und M. Spivak (2010): Tactile learning in resin foraging honeybees. *Behavioral Ecology and Sociobiology* 64: S. 1609–1617.
Simone-Finstrom, M., M. Walz und D. R. Tarpy (2016): Genetic diversity confers colony-level benefits due to individual immunity. *Biology Letters* 12: 20151007, DOI:10.1098/rsbl.2015.1007.
Simone-Finstrom, M. und M. Spivak (2010): Propolis and bee health: The natural history and significance of resin use by honey bees. *Apidologie* 41: S. 295–311.
Simpson, J. (1957a): Observations on colonies of honey-bees subjected to treatments designed to induce swarming. *Proceedings of the Royal Entomological Society of London (A)* 32: S. 185–192.
Simpson, J. (1957b): The incidence of swarming among colonies of honey bees in England. *Journal of Agricultural Science* 49: S. 387–393.
Simpson, J. und I. B. M. Riedel (1963): The factor that causes swarming in honeybee colonies in small hives. *Journal of Apicultural Research* 2: S. 50–54.
Smibert, T. (1851): *Io Anche! Poems, Chiefly Lyrical*. James Hogg, Edinburgh.
Smith, B. E., P. L. Marks und S. Gardescu (1993): Two hundred years of forest cover changes in Tompkins County, New York. *Bulletin of the Torrey Botanical Club* 120: S. 229–247.
Smith, M. L. und M. M. Ostwald, T. D. Seeley (2015): Adaptive tuning of an extended phenotype: Honeybees seasonally shift their honey storage to optimize male production. *Animal Behavior* 103: S. 29–33.

Smith, M. L., M. M. Ostwald und T. D. Seeley (2016): Honey bee sociometry: Tracking honey bee colonies and their nest contents from colony founding until death. *Insectes Sociaux* 63: S. 553–563.

Smits, S. A., J. Leach, E. D. Sonnenburg, C. G. Gonzalez, J. S. Lichtman, G. Reid, R. Knight, A. Manjurano, J. Changalucha, J. E. Elias, M. G. Dominguez-Bello, and J. L. Sonnenburg. (2017): Seasonal cycling in the gut microbiome of the Hadza hunter-gatherers of Tanzania. *Science* 357: S. 802–806.

Southwick, E. E. (1982): Metabolic energy of intact honey bee colonies. *Comparative Biochemistry and Physiology* 71: S. 277–281.

Southwick, E. E. (1985): Allometric relations, metabolism and heat conductance in clusters of honey bees at cool temperatures. *Journal of Comparative Physiology* B 156: S. 143–149.

Southwick, E. E., G. M. Loper und S. E. Sadwick (1981): Nectar production, composition, energetics and pollinator attractiveness in spring flowers of western NewYork. *American Journal of Botany* 68: S. 994–1002.

Southwick, E. E. und J. N. Mugaas (1971): A hypothetical homeotherm: The honeybee hive. *Comparative Biochemistry and Physiology Part A: Physiology* 40: S. 935–944.

Southwick, E. E. und D. Pimentel (1981): Energy efficiency of honey production by bees. *Bioscience* 31: S. 730–732.

Spivak, M., M. Gilliam (1998a): Hygienic behavior of honey bees and its application for control of brood diseases and varroa. Pkt. 1: Hygienic behavior and resistance to American foulbrood. *Bee World* 79: S. 124–134.

Spivak, M. und M. Gilliam (1998b): Hygienic behavior of honey bees and its application for control of brood diseases and varroa. Pkt. 2: Studies on hygienic behavior since the Rothenbuhler era. *Bee World* 79: S. 169–186.

Stabentheiner, A., H. Pressl, T. Papst, N. Hrassnigg und K. Crailsheim (2003): Endothermic heat production in honeybee winter clusters. *Journal of Experimental Biology* 206: S. 353–358.

Starks, P. T., C. A. Blackie und T. D. Seeley (2000): Fever in honey bee colonies. *Naturwissenschaften* 87: S. 229–231.

Strange, J. P., L. Garnery und W. S. Sheppard (2007): Persistence of the Landes ecotype of *Apis mellifera mellifera* in southwest France: Confirmation of a locally adaptive annual brood cycle trait. *Apidologie* 38: S. 259–267.

Szabo, T. I. (1983a): Effects of various entrances and hive direction on outdoor wintering of honey bee colonies. *American Bee Journal* 123: S. 47–49.

Szabo, T. I. (1983b): Effect of various combs on the development and weight gain of honeybee colonies. *Journal of Apicultural Research* 22: S. 45–48.

Taber, S. (1963): The effect of disturbance on the social behavior of the honey bee colony. *American Bee Journal* 103: S. 286–288.

Taber, S., C. D. Owens (1970): Colony founding and initial nest design of honey bees, *Apis mellifera* L. *Animal Behavior* 18: S. 625–632.

Tarpy, D. R. (2003): Genetic diversity within honeybee colonies prevents severe infections and promotes colony growth. *Proceedings of the Royal Society of London* B 270: S. 99–103.

Tarpy, D. R., D. A. Delaney und T. D. Seeley (2015): Mating frequencies of honey bee queens (*Apis mellifera* L.) in a population of feral colonies in the northeastern United States. *PLoS ONE* 10 (3): e0118734, DOI:10.1371/journal.pone.0118734.

Tarpy, D. R., R. Nielsen und D. I. Nielsen (2004): A scientific note on the revised estimates of effective paternity frequency in *Apis*. *Insectes Sociaux* 51: S. 203–204.

Tautz, J., S. Maier, C. Groh,W. Rössler und A. Brockmann (2003): Behavioral performance in adult honey bees is influenced by the temperature experienced during their pupal development. *Proceedings of the National Academy of Sciences of the USA* 100: S. 7343–7347.

Terashima, H. (1998): Honey and holidays: The interactions mediated by honey between Efe hunter-gatherers and Lese farmers in the Ituri forest. *African Study Monographs*, supplementary issue 25: S. 123–134.

Thom, C., T. D. Seeley und J. Tautz (2000): A scientific note on the dynamics of labor devoted to nectar foraging in a honey bee colony: Number of foragers versus individual foraging activity. *Apidologie* 31: S. 737–738.

Thompson, J. R., D. N. Carpenter, C. V. Cogbill und D. R. Foster (2013): Four centuries of change in northeastern United States forests. *PLoS ONE* 8(9): e72540, DOI:10.1371/journal.pone.0072540.

Thoreau, H. D. (1862): Walking. *Atlantic Monthly* 9: S. 657–674.

Tinbergen, N. (1974): *The Animal in Its World (Explorations of an Ethologist,1932–1972)*. Harvard University Press, Cambridge, Massachusetts.

Tinghitella, R. M. (2008): Rapid evolutionary change in a sexual signal: Genetic control of the mutation „flatwing" that renders male field crickets (*Teleogryllus oceanicus*) mute. *Heredity* 100: S. 261–267.

Traynor, K. S., J. S. Pettis, D. R.Tarpy und C. A. Mullin, J. L. Frazier, M., Frazier und D. van Engelsdorp. (2016): In-hive pesticide exposome: Assessing risks to migratory honey bees from in-hive pesticide contamination in the eastern United States. *Scientific Reports* 6: 33207.

Tribe, G., J. Tautz, K. Sternberg, J. Cullinan (2017): Firewalls in bee nests—survival value of propolis walls of wild Cape honeybee (*Apis mellifera capensis*). *Naturwissenschaften* 104: S. 29 doi.org/10.1007/s00114-017-1449-5.

Turnbull, C. M. (1976): *Man in Africa*. Anchor Press, Garden City, New Jersey.

Villa, J. D., D. M. Bustamante, J. P. Dunkley und L. A. Escobar (2008): Changes in honey bee (Hymenoptera: Apidae) colony swarming and survival pre- and postarrival of *Varroa destructor* (Mesostigmata: Varroidae) in Louisiana. *Annals of the Entomological Society of America* 101: S. 867–871.

Visscher, P. K., K. Crailsheim und G. Sherman (1996): How do honey bees (*Apis mellifera*) fuel their water foraging flights? *Journal of Insect Physiology* 42: S. 1089–1094.

Visscher, P. K., T. D. Seeley (1982): Foraging strategy of honeybee colonies in a temperate deciduous forest. *Ecology* 63: S. 1790–1801.

Visscher, P. K., R. S. Vetter und G. E. Robinson (1995): Alarm pheromone perception in honey bees is decreased by smoke (Hymenoptera: Apidae). *Journal of Insect Behavior* 8: S. 11–18.

von Engeln, O. D. (1961): *The Finger Lakes Region: Its Origin and Nature*. Cornell University Press, Ithaca, New York.

von Frisch, K. (1967): *The Dance Language and Orientation of Bees*. Harvard University Press, Cambridge, Massachusetts.

Wallberg, A., F. Han, G. Wellhagen B. Dahle, M. Kawata, N. Haddad, Z. Simões, M. Allsopp, I. Kandemir, P. De la Rúa, C. Pirk und M. T. Webster. (2014): A worldwide survey of genome sequence variation provides insight into the evolutionary history of the honeybee *Apis mellifera*. *Nature Genetics* 46: S. 1081–1088.

Watson, L. R. (1928): Controlled mating in honeybees. *Quarterly Review of Biology* 3: S. 377–390.

Weipple, T. (1928): Futterverbrauch und Arbeitsteilung eines Bienenvolkes im Laufe eines Jahres. *Archiv für Bienenkunde* 9: S. 70–79.

Weiss, K. (1965): Über den Zuckerverbrauch und die Beanspruchung der Bienen bei der Wachserzeugung. *Zeitschrift für Bienenforschung* 8: S. 106–124.

Wells, P. H. und J. Giacchino Jr. (1968): Relationship between the volume and the sugar concentration of loads carried by honeybees. *Journal of Apicultural Research* 7: S. 77–82.

Wenke, R. J. (1999): *Patterns in Prehistory: Humankind's First Three Million Years*. Oxford University Press, New York.

Wenner, A. M. und W. W. Bushing (1996): Varroa mite spread in the United States. *Bee Culture* 124: S. 341-343.

Whitaker, J. O., Jr. und W. D. Hamilton, Jr. (1998): *Mammals of the Eastern United States*. Cornell University Press, Ithaca, New York.

White, J. W. und Jr. (1975): Composition of honey. In: *Honey: A Comprehensive Survey*, E. Crane, Hrsg., Heinneman, London, S. 157–206.

White, J. W., Jr., M. L. Riethof, M. H. Subers und I. Kushnir (1962): *Composition of American Honeys*. U. S. Government Printing Office, Washington, D. C.

Williams, G. C. (1966): *Adaptation and Natural Selection*. Princeton University Press, Princeton, New Jersey.

Williams, G.C. und R.M. Nesse (1991): The dawn of Darwinian medicine. *Quarterly Review of Biology* 66: S. 1–22.

Wilson, M.B., D. Brinkman, M. Spivak, G. Gardner und J.D. Cohen (2015): Regional variation in composition and antimicrobial activity of US propolis against *Paenibacillus larvae* and *Ascosphaera apis*. *Journal of Invertebrate Pathology* 124: S. 44–50.

Winston, M.L. (1980): Swarming, afterswarming, and reproductive rate of unmanaged honeybee colonies (*Apis mellifera*). *Insectes Sociaux* 27: S. 391–398.

Winston, M.L. (1981): Seasonal patterns of brood rearing and worker longevity in colonies of the Africanized honey bee (Hymenoptera: Apidae) in South America. *Journal of the Kansas Entomological Society* 53: S. 157–165.

Winston, M.L. (1987): *The Biology of the Honey Bee*. Harvard University Press, Cambridge, Massachusetts.

Wohlgemuth, R. (1957): Die Temperaturregulation des Bienenvolkes unter regeltheoretischen Gesichtpunkten. *Zeitschrift für vergleichende Physiologie* 40: S. 119–161.

Wood, B.M., H. Pontzer, D.A. Raichlen und F.W. Marlowe (2014): Mutualism and manipulation in Hadza-honeyguide interactions. *Evolution and Human Behavior* 35: S. 540–546.

Zeuner, F.E. und F.J. Manning (1976): A monograph on fossil bees (Hymenoptera: Apoidea). Bulletin of the British Museum of Natural History (Geology) 27: S. 151–268.

Zuk, M., J.T. Rotenberry, R.M. Tinghitella (2006): Silent night: Adaptive disappearance of a sexual signal in a parasitized population of field crickets. Biology Letters 2: S. 521–524.

BILDQUELLEN

Abb. 1.1. *Links*: Foto von Thomas D. Seeley. *Rechts*: Foto von Felix Remter.

Abb. 1.2. Nach Abb. 2.2 in Ruttner, F., 1992, *Naturgeschichte der Honigbienen*, Ehrenwirth Verlag, München.

Abb. 1.3. Nach Abb. 1 in Kritsky, G., 1991, Lessons from history: The spread of the honey bee in North America, *American Bee Journal* 131: S. 367–370.

Abb. 1.4. Nach Abb. 4 in Mikheyev, A.S., M.M.Y. Tin, J. Arora, und T.D. Seeley, 2015, Museum samples reveal rapid evolution by wild honey bees exposed to a novel parasite, *Nature Communications* 6: S. 7991, DOI:10.1038/ncomms8991.

Abb. 1.5. Foto von Thomas D. Seeley.

Abb. 2.1. Luftbild von Google Earth.

Abb. 2.2. Foto von Thomas D. Seeley.

Abb. 2.3. Foto zur Verfügung gestellt von Rustem A. Ilyasov.

Abb. 2.4. *Oben*: Luftbild von Google Earth, die Grenzlinien wurden von Michael L. Smith hinzugefügt. *Unten*: Foto von Thomas D. Seeley.

Abb. 2.5. Foto von Thomas D. Seeley.

Abb. 2.6. Originalzeichnung von Margaret C. Nelson.

Abb. 2.7. Foto von Juliana Rangel.

Abb. 2.8. Foto von Andrzej Oleksa.

Abb. 2.9. Foto von Thomas D. Seeley.

Abb. 2.10. Foto von Alex Wild.

Abb. 2.11. Originalzeichnung von Margaret C. Nelson, Datengrundlage: Loper, G., 1997, Over-winter losses of feral honey bee colonies in southern Arizona, 1992–1997, *American Bee Journal* 137: S. 446; und Loper, G.M., D. Sammataro, J. Finley, and J. Cole, 2006, Feral honey bees in southern Arizona 10 years after Varroa infestation, *American Bee Journal* 134: s. 521–524.

Abb. 2.12. Foto von Mary Holland.

Abb. 2.13. Originalzeichnung von Margaret C. Nelson.

Abb. 2.14. Foto von Thomas D. Seeley.

Abb. 2.15. Photo von Thomas D. Seeley.

Abb. 3.1. Foto zur Verfügung gestellt von Laurie Burnham.

Abb. 3.2. Reproduktion von Margaret C. Nelson. *Links*: Datengrundlage: Hernández-Pacheco, E., 1924, *Las Pinturas Prehistóricas de Las Cuevas de la Araña (Valencia)*, Museo Nacional de Ciencas Naturales, Madrid. *Rechts*: auf Grundlage von Zeichnungen in Dams, M., und L. Dams, 1977, Spanish rock art depicting honey gathering during the Mesolithic, *Nature* 268: s. 228–230.
Abb. 3.3. Reproduktion von Margaret C. Nelson von Abb. 20.3a in Crane, E., 1999, *The World History of Beekeeping and Honey Hunting*, Routledge, New York.
Abb. 3.4. Foto zur Verfügung gestellt von Gene Kritsky.
Abb. 3.5. Foto zur Verfügung gestellt von Rustem A. Ilyasov.
Abb. 3.6. Aus Münster, S., 1544, *Cosmographia*, Henricus Petri, Bern, Switzerland.
Abb. 3.7. Foto von Thomas D. Seeley.
Abb. 3.8. Von Cheshire, F. R., 1888, *Bees and Bee-Keeping; Scientific and Practical*, Bd. 2: *Practical*, L. Upcott Gill, London.
Abb. 4.1. Foto zur Verfügung gestellt von Eric Tourneret.
Abb. 4.2. Foto zur Verfügung gestellt von Jenny Cullinan.
Abb. 4.3. Foto aus der Doktorarbeit von Lloyd R. Watson: Watson, L. R., 1928, Controlled mating in honeybees, *Quarterly Review of Biology* 3: S. 377–390.
Abb. 4.4. Originalzeichnung von Margaret C. Nelson, nach Angaben in Rothenbuhler, W. C., 1958, Genetics and breeding of the honey bee, *Annual Review of Entomology* 3: S. 161–180.
Abb. 4.5. Foto von Alex Wild.
Abb. 4.6. Foto von Ann B. Chilcott.
Abb. 4.7. Foto von Alex Wild.
Abb. 5.1. Fotos von Thomas D. Seeley.
Abb. 5.2. Originalzeichnung von Margaret C. Nelson, Datengrundlage: Thomas D. Seeley und Seeley, T. D., und R. A. Morse, 1976, The nest of the honey bee (*Apis mellifera* L.), *Insectes Sociaux* 23: S. 495–512.
Abb. 5.3. Originalzeichnung von Margaret C. Nelson, Datengrundlage: in Seeley, T. D., und R. A. Morse, 1976, The nest of the honey bee (*Apis mellifera* L.), *Insectes Sociaux* 23: S. 495–512.
Abb. 5.4. Foto von Thomas D. Seeley.
Abb. 5.5. Foto von Scott Camazine.
Abb. 5.6. Foto von Thomas D. Seeley.
Abb. 5.7. Foto von Thomas D. Seeley.
Abb. 5.8. Foto von Alex Wild.
Abb. 5.9. Foto von Armin Spürgin.
Abb. 5.10. Originalzeichnungen von Margaret C. Nelson. Zeichnung rechts auf Grundlage von Abb. 11 in Martin, H. und M. Lindauer, 1966, Sinnesphysiologische Leistungen beim Wabenbau der Honigbiene, *Zeitschrift für Vergleichende Physiologie* 53: S. 372–404.
Abb. 5.11. Originalzeichnung von Margaret C. Nelson, Datengrundlage: Smith, M. L., M. M. Ostwald und T. D. Seeley, 2016, Honey bee sociometry: Tracking honey bee colonies and their nest contents from colony founding until death, *Insectes Sociaux* 63: 553–563.
Abb. 5.12. Originalzeichnung von Margaret C. Nelson, Datengrundlage: Pratt, S. C., 1999, Optimal timing of comb construction by honeybee (*Apis mellifera*) colonies: A dynamic programming model and experimental tests, *Behavioral Ecology and Sociobiology* 456: S. 30–42.
Abb. 5.13. *Oben*: Foto von Thomas D. Seeley. *Unten*: Originalzeichnung von Margaret C. Nelson, Datengrundlage: Seeley, T. D. und R. A. Morse, 1976, The nest of the honey bee (*Apis mellifera* L.), *Insectes Sociaux* 23: S. 495–512; und in Smith, M. L., M. M. Ostwald und T. D. Seeley, 2016, Honey bee sociometry: Tracking honey bee colonies and their nest contents from colony founding until death, *Insectes Sociaux* 63: S. 553–563; und gesammeltes (aber nicht veröffentlichtes) Datenmaterial in Seeley, T. D., 2017, Life-Seeley history traits of honey bee colonies living in forests around Ithaca, NY, USA, *Apidologie* 48: S. 743–754.
Abb. 5.14. Originalzeichnung von Margaret C. Nelson, nach einer Abb. in: Pratt, S. C., 1998, Decentralized control of drone comb construction in honey bee colonies, *Behavioral Ecology and Sociobiology* 42: S- 193–205.
Abb. 5.15. Foto von Kenneth Lorenzen.

Abb. 5.16. Originalzeichnung von Margaret C. Nelson, Datengrundlage: Nakamura, J. und T. D. Seeley, 2006, The functional organization of resin work in honeybee colonies, *Behavioral Ecology and Sociobiology* 60: S. 339–349.
Abb. 6.1. Foto von Zachary Huang, beetography.com.
Abb. 6.2. Originalzeichnung von Margaret C. Nelson, Datengrundlage: Abb. 4.1 in Seeley, T. D., 1985. *Honeybee Ecology*, Princeton University Press, Princeton, New Jersey.
Abb. 6.3. Foto von Kenneth Lorenzen.
Abb. 6.4. Originalzeichnung von Margaret C. Nelson, Datengrundlage: Abb. 4.2 in Seeley, T. D., 1985, *Honeybee Ecology*, Princeton University Press, Princeton, New Jersey.
Abb. 6.5. Originalzeichnung von Margaret C. Nelson, Datengrundlage: Abb. 3 in Smith, M. L., M. M. Ostwald und T. D. Seeley, 2016, Honey bee sociometry: Tracking honey bee colonies and their nest contents from colony founding until death, *Insectes Sociaux* 63: S. 553–563.
Abb. 7.1. Foto von Kenneth Lorenzen.
Abb. 7.2. Originalzeichnung von Margaret C. Nelson, Datengrundlage: Abb. 2 in Page, R. E., Jr., 1981, Protandrous reproduction in honey bees, *Environmental Entomology* 10: S. 359–362.
Abb. 7.3. Fotos von Michael L. Smith.
Abb. 7.4. Originalzeichnung von Margaret C. Nelson.
Abb. 7.5. Foto von Thomas D. Seeley.
Abb. 7.6. Foto von Megan E. Denver.
Abb. 7.7. Originalzeichnung von Margaret C. Nelson.
Abb. 7.8. Foto von Alex Wild.
Abb. 7.9. Originalzeichnung von Margaret C. Nelson, Datengrundlage: Abb. 2 in Rangel, J., H. K. Reeve und T. D. Seeley, 2013, Optimal colony fissioning in social insects: Testing an inclusive fitness model with honey bees, *Insectes Sociaux* 60: S. 445–452.
Abb. 7.10. Originalzeichnung von Margaret C. Nelson, Datengrundlage: Abb. 2 in Ruttner, F. und H. Ruttner, 1966, Untersuchungen über die Flugaktivität und das Paarungsverhalten der Drohnen. 3. Flugweite and Flugrichtung der Drohnen, *Zeitschrift für Bienenforschung* 8: S. 332–354.
Abb. 7.11. Originalzeichnung von Margaret C. Nelson.
Abb. 7.12. Originalzeichnung von Margaret C. Nelson, Datengrundlage: in Tarpy, D. R., D. A. Delaney und T. D. Seeley. 2015. Mating frequencies of honey bee queens (*Apis mellifera* L.) in a population of feral colonies in the northeastern United States. *PLoS ONE* 10 (3): e0118734.
Abb. 8.1. Foto von Alex Wild.
Abb. 8.2. Originalzeichnung von Margaret C. Nelson.
Abb. 8.3. Foto von Kenneth Lorenzen.
Abb. 8.4. Foto von Alex Wild.
Abb. 8.5. Originalzeichnungen von Margaret C. Nelson.
Abb. 8.6. Originalzeichnungen von Margaret C. *Nelson*. *Oben*: Datengrundlage: Abb. 5 in Visscher, P. K. und T. D. Seeley, 1982, Foraging strategy of honeybee colonies in a temperate deciduous forest, *Ecology* 63: S. 1790–1801. *Bottom*: Datengrundlage: Tabelle 13 in von Frisch, K., 1967, *The Dance Language and Orientation of Bees*, Harvard University Press, Cambridge, Massachusetts.
Abb. 8.7. *Oben*: Foto von Thomas D. Seeley. *Unten*: Originalzeichnung von Margaret C. Nelson.
Abb. 8.8. Originalzeichnung von Margaret C. Nelson, nach Angaben in Abb. 3 in Visscher, P. K. und T. D. Seeley, 1982, Foraging strategy of honeybee colonies in a temperate deciduous forest, *Ecology* 63: S. 1790–1801.
Abb. 8.9. Originalzeichnung von Margaret C. Nelson, nach Abb. 1 in Seeley, T. D., S. Camazine und J. Sneyd, 1991, Collective decision-making in honey bees: How colonies choose among nectar sources, *Behavioral Ecology and Sociobiology* 28: S. 277–290.
Abb. 8.10. Originalzeichnung von Margaret C. Nelson, nach Abb. 3 in Peck, D. T. und T. D. Seeley, erscheint demnächst, Robbing by honey bees in forest and apiary settings: Implications for horizontal transmission of the mite *Varroa destructor*, *Journal of Insect Behavior*.
Abb. 9.1. Originalzeichnung von Margaret C. Nelson, nach Teil E von Abb. 5 in Owens, C. D., 1971, The thermology of wintering honey bee colonies, *Technical Bulletin, United States Department of Agriculture* 1429: S. 1–32.

Abb. 9.2. Foto von Jürgen Tautz.
Abb. 9.3. Originalzeichnung von Margaret C. Nelson, nach Abb. 3 in Starks, P.T., C.A. Blackie und T.D. Seeley, 2000, Fever in honeybee colonies, *Naturwissenschaften* 87: A. 229–231.
Abb. 9.4. Originalzeichnung von Margaret C. Nelson, nach Teil A von Abb. 5 in Owens, C.D., 1971, The thermology of wintering honey bee colonies, *Technical Bulletin, United States Department of Agriculture* 1429: S. 1–32.
Abb. 9.5. Originalzeichnung von Margaret C. Nelson, nach Abb. 3 in Mitchell, D., 2016, Ratios of colony mass to thermal conductance of tree and man-made nest enclosures of *Apis mellifera*: Implications for survival, clustering, humidity regulation and *Varroa destructor*, *International Journal of Biometeorology* 60: S. 629–638.
Abb. 9.6. *Oben*: Fotos von Robin Radcliffe. *Unten*: Originalzeichnung von Margaret C. Nelson.
Abb. 9.7. Originalzeichnung von Margaret C. Nelson, nach Abb. 2 in Southwick, E.E., 1982, Metabolic energy of intact honey bee colonies, *Comparative Biochemistry and Physiology* 71: S. 277–281.
Abb. 9.8. *Oben*: Foto von Thomas D. Seeley. *Unten*: Originalzeichnung von Margaret C. Nelson, nach Abb. 1 in Peters, J.M., O. Peleg und L. Mahadevan, 2019, Collective ventilation in honeybee nests, *Journal of the Royal Society Interface* 16: 20180561.doi.org/10.1098/rsif.2018.0561
Abb. 9.9. Foto von Linton Chilcott.
Abb. 9.10. Originalzeichnung von Margaret C. Nelson, nach Abb. 3 in Ostwald, M.M., M.L. Smith und T.D. Seeley, 2016, The behavioral regulation of thirst, water collection and water storage in honey bee colonies, *Journal of Experimental Biology* 219: S. 2156–2165.
Abb. 10.1. Originalzeichnung von Margaret C. Nelson, nach Abb. 1 in Rinderer, T.E., L.I. de Guzman, G.T. Delatte, J.A. Stelzer und 5 weitere Autoren, 2001, Resistance to the parasitic mite Varroa destructor in honey bees from far-eastern Russia, Apidologie 32: S. 381–394.
Abb. 10.2. Foto von Åke Lyberg.
Abb. 10.3. Originalzeichnung von Margaret C. Nelson, nach Abb. 1, 2, and 3 und nach Angaben in Tabelle 1 in Fries, I., A. Imdorf and P. Rosenkranz, 2006, Survival of mite infested (*Varroa destructor*) honey bee (*Apis mellifera*) colonies in a Nordic climate, *Apidologie* 37: S, 564–570.
Abb. 10.4. Luftaufnahme von Google Earth, die Standorte der wildlebenden Honigbienenvölker wurden Thomas D. Seeley hinzugefügt.
Abb. 10.5. Originalzeichnung von Margaret C. Nelson, nach Abb. 3 in Mikheyev, A.S., M.M.Y. Tin, J. Arora und T.D. Seeley, 2015, Museum samples reveal rapid evolution by wild honey bees exposed to a novel parasite, *Nature Communications* 6: S. 7991, DOI:10.1038/ncomms8991.
Abb. 10.6. Originalzeichnung von Margaret C. Nelson, nach Abb. 1 in Seeley, T.D. und M.L. Smith, 2015, Crowding honeybee colonies in apiaries can increase their vulnerability to the deadly ectoparasitic mite *Varroa destructor*, *Apidologie* 46: S. 716–727.
Abb. 10.7. Foto von Thomas D. Seeley.
Abb. 10.8. Originalzeichnung von Margaret C. Nelson, nach Angaben in Abb. 1 und Abb. 3 in Loftus, J.C., M.L. Smith und T.D. Seeley, 2016, How honey bee colonies survive in the wild: Testing the importance of small nests and frequent swarming, *PLoS ONE* 11 (3): e0150362, DOI:10.1371/journal. pone.0150362.
Abb. 10.9. Fotos von Thomas D. Seeley.
Abb. 10.10. Foto von Renata S. Borba.
Abb. 10.11. Originalzeichnung von Margaret C. Nelson, nach Abb. 3 in Borba, R.S., K.K. Klyczek, K.L. Mogen und M. Spivak, 2015, Seasonal benefits of a natural propolis envelopeto honey bee immunity and colony health, *Journal of Experimental Biology* 218: S. 3689–3699.

REGISTER

BEGLEITWORT DES AUTORS FÜR DIE DEUTSCHE AUSGABE

It gives me great pleasure to know that a German edition of *The Lives of Bees* is now available. So much of this book's content is rooted, directly or indirectly, in studies of the biology of honey bees that were conducted by Karl von Frisch, Martin Lindauer, Harald Esch, Bernd Heinrich, Friedrich Ruttner, Peter Neumann, Peter Rosenkranz, and other researchers based in Germany, Austria, and Switzerland. All of these biologists have contributed to our understanding of how honey bee colonies function when they live in nature.

My aim in writing this book was to give bee keepers, and bee lovers, a book that tells what we know about the true natural history of honey bees. Because nearly every colony of honey bees that one sees these days is living in a manufactured hive, it is easy to think that honey bees are domesticated animals. But this is not so. The honey bees living under human supervision do not differ in behavior from those living in a wild state, such as in a tree cavity, rock crevice, or abandoned hive. This is why a swarm of honey bees that escapes a beekeeper's hive can move into a hollow tree and live there all on its own for many years.

I hope that readers will find it fascinating to learn about how honey bees survive, and even thrive, when they live naturally inside trees.

Ithaca, New York, im Juli 2021 Tom Seeley

IMPRESSUM

Anmerkung zur Schreibweise (Gendering) der weiblichen, männlichen und unbestimmten Form: Ausschließlich aufgrund der deutlich besseren Lesbarkeit wird in diesem Werk auf die jeweilige Mehrfachnennung oder Anpassung der Schreibweise bestimmter Bezeichnungen verzichtet. So stehen die Namen der Vertreter verschiedener Fachbereiche (wie Imker etc.) selbstverständlich für alle, die diese Berufe ausüben oder vertreten.

Bibliografische Information der Deutschen Nationalbibliothek
Die Deutsche Nationalbibliothek verzeichnet diese Publikation in der Deutschen Nationalbibliografie; detaillierte bibliografische Daten sind im Internet über http://dnb.d-nb.de abrufbar.

Englischsprachige Originalausgabe:

Erstmals im Jahr 2019 unter dem Originaltitel „The Lives of Bees: The Untold Story of the Honey Bee in the Wild“ bei Princeton University Press veröffentlicht.
www.press.princeton.edu/

Deutschsprachige Ausgabe:

Wollgrasweg 41, 70599 Stuttgart (Hohenheim)
E-Mail: info@ulmer.de
Internet: www.ulmer.de
Projektleitung: Antje Munk, Jennifer Zajonz
Fachübersetzung und Lektorat: Annette Flesch
Übersetzung: Malin Pöpping
Herstellung: Stephanie Haun
Umschlaggestaltung: siegel konzeption | gestaltung, Stuttgart
Satz: r&p digitale medien, Echterdingen
Reproduktion: time:ray, Jettingen
Druck und Bindung: Pustet, Regensburg
Printed in Germany

ISBN 978-3-8186-1335-8